기후소양

Climate Literacy

강형일·김대희·박석곤·박성훈·신은주·안삼영
이상석·이은홍·이재은·장동식·천지연·허재선·황혜숙 공저

좋은 것들을 지키기 위해

우리는 더 많은 두려움을 느껴야 할지도 모른다.

-김기창 '기후변화 시대의 사랑' 중에서-

PREFACE

　지구는 45억 년 전에 생성되었으나, 우리 인류인 호모사피엔스는 불과 20~30만 년 전에 등장하였고, 그 시기의 대부분은 자연과 평화롭게 공존해 왔다. 그러나, 산업혁명이 일어난 지 겨우 200여년 밖에 되지 않았음에도 인간의 활동에 의해 지구의 대기로 배출되는 온실가스의 급격한 증가와 이로 인한 지구온난화의 가속화는 인류와 수많은 생명체의 지속 가능성에 큰 위협이 되고 있다.

　특히 2020년대에 들어서면서 하루가 멀다 하고 기후변화로 인해 극심한 재난 상황과 기후 위기와 관련된 기사가 쏟아져 나오고 있다. 이러한 상황을 알리는 언론 기사의 제목은 매우 자극적이지만 인류에게 닥친 생존의 위협이 매우 심각한 상황임을 알려준다. 영하 50도가 넘는 한파, 빠른 속도로 사라져가는 아마존 열대우림, 한 국가에서 동시에 발생하는 가뭄과 홍수 그리고 극한 폭염과 혹한, 수온 상승으로 숨 못 쉬어 떼죽음 당한 물고기, 빠른 속도로 사라져가는 산호초, 빈번하게 발생하는 대형산불 등은 우리 모두가 오늘날 실질적으로 접하고 있는 상황이며 인류가 기후 위기에 직면해 있음을 알리는 자연이 보내는 직접적인 신호이다.

　그러나 우리 인간은 인간다운 삶의 훼손, 경제적 손실 이유로 자연이 보내는 위기 신호를 오랫동안 애써 외면해 왔다. 어쩌면 우리 인류가 이미 기후 위기를 극복할 수 있는 가장 적절한 시기를 놓쳐버렸을지도 모른다. 그럼에도 불구하고 우리 인류가 할 수 있는 최대한의 노력을 지금 당장 기울이지 않는다면 인류의 지속 가능성은 사실상 불가능하며 인류 문명은 예상보다 빨리 종말을 맞이할 것이다.

　우리 인류는 앞으로 얼마나 오랫동안 지구에서 살 수 있으며, 살아야 하는 것일까? 우주와 타 행성에서의 삶은 얼마나 가능성이 있으며, 지구에서의 삶보다 좋을까? 지구 생태계는 인류를 포함한 많은 생명체에게 얼마나 소중한 것일까? 인류의 삶의 지속 가능성을 높이기 위해 어떤 노력이 필요한가?

기후변화는 경제와 무역에 큰 영향을 미치며 식량 안보와 에너지 안보뿐만 아니라 인류의 건강과 삶에 파괴적 영향을 미친다. 기후 위기 문제를 인식하고 대응하기 위해서는 기후변화에 대한 정확한 상황 인식과 기후 위기 문제에 대한 해결책을 제시하고 실천하는 것이 무엇보다도 필요하다.

2022년 이러한 기후변화 문제를 인식하고 기후변화 완화 노력을 실천함에 있어 교육이 절실히 필요함을 공감한 다양한 분야의 국립순천대학교 교수 9명이 다전공 교수 협의체를 만들었다. 2023년 다전공 협의체는 사범대학, 사회과학대학, 공과대학, 생명산업과학대학 소속 교수 16명으로 확대 구성되었고, 기후변화 대응 탄소중립 실천을 위하여 전공교육에서의 기후변화 교육 강화, 수업 성과물을 활용한 탄소중립 아이디어 경진대회 및 전공수업 성과발표대회, 다양한 분야 교수들의 초청강연, 제1회 국제학술대회 주최 등 다양한 노력을 기울여 왔다. 또한 여러 전공 분야에서 기후변화의 영향과 기후변화 완화 노력을 교양수준에서 교육하는 것이 필요하다는 것에 공감한 12명의 다전공협의체 교수들이 팀티칭 교양과목으로 '기후소양'을 2023년 2학기에 개설하였다.

2학점 교과목인 '기후소양' 교양수업을 전공이 서로 다른 12명의 교수들이 팀티칭으로 운영하는 것은 기후변화가 모든 산업 분야에 영향을 미치고 있음을 인식하는 데서 출발하였다. 이 과목 수업에 참여한 12명의 교수들 모두가 전체 15주 중에 8주 이상을 참여하여 팀별 PBL 프로젝트 수업을 지도하였다. 아마 조사해보지 않았지만 한 개 교양 교과목을 운영하는데 이렇게 많은 수업시간에 함께 공동으로 참여하여 운영하는 것은 세계 최초일지 모르겠다.

대학에서의 기후변화 관련 교양교육을 위한 책 '기후소양'은 이러한 배경으로 만들어졌다.

이 책은 환경은 물론 경영, 경제, 무역, 식품, 조경, 축산, 화학, 생명과학, 교육, 문학 분야에 이르기까지 다양한 분야에서 지구온난화와 기후 위기를 극복하기 위하여 어떠한 변화와 노력이 필요한지를 소개하고 있다.

1장은 기후변화에 영향을 미치는 온실가스에 대해 살펴보고 온실가스 감축 노력을 소개한다. 저자는 "**기후변화의 가장 주된 원인이 지구온난화이며, 지구온난화를 유발시키는 물질이 온실가스이다. 산업화 이후 인간의 활동에 의해 지구의 대기로 배출되는 온실가스의 급격한 증가에 기인하여 지구온난화가 급속도로 가속화되고 있으므로,**

빠른 시일 내 다양한 분야에서 인류의 지혜를 한데 모아, 온실가스 배출을 줄이고 지구 온난화를 멈추게 해야 할 것이다."라고 강조한다.   저자 신은주

2장은 **기후변화와 대기오염 사이에 일어나는 상호작용에 대해 설명하고, 기후위기 시대의 대기오염 정책이 어떤 방향으로 나아가야 하는지와 이에 대한 시민들의 참여 방안을 제시한다.** 지구온난화와 기후변화는 우리 삶의 모든 면에 영향을 미친다. 특히 대기환경에 기후변화가 미치는 영향은 막대하다. 변화된 기후에서는 대기정체가 심화 되면서 도심 대기오염, 특히 자동차로 인한 오염이 심해질 것으로 예측된다. 기후 위기 를 극복하기 위한 정책을 펼침에 있어 기후변화가 가져올 영향들에 대한 종합적인 고 려가 필요한 이유이다.   저자 박성훈

3장은 기후변화에 의한 기상이변이 우리의 삶과 사회적 영향, 그리고 기후변화가 생 태계에 미치는 악영향을 다룬다. 탄소 저장원으로서의 그린카본이 무엇이며, 어떻게 만들어지는지를 이해하고, 대량 저장하는 방법을 소개한다. 저자는 **"조선시대 선조들 은 돼지국밥을 즐겨 먹었을까?"라는 질문과 함께 그 까닭을 생태학 원리와 자연자본에 기초해 설명한다.**   저자 박석곤

4장은 해양 및 연안 환경의 기후조절 기능과 함께 블루카본의 개념을 다루고, 해양 및 연안습지의 탄소중립 역할과 생물다양성의 상호관계를 다룬다. 저자는 **"해양은 지구 표면의 71%를 덮고 있으며 기후조절 기능에서 가장 중요한 역할을 하는 환경이다. 기 후변화는 해수의 수온 상승과 해양 산성화 등의 변화를 가져와 많은 해양생물의 생존에 위협이 되고 있다. 지구 및 인류의 지속 가능성을 위하여 해양 및 연안습지 환경을 보호 하고 관리하기 위한 방안을 마련하여 실천할 필요가 있다."라고 말한다.**   저자 강형일

5장은 ESG의 개념과 함께 환경(E), 사회(S), 지배구조(G)에는 각각 어떠한 요인들이 있는지를 소개한다. 저자는 **"기업은 외부환경과의 상호작용을 통해 운영된다. 외부 환 경의 변화에 따라 기업은 외부 환경에 맞게 전략을 수립하고 그에 적합한 조직 아키텍 쳐를 구성하는 것이 전략적 적합성이다. ESG는 경제적 가치와 사회적 가치를 동시에 창출할 수 있어야 하며, 기후변화 대응 탄소중립 실천 방안에 동참하면서 동시에 기업**

의 수익률을 높일 수 있어야 한다."라고 말한다.   저자 이재은

6장은 기후변화의 심화에 따른 기후변화협약의 채택 배경과 신기후체제의 특징과 한계, 그리고 탄소자산에 대해 다룬다. 저자는 "**탄소가격제와 탄소시장의 개념과 역할, 운영메카니즘, 종류 등에 대해 설명하고, 기후변화 시대 탄소자산의 획득과 관리방안에 대해 제시할 수 있는 역량을 함양하는 것이 필요하다.**"라고 강조한다.   저자 장동식

7장은 기후변화와 생물다양성 관계를 상세히 다룬다. 저자는 "**급격한 생물종 감소 현상과 원인 및 기후변화가 생물종 감소에 미치는 영향을 다양한 측면에서 설명하고, 생물종 감소를 늦추고 회복하는 방안에 대해 제안할 수 있어야 한다.**"라고 말한다. 저자 허재선

8장은 기후변화와 수자원의 관계를 다룬다. 물은 인류의 생존에 필수 불가결한 자원이며 또한 지구 생태계의 항상성을 유지해주는 요소이다. 기후변화는 지구 온난화로 인한 물의 전지구적 대순환의 변화로 인한 결과라고 할 수 있다. 기후 변화는 태풍, 홍수, 가뭄, 산사태 등의 물 관련 재난을 증가시키고, 나아가 식량 생산과 산업활동에도 영향을 미치게 된다. 기후변화는 물의 이용에 영향을 주지만, 물의 이용은 또한 온실가스를 배출하여 기후변화에 악영향을 미친다. 저자는 "**기후변화로 인한 수자원의 변동성과 정수와 하수 처리 과정이 기후변화에 미치는 영향을 이해하고 기후변화 완화를 위하여 물 관리 및 물절약 실천의 필요성이 중요하다.**"라고 말한다.   저자 안삼영

9장은 기후변화와 축산업의 상호관계와 함께 축산분야에서 탄소제로를 위한 다양한 노력을 다룬다. 저자는 "**현재 동물산업분야는 기후변화의 주요 원인으로 지목되고 있다. 하지만 동물산업 분야가 단순히 기후변화의 가해자가 아니며 자연순환과 다양한 부산물 자원을 활용하여 기후변화에 대응하고 매개자로서 중요한 역할을 맡고 있다. 기후변화 위기에 적극적으로 대응하고 준비해야 하며, 지속 가능한 환경친화적인 저탄소축산을 위한 우리의 관심과 노력이 필요하다**"라고 말한다.   저자 이상석

10장은 지구온난화와 식품산업의 상호관계와 함께 지속 가능한 식품산업을 위한 푸트테크를 소개한다. 저자는 "**식품산업에서 탄소중립을 실현하기 위한 방안으로 푸드테크를 활용**

한 미래식품산업이 지속 가능한 지구를 만드는 데 매우 **중요하다.**"라고 말한다.　저자 천지연

11장은 기후변화로 인한 감염병 발생 및 전파 경로를 다룬다. 저자는 "**감염병은 인류와 더불어 공존하는 공진화적 관계임을 이해하고 이를 바탕으로 미래에 발병할 수 있는 새로운 팬데믹 출현을 지연시키기 위해 환경 보존과 탄소중립의 실천이 중요하다**"라고 말한다.　저자 황혜숙

12-13장은 환경관과 지속 가능한 삶을 다룬다. 우리 은하계를 가장 짧게 통과하는 데 걸리는 시간은 10만 광년 정도이다. 인류가 살만한 행성으로 이주하려고 해도 수천 년간 우주선 생활을 견뎌야 한다. 2조 개가 넘는 은하계로 이루어진 우주! 무수한 행성이 있지만 지구만 한 곳은 없다. 그리고 태양은 수명이 50억 년 정도 남아 있다. 저자는 "**환경에 대한 가치관이 다양하며, 시대적으로 많은 변화 과정을 거쳐왔다. 지속 가능 발전의 이해를 통하여 지구생태계를 복원해야만 기후 위기 극복과 지속 가능한 삶이 가능하며, 이를 위해 가치관과 생활양식을 생태주의에 적합하도록 전환해야 한다.**"라고 말한다.　저자 김대희

14장은 기후 위기 시대 문학의 역할을 다룬다. 기후변화는 인권 위기를 동반한다. 문학은 기후변화를 거대 담론이 아니라 한 개인의 삶과 갈등 속에서 의미화한다. 저자는 "**문학은 기후변화를 다양한 인물의 사회적 정체성과 삶에 의해 해석된 사회적 표상으로 전환하는 일을 하는 것이다. 문학을 통해 기후변화를 우리 공동체의 문제로 이해하고, 기후변화를 재현하는 방식을 통해 독자의 기후 행동을 끌어내는 문학의 역할을 이해할 필요가 있다.**"라고 말한다.　저자 이은홍

이 책은 기후 위기는 우리 인류의 적극적인 노력으로 완화할 수 있으며, 그러한 노력은 우리의 일상적인 삶과 모든 산업 분야에서 이루어져야 함을 강조한다. 이 책이 사람들이 기후변화와 기후 위기에 대한 상황을 정확히 인식하고 기후변화 완화 노력을 실천하는데 도움이 되기를 바란다.

대표저자 강형일

CONTENTS

CHAPTER 1
기후변화와 탄소중립

학습 목표

- 기후 위기와 온실가스 배출과의 연관성을 설명할 수 있다.
- 온실가스의 종류와 온실가스 배출원에 대해 설명할 수 있다.
- 온실가스 감축 방안으로서 탄소 포획, 저장, 활용 연구의 현재 현황에 대해 설명할 수 있다.
- 우리나라와 전남 동부의 산업 분야 탄소중립전략에 대해 설명할 수 있다.

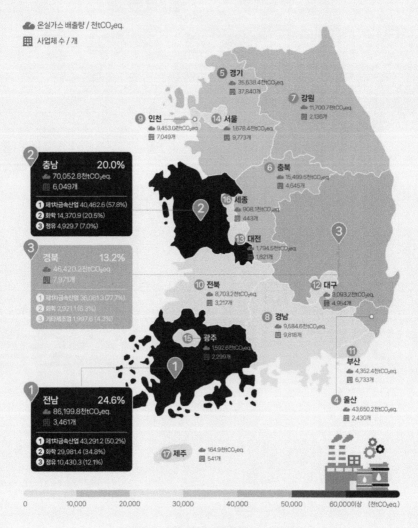

그림 1.1 지역별 업종별 온실가스 배출량

(출처: 한국에너지공단, 2022 산업부문 온실가스 배출량 조사 보고서)

이 단원에서는 우리나라와 전남 동부 지역의 산업분야 온실가스 배출 추이와 감축 방안에 대하여 학습한다.

1.1 지구 온난화와 기후변화

1.1.1 온실효과

지구가 받는 태양 복사 에너지의 양과 지구가 내보내는 지구 복사 에너지의 양이 같아 지구는 일정한 온도를 유지하고 있다. 지구의 대기권은 마치 온실의 비닐과 같은 역할을 한다. 대기권에 있는 대기의 온실가스가 태양 복사 에너지는 대부분 통과시키고 지표에서 방출되는 지구 복사 에너지는 대부분 흡수하여 지구를 온도를 높이는 현상인 **온실효과**로 인해 지구는 대기가 없을 때보다 더 높은 온도에서 지구의 복사 평형이 이루어진다(그림 1.2).

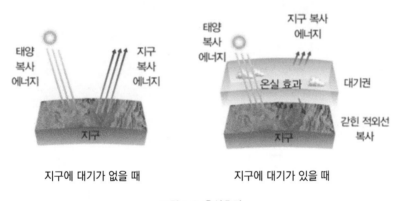

지구에 대기가 없을 때 　　　　　　지구에 대기가 있을 때

그림 1.2 온실효과
(출처: http://scuba.bstorm.co.kr/)

온실효과는 1824년 프랑스 수학자 Joseph Fourier(1768-1830, 그림 1.3)가 처음 제안하였으며, 1896년에 스웨덴 화학자 Svante Arrhenius(1859-1927 그림 1.3)가 대기 중 이산화탄소 농도와 온도 사이의 관계를 조사하여, 대기의 이산화탄소 함량이 증가할수록 온도가 상승하는 효과를 온실 효과라고 설명하였다. Arrhenius는 지구의 평균 표면 온도가 수증기와 이산화탄소의 적외선 흡수 능력 때문에 약 15℃임을 발견했으며, 이를 자연 온실 효과라고 하였고, 이산화탄소 농도가 두 배로 증가하면 온도가 5℃ 상승할 것이며, 인간 활동으로 화석 연료 연소가 증가함에 따라 대기 중 이산화탄소가 증가하여 지구 온난화가 심화될 수 있다고 주장한 최초의 과학자이다.

그림 1.3 프랑스 수학자 Joseph Fourier(좌)와 스웨덴 화학자 Svante Arrhenius(우)

수성	금성	지구	화성
-183~+427℃ 대기가 거의 없음	+460℃ 두꺼운 CO_2 대기 95기압, 온실효과	+17℃ 태양 자외선을 막아주는 대기 1기압, 온실효과	-63℃ 매우 얇은 대기권 95% CO_2 0.0063기압

그림 1.4 태양계 행성인 수성, 금성, 지구, 화성의 대기 온도와 온실효과 비교

(출처: https://blog.naver.com/chsshim/50157194112)

태양계 행성에서 온실효과의 예를 살펴볼 수 있다(그림 1.4). 수성은 일반적인 기온이 -183℃ ~ +427℃로 극단적이다. 대기가 거의 없어서 온실효과가 거의 없으므로, 밤과 낮의 온도 차가 크기 때문이다. 금성은 대기압이 95기압 정도로 두꺼운 CO_2 대기를 가지고 있어서 온실효과가 크므로 대기 온도도 460℃ 정도로 매우 높다. 화성은 0.0063 기압 정도로 얇은 CO_2 대기를 가지고 있어서 온실효과가 작으므로 대기 온도도 -63℃ 정도로 매우 낮다. 지구는 1기압 정도의 대기에 의한 온실효과로 대기 온도가 생물이 살기에 적합한 17℃ 정도이다.

1.1.2 지구 온난화

최근에는 이산화탄소와 같은 온실가스의 증가로 인해 지구의 평균 기온이 상승하는 지구 온난화 현상이 가속화되고 있다. 산업혁명 이후 지구의 연간 기온은 전체적으로 섭씨 1도 이상 증가하고 있다. 정확한 기록이 시작된 1880년~1980년 기간 동안 10년마다 평균 섭씨 0.07도 상승하였고, 1981년 이후 현재까지는 증가율이 두 배 이상 증가하여 전 세계 연간 기온이 10년마다 섭씨 0.18도 상승하였으며, 기록상 가장 따뜻했던 5년은 모두 2015년 이후 발생하였다. 극심한 가뭄, 폭염, 산불, 폭우, 홍수, 열대 폭풍, 빙하 해빙, 영구동토층 감소, 북극 축소, 해수면 상승, 아열대 사막 지방 확장, 적설량 감소, 해양산성화, 종의 멸종, 기후변화 난민 발생, 농작물 생산량 감소 등 우리가 총칭하여 기후변화라고 부르는 재해에 의해 이미 전 세계 사람들이 일상생활에 커다란 피해를 입고 있다.

아래 그림은 NASA에서 운영하는 site인 Global Climate Change -Vital Signs of the Planet에 수록된 지구 온도 변화 도표이며, 특히, 1980년 이후에 지속적으로 인간 활동으로 인한 장기적인 온난화 추세가 계속되고 있음을 보여준다(그림 1.5).

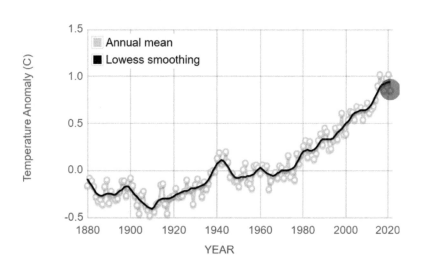

그림 1.5 **지구 온도 변화**

(출처: https://climate.nasa.gov/vital-signs/global-temperature/)

유엔 산하 세계기상기구(WMO)는 2023년 5월 17일에 발간한 '2023-2027 글로벌 기후 업데이트' 보고서를 통해 향후 5년 내 지구 기온이 최고치를 경신할 것이며 산업화 이전 대비 지구 온도 상승폭도 1.5도를 넘어갈 가능성이 있다고 전망했다.

파리협정은 기후변화에 관한 법적 구속력이 있는 국제조약으로 2015년 12월 12일 프랑스 파리에서 열린 UN 기후변화 회의(COP21)에서 196개 당사국이 채택하였고, 2016년 11월 4일 발효되었다. 파리협정의 가장 중요한 목표는 "지구 평균 기온의 상승을 산업화 이전 수준보다 2℃ 훨씬 아래로 유지"하고 "온도 상승을 산업화 이전 수준보다 1.5℃로 제한"하는 노력을 추구하는 것이다(https://unfccc.int/process-and-meetings/the-paris-agreement). 지구 온난화를 1.5℃로 제한하려면 온실가스 배출량이 늦어도 2025년 이전에 최고조에 달하고 2030년까지 43% 감소해야 한다.

1.2 지구 온난화의 원인, 온실가스

1.2.1 온실가스란?

온실가스란 지구 온난화의 원인이 되는 대기 중 가스 형태의 물질로, 지표면에서 반사되는 복사에너지를 흡수해 대기에 열을 가두어 지구 온도를 높이는 온실 효과를 일으킨다. 온실가스는 원래 지구 온도 유지에 꼭 필요한 존재이지만, 산업화 이후 이산화탄소 등 온실가스가 과다하게 배출되면서 지구 온난화가 급속하게 진행되어 기후 위기가 심각해지고 있다.

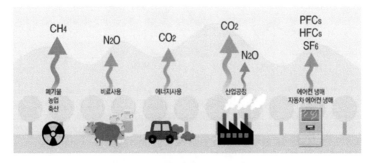

그림 1.6 6대 온실가스의 발생원

(출처: https://gscaltexmediahub.com/esg/about-greenhouse-gas/)

교토의정서(유엔기후변화협약 당사국총회 COP3에서 1997년 채택, 2005년 발효)에서 규제 대상으로 규정한 6대 온실가스는 이산화탄소(CO_2), 메탄(CH_4), 아산화질소(N_2O), 수소불화탄소(HFCs), 과불화탄소(PFCs), 육불화황(SF_6)이다(그림 1.6). 수소불화탄소(HFCs), 과불화탄소(PFCs), 육불화황(SF_6)을 플루오르화 가스로 묶어서 부르기도 한다.

1.2.2 4대 온실가스별 지구 온난화 지수(GWP, Global Warming Potential)

4대 온실가스는 이산화탄소, 메탄, 아산화질소, 플루오르화 가스이다. 4대 온실가스의 지구 온난화 효과는 서로 다르다. 대기 중 농도는 이산화탄소가 75%로 가장 크고, 메탄 16%, 아산화질소 6%, 플루오르화 가스 2%의 순으로 작아지지만, 이산화탄소를 1로 하였을 때, 메탄은 25배, 아산화질소는 300배, 플루오르화 가스는 무려 1,000~10,000배로 지구 온난화 효과가 가장 크다. 따라서, 기후변화 대응을 위한 실질적인 노력으로서 지구 온난화 지수가 가장 큰 HFC의 생산과 소비를 단계적으로 감축하는 협약을 추가하기 위해 국제사회가 노력하고 있다. 지구 온난화 지수와 배출량을 함께 고려한 온난화 기여도는 이산화탄소가 55%로 가장 크고, 플루오르화 가스가 24%로 두 번째로 크며, 메탄이 15%, 아산화질소가 6% 정도 기여한다(표 1.1, 그림 1.7).

표 1.1 4대 온실가스의 지구 온난화 지수 및 온난화 기여도 비교

구분	대기 중 농도	대기 중 수명	지구 온난화 지수(GWP)	온난화 기여도
이산화탄소(CO_2)	75%	1,000년	1	55%
메탄(CH_4)	16%	10년	25	15%
아산화질소(N_2O)	6%	100년 이상	300	6%
플루오르화 가스 [수소불화탄소(HFCs) 과불화탄소(PFCs) 육불화황(SF_6)]	2%	1,000-10,000년	1,000~10,000	24%

(출처: https://www.caro.ie/knowledge-hub/general-information/science-of-climate-change/greenhouse-gases)

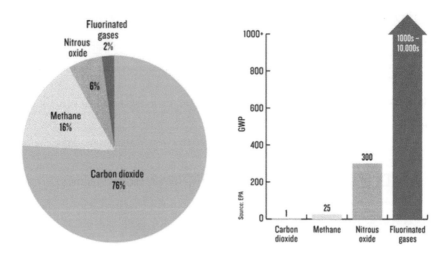

그림 1.7 4대 온실가스의 대기 중 농도(좌)와 지구 온난화 지수 비교(우)

(출처: ttps://www.caro.ie/knowledge-hub/general-information/science-of-climate-change/greenhouse-gases))

1.2.3 4대 온실가스

4대 온실가스인 이산화탄소, 메탄, 아산화질소, 플루오르화 가스에 대해 살펴보자.

1 이산화탄소(CO_2)

① 이산화탄소 순환 과정

대기 중의 이산화탄소 농도는 석탄, 천연가스, 석유 등의 화석연료 채굴 및 연소, 고형 폐기물, 나무, 바이오매스를 태우거나, 화산폭발, 철강 생산, 시멘트 제조, 화학제품 생산 공정 등을 통해 대기 중으로 유입되어 증가하며, 식물의 광합성 과정에 의해 흡수될 때 감소한다.

그림 1.8은 자연에서의 이산화탄소 순환과정을 보여준다. 공업, 상업, 주거, 자동차 등 인간의 활동으로 화석연료가 사용되어 이산화탄소가 대기 중으로 방출되고, 식물의 호흡과 인간과 동물의 호흡으로 이산화탄소가 방출되며, 바다가 대기의 이산화탄소를 흡수하고, 식물은 대기의 이산화탄소를 흡수하여 태양광을 이용한 광합성으로 식물에서 유기 탄소가 생성되고 이것을 동물이 섭취하며, 유기체 부패와 동물 사체 및 폐기물이 땅 속에서 화석연료로 전환되며, 인간의 활동으로 화석연료가 사용되어 대기 중으로 이산화탄소가 방출된다.

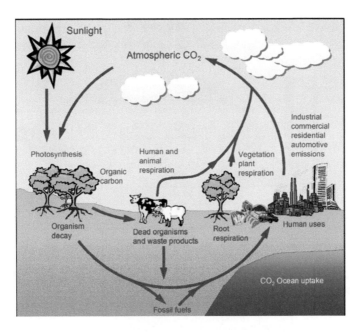

그림 1.8 자연에서의 이산화탄소 순환과정

(출처: https://pubs.acs.org/doi/10.1021/ja202642y)

그림 1.9는 이산화탄소 방출 과정의 하나인, 천연가스 주성분인 메탄의 연소 반응을 나타낸다.

$$CH_4(g) + O_2(g) \rightarrow CO_2(g) + H_2O(g)$$

그림 1.9 메탄의 연소 반응

그림 1.10은 이산화탄소 흡수 과정의 하나인, 녹색 식물의 잎에서 태양에너지를 화학에너지로 전환하는 광합성의 원리를 보여준다. 뿌리에서 빨아올린 물과 기공을 통해 흡수한 이산화탄소가 태양에너지에 의해 포도당과 산소로 전환되며, 포도당은 녹말로 전환된다.

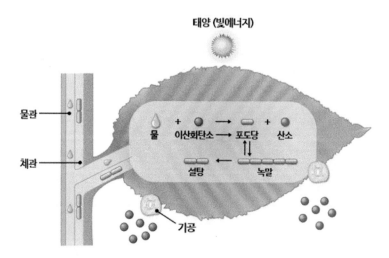

$$6CO_2 + 6H_2O + h\nu(빛에너지) \rightarrow C_6H_{12}O_6(포도당) + 6O_2$$

그림 1.10 광합성의 원리

(출처: https://www.edunet.net/nedu/contsvc/viewWkstContPost.do?contents_id=a3cfd0c2-6725-41d0-a1be-98f03f7ae669&head_div=)

② 해마다 증가하는 이산화탄소 배출

미국의 화학자 Charles David Keeling(1928-2005, 그림 1.11)은 하와이 빅아일랜드 섬 마우나 로아(Mauna Loa) 화산 꼭대기에 이산화탄소 측정소 건축 후 1958년부터 매일 세계에서 가장 장기간 동안 대기 중 CO_2 농도를 측정하여 CO_2 배출이 해마다 꾸준히 증가함을 기록함으로서 온실효과와 지구 온난화에 기여함을 확인하였다.

그림 1.11 미국의 화학자 Charles David Keeling

(출처: https://library.ucsd.edu/dc/object/bb1912283q)

인간 활동으로 인해 전 세계 이산화탄소 배출량은 계속 증가하는 추세이며, 대기 중 CO_2 농도는 산업혁명 초기인 1800년에 280ppm에서 2023년 9월 현재 418.51ppm으로 약 1.5배 증가되었다. 그림 1.12는 1960-2023년 기간에 하와이의 마우나 로아 관측소(Mauna Loa Observatory)에서 측정한 대기 중 CO_2 농도를 나타낸 그래프인 Keeling 곡선이다. 광합성이 활발한 봄부터 감소하고 가을부터 증가하는 계절적 요인으로 약간의 변동이 있으나, CO_2 농도가 해마다 증가하고 있는 것을 보여준다.

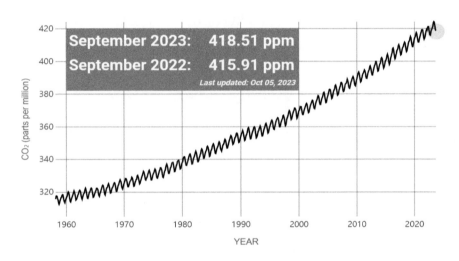

그림 1.12 전 세계 이산화탄소 배출량의 연도별 추세

(출처: https://climate.nasa.gov/vital-signs/carbon-dioxide/)

③ 이산화탄소 배출원 분포

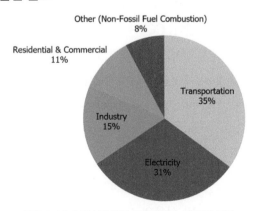

그림 1.13 2021년 미국 이산화탄소 배출원 분포

(출처: https://www.epa.gov/ghgemissions/overview-greenhouse-gases)

그림 1.13은 2021년 미국의 이산화탄소 배출원 분포이다. 운송이 35%로 가장 큰 비율을 차지하며, 전력 31%, 산업 15%, 상업·가정용 11%, 기타 8% 순이다.

④ 이산화탄소 배출 상위 10개국

EU JRC(European Union's Joint Research Centre) 2020에 따르면, 2020년 이산화탄소 배출량이 세계에서 가장 많은 상위 10개국 중 우리나라는 세계 8위로 이산화탄소 배출 상위국에 속한다. 중국(11,680 Mt)이 이산화탄소 배출량이 가장 많으며, 미국(2위, 4,535 Mt), 인도(3위, 2,412 Mt), 러시아(4위, 1,674 Mt), 일본(5위, 1,062 Mt), 이란(6위, 690 Mt), 독일(7위, 637 Mt), 한국(8위, 622 Mt), 사우디아라비아(9위, 589 Mt), 인도네시아(10위, 568 Mt) 순이다.

⑤ 이산화탄소 배출 저감 방안

지구 온난화를 피하기 위해 이산화탄소 배출을 줄이려면 어떻게 해야 할까?

첫 번째로 에너지 효율을 개선해야 한다. 더 연료 효율적인 차량을 사용하고, 건물 단열을 개선하여 열 손실을 줄이며, 에너지 효율이 높은 전기제품을 사용해야 한다.

두 번째로 에너지 절약을 실천해야 한다. 가까운 거리는 차 타지 않고 걷기, 안쓰는 전등과 전자제품 끄기, 플러그 뽑기 등 에너지 절약을 실천해야 한다.

세 번째로는 현재 사용하는 화석연료를 신재생에너지로 전환하여 점차 연료를 바꾸어 나가야 한다. 재생 가능한 자원에서 에너지를 생산하고 탄소 함량이 낮은 연료를 사용해야 한다.

네 번째로는 이산화탄소 포집, 활용, 저장(CCUS, Carbon dioxide Capture, Utilization, Storage) 기술을 개발해야 한다. CCUS 기술이란 화력 발전소와 산업 공장 등에서 이산화탄소가 대기로 유입되기 전에 '**포집**'하고, 다른 유용한 화학물질로 전환하여 '**활용**'하거나, 파이프라인을 통해 이산화탄소를 수송하고, 이산화탄소를 인근의 버려진 유전이나 해저 등의 지하 깊숙이 주입하여 '**저장**'하는 것이다.

2 메탄(CH_4)

① 메탄 순환 과정

메탄(CH_4)은 석탄, 천연가스 및 석유의 생산 및 운송 중에 새어나와 배출되거나, 가축을 기르는 축산업에서, 농업 폐기물 및 도시 고형 폐기물 매립지에서 유기 폐기물 부패로 발생한다.

그림 1.14는 자연에서의 메탄 순환과정을 보여준다. 화석 연료를 사용하는 산업체, 가축의 소화과정, 불타는 바이오매스, 해저 수화물, 녹는 영구동토층, 토양의 메탄 생성 물질, 매립지, 습지에서의 식물 부패 등으로부터 메탄이 방출되고, 미생물에 의한 혐기성 산화 및 메탄 영양체에 의한 토양 산화에 의해 메탄이 이산화탄소와 물로 분해되어 메탄이 감소한다.

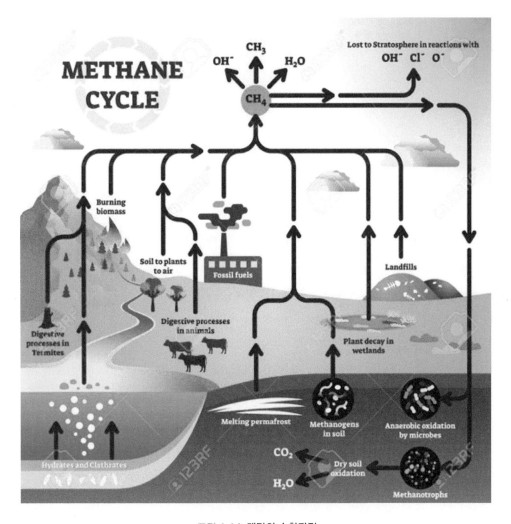

그림 1.14 메탄의 순환과정

(출처: https://asm.org/Articles/2022/May/How-Methanogenic-Archaea-Contribute-to-Climate-Cha)

② 메탄 배출원 분포

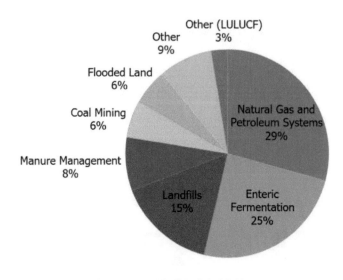

그림 1.15 2021년 미국 메탄 배출원 분포
(출처: https://www.epa.gov/ghgemissions/overview-greenhouse-gases)

그림 1.15는 2021년 미국의 메탄 배출원 분포이다. 석유 및 천연 가스 시스템이 29%로 가장 큰 비율을 차지하며, 소의 장내 발효 25%, 매립지 15%, 분뇨 관리 8%, 석탄 채굴 6%, 범람한 습지 6%, 기타 9%, LULUCF(Land Use, Land-Use Change, and Forestry, 산불, 해안습지의 유기물 분해 등) 9% 순이다

③ 메탄 배출 저감 방안

지구 온난화를 피하기 위해 메탄 배출을 줄이려면 어떻게 해야 할까?

첫 번째로 석유 및 천연 가스를 생산, 저장 및 운송하는 데 사용되는 장비를 업그레이드하여 메탄 누출이 감소되도록 해야 한다. 두 번째로는 농업 및 축산 분야에서 동물 사료 공급 방식을 수정하여 장내 발효로 인한 메탄 배출을 감축하고, 분뇨 관리 전략을 변경하여 메탄 배출을 감소시키고 발생하는 메탄을 포집해야 한다. 또한, 육류 소비를 줄이기 위해 노력해야 한다. 세 번째로는 가정과 회사에서 배출되는 쓰레기의 매립지에서 메탄을 포집하고 배출을 통제해야 한다. 네 번째로는 석탄 채굴 탄광에서 나오는 메탄을 포집하여 에너지로 사용해야 한다. 다섯 번째로는 메탄을 포집, 저장, 활용하는 CCUS 기술을 개발해야 한다.

3 아산화질소(N₂O)

① 아산화질소 순환 과정

아산화질소는 화학자 험프리 데이비(1778-1829)가 1798년 발견하였으며, '웃음가스'라고도 불리우고 마취제로 사용된다. 아산화질소는 배출량의 40%가 인간 활동에서 발생하지만, 지구의 질소 순환의 일부로 대기 중에 자연적으로 존재하며 다양한 천연 공급원을 가지고 있다. 농업, 골프장과 산림에 대한 비료 사용 등 토양 관리, 화석 연료 및 고형 폐기물의 연소, 자동차의 배기가스, 축산업 분뇨, 비료·질산·나일론·반도체 제조 등 산업 공정, 요소 및 단백질이 포함된 생활 폐수 처리, 토양과 해양에 존재하는 질소 분해 박테리아 등에서 방출되며, 특정 박테리아에 의해 흡수되거나 자외선이나 화학 반응에 의해 파괴될 때 제거된다.

② 아산화질소 배출원 분포

그림 1.16은 2021년 미국의 아산화질소 배출원 분포이다. 농업에서의 토양 관리(질소 비료 사용)가 73%로 가장 큰 비율을 차지하며, 연소 5%, 폐수 처리 5%, 비료 관리 4%, 수송 4%, LULUCF(Land Use, Land-Use Change, and Forestry, 산불, 해안습지의 유기물 분해 등) 3%, 기타 5% 순이다. 자동차 배기 가스에 대한 배출 기준 강화로 수송에서의 배출량은 매우 크게 감소하였다.

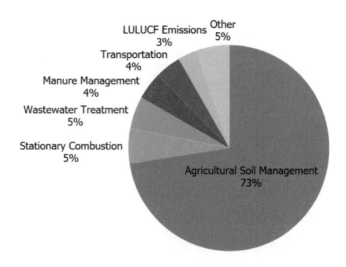

그림 1.16 2021년 미국 아산화질소 배출원 분포

(출처: https://www.epa.gov/ghgemissions/overview-greenhouse-gases)

③ 아산화질소 배출 저감 방안

지구 온난화를 피하기 위해 아산화질소 배출을 줄이려면 어떻게 해야 할까?

첫 번째로 농업 부문에서 질소 비료를 줄이고 분뇨 관리를 개선해야 한다. 두 번째로는 자동차 배기가스 관리를 위한 촉매 변환기 사용을 확대하고, 연료 소비를 줄여 연료 연소의 부산물인 아산화질소 배출을 줄여야 한다. 세 번째로는 산업에서 화석 연료를 신재생에너지로 전환하고 질산 및 나일론 생산에서 아산화질소 저감을 위한 기술을 업그레이드하여야 한다.

4 플루오르화 가스

① 플루오르화 가스 순환 과정

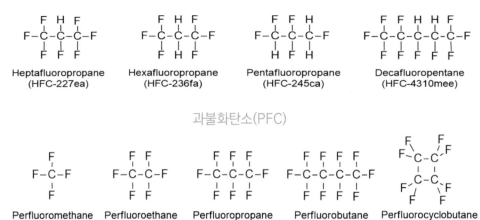

그림 1.17 수소불화탄소(HFC)와 과불화탄소(PFC)

플루오르화 가스는 수소불화탄소(HFC), 과불화탄소(PFC), 육불화황(SF_6), 삼불화질소(NF_3)를 통칭하는 기체이다(그림 1.17). 다른 온실가스와는 달리 자연 발생원이 없으며 전적으로 인간활동에서 발생한다. 플루오르화 가스(특히 HFC)는 성층권 오존층 파괴 물질인 수소염화불화탄소(HCFC)과 염화불화탄소(CFC) (1989년 1월에 발효된 몬트리올 의정서에 따라 오존층 파괴 물질인 염화불화탄소의 생산과 사용을 규제하고 있다)의 대체물로 개발된 물질로 에어컨 냉매, 단열 폼, 에어로졸 추진제, 용제 및 화재 방지용으로 사용되어 가정, 상업, 산업 분야 및 알루미늄 및 반도체 제조 공정에서 배출된다. 배출된 플루오르화 가스는 대기 중에 잘 혼합되어 방출된 후 전 세계로 퍼져서 수천 년 동안 지속되어 자연적으로 잘 제거되지 않으며 상층 대기에서 햇빛에 의해 파괴될 때만 대기에서 제거된다. 플루오르화 가스는 다른 온실가스보다 훨씬 적은 양으로 배출되지만 인간 활동에 의해 배출되는 온실가스 중 지구 온난화 효과가 가장 강력하고 오래 지속되는 매우 강력한 합성 온실가스이다.

② 플루오르화 가스 배출원 분포

그림 1.18은 2021년 미국의 플루오르화 가스 배출원 분포이다. 오존층 파괴물질 대체물(냉매, 에어로졸 추진제, 폼 발포제, 용제, 난연제, HFC) 92%로 대부분을 차지하며, 전기 전송(절연 기체, SF_6) 3%, 전자 산업(반도체 제조, PFC, SF_6, NF_3) 2%, HCFC-22 생산 1%, 알루미늄(PFC)과 마그네슘 생산(SF_6) 및 가공 1% 순이다. HFC의 배출량은 증가하는 추세이고, PFC와 SF_6는 감소하고 있다.

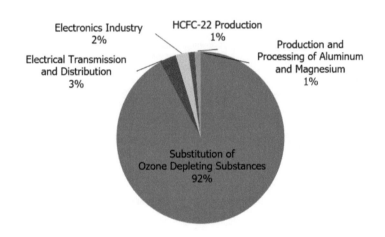

그림 1.18 2021년 미국 플루오르화 가스 배출원 분포
(출처: https://www.epa.gov/ghgemissions/overview-greenhouse-gases)

③ 플루오르화 가스 배출 저감 방안

지구 온난화를 피하기 위해 플루오르화 가스 배출을 줄이려면 어떻게 해야 할까?

첫 번째로 오존층 파괴 대체 물질인 HFC를 지구온난화지수가 낮은 다른 차세대 냉매 물질로 대체하기 위한 기술 개발을 하고, 차량 에어콘 냉매 누출을 최소화해야 한다. 두 번째로는 알루미늄, 마그네슘, 반도체 생산에서 플루오르화 가스 포집 및 파괴 공정을 적용하고 대체물질을 개발해야 한다. 세 번째로는 전기 전송에 사용되는 SF_6에 대해 누출 감지 장비를 사용하고, 재활용하며, 대체물질을 개발해야 한다.

1.3 탄소중립을 향한 탄소 배출 저감 노력과 CCUS

1.3.1 탄소 배출 저감을 위한 국제사회의 다양한 노력

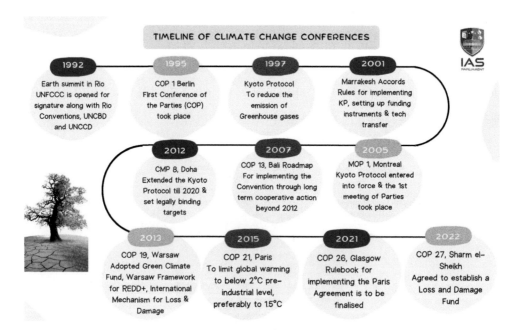

그림 1.19 기후변화에 대처하기 위한 국제회의 타임라인

(출처: http://www.iasparliament.com/current-affairs/conference-of-parties-cop-27-part-1)

지구온난화의 심각성을 인지하고 그에 대응하기 위해 유엔에서는 **유엔기후변화협약**(UNFCCC, United Nations Framework Convention on Climate Change)을 통해서 전 지구적 노력을 기울이고 있다. 유엔기후변화협약은 지구온난화를 막기 위해 모든 온실가스의 인위적인 배출을 규제하기 위한 국제협약으로, 1992년 6월 브라질 리우에서 열린 리우회의에서 처음으로 채택되었다. 이후 1997년 교토의정서, 2015년 파리협정이 차례로 채택되며 현재에 이르고 있다(그림 1.19). **당사국총회(COP, Conference of Parties)**는 매년 열리는 유엔기후변화협약 최고의 의사결정기구이며, 처

음 개최된 COP1은 1995년 독일 베를린에서, COP27은 2022년 이집트 샤름 엘 셰이크 (Sharm El Sheikh)에서 열렸고, COP28은 2023년 11월 30일부터 12월 12일까지 아랍 에미리트 두바이에서 개최되었다.

1.3.2 탄소 중립과 이산화탄소 포집, 활용, 저장 기술
(CCUS, Carbon dioxide Capture, Utilization, Storage)

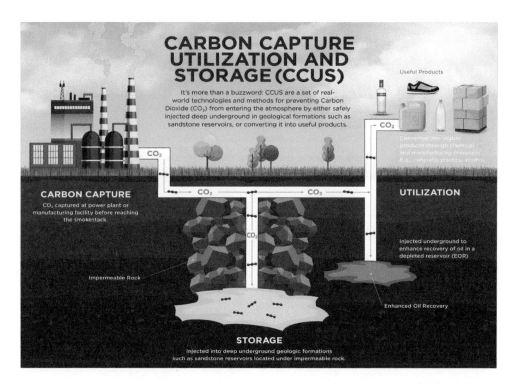

그림 1.20 탄소 포집, 활용, 저장(CCUS, Carbon dioxide Capture, Utilization, and Storage) 기술
(출처: https://context.capp.ca/infographics/2021/what-is-carbon-capture-utilization-and-storage-ccus/)

탄소중립(Carbon Neutral, Net Zero)이란 대기 중 이산화탄소 농도 증가를 막기 위해 인간 활동에 의한 이산화탄소 배출량(+요인)은 최대한 줄이고, 배출되는 이산화탄소는 산림에 의한 흡수나 CCUS로 제거(-요인)하여 실질적인 순 배출량이 '0'이 된 상태로 만드는 것이다. 2018년 IPCC(Intergovernmental Panel on Climate Change, 기후변화에 관한 정부간 협의체) 보고서에 따르면 파리 협정의 목표를 달성하려면 2030년까지 이산화탄소 배출량을 2010년 대비 45% 줄여야 한다. 지구 온난화를 산업혁명 시기에 비

해 2030년까지 1.5℃까지로, 2050년까지 2.0℃까지로 억제하기 위해, 이산화탄소 배출을 줄이는 CCUS 기술 개발이 활발히 진행되고 있다. 이산화탄소 포집, 활용, 저장(CCUS) 기술이란 화력 발전소와 산업 공장에서 이산화탄소가 대기로 유입되기 전에 분리하여 '**포집**'하고, 포집된 이산화탄소를 선박이나 트럭, 파이프라인을 통해 수송하여 인근의 버려진 유전이나 육상이나 해저 등의 지하 깊숙이 주입하여 퇴적층에 '**저장**'하거나, 유용한 화학물질로 전환하여 '**활용**'하는 것이다(그림 1.20).

공기 중 이산화탄소 농도는 0.0390%로 매우 낮으며, '**포집**'하는 기술에는 흡착, 흡수, 분리막, 화학적 방법, 생화학적 방법, 지열 이용, 극저온 기술 등 다양한 방법이 있다. 포집한 이산화탄소는 화학적으로 환원하여 일산화탄소(CO), 메탄(CH_4), 개미산(HCO_2H), 메탄올(CH_3OH), 다이메틸에테르(DME, CH_3OCH_3), 등으로 변환하여 여러 제품 생산에 '**활용**'한다(그림 1.21).

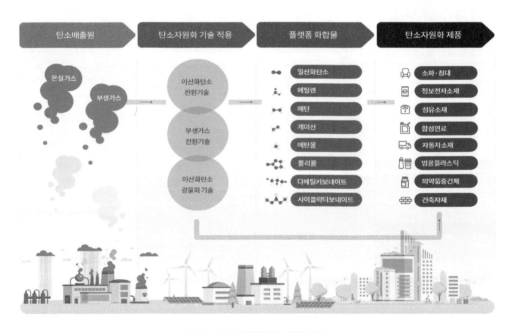

그림 1.21 **이산화탄소 활용 기술**

(출처: 한국화학연구원 https://co2platform.krict.re.kr/)

1.4 우리나라 산업부문 온실가스 배출 및 전남 동부 지역 산업부문 탄소중립 전략

1.4.1 우리나라 산업부문 온실가스 배출

2023년 한국에너지공단에서 발행한 2022년 산업부문 온실가스 배출량 조사 보고서에 따르면, 산업부문에서 온실가스 배출량 1위 업종은 제철 등 1차 금속산업으로 38.2%이며, 화학산업이 22.5%, 정유 9.5%, 전자장비 제조업 7.7%, 비금속 광물제품 6.5%, 기타 제조업 6.7%의 순이다. 지역적으로는 제철, 화학, 정유업체가 집중되어 있는 전라남도가 산업부문 온실가스 배출이 가장 많은 지역이다(그림 1.22).

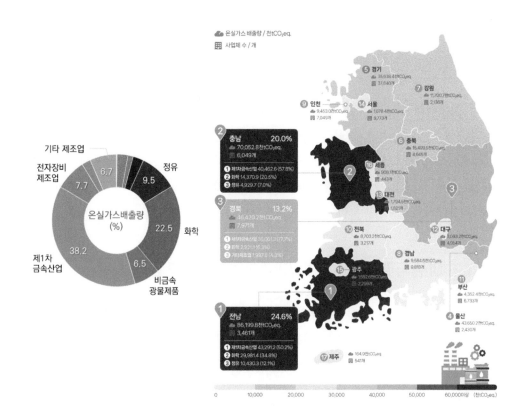

그림 1.22 2022년 우리나라 산업부문 업종별(좌) 지역별(우) 온실가스 배출량

(출처: 한국에너지공단 2023. 2022 산업부문 온실가스 배출량 조사 보고서)

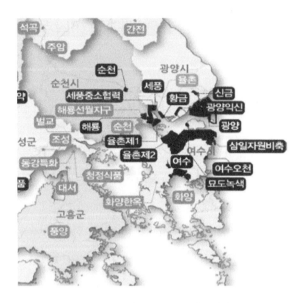

그림 1.23 **전남 동부지역 산업단지**
(출처: 한국산업단지공단 2022 전국·시도별 전국산업단지 현황지도)

전남 동부지역 산업단지를 나타낸 그림 1.23에서 핑크색은 국가산업단지(여수, 광양), 파란색은 일반산업단지 (율촌, 세풍, 황금, 신금, 광양익신, 여수오천, 묘도녹색, 순천, 해룡), 주황색은 도시첨단산업단지(순천), 붉은색은 외국인투자지역(세풍중소협력), 하늘색은 자유무역지역(율촌), 녹색은 농공단지를 나타낸다. 전남 동부지역에는 국가산업단지가 여수 석유화학 국가산단과 광양 제철 국가산단의 2군데나 있다.

1.4.2 여수 국가산업단지 석유화학산업 탄소중립 전략

국내 석유화학산업은 세계 5위의 생산능력, 세계 시장 점유율도 4% 이상인 국가 기간산업이며 제조업에서 차지하는 비중이 높고, 재생에너지 비중이 낮은 에너지 집약적, 탄소 집약산업이다. 석유화학 업스트림 공정(원유 증류로 다양한 석유제품 연료 생산)에서는 온실가스 직접 배출 비중이 높고, 다운스트림 공정(나프타를 원료로 이용하여 다양한 화학제품 생산)에서는 온실가스 간접 배출 비중이 높다. 석유를 원료뿐만 아니라 연료로도 사용하므로 석유 의존도를 낮출 수 있는 다음과 같은 혁신적인 온실가스 감축전략이 요구된다(그림 1.24).

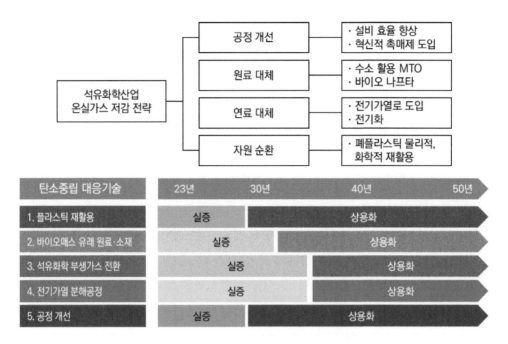

그림 1.24 석유화학산업 온실가스 감축 전략 로드맵

(출처: 산업연구원 ISSUE PAPER 2021-19 석유화학산업 탄소중립 전략과 정책적 대응방안)

1. **자원 순환:** 2017년 기준 연간 750만톤 폐플라스틱이 재활용(52%), 소각(39%), 매립(9%)된다. 폐플라스틱 업사이클링 기술 개발, 플라스틱 원료 재활용 및 온실가스 배출 저감 노력을 한다.

2. **연료 대체:** 온실가스 직접 배출의 대부분을 차지하는 나프타 분해공정(NCC, Naphtha Cracking Center)에서 연료를 전기가열로로 대체하여 이산화탄소의 90% 감축을 목표로 한다.

3. **원료 대체:** 단기적으로 화석원료 기반의 나프타를 바이오나프타나 수소로 대체하는 MTO (Methane to Olefin; Carbon to X) 등으로 대체함으로써 온실가스 배출을 최소화한다. 장기적으로 부생가스 활용 원료 전환 기술을 포함하는 화이트바이오 기술과 메탄, 이산화탄소 등의 부생가스를 고부가가치 화합물로 전환하는 기술 및, 메탄 직접 전환을 통한 화학원료 제조, 이산화탄소 포집제 등 CCUS 기술을 개발한다.

4. **공정 개선:** 촉매 개발, 반응 및 분리공정을 재설계하고 에너지효율 향상을 위해 최적화한다.

1.4.3 광양 국가산업단지 제철산업 탄소중립 전략

우리나라는 2019년 조강 생산량 7140만 톤으로 세계 6위, 소비량은 1인당 1톤(2019년 1039kg/인)이 넘는 유일한 국가다. 철강재 수출량은 중국(6370만톤), 일본(3310만톤)에 이어 3000만 톤으로 세계 3위이고, 생산량 대비 수출 비중은 40%로 세계 최고이며, 전체 수출액의 5.7%로 수출기여도가 높은 반면에, 그림 1.22에서 보듯이 철강 산업은 온실가스 배출량이 가장 크며, 고로의 경우 환원제로 유연탄, 전기로는 에너지원으로 전기를 사용함으로써 온실가스 감축이 어려운 대표적 산업이다.

최대 탄소 배출산업인 철강업계에서 탄소 배출량 삭감에 대한 요구가 커지고 있다. 특히 탄소 중립 추진에 가장 적극적인 EU 철강업계는 탄소중립 철강을 생산하는데 비용이 추가되므로 비탄소중립 철강재 수입에 탄소국경세 도입을 강력하게 요구하고 있다.

2022년 10월 국제 에너지 기구 IEA(Internatinal Energy Agency)가 제시한 2070년 탄소중립을 위한 철강 산업의 로드맵은 2050년 탄소배출 50% 이상, 평균 조강 톤당 이산화탄소 배출량을 60% 감축해야 한다는 것이다. 이산화탄소 총배출량은 2019년 26억 톤에서 2050년 12억 톤으로, 조강 톤당 배출량은 2019년 $1.4CO_2$톤에서 2050년에는 $0.6CO_2$톤으로 줄여야 한다.

우리나라 철강 산업은 생산효율성이 높고, 생산원가가 낮으며, 특히 에너지효율이 세계 최고 수준인 반면, 에너지 저감 잠재력이 세계 최저 수준이므로, 탄소중립을 달성하기 위해서 '고로 → 전기로 → 수소환원제철'로 전환하려는 노력이 필요하다. 단기적(Blue Steel)으로는 석탄 기반의 제철공정을 효율화 할 수 있는 기술, 대표적으로 전기로의 확대 등이 추진되고 있다. 중장기적(Green Steel)으로는 **'수소환원 제철 공정'** 기술개발과 상용화 및 설비 교체를 추진하여야 한다.

우리나라 철강 산업 탄소중립 추진 전략은 2040년까지 에너지효율 개선, 전기로 비중 확대를 추진하는 한편 대형·중장기 R&D 추진을 통해 혁신기술인 수소환원 제철 공정의 기술적 불확실성을 극복하고 2050년 수소환원강의 전로강 대체, 전기로 비중을 확대하는 것이 핵심이다(그림 1.25).

구분	주요 전략
~ 2030년	✓ 고로 조업 원단위 개선, 설비 합리화 ✓ 부산물 및 배열회수 증대 등 에너지효율 개선 ✓ 철스크랩 활용 전기로 제강 확대 지속
~ 2040년	✓ 제선 공정 NG가스 취입, 함수소 가스 활용 ✓ 전기로 효율 증대, 철스크랩 사용 확대 ✓ CCR(Carbon Capture & Reuse) 등 다양한 수단 도입 ✓ 수소환원제철(H2-DRI) 기술개발 완료
~ 2050년	✓ 전로강을 수소환원강으로 100% 대체

그림 1.25 **철강 산업 탄소중립 추진 전략**

(출처: https://www.ferrotimes.com/news/articleView.html?idxno=12167)

1.5 참고문헌

- https://blog.naver.com/chsshim/50157194112

- http://scuba.bstorm.co.kr/

- 대한민국 교육부 공식 블로그

  https://if-blog.tistory.com/2084

- 에듀넷

  https://www.edunet.net/nedu/contsvc/viewWkstContPost.do?contents_id=
  a3cfd0c2-6725-41d0-a1be-98f03f7ae669&head_div=

- 페로타임즈 [이슈 리포트] 탄소중립을 위한 철강산업의 도전과 역할

  https://www.ferrotimes.com/news/articleView.html?idxno=12167

- 한국화학연구원

  https://co2platform.krict.re.kr/

- American Society for Microbiology

  https://asm.org/Articles/2022/May/How-Methanogenic-Archaea-Contribute-to-

Climate-Cha

- Climate Action Regional Offices

  https://www.caro.ie/knowledge-hub/general-information/science-of-climate-change/greenhouse-gases

- CONTEXT ENERGY EXAMINED

  https://context.capp.ca/infographics/2021/what-is-carbon-capture-utilization-and-storage-ccus/

- GS 칼텍스 https://gscaltexmediahub.com/esg/about-greenhouse-gas/

- IAS Parliament

  https://www.iasparliament.com/current-affairs/conference-of-parties-cop-27-part-1

- NASA Global Climate Change_Vital Signs of the Planet_Carbon Dioxide

  https://climate.nasa.gov/ vital-signs/carbon-dioxide/

- NASA Global Climate Change_Vital Signs of the Planet_Global Temperature

  https://climate.nasa.gov/vital-signs/global-temperature/

- UC San Diego

  https://library.ucsd.edu/dc/object/bb1912283q

- United Nations Framework Convention on Climate Change_Kyoto Protocol

  https://unfccc.int/kyoto_protocol

- United Nations Framework Convention on Climate Change_Paris Agreement

  https://unfccc.int/process-and-meetings/the-paris-agreement

- United States Environmental Protection Agency

  https://www.epa.gov/ghgemissions/overview-greenhouse-gases

- World Population Review

  https://worldpopulationreview.com/country-rankings/carbon-footprint-by-country

- 조용원, 이상원, 김경문. **2021**. 산업연구원 ISSUE PAPER 2021-19 석유화학산업 탄소중립 전략과 정책적 대응방안

- 한국산업단지공단 **2022**. 전국·시도별 전국산업단지 현황지도

- 한국에너지공단 **2023**. 2022 산업부문 온실가스 배출량 조사 보고서.

- 한국화학연구원. **2021**. 탄소자원화전략실 탄소자원화 리포트, 국내 CCUS R&D 현황

분석(2016~2020)

* George A. Olah, G. K. Surya Prakash, and Alain Goeppert, **2011**. Anthropogenic Chemical Carbon Cycle for a Sustainable Future, *J. Am. Chem. Soc.*, 133, 33, 12881-12898.

* Qiang Wang, Heriberto Pfeiffer, Rose Amal, and Dermot O'Hare, **2022.** Introduction to CO_2 capture, utilization and storage (CCUS), *React. Chem. Eng.*, 7, 487-489.

CHAPTER 2
기후변화와 대기오염

학습 목표

- 대기오염의 개념을 이해하고, 대기오염물질들을 그 분류 방식에 따라 구분하여 설명할 수 있다.
- 기후변화와 대기오염 사이에 일어나는 상호작용에 대해 설명할 수 있다.
- 온실가스와 대기오염물질 사이의 공통점을 이해하고 이에 기반하여 기후-대기오염 연계정책을 설명할 수 있다.
- 기후위기 시대의 대기오염 정책이 어떤 방향으로 나아가야 하는지와 이에 대한 시민들의 참여 방안을 설명할 수 있다.

그림 2.1 미국 오래건 주의 산불 연기

이 단원에서는 기후변화가 대기오염과 어떤 영향을 주고 받는지 살펴보고 기후위기 시대의 대기환경 정책 방향에 대하여 학습한다.

함께 생각해보기

전지구적으로 해가 갈수록 잦아지는 산불 피해는 기후변화가 대기오염에 영향을 미치는 한 사례이다. *기후변화로 인해 대기오염은 어떤 영향을 받게 될지, 기후변화 대응을 위한 대기환경 정책 방향은 어떠해야 할지 생각해보자.*

2.1 대기오염

대기오염이란 공기의 영구적 구성성분과 다른 해로운 물질(대기오염물질)에 의해 대기가 더럽혀지는 상황을 의미한다. 대기오염물질에는 매우 많은 종류의 성분들이 포함되지만, 현실적으로 혹은 기술적으로 이 모든 성분들을 규제하는 것이 어렵기 때문에 그 중 대표적인 성분들을 그 특성별로 분류하여 몇 가지 범주로 묶어서 환경부가 배출 기준(배출원에서 배출되는 농도 및 총량을 규제하는 기준)과 환경 기준(대기 중 농도를 규제하는 기준)을 설정하여 규제하고 있다. 예컨대, 환경부가 환경 기준을 설정하고, 전국 각지의 상시 관측소에서 농도를 정기적으로 측정하여 환경 기준이 만족되고 있는지를 지속적으로 감시하고 있는 대기오염물질에는 이산화질소(NO_2), 아황산가스(SO_2), 일산화탄소(CO), 오존(O_3), 납(Pb), 벤젠(C_6H_6), 미세먼지(PM_{10} 및 $PM_{2.5}$)가 있다.

대기오염물질들은 많은 경우 인간 활동에 의해 배출되지만, 그중 일부는 자연 활동에 의해 배출되기도 한다. 인위적 발생원에는 산업공정, 화석연료의 연소 등이 있고, 자연적 발생원으로는 화산, 산불, 황사 등을 들 수 있다.

2.1.1 대기오염물질의 분류

대기오염물질을 구분하는 주요한 방식으로 두 가지가 있다. 첫 번째 방법은 대기오염물질의 상(phase)에 따라 분류하는 것이다. 대기오염물질 중 기체로 존재하는 오염물질을 기체상 오염물질이라 하며 아황산가스, 일산화탄소, 오존, 이산화질소, 일산화질소, 휘발성 유기화합물(VOC), 암모니아 같은 물질들이 여기에 속한다. 아황산가스나 이산화질소 같은 기체상 오염물질들은 대기 중에서 산화되어 황산과 질산 같은 강산성 물질로 변환되기 때문에 산성비의 원인이 되기도 한다.

대기 중에 부유하고 있기는 하지만 그 자체는 기체가 아닌 오염물질을 입자상 오염물질이라 부른다. 이것은 이 물질들이 독립적인 분자 상태로 존재하지 않고 많은 수의 분자들이 뭉쳐진 아주 작은 액체나 고체 입자(particle)로 대기 중에 부유하고 있기 때문이다. 입자상 오염물질은 학문적 용어이고, 일상 용어 또는 행정 용어로는 이를 '먼지'라 부른다. 예를 들어 황사 먼지는 기체인 공기 중에 떠 있지만 기체가 아니라 고체 입자다. 크기가 너무 작아서 중력에 비해 공기가 주는 마찰력이 크기 때문에 잘 떨어지지 않을 뿐이다. 일상생활에서는 먼지라는 말을 대개 황사먼지 같은 흙먼지를 지칭할 때에만 쓰는 경향이 있지만, 대기환경 규제를 위해 사용되는 행정 용어로서의 먼지는 대기 중에 부유하는 액체 입자들까지도 모두 포함한다. 입자상 오염물질은 그 크기에 따라 유해성이 달라지며, 크기가 작을수록 생명체에 더 해롭다. 바로 이러한 특징으로 부터 '미세먼지'의 중요성이 나온다.

　대기오염물질을 구분하는 두 번째 방법은 대기오염물질의 발생 경로에 따라 분류하는 것이다. 배출원으로부터 곧바로 대기 중으로 배출되는 오염물질을 1차 대기오염물질이라 부르며, 대기 중에서 화학반응을 거쳐 생성되는 오염물질을 2차 대기오염물질이라 부른다. 1차 대기오염물질에는 아황산가스, 질소산화물, 암모니아, 매연, 황사 등이 있고, 대표적인 2차 대기오염물질로는 질산암모늄 미세먼지 같은 2차 입자상 오염물질과 오존이 있다.

　대기오염물질을 상에 따라 분류하는 방법과 발생 경로에 따라 분류하는 방식을 통합하면, 대기오염물질은 다음과 같이 4가지로 분류할 수 있다.

- 1차 기체상 대기오염물질: 아황산가스, 질소산화물, 암모니아
- 1차 입자상 대기오염물질: 매연, 황사
- 2차 기체상 대기오염물질: 오존
- 2차 입자상 대기오염물질: 질산암모늄

　한국이 경제개발에 한창이던 20세기 후반에는 대개 1차 대기오염물질들이 대기환경을 위협하는 주범들이었다. 이후 강력한 배출원 규제 정책이 효과를 발휘하면서 1차 대기오염물질들의 농도는 크게 줄어들었다. 21세기에 들어선 이후로는 한국의 대기오염 고농도 사례를 만들어내는 주범의 역할을 대기 중에서의 광화학반응으로 인해 만들어지는 2차 대기오염물질에 해당하는 오존과 2차 입자상 오염물질이 하고 있다. 2차 입자상 오염물질을 만드는 광화학반응의 반응물질들, 즉 2차 먼지의 원인물질들을 '전구체(precursor)'라 부르는데, 질소산화물(NOx), 황산화물(SOx), 암모니아, 휘발성유기화합물(VOC)이 대표적인 2차 먼지 전구체이다. 2차 먼지는 미세먼지 고농도사례를 주도하는 주범일 뿐만 아니라, 그 생성 과정이 비선형적이어서 생성의 억제가 생각보다 쉽지 않다는 데 어려움이 있다. 그림 2.2는 2차 먼지 발생을 나타낸 도식도이다.

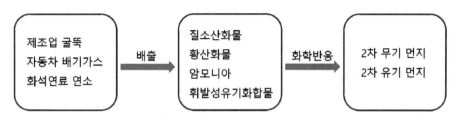

그림 2.2 2차 먼지 생성 과정

2.1.2 먼지의 크기와 미세먼지의 개념

먼지 입자들은 대개 직경이 $0.01\,\mu m$와 $100\,\mu m$ 사이에 있다. 직경이 $100\,\mu m$가 넘는 먼지 입자들은 중력침강에 의해 쉽게 제거되고, 직경이 $0.01\,\mu m$보다 작은 먼지 입자들은 큰 입자들과 쉽게 충돌하여 부착됨으로써 제거된다. 물질이 부서져 생기는 먼지 입자(예: 흙먼지)는 크기가 비교적 커서 직경이 대개 $1\,\mu m$ 이상인 반면, 증기가 뭉쳐져서 생기는 입자(예: 매연)는 크기가 비교적 작아서 직경이 대개 $1\,\mu m$ 이하이다. 먼지는 입자의 크기가 작을수록 다음과 같은 세 가지 이유로 인해 생명체에 더 해롭다.

- 단위 질량 당 수가 많다.
- 폐 깊숙한 곳까지 침투하기 쉽다.
- 분자 단위에서부터 합성된 경우가 많고, 따라서 유해 성분을 많이 포함하고 있다.

먼지 입자의 크기가 작을수록 더 해롭다는 사실로부터 '미세먼지'라는 개념이 나왔다. 해롭기는 작은 입자가 더 해로운데, 먼지의 농도를 측정해보면 크기가 큰 입자들이 대부분의 질량을 차지하기 때문에 먼지의 총 농도가 먼지의 유해성을 잘 대변하지 못한다는 지적이 나왔고, 그래서 실제로 인체에 해로운 직경 $10\,\mu m$ 이하의 입자들만 포집하여 질량농도를 측정하자는 합의가 이루어졌는데, 이것이 미세먼지 PM_{10} 개념의 시초가 되었다. PM_{10}은 입자상 물질(particulate matter)을 뜻하는 'PM'에 기준 직경 $10\,\mu m$의 숫자 10을 결합하여 만들어진 용어이다.

세월이 흘러 직경 $10\,\mu m$라는 기준도 너무 크다는 지적이 나왔고, 이후 직경 $2.5\,\mu m$ 이하의 입자들만 포집하여 측정한 질량농도를 의미하는 미세먼지 $PM_{2.5}$가 제안되었다. 광화학반응에 의해 생성되는 2차 먼지들은 대부분 그 직경이 $1\,\mu m$보다 작기 때문에

PM$_{2.5}$의 주요 성분이다.

2.1.3 대기오염물질의 농도

이제 어느 지역의 대기오염물질 농도는 어떻게 결정되는 것인지 알아보자. 그림 2.3은 그 한 예로 전라남도 대기 중 미세먼지 농도를 결정하는 요인들을 표현한 그림이다. 전라남도 대기 중 미세먼지 농도 변화는 다음 식으로 나타낼 수 있다.

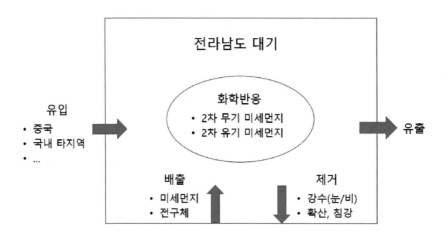

그림 2.3 전라남도 대기 중 미세먼지 농도를 결정하는 요인들

농도 변화 = 유입 − 유출 + 배출 − 제거 + 화학반응 (2-1)

식 (2-1)에서 '유입'은 중국, 북한, 일본 등 대한민국 외부로부터 또는 국내 타 지역으로부터 바람을 타고 유입되는 미세먼지를 의미하고 '유출'은 마찬가지로 바람을 타고 전라남도 상공 대기로부터 다른 지역으로 빠져나가는 미세먼지를 의미한다. 유입과 유출에는 기상 및 국외 배출량이 영향을 미친다. 일반적으로 대기오염물질의 배출량이 큰 도심지역이나 산업지역에서는 풍속이 강할수록 오염물질의 유출이 원활해서 오염도를 낮춰준다. 대기오염 고농도 사례가 주로 풍속이 약한 대기정체 시에 발생하는 이유가 여기에 있다. 그러나, 배출량이 적은 교외 지역의 경우에는 바람이 불어오는 쪽(풍상)이 오염도가 높을 경우 유입에 의한 오염물질 고농도 상황이 발생할 우려가 있다.

미세먼지 '제거' 메커니즘으로는 비나 눈에 의한 세정 효과와 중력침강 및 확산에 의한 제거를 들 수 있다. '배출'에는 1차 미세먼지의 배출과 2차 미세먼지를 만드는 전구체의 배출이 있다. 배출된 전구체들은 대기 중에서의 '화학반응'을 거쳐 2차 무기 및 유기 미세먼지를 만들어낸다. 2차 미세먼지를 만드는 화학반응은 전구체들의 배출량과 화학반응 경로에 따른 비선형 광화학반응이다. 이는 전구체 배출을 반으로 줄인다고 해서 2차 미세먼지 생성이 정확히 반으로 줄어든다는 보장이 없다는 뜻이다. 따라서 미세먼지 농도 변화를 정확히 파악하기 위해서는 각 인자별 기여도의 과학적 정량화가 필요하다.

2.1.4 대기오염물질의 위해성

대기오염물질을 규제하는 데는 여러 이유가 있지만, 역시 가장 큰 이유는 사람의 건강에 해를 끼치기 때문이다. 이를 일컬어 대기오염물질의 인체 위해성(risk)이라 부른다.

대기오염물질은 공기 중으로 배출되거나(1차) 공기 중에서 생성된(2차) 후, 바람을 타고 이동하거나 확산하다가, (대개는 호흡기를 통해) 우리 몸속으로 흡입된 다음, 독성을 발휘한다. 이때 대기오염물질이 우리 몸속으로 흡입되는 과정을 노출(exposure)이라 부르고, 발휘되는 독성을 유해성(hazard)이라 부른다. 결국 대기오염물질의 위해성은 노출과 유해성이 모두 충족되어야 발현되는 특성을 지닌다.

대개 대기오염물질의 노출량이 크다는 것은 대기 중 농도가 높다는 것을 의미하며, 대기 중 오염물질의 농도를 규제하는 이유도 노출량을 줄이기 위한 노력의 일환이다. 그런데, 예외적으로 대기 중 농도는 낮음에도 불구하고 위해성은 매우 큰 경우들이 있는데, 담배연기나 경유자동차 배기가스 같은 것들이 그 예이다. 이들은 오염원이 바로 우리 주위에 있어서 배출된 오염물질이 미처 대기 중으로 확산되기 전 고농도의 상태에서 몸 속으로 흡입되게 될 가능성이 높고(노출), 물질 자체의 독성이 크기(유해성) 때문이다.

이렇게 대기오염물질의 위해성이 복잡하게 구성된다는 사실은 대기환경 정책, 특히 1차 배출과 2차 생성의 영향을 모두 받는 미세먼지 정책을 수립할 때 몇 가지 시사점을 준다. 무엇보다도 미세먼지는 단일물질이 아니라는 점을 유념해야 한다. 가령 자동차 배출 미세먼지와 2차 미세먼지 저감은 전혀 다른 방향으로 접근해야 한다. 또한 미세먼지의 독성을 결정하는 화학성분과 노출량을 결정하는 배출원으로부터의 거리 역시 고려해야 한다. 예를 들어, 남캘리포니아 대기관리국의 조사에 의하면, 디젤자동차에서 나오는 매연은 전체 미세먼지($PM_{2.5}$) 질량의 10%만을 차지하지만, 대기오염물질로 인한 전체 독성의 2/3를 차지한다(South Coast Air Quality Management District, 2015). 이는 매연 입자가 유독성분을 많이 포함하고 있다는 점과 배출원이 우리 삶 가까이에 있다는 점이 작용한 결과이다. 이와 같이 미세먼지 정책을 펼칠 때에는 과학적 이해에 바탕을 두고 노출량과 독성을 가장 효과적으로 줄일 수 있는 정책을 우선적으로 펼치는 것이 중요하다.

2.2 기후변화와 대기오염

기후변화는 대기 중으로 배출되거나 대기 중에서 생성된 온실가스로 인한 현상이고, 대기오염 역시 대기 중으로 배출되거나 대기 중에서 생성된 오염물질로 인한 현상이다. 결국 온실가스와 대기오염물질은 온실효과와 인체 유해성이라는 특성의 차이로 인해 구분되는 것일 뿐 대기 중에 존재하면서 문제를 일으키는 물질들이라는 점에서는 공통점을 가지고 있으며, 심지어 그들 중 일부는 겹치기도 한다. 예컨대, 오존은 대기오염물질이자 온실가스이다. 또한 많은 대기오염물질과 온실가스는 같은 배출원에서 함께 배출된다.

따라서, 기후변화와 대기오염은 모두 대기환경과학에서 연구하는 주요 분야이며 연구 방법론 역시 매우 흡사하다. 또한, 기후변화와 대기오염은 서로 영향을 주고받는다. 즉, 기후변화는 대기오염에 대체로 악영향을 미치며, 대기오염은 그 양태에 따라 기후변화를 가속시킬 수도 지연시킬 수도 있다. 이 절에서는 온실가스와 대기오염물질, 그리고 그들로 인한 기후변화와 대기오염 간의 관계에 대해 살펴보자.

2.2.1 온실가스와 대기오염물질의 체류시간

코로나19가 전 세계를 휩쓸기 시작한 2020년 상반기, 우리는 전혀 의도한 바 없는 대규모의 대기환경 실험 결과를 전 지구적으로 관찰하는 기회를 가졌다. 코로나19로 인해 경제활동이 위축되면서 그 반대급부로 공기는 깨끗해졌다는 반응은 우리 주변에서 쉽게 들을 수 있을 만큼 많은 사람들 사이에서 회자되었다. 사람들의 이러한 체감 대기오염도 급감은 관측 결과로도 뒷받침되었는데, 코로나19의 전 지구적 확산에 의해 각국의 경제 활동량이 큰 폭으로 줄면서 대기오염도는 뚝 떨어졌다는 언론 보도가 잇따랐다.

유럽우주국(European Space Agency)의 Sentinel-5 인공위성에 탑재된 대류권 모니터링 센서 TROPOMI(Tropospheric Monitoring Instrument)로 관측된 동아시아 이산화질소(질소산화물 중 한 종류로서 미세먼지 원인물질 중 하나이기도 함) 오염도는 코로나19로 인한 대규모 격리 조치 이전과 이후에 극명한 차이를 보여주었다. 격리 조치 이후인 2020년 2월의 중국 전역에서의 이산화질소 층적분농도가 격리 조치 이전인 1월에 비해 1/3 수준으로 급락하였다는 것이 뚜렷하게 관찰되었다(그림 2.4). 한국 수도권에서도 중국만큼은 아니지만 상당량의 감소가 기록되었다. 그러나, 격리 조치가 대부

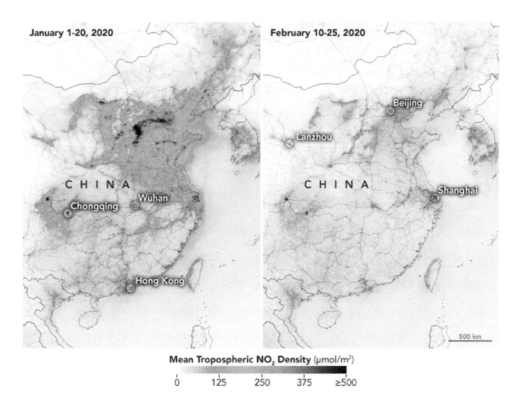

그림 2.4 **2020년 1월과 2월 동아시아 이산화질소 층적분농도 분포 비교**

(출처:https://earthobservatory.nasa.gov/images/146362/airborne-nitrogen-dioxide-plummets-over-china?fbclid=IwAR3pCVhRhw7ueXPL-abpLMlvsAziHQXjx89pSBWm5bdbZ8ErW9MKWADAAiI)

분 해제된 4월말~5월초에 이르러서는 급감했던 이산화질소 층적분농도가 다시 평년 수준을 거의 회복한 것으로 보고되었다(그림 2.5).

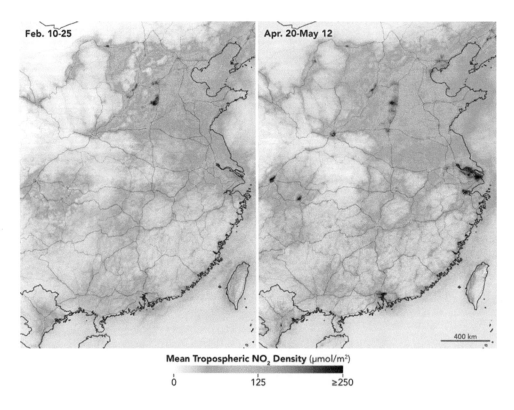

그림 2.5 2020년 2월과 4~5월 동아시아 이산화질소 층적분농도 분포 비교

(출처:https://earthobservatory.nasa.gov/images/146741/nitrogen-dioxide-levels-rebound-in-china?fbclid= IwAR2Tj319yZS7H7q1HD-i_poTRtKreR82Q7PS8WKMdABfJMLzxcmYuRvh9ho)

이렇게 불과 몇 달 동안에 이산화질소의 농도가 급변할 수 있는 이유는 질소산화물의 대기 중 평균 체류시간(대기 중에 생겨나서 없어지기까지 걸리는 시간)이 수일에 불과하기 때문이다. 이것은 그 이유가 무엇이든 질소산화물의 배출이 줄어들면 수일 내로 질소산화물 농도가 줄어드는 결과로 나타난다는 것을 의미한다. 질소산화물이 특히 체류시간이 짧은 편이긴 하나, 다른 대기오염물질의 대기 중 체류시간 역시 대체로 수일에서 수개월의 범위 사이에 있다. 체류시간이 가장 긴 편에 속하는 일산화탄소와 미세먼지가 수개월까지 대기 중에 머무를 수 있는 것으로 알려져 있다. 이것은 우리가 마음만 먹는다면 대기오염물질의 배출량을 줄임으로써 길어도 수개월 안에 대기오염도

의 획기적인 개선을 이루어낼 수 있다는 것을 의미한다.

반면, 지구온난화와 기후변화의 원인인 온실가스의 경우에는 대기 중 체류시간이 대기오염물질들보다 훨씬 길다. 대표적인 온실가스로 온난화 기여율이 약 74%인 이산화탄소의 체류시간이 최대 200년 가까이 되는 것으로 추정되고, 온난화 기여율이 약 19%인 메탄의 경우 이산화탄소보다는 체류시간이 짧긴 하지만 그래도 10년이 넘는다. 이것은 당장 우리가 큰 마음 먹고 온실가스의 배출을 없앤다 하더라도 그 효과를 보기 위해서는 아마도 100년 정도는 기다려야 한다는 것을 의미한다.

2.2.2 되먹임

문제를 더 어렵게 하는 것은, 대기오염에는 없는 '되먹임(feedback)'이라는 현상이 지구온난화에는 존재한다는 점이다. 되먹임이란 어떤 원인에 의한 결과가 다시 원인에 영향을 미치는 현상을 일컫는데, 되먹임이 원인을 약화시키는 방향으로 작용하면 음의 (negative) 되먹임이라 하고, 되먹임이 원인을 강화하는 방향으로 작용하면 양의 (positive) 되먹임이라고 한다. 온실가스 농도(원인)와 지구온난화(결과) 사이에는 불행하게도 양의 되먹임이 작용한다.

가장 대표적인 되먹임은 바다로부터 나온다. 대기 중에 배출된 이산화탄소의 반 정도는 대기 중에 머물지만 나머지 반 정도는 바다에 녹아 있다. 그러니까 바다는 일종의 이산화탄소 저장창고의 역할을 하고 있는 셈이다. 대기 중 이산화탄소 농도의 증가는 두 가지 측면에서 이러한 바다의 이산화탄소 흡수 능력을 떨어뜨린다. 하나는 바닷물 온도 증가로 인해 이산화탄소 용해도가 떨어지는 것이며, 또 하나는 바다의 산성화로 인한 플랑크톤 생태계의 변화다.

두 번째 되먹임은 북극과 남극의 얼음이 녹는 데서 나온다. 얼음이 녹으면 북극 표면은 바닷물이 되고 남극 표면은 땅이 되는데, 바닷물이나 토양의 반사율은 얼음의 반사율보다 낮아서 더 많은 태양에너지를 지구에 붙잡아두게 되므로 온난화를 가속시킨다.

세 번째 되먹임은 온난화로 인한 대기 중 수증기 농도 증가다. 수증기는 대기 성분 중에서 가장 큰 온실효과를 유발하는 기체이지만 이른바 6대 (인위적) 온실가스에는 포함시키지 않는다. 그 이유는 인간이 배출하는 수증기가 자연 배출량보다 훨씬 적은데다, 물의 순환 주기, 즉 수증기의 대기 중 체류시간은 이산화탄소 같은 온실가스의 체류시간보다 훨씬 짧기 때문이다. 그러나 다른 온실가스로 인해 지구 온도가 상승하면 바닷물의 증발이 활발해져 대기 중 수증기 농도가 높아지고 이는 추가적인 온난화를 일으키는 매우 강력한 되먹임으로 작용한다.

네 번째 되먹임은 시베리아 동토와 심해에 묻혀있는 메탄 하이드레이트가 대기 중으로 배출되는 것이다. 메탄 한 분자는 이산화탄소 분자 20개 이상의 온실효과를 유발한다. 메탄 하이드레이트의 배출은 지구온난화가 진행될수록 더 가속될 것으로 예상되는데 그 수준이 어느 정도일지 아직까지 정확한 예측이 어려운 상황이다.

이 밖에도 온실가스로 인한 지구온난화는 여러 되먹임 현상들이 존재하는, 해석하기 매우 복잡한 메커니즘을 가지고 있다. 이러한 점은 지구온난화와 그로 인한 기후변화가 어떻게 진행될지를 예측하는 일에 큰 불확도를 안겨주고 있으며, 그 대책을 세우는 데에도 큰 어려움으로 작용하고 있다. 온실가스들의 긴 체류시간과 양의 되먹임 현상들의 존재 때문에, 지금 당장 인위적 온실가스 배출을 0으로 만든다 해도 향후 100년 이상 대기 중 이산화탄소 농도와 지구 평균기온이 내려가지 않을 것으로 과학자들은 예상하고 있다. 이 점이 지구온난화와 그로 인한 기후변화가 우리가 생각하는 것보다 훨씬 위험할 수 있는 이유이다.

2.2.3 기후변화와 대기오염의 상호 작용

지구온난화는 기후만 변화시키는 것이 아니라 대기오염도 악화시킬 수 있다. 현재 기후 모델들이 공통적으로 예측하고 있는 것들 중 하나는 온난화로 인한 기온 상승이 적도에서보다 북극과 남극에서 더 심하게 일어난다는 것이다. 이는 이미 관측으로도 증명되고 있는 현상이다. 극 지역의 온도 상승이 적도보다 크다는 것은 적도와 극 지역 사이 온도 차가 줄어든다는 뜻이다. 지구 대기는 적도에서 극 지역에 이르는 대규모의 순환을 통해 적도의 열을 극 지역으로 운송하고 있는데, 이러한 지구 규모 대기 대순환의 원동력이 더운 적도에서의 상승기류와 추운 극 지역에서의 하강기류이다. 중위도 지역의 편서풍 역시 바로 이 대기 대순환의 일부이다. 그런데 적도와 극 지역 온도 차가 줄어들면 대기 대순환 전체가 약화되고 당연히 편서풍도 약해진다. 그러면 중위도 지역의 대기 정체가 심해지고 필연적으로 대기오염도 악화될 것이다.

특히 대기 정체가 심해져서 대기오염물질의 확산이 원활하지 않을 때에는 가까운 오염원에서 배출되는 오염물질이 채 확산되어 희석되기 전에 노출이 일어나기 때문에 멀리 있는 오염원에서 배출되는 오염물질보다 상대적으로 위해성이 더 커진다. 가장 대표적인 예가 우리 일상생활과 밀접한 관련이 있는 도심의 자동차 오염이다. 이는 기후변화가 심해질수록 도심 자동차 오염의 중요성이 커질 것임을 의미한다.

반대로 대기오염물질 역시 기후변화에 영향을 미친다. 가장 쉬운 예가 대기오염물질이자 온실가스이기도 한 오존이다. 오존은 여름철 광화학스모그의 핵심 성분이자, 기체상 오염물질 중에서 규제 농도를 가장 빈번히 초과하는 대기오염 경보의 주범이다. 이 오존의 생성을 줄이면 대기환경도 개선되고 기후변화도 늦출 수 있다.

오존보다도 기후변화에 더 큰 영향을 미치는 것은 미세먼지다. 그런데 미세먼지가 기후변화에 미치는 영향은 온실가스와는 다르다. 미세먼지는 스스로 햇빛을 산란시키거나, 구름 형성을 촉진시켜 구름에 의한 햇빛의 반사와 산란을 강화함으로써 지구를 식히는 역할을 한다. 그러니까, 미세먼지는 의도치 않게 기후변화를 늦추는 역할을 하고 있는 중이다.

그러나 미세먼지로 인한 건강 영향이 너무 크기 때문에(미세먼지는 세계보건기구에서 지정한 발암물질이다), 미세먼지에 대한 각국의 규제는 날로 강화되고 있고 이 때문에 미세먼지 농도는 세계적으로 점차 줄어들고 있으며, 이는 한국 역시 예외는 아니다. 강력한 대기환경 정책으로 미세먼지 농도가 줄어들면 이는 기후변화에는 악영향으로 작용하게 된다. 대기오염 정책과 기후변화 정책이 함께 가야 하는 한 가지 이유가 여기에 있다.

2.2.4 기후변화–대기오염 연계 정책

전 세계적인 코로나19 사태와 전례 없는 이상기후 및 홍수 사태 등으로 인해 기후변화에 대한 관심이 급격히 증가하면서 기후위기라는 새로운 용어가 정착해가고 있음에도 불구하고, 여전히 기후변화는 미세먼지 등에 의한 대기오염보다 사람들의 관심을 덜 받고 있다. 그 첫 번째 이유는 기후변화 예측의 불확도가 대기오염 예측의 불확도보다 더 높기 때문이다. 이것은 미국 보수정치세력과 석유산업계가 끊임없이 기후변화를 부정하거나 그 영향을 축소해석하는 명분으로 내세우는 것이기도 하다. 위에서 살펴본 바와 같이 온실가스의 효과는 대기오염물질의 효과보다 훨씬 오랜 시간이 흐른

후에 나타나며 훨씬 더 긴 시간 동안 지속된다. 이런 효과를 예측하는 것이 금방 나타나 짧은 시간 동안 지속되는 효과를 예측하는 것보다 불확도가 큰 것은 당연한 일이다. 더구나 기후변화 과학이 발전함에 따라 그 불확도는 갈수록 줄어들어, 현재에 이르러서는 기후변화의 영향이 분명하고 그 정도가 심각하다는 데에 과학자들의 의견이 거의 일치하고 있는 상황이다. 따라서 이 첫 번째 이유는 그 효력이 거의 상실돼가고 있다고 봐도 무방할 것 같다.

두 번째 이유는 기후변화는 대기오염보다 책임과 혜택의 공유 폭이 훨씬 더 넓다는 것이다. 대기오염물질은 체류시간이 짧기 때문에 배출된 지역을 중심으로 큰 영향을 미치고, 그 지역을 벗어나서까지 미치는 영향은 제한적이다. 따라서 한 지역의 대기오염물질 배출을 줄이면 그 지역에서 가장 큰 혜택을 입는다. 이런 경우는 배출을 줄이려는 동기부여도 더 강하고 정책을 입안하는 데 따르는 저항도 적다. 그러나 온실가스는 체류시간이 길기 때문에 한 지역에서 배출된 온실가스가 거의 전 세계에 영향을 미친다. 따라서 한 지역에서의 배출량 감축 혜택을 전 세계가 나누어 갖게 되고, 배출량을 저감한 지역에서 직접 받는 혜택의 양이 크지 않다. 말하자면, 온실가스 배출량 감축이 제 효과를 내기 위해서는 전 세계적으로 함께 이루어져야 한다. 이렇게 책임과 혜택이 넓게 공유되는 상황에서는 무임승차의 유혹과 그로 인한 불신과 냉소 때문에 책임 준수에 강한 동기부여가 되지 않는 경향이 있다. 일종의 공유지의 비극이다.

결국, 사람들이 온실가스와 기후변화보다 미세먼지와 대기오염에 더 많은 관심을 갖는 이유는 미세먼지는 배출량을 감축하면 그 효과를 머지않아 내 자신이 확실히 볼 수 있다는 기대가 큰 반면, 온실가스는 배출량을 감축해도 그 효과가 먼 미래에 내 후대가 볼 수 있으며 그나마도 배출량 감축이 전 세계적으로 함께 일어나야만 가능하다는 데 있다. 기후변화의 영향이 대기오염의 영향보다 훨씬 더 비극적일 수 있다는 사실은 이를 극복하는 데 아직까지 큰 도움이 되지 못하고 있다.

장기적인 환경 정책을 고민하는 이들에게 이것은 극복해야 할 심각한 문제다. 가령 한국의 한 지자체가 온실가스 배출을 획기적으로 줄이는 정책을 펼친다 해도, 이것이 대한민국 전체의 온실가스 배출 감축으로, 나아가 지구 전체의 온실가스 배출 감축으로 이어지지 않는 한 그 효과는 미미할 것임이 분명한 상황에서, 게다가 이제까지 기후

위기를 불러온 주범들인 선진국들이 그 대책에 대해 소극적인 현실 속에서, 온실가스 배출 감축 정책을 세울 수 있는 방법이 윤리적 당위성 말고는 없는 것일까?

한 가지 희망은 한국 국민들이 대기오염에 대해 가지는 높은 관심으로부터 온다. 대기오염물질은 아황산가스, 질소산화물, 일산화탄소, 오존, 미세먼지 등이고, 온실가스는 이산화탄소, 메탄, 아산화질소, CFC 및 HCF, 육불화탄소 등이다. 수증기와 오존은 배출량 기준으로 보는 온실가스 목록에서는 (수증기는 인위적 배출량의 비율이 너무 낮아서, 오존은 2차 생성물질이라서) 빠져있지만 온실효과를 발휘하는 대기 성분들이다. 오존을 제외하면 대기오염물질과 온실가스는 서로 거의 겹치지 않는다. 그럼에도 불구하고 대기오염물질과 온실가스의 배출 감축은 동시에 이루어지는 경우가 꽤 많은데, 이는 성분은 다를지라도 대기오염물질과 온실가스의 배출원이 동일한 경우가 많기 때문이다. 예를 들어 대기오염물질 중 아황산가스, 질소산화물, 일산화탄소, 미세먼지와 온실가스 중 이산화탄소는 주로 화석연료의 연소 과정에서 나온다. 즉 화석연료의 연소를 줄이면 미세먼지와 온실가스 배출이 동시에 줄어든다. 미세먼지 감축 정책 중 화석연료 사용을 줄이는 정책은 온실가스 배출 저감을 덤으로 얻을 수 있고, 역으로 이산화탄소 배출을 줄이기 위해 화석연료를 다른 에너지원으로 대체하는 기후변화 정책도 대기오염물질 배출 저감을 덤으로 얻을 수 있다. 이러한 원리에서 파생된 정책이 대기오염-기후변화 연계 정책이다. 대기오염-기후변화 연계 정책은 한 가지 액션으로 두 가지 효과를 얻을 수 있기 때문에 다른 정책들보다 비용효율적이다.

온실가스와 대기오염물질을 함께 배출하는 대표적인 오염원으로 자동차 같은 교통수단, 에너지 연소, 산업공정, 농업 활동, 폐기물 처리 등이 있다. 선진국의 경우에는 대기환경 목표를 일정 수준 이상 달성한 후라 온실가스 저감 정책에 더 집중하고 있는 반면, 개발도상국에서는 오염물질 감축에 더 큰 신경을 쓰고 있다. 한편 한국은 국민들로부터의 대기환경 개선 요구와 국제사회로부터의 온실가스 감축 압박을 동시에 받고 있는 상황이다. 이를 고려한다면 대기오염물질과 온실가스를 모두 배출하는 오염원을 가장 우선적으로 관리하는 방안이 비용효율적으로 두 가지 문제를 해결하는 유력한 방법이다.

최근 건국대학교 우정헌 교수 연구팀에서는 온실가스 및 대기오염물질 통합관리 의사결정 지원 시스템을 개발하고 이를 이용하여 온실가스 및 대기오염물질 배출을 줄이는 데 드는 사회적 비용과 편익을 계산하는 연구를 수행하였다(우정헌 등, 2020). 직접적인 온실가스와 대기오염물질 감축 기술, 탄소세 및 환경세 도입 등 여러 가지 요소로 구성된 시나리오들을 적용하였고, 대기오염물질 배출 저감의 편익은 그로 인한 건강 편익으로부터, 온실가스 배출 저감의 편익은 배출권거래제의 결과로 나타난 배출권 가격으로부터 계산하였다. 에너지변환, 산업, 가정, 수송 등 모든 부문에서 배출량 감축의 비용과 편익을 계산한 결과, 모든 부문에서 고려한 모든 감축 시나리오에서 편익이 비용보다 압도적으로 높았다. 그러니까 대기오염물질과 온실가스 배출을 줄이는 것이 단지 윤리적 당위를 앞세워야만 가능한 것이 아니라 비용을 넘어서는 편익을 누리려는 경제적 동기로도 충분히 가능하다는 것이다. 특히 이러한 경향은 대기오염물질 배출 저감의 편익과 온실가스 배출 저감의 편익을 분리하지 않고 함께 고려함으로써 두드러지게 나타났는데, 이것이 시사하는 바가 무척 크다.

특히, 에너지변환 부문과 수송 부문에서 대기오염물질/온실가스 감축 효과가 가장 크게 나타났다. 이는 발전 방식을 신재생에너지 중심으로 전환하고 자동차로 인한 배출을 줄이는 것이 대기오염과 기후변화를 가장 비용효율적으로 막는 방법이라는 뜻이다. 에너지변환 부문에서는 탄소세가 가장 효과적인 것으로 나타났고, 수송 부문에서는 연비 향상이나 전기자동차 보급(물론 이 전기는 재생가능한 발전 방식으로 생산해야 한다) 같은 기술 기반 정책의 효과가 가장 큰 것으로 나타났다.

특기할만한 점은, 발전 방식의 전환 정책으로 대기오염물질에 대한 환경세 도입보다 온실가스에 대한 탄소세 도입이 더 비용효과적이라는 것이다. 탄소세 수준이 낮을 때는 환경세와 통합하여 부과해야만 정책 효과가 크게 나타났지만, 탄소세 수준이 높을 때에는 환경세를 추가해도 온실가스 및 대기오염물질의 추가적 감축 효과가 두드러지지 않았다. 이런 결과들은 온실가스 배출을 줄이려는 노력이 대기오염물질 배출만을 줄이려는 노력보다 대기오염도를 줄이는 데에도 더 효과적이라는 것을 뜻하는 것으로, 온실가스 배출 감축이 대기오염을 줄여야 한다는 국민들의 열망에도 부합하며, 이를 적극적으로 활용함으로써 온실가스 배출 감축을 이루어낼 수 있다는 가능성을 보여준다.

2.3 기후위기 시대의 대기환경 정책

지금까지 기후변화와 대기오염은 그 원인물질(온실가스와 대기오염물질)이 서로 다르지만 둘 사이에는 매우 밀접한 관련이 있다는 것을 살펴보았다. 이로부터 기후변화 대응 정책과 대기오염 방지 정책은 서로 연계되어 추진되어야만 시너지 효과를 발휘할 수 있다는 것을 알 수 있었다.

기후변화와 대기오염 둘 모두를 방지하려면 어떤 노력이 필요할까? 온난화를 일으키는 온실가스 배출이나 대기를 더럽히는 오염물질 배출이 결국 대부분 에너지(화석연료) 문제임을 인식한다면, 문제에 대한 해결책도 공통 배출원으로부터의 배출을 줄이는 데서 시작해야 한다. 결국 기후변화와 대기오염 둘 모두를 방지하는 최선의 방법은 에너지 전환일 수밖에 없다. 에너지 전환은 에너지 소비 절감과 재생가능에너지 확대를 통해 현재의 화석연료 중심 에너지 공급 시스템에서 재생 가능 에너지 중심 시스템으로 바꿔나가는 것이다. 에너지 전환은 필연적으로 기후 친화적인 산업 구조로의 (정의로운) 전환을 포함하게 되는데, 이는 대체로 중앙정부 차원의 정책 방향에 의해 크게 좌우된다는 특성을 지닌다.

한편, 기후위기 시대에는 자동차로 인한 도심 대기오염의 중요성이 더 커질 것이라는 점을 앞에서 살펴본 바 있다. 자동차 오염 방지 정책에 있어서는 자동차 산업에 대한 중앙정부의 정책 방향 못지않게 지자체의 교통정책도 큰 역할을 한다. 브라질의 생태수도 꾸리찌바나 독일의 에너지자립 도시 프라이부르크의 사례에서 볼 수 있듯이, 도심 대기오염의 주범 중 하나가 자동차 배출인 경우 대기환경정책은 도시정책 및 교통정책과 반드시 함께 고민되어야 한다.

이 절에서는 기후위기 시대의 대기환경 정책으로서 에너지 전환 정책과 교통정책을 중심으로 하는 도시 대기환경 정책에 대해 살펴보자.

2.3.1 에너지 전환

에너지 전환은 결국 에너지 소비를 줄이고 대안 에너지원을 찾는 일을 두 축으로 하여 구성된다. 에너지 소비 줄이기는 화석에너지 시대에서 재생가능에너지 시대로 넘어가기 위해 반드시 필요한 일이다. 한국을 포함하여 현재 선진국들이 소비하는 에너지 수준을 전 인류가 소비하는 일은 가망 없는 일이다. 과도한 에너지 소비를 줄이고, 에너지 효율 향상을 통해 인류가 소비하는 에너지의 총량을 제한할 필요가 있다. 자가용을 타는 대신 걷거나 자전거, 대중교통을 이용하고, 냉난방 온도 조절과 자원 재활용을 통해 에너지를 절약하는 일이 우리가 일상생활에서 손쉽게 실천할 수 있는 에너지 소비 줄이기 활동이다.

줄어든 에너지 소비량은 최대한 재생 가능한 에너지로 공급할 수 있도록 에너지 생산 시스템을 바꿔나가야 한다. 태양광/태양열, 풍력 발전, 바이오에너지, 지열 에너지 등 현재 과학기술 수준으로도 이미 상용화돼 있거나 상용화가 가능한 재생가능에너지가 무척 많다. 문제는 화석연료보다 이 에너지원들이 비싸다는 점인데, 국제재생에너지기구(IRENA: International Renewable Energy Agency)에서 발표한 2021년 재생가능에너

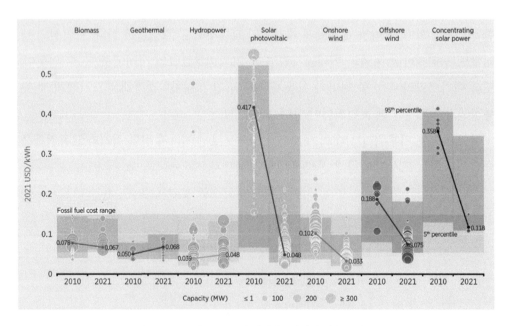

그림 2.6 2010년 ~ 2021년 재생가능에너지 단가 변화 추이

지 단가 보고서 (IRENA 2022)에 따르면, 미국과 유럽 등지에서는 재생가능에너지의 단가가 2010년 이후 급격하게 줄어들어, 에너지 생산 방식에 따라 차이는 있으나 일부 재생가능에너지 단가는 이미 화석에너지나 핵에너지의 단가보다 낮아졌다고 한다(그림 2.6). 생산량이 늘어날수록 가격이 더욱 낮아질 것이라는 점을 감안하면 지금부터 재생가능에너지를 장려하는 방향으로 에너지정책을 이끌어갈 필요가 있다.

결국, 이미 경제성은 재생가능에너지의 발목을 잡는 요소가 아니다. 오히려 재생가능에너지의 한계는 에너지 생산량에 있다. 인류가 지금 같은 막대한 에너지 소비 수준을 유지하면서 재생가능에너지로 100% 대체하는 것은 사실상 불가능하다. 예를 들어, 태양에너지 자체는 (위도에 따른 편차는 있을지언정) 지구 전체에 분포하지만, 태양광 발전 패널 생산을 위해 반드시 필요한 리튬이나 코발트 같은 희소 광물 자원은 몇몇 지역에서만 생산되고 있으며, 그 채굴 과정에서 벌어지는 제3세계에 대한 착취 문제는 이미 심각한 수준이다. 따라서, 에너지 전환은 필연적으로 에너지원 다변화 및 에너지 소비 절감과 함께 추진할 수밖에 없다.

이러한 에너지 전환을 추진할 주체는 누구여야 할까? 이를 판단하려면 누가 에너지를 가장 많이 생산하고 소비하는지, 에너지의 생산과 소비 방식을 결정하는 권한이 누구에게 있는지를 살펴보아야 한다. 발전 정책 및 산업 구조 방향을 결정하는 중앙정부의 역할이 가장 클 수밖에 없다. 다음으로는 산업 부문 에너지 소비의 주역인 기업을 들수 있다. 마지막으로 교통 정책을 통해 교통 부문의 온실가스와 대기오염물질 배출을 줄이고 기후위기와 대기오염에 대처하는 정책을 펼 수 있는 지자체를 빼놓을 수 없다.

그렇다면 기후위기 극복과 대기환경 개선을 위해 작은 힘이나마 보태려는 시민들의 자발적 에너지 전환 노력은 별 의미가 없는 것일까? 단순히 온실가스와 대기오염물질 배출량의 관점에서만 보자면 시민들의 자발적 노력이 주는 실질적 효과는 미미하다고 볼 수 있다. 그러나 시민들의 이러한 노력은 정부와 기업이 에너지 전환에 더 적극적으로 나서도록 압박하는 효과가 있다는 점을 무시할 수 없다. 또한 그러한 노력의 과정에서 시민들 스스로 기후위기에 대해 더 많은 고민을 하게 되고, 그 결과가 에너지 전환을 위한 사회적 공감대 조성에 큰 역할을 하게 된다는 점도 매우 중요한 지점이다.

2.3.2 도시 대기환경 정책

기후위기와 대기오염에 대응하기 위한 방안으로 대기환경정책과 교통정책을 연계시킬 때에는 자동차로 인한 오염물질 배출이 어떤 경로로 어떤 경향 아래 이루어지는지를 올바르게 이해하는 것이 중요하다. 자동차 운행으로부터 배출되는 대기오염물질, 온실가스와 소음 및 사고 위험까지 함께 고려하면 다음과 같이 정리할 수 있다.

- 사용한 연료의 양에 비례해서 나오는 물질들(이산화탄소, 아황산가스): 연료사용량을 억제하는 것이 이 물질들의 배출을 줄이는 유일한 길이다. 참고로, 요즘은 자동차용 연료에는 강력한 규제로 황 함유량이 워낙 낮기 때문에 자동차에서 나오는 아황산가스의 양은 그렇게 많지는 않다.

- 불완전연소 때문에 나오는 물질들(매연 먼지, 일산화탄소, 유기화합물 등): 연소효율을 최대로 하여 완전연소에 가깝게 연소시키면 이 물질들의 배출을 줄일 수 있다. 도심 근처의 고속도로나 자동차 전용도로에서 차량들이 경제속도보다 너무 빠르게 달리지 않도록 규제하는 것이 좋다. 또한 불완전연소로 인한 오염물질은 공회전 때 가장 많이 나오니, 공회전 규제를 적극적으로 홍보하고 실시해야 한다. 공회전 자동방지 장치 지원도 한 방법이다.

- 연소가 너무 잘 돼서 나오는 물질(질소산화물): 일종의 부작용으로 연소가 너무 잘 돼 공기 중 질소까지 태워버리는 경우에 해당한다. 자동차에서 배출되는 질소산화물은 대개 후처리장치(가솔린 차량은 3원촉매장치, 디젤차량은 환원촉매장치)를 통해 제어한다.

- 배기가스에서 나오지 않는 오염물질(타이어 및 브레이크패드 마모 먼지, 도로 재비산 먼지): 배기가스로 인한 미세먼지가 1차(먼지로 직접 배출)와 2차(기체로 배출됐다가 공기 중에서 화학적 변환을 거쳐 미세먼지로 변환) 미세먼지에 모두 기여하는데 반해 마모로 인한 미세먼지는 대부분이 1차 미세먼지라서(유증기나 금속증기로 발생했다가 대기 중에서 식으면서 입자로 전환되는 것도 사실상 배출 직후에 곧바로 이루어지는 변환이니 굳이 이를 2차 미세먼지로 구분하는 것은 크게 의미가 없다고 본다) 이를 직접 비교하는 것은 쉽지 않지만, 현재까지 알려진 바로는 마모 먼지가 배출가스 먼지에 비해 그 양이 더 적긴 하나 결코 무시할 수 없는 상당한

수준이라고 보고되고 있다. 특히 전기차와 같은 친환경 차량의 보급이 늘어날수록 배기가스로 인한 오염물질보다 마모 먼지나 재비산 먼지가 자동차로 인한 주요 오염물질로 부각될 것이 예상된다.

• **속도가 낮을수록 줄어드는 공해/위험(교통사고 및 소음)**: 이 두 가지는 차량 속도가 낮을수록 줄어든다. 대개 교통안전과 소음 문제를 모두 고려하여 제한속도를 결정하니, 운전자들이 제한속도 준수의 중요성을 잘 인식할 수 있도록 홍보할 필요가 있다.

이상 살펴본 바를 종합적으로 고려하여 교통 부문 대기오염물질 배출 저감과 생태교통을 위한 정책방향을 살펴보자.

1 친환경자동차 보급

대기오염을 줄이기 위한 가장 대표적인 교통정책으로 인식되고 있는 친환경자동차 보급 정책의 주요 대상은 대개 전기차와 수소차다. 그런데 전기와 수소는 모두 '에너지원'(energy source)이 아니라 에너지원으로부터 만들어낸 에너지를 저장한 에너지 운반자(energy carrier)라는 공통점이 있다. 따라서 전기차와 수소차로 인한 대기오염을 평가하기 위해서는 그 전기와 수소가 어떻게 만들어졌는지를 보아야 한다.

전기는 발전에 의해 만들어지므로 현재 한국에서 운행되는 전기차는 석탄이나 우라늄을 연료로 쓴다고 보면 된다. 만약 앞으로 재생가능에너지가 주된 발전 방식이 된다면 전기차는 태양에너지나 바람에너지로 달리는 차가 될 것이다. 수소는 메탄이 주성분인 천연가스로부터 만들거나 물을 전기분해해서 만든다. 물의 전기분해로 수소를 만드는 경우라면 전기에너지를 단지 수소로 일시적으로 저장했을 뿐이므로 전기차와 본질적으로 다르지 않다. 천연가스로부터 수소를 생산한다면 수소차는 천연가스를 연료로 하는 셈이다.

친환경자동차의 방식으로 전기차와 수소차 가운데 어느 쪽이 더 바람직한지의 문제는 여기서 다룰 문제는 아니므로, 여기서는 논의를 간단히 하기 위해 전기차에 대해서만 살펴보자. 전기차는 기존의 화석연료차량(가솔린차와 디젤차)보다 대기오염의 관점에서 더 나은가? 대답은 "어느 정도는 그렇다"이다. 두 가지 이유 때문에 전기차는 화석연료차보다 대기오염을 덜 가져온다.

첫 번째 이유는 같은 화석연료를 태우더라도 수많은 자동차들이 각자 따로 화석연료를 태우면서 다니는 것보다 거대한 화력발전소 한 곳에서 태우는 것이 대기오염 방지 기술을 적용하기 용이하기 때문에 더 경제적으로 오염물질 배출 저감을 이룰 수 있다는 점이다. 두 번째 이유는 자동차는 도로에서 (즉 주로 도심에서) 오염물질을 배출하지만 화력발전소는 인구밀도가 낮은 교외에서 배출하기 때문에 같은 배출량이라 하더라도 노출량이 더 적다는 점이다.

그렇지만 이런 전기차의 친환경성을 빛바래게 하는 요소들이 있다. 먼저, 전기는 자동차와 정확히 같은 화석연료로 만들어지지 않는다. 자동차가 휘발유(가솔린)나 경유(디젤)를 쓰는 반면 화력발전소는 주로 석탄을, 원자력발전소는 우라늄을 연료로 사용한다. 석탄이나 우라늄은 휘발유나 경유보다 더 많은 오염을 야기할 수 있다. 또한, 우리나라는 인구밀도가 워낙 높아서 교외에 있는 화력발전소라 하더라도 실제로 인근 도시에서 그리 멀리 떨어져 있지 않다. 충남 지역에 밀집한 화력발전소들이 충남과 수도권 대기오염에 큰 영향을 미치고 있는 것이 그 때문이다. 마지막으로 전기차 역시 타이어나 브레이크패드 마모로 인한 미세먼지와 도로 재비산먼지는 똑같이 배출한다. 대개 전기차의 무게가 휘발유차나 경유차의 무게보다 크기 때문에 마모 먼지와 재비산먼지 배출량은 오히려 더 늘어날 것이다.

따라서, 전기차의 보급은 재생가능에너지의 확대, 즉 에너지전환과 함께 이루어지지 않는 한 그 의미가 현저히 퇴색되며, 에너지전환과 함께 이루어지는 경우에조차도 배기가스 배출을 줄일 수 있을 뿐 마모먼지와 재비산먼지의 문제는 여전히 남는다는 점을 염두에 두어야 한다. 결국, 자동차 운행을 최대한 억제하는 정책을 우선적으로 적용하고, 꼭 필요한 자동차는 전기차로 대체하되 반드시 재생가능에너지 확대와 함께 가는 것이 올바른 전기차 정책이다. 이는 에너지 사용을 최대한 억제하는 정책을 우선적으로 적용하고 꼭 필요한 에너지는 재생가능에너지로 만든다는 에너지 정책 방향과 정확히 일치한다.

2 보행자와 자전거 우선 정책

위에서 설명한 이유로 친환경자동차 보급에 선행되어야 하는 보다 근본적인 교통정책은 걷기와 자전거 같은 생태교통수단을 우대하고 자동차 운행을 불편하게 만드는 정책이다. 도심 제한속도를 낮추고, 자동차도로의 차선을 줄이는 대신 보행자 전용도로와 자전거 전용도로를 늘리고, 도심 주차장을 줄이고 주차요금을 인상하는 정책들이 여기에 해당한다. 이는 생태도시를 표방하는 도시들이 한결같이 추구하는 정책들이다. 시내 전역에서 자동차 제한속도를 시속 30㎞로 낮추고 노상주차장의 4분의 3을 없애는 대신 자전거도로·보도·녹지를 조성하는 것을 핵심으로 하는 프랑스 파리의 15분 도시 계획이 대표적인 사례이다. 땅은 좁고 사람은 많은 한국에서 더더욱 필요한 정책이기도 하다.

보행자와 자전거를 우대하는 정책은 단지 대기오염을 줄이기만 하는 것이 아니다. 자동차 사고로 인한 피해, 소음공해, 교통체증을 줄이고, 시민들의 건강을 증진시키며, 거주하는 지역의 상점을 주로 이용하는 보행자와 자전거 이용자의 특성상 지역경제에도 보탬이 된다. 특히 자전거는 도심에서 단거리 이동을 위한 가장 빠른 교통수단이면서 에너지 소비와 오염물질 배출이 거의 없는 가장 유력한 생태교통수단인데도 한국에서는 레저용 수단으로만 인식되는 경향이 강해 교통수단으로서의 기능을 거의 하지 못하고 있다. 자동차 운행을 불편하게 함으로써 자전거나 대중교통의 교통분담률이 늘어나면 얻게 되는 또 하나의 효과는 경제적 약자들의 교통 불이익도 현저하게 줄어든다는 점이다.

3 대중교통 정책

캐나다 밴쿠버에서 시내버스를 타고 다니다 보면 버스 뒷면에 흥미로운 문구가 붙어 있는 것을 볼 수 있다. "Yield to buses: It's the law." (버스에 양보하세요. 이것이 법입니다.) 승용차들이 (끼어들기 하는) 버스에 양보하는 것이 단순한 예의를 넘어 법적으로 정해져 있는 의무임을 보여주는 이 문구는 밴쿠버에서 시내버스를 비롯한 대중교통이 받는 대접을 단적으로 보여준다. 시내 도로 어디서나 볼 수 있는 수많은 자전거들과 함께 시내버스(대부분이 전기버스)는 밴쿠버 시 도로의 주인공이다. 승용차는 언제나 보행자와 자전거를 보호하고 버스에 양보해야 하며, 운전자들은 이를 당연하게 여긴다. 내가 걸을 때, 자전거를 탈 때, 버스를 탈 때 그 혜택을 똑같이 받을 수 있기 때문이다.

법을 제정하는 것은 기초지자체가 할 수 있는 일의 범위를 벗어나는 일이겠지만, 승용차가 대중교통에 양보하는 것을 당연하게 받아들이는 문화를 정착시키기 위한 캠페인은 그 자체로 시민들의 교통의식을 바꾸고 대중교통 운수업계 노동자들의 자긍심을 높이는 데 큰 역할을 할 수 있다.

보다 장기적으로는 대중교통의 완전공영화를 추진해야 한다. 버스 노선을 효율적으로 정돈하고 요금을 인하하는 한편, 요금체계에 정기권을 도입하여 대중교통 출퇴근 문화를 정착시키는 것이 필요하다. 세계 수많은 도시들에서 대중교통 정기권 제도를 운영하고 있다. 예컨대, 독일은 고속철과 일반열차 1등석을 제외한 전국의 모든 대중교통을 무제한 이용할 수 있는 49유로 티켓을 도입하여 승용차 사용을 억제함으로써 온실가스와 대기오염물질 배출을 줄이고 교통약자의 이동권을 확대하는 제도를 마련해 큰 호응을 얻은 바 있다.

2.3.3 생태도시 정책 사례

1 꾸리찌바

생태도시의 사례를 언급할 때 늘 첫 손에 꼽히는 도시가 브라질의 생태수도 꾸리찌바다(박용남, 2009). "교통정책을 토지이용정책과 통합하고, 교통수요를 최소화하는 데 우선순위를 두며, 환경오염이 덜한 교통수단의 교통 분담률을 높이는 것을 교통과 환경 목표의 최상위에 둘 것"을 권장하는 영국『환경오염에 관한 왕립위원회』의 권고를 가장 충실하게 지켜온 도시가 꾸리찌바. 꾸리찌바 시가 보여주는 가장 중요한 교훈은 "잘 짜여진 도시계획이 도시문제를 해결하는데 무엇보다 중요하다는 사실"이다(박용남 2009). ('방사형'이 아닌) '선형' 토지 개발과 그에 기반한 대중교통체계를 앞세운 꾸리찌바 특유의 도시개발은 1960년대 중반『꾸리찌바의 내일』이라는 제목의 공개 토론회를 통해 마련된『꾸리찌바 종합계획』이라는 이름의 도시계획이 1971년부터 집행되면서 본격적으로 시작되었다.

꾸리찌바 종합계획의 핵심은 도심에서 다섯 방향으로 뻗어나간 간선도로와 이 간선도로의 버스전용차선을 달리는 급행버스 시스템이다. 지선버스가 간선도로에서 떨어진 구역들을 간선도로로 연결해주고, 지구간버스가 구역들 사이 연결을 담당함으로써, 도시 전역에서 대중교통만으로 원하는 곳으로 빠르게 이동할 수 있기 때문에, 꾸리찌바는 브라질 최고 수준의 자동차 보유율을 기록하고 있음에도 불구하고 대중교통의 교통분담률이 지하철 없이도 80%를 넘는다.

여기에, 체계적인 자전거 도로망과 보행자 전용도로는 자전거와 보행이 어엿한 '교통수단'으로 인정받는 생태도시의 철학을 유감없이 보여주고 있다. 자전거가 그저 레저수단으로만 여겨지는 국내 현실과 달리, 꾸리찌바에서는 자전거가 레저수단으로서 뿐만 아니라 출퇴근을 위한 교통수단으로서도 중요한 역할을 한다. 이는 200km에 가까운 자전거 도로망의 총 연장 뿐 아니라 곳곳에 자리 잡은 수리점과 자전거주차장에 의해 지탱되고 있다. '꽃의 거리'라는 애칭으로 유명한 1km 길이의 도심 보행자 전용도로는 도시의 주인이 자동차가 아니라 사람임을 보여주는 생태도시 꾸리찌바의 상징과도 같은 곳이다. 시행 초기 도로변 상인들의 큰 저항에 직면했던 보행자 전용도로가 지속될 수 있었던 것은 시민들의 높은 지지였고, 점차 상인들 역시 더 많은 보행자 전용도로를 요구하기 시작했다는 사실(박용남 2009)은 정책 입안자들에게 많은 것을 시사해준다.

꾸리찌바의 교통 혁신은 자연스럽게 대기환경 개선으로 이어졌다. 값싸고 편리하고 쾌적하고 빠른 대중교통은 시민들이 자동차를 출퇴근용으로 사용할 필요가 없게 만들었고 이는 도시를 "에너지 절약형 녹색도시"로 만들었을 뿐 아니라 대기오염 수준과 자동차 사고율 역시 브라질에서 가장 낮은 도시로 이끌었다. 자동차로 인한 대기오염은 단순히 오염도에 의해 나타나는 것보다 (높은 노출량 때문에) 훨씬 높은 '위해성'을 보인다는 점을 감안하면 한 도시의 대기환경정책에 있어 교통정책이 얼마나 중요한 역할을 하는지를 분명하게 보여주는 사례가 꾸리찌바.

2 프라이부르크

2019년 6월, 태양광발전이 독일의 전력 생산 비율 1위(19%)로 올라섰다. 풍력발전 등 다른 재생가능에너지를 모두 포함하면 무려 52%에 달한다. 독일에서는 이제 생산 전력의 반 이상이 재생가능에너지로부터 나오는 것이다. 그 동안 핵발전과 화력발전의 비율은 동반 하락했다. 2023년 4월에는 마지막 남아있던 핵발전소를 폐쇄했다. 후쿠시마 참사 이후 탈핵을 선언한지 몇 년만에 이뤄낸 쾌거이며, 화력발전 비율을 함께 낮추면서 이뤄낸 성과라서 더욱 빛난다. 이런 독일의 에너지전환 성공 사례는 프라이부르크로 대변되는 오랜 에너지자립 도시 노력이 있었기에 가능했다.

인구 20여만의 중소도시 프라이부르크가 독일의 환경수도로 자리매김한 것은 1960년대 말 도시 인근의 흑림(Schwarzwald)이 산성비에 의해 파괴되는 것을 보다 못한 시민들이 자가용 억제와 자전거 전용도로 건설 운동을 벌인 것에서부터 기원한다(김해창 2003). 꾸리찌바와는 달리 시민들의 자발적인 환경운동이 환경수도를 건설한 원동력이었던 것이다.

이후 1970년대 초 프라이부르크 외곽 빌(Wyhl)에 핵발전소를 건설하려는 계획이 세워지자 이에 대한 반대운동이 일어났는데 프라이부르크 시와 시의회까지도 이에 동조하면서 핵발전소 반대를 넘어 환경과 생태를 위한 에너지전환 운동으로까지 지평을 확장하게 되었다. 산성비로 인한 흑림 파괴와 핵발전소 건설 반대라는 두 가지 중요한 경험은 이후 프라이부르크가 자가용 승용차 운행을 억제하는 각종 교통정책과 에너지자립도시를 지향하는 정책을 시행하는 데 결정적인 역할을 하였다.

프라이부르크의 환경정책을 대변하는 모토는 '에너지자립'이다. 프라이부르크는 열병합발전과 재생 가능 에너지를 바탕으로 소비전력의 80%를 자급하고 있다. 프라이부르크의 재생 가능 에너지 정책을 상징하는 사례는 분데스리가 축구팀 SC 프라이부르크 홈구장 슈바르츠발트 슈타디온 (Schwarzwald-Stadion) 지붕에 설치된 태양전지 패널이다. 이 패널 한 장 한 장을 시민들에게 분양하고 전력 판매 수익을 그에 따라 배당하는 방식으로 운영되는 협동조합 형태의 시민발전은 시민들과 재생 가능 에너지 사이의 이해관계를 만들어냄으로써 에너지전환에 대한 시민들의 관심과 지지를 확고히 하는데 크게 기여했다. 이와 같이 프라이부르크 시는 시민협동조합 방식으로 운영되는 독일의 태양광발전을 선도하는 도시로 맹활약하고 있다.

목재 바이오매스나 쓰레기로부터 발생하는 메탄가스를 이용한 열병합발전에 있어서도 프라이부르크는 선도적 역할을 하고 있다. 흔히 태양의 도시로만 알려져 있는 프라이부르크 시의 전력 소비량의 50% 이상이 열병합발전으로 생산되고 있다(한국환경산업기술원 2017). 프라이부르크 시의 태양 도시계획이 가장 돋보이는 곳으로 알려진 보봉(Vauban) 지구에서는 에너지소비량보다 에너지생산량이 더 많은 '잉여에너지하우스 단지'가 있는데, 이 단지의 열과 전기는 우드칩을 연료로 하는 열병합발전소로부터 공급된다(김수진 2017).

총 폐기물의 3분의 2 이상을 재활용하는 프라이부르크에서 재활용이 어려운 폐기물은 매립하거나 소각해야 하는데 프라이부르크 시는 매립장과 소각장에서도 에너지를 생산한다. 엄격한 환경기준에 맞춰 연소성 폐기물을 소각하는 소각장에서는 열과 전력을 생산하여 인근 가구에 공급하고 있으며, 매립장에서도 매립된 폐기물로부터 발생하는 연간 1000m³ 이상의 메탄가스를 열병합발전 연료로 사용하여 열과 전기를 생산하고 있다.

프라이부르크 인근의 성페터(St. Peter)라는 농촌 마을은 흑림 속에 위치한 지리적 특성을 십분 활용하여 바이오에너지를 이용한 에너지자립을 이루어가고 있다(김수진 2017). 지역에서 구할 수 있는 목재 바이오매스를 이용하여 열과 전기를 생산하는 열병합발전소는 시민협동조합의 형태로 운영되는 성페터 시민에너지조합이 설비를 건설하여 운영하고 있다. 이 지역난방 시스템은 성페터 마을의 220 가구에 열을 공급하는데, 이는 열병합발전소 하나가 220개의 개별 굴뚝을 대체한다는 것을 의미하며, 이는 바이오매스 연소로 인한 대기오염물질 제어에도 큰 도움을 준다. 성페터마을은 또한 태양광발전과 풍력발전으로부터 마을 전체 전력소비량보다 훨씬 많은 전력을 생산하고 있다.

프라이부르크 교통정책의 핵심 정신은 자가용 이용은 최대한 '불편'하게 만들고 자전거와 대중교통 이용을 최대한 '편리'하게 만든다는 것이다. 이러한 정신은 저렴한 지역 정기교통권 '레기오카르테', 500km에 이르는 자전거 전용도로와 자전거 교통 분담률 30%, 도시 중심부의 70%에 달하는 보행자 전용도로, 전기로 운행되는 트램과 천연가스를 사용하는 버스, 주택가의 시속 30km 속도 제한, 적고 비싼 자동차 주차장과 풍부한 자전거 주차장, 파크앤라이드(시내 외곽 주차장에 승용차를 주차하고 대중교통으로 시내에 진입) 시스템의 정착 등으로 실현되고 있다.

3 파리

꾸리찌바와 프라이부르크가 비교적 오래된 생태도시의 역사를 자랑하는 반면 파리는 2020년 6월 재선에 성공한 이달고 시장의 시정 방향에 따라 급격하게 생태도시의 대표주자로 떠오른 도시다. 압도적 지지로 재선에 성공한 이달고 시장의 선거 공약집 '파리를 위한 선언'은 다음과 같은 공약을 담고 있다. "시내 전역 시속 30㎞ 자동차 속도 제한, 초고층 개발 백지화 및 도시숲 조성, 노상주차장 4분의 3 없애고 자전거도로·보도·녹도 조성, 에어비앤비 3만호 매입 후 공공임대주택 전환, 기존주택 매입 방식으로 사회주택 비율 25%까지 확대, 집과 일터와 학교를 15분 안에 오가는 15분 도시 프로젝트, 신축과 재개발보다 리모델링 우선, 콘크리트 면적만큼 녹색공간 조성 의무화, 생물서식처 보존 의무화, 모든 공공건물 저녁시간 및 주말 개방 의무화, …"(정석 2020).

그러나 이달고 시장이 주도한 파리의 생태혁명은 이달고 시장의 전임인 베르트랑 들

라노에 시장 시절(이때 부시장이 현 이달고 시장이었다)인 2001년부터 지속된 노력이 결실을 맺고 있는 것으로 보아야 한다. 2002년부터 여름마다 센 강변 퐁피두 고속도로 일부 구간을 인공 해변으로 꾸미는 '파리 플라주'를 열어 큰 호응을 받았던 파리 시는 이달고 시장의 임기 중인 2016년 9월에는 파리의 높은 미세먼지 농도를 줄이기 위한 특단의 대처로 이 구간을 아예 보행자 전용도로로 바꾸는 결정을 내렸다. 기존 700km의 자전거 전용도로도 올해 말까지 1,400km로 확대하는 사업을 벌여왔다.

이달고 시장의 파리 시 정책은 꾸리찌바나 프라이부르크가 오래 전부터 추진해 온 정책과 매우 흡사하다. 주목해야 할 점은 이러한 도시 정책이 다른 유럽 대도시들보다 높은 파리의 미세먼지 농도를 낮추기 위한 목적으로 도입되었다는 것이다. 도심 미세먼지 농도를 낮추는 가장 좋은 길은 자동차 중심 도시에서 보행자와 자전거 중심 도시로 바꾸는 것이라는 사실에 이달고 시장과 파리 시민들이 뜻을 같이 한 것이다.

4　뉴캐슬

코로나 바이러스로 인한 팬데믹과 사회적 거리두기는 도시의 풍경을 하루아침에 대폭 바꾸어 놓았다. 코로나 바이러스가 인류 문명 전반에 걸친 깊은 성찰을 가져온 가운데 도시 정책에도 코로나19의 영향이 스며들었다. 코로나 사태 이후 도시 정책의 변화를 선언한 대표적인 도시가 영국 뉴캐슬(Newcastle) 시다.

뉴캐슬 시는 도시의 적지 않은 수입원 역할을 했던 도심 차로변 주차공간을 없애고 자전거와 보행자를 위한 공간을 늘리겠다는 계획을 발표했다. 뿐만 아니라 벨기에 도시 Ghent처럼 도시를 작은 하나의 중심부와 여러 외곽 구역으로 나누어 개인용 차량은 도시 중심부로 진입하지 못하게 하는 교통 시스템을 도입하기로 했다. Ghent 시의 경우 이러한 교통 시스템의 도입으로 자전거 인구가 2016년부터 2018년까지 60% 증가한 바 있다.

2.4　참고문헌

- IRENA. **2022**. Renewable Power Generation Costs in 2019. Abu Dhabi: International Renewable Energy Agency.

- SCAQMD (South Coast Air Quality Management District). Multiple air toxics exposure study in the South Coast Air Basin. Diamond Bar, CA, USA. **2015**.
- 김수진. **2017**. 에너지전환은 삶의 민주적·생태적 전환이다. 대한민국 정책브리핑. (https://www.korea.kr/news/policyNewsView.do?newsId=148841130)
- 김해창. **2003**. 환경수도, 프라이부르크에서 배운다. 이후.
- 박용남. **2009**. 꿈의 도시 꾸리찌바. 개정증보판. 녹색평론사.
- 우정헌, 유승직, 김윤관. **2020**. 온실가스 및 대기오염물질 통합관리 의사결정 지원 시스템 개발 최종보고서. 한국환경산업기술원.
- 정석. **2020**. [시선] 파리의 도시혁명. 경향신문. http://news.khan.co.kr/kh_news/khan_art_view. html?art_id=202008030300065
- 한국환경산업기술원. **2017**. 친환경도시 독일 프라이부르크. 해외발간보고서 요약분석. 환경부.

CHAPTER 3

기후변화와
그린카본의 이해

- 인류가 생명을 어떻게 유지하는지를 이해하고, 기후변화가 인류에게 위협적인 환경문제라는 점을 설명할 수 있다.
- 기후변화에 의한 기상이변이 우리의 삶과 사회적 영향을 이해하고, 기후변화가 생태계에 미치는 악영향을 설명할 수 있다.
- 탄소저장원으로서의 그린카본이 무엇이며, 어떻게 만들어지는지를 이해하고, 대량 저장하는 방법을 설명할 수 있다.
- 그린카본 저장량을 늘리는 산림관리에 대해 이해하고, 실생활 속에서 그린카본을 장기간 저장하는 방법에 관해 설명할 수 있다.

그림 3.1 기후변화로 죽어가는 고유종 구상나무(지리산 반야봉)

기후변화가 산림생태계에 어떤 영향을 미치는지, 또 인류의 삶에 어떤 영향에 주는지에 대해 생각해 보자. 그리고 기후변화의 원인물질인 이산화탄소를 줄일 수 있는 그린카본과 탄소저장원으로서 산림의 역할을 토론해 본다.

함께 생각해보기

- 기후변화가 인류와 산림생태계에 어떤 영향을 미치는지에 이야기해 보자.
- 그린카본의 저장 형태와 탄소중립에 효과적인 산림관리 및 숲 만들기에 대해 생각해 보자.

3.1 들어가며

이 장에선 우리 인류가 직면한 기후변화가 생태계와 우리 삶에 미치는 영향과 그 해결책 중 하나인 그린카본에 관해 얘기하려 한다. 본론에 들어가기 전에 뜬금없는 질문부터 해 보자. 조선시대 선조들은 돼지국밥을 즐겨 먹었을까? 오늘날 한국 사람들이 흔히 먹는 돼지국밥을 먹지 못한 까닭이 뭘까. 단순히 못 살았기 때문일까. 그 까닭을 생태학 원리와 자연자본에 기초해 설명하려 한다.

그림 3.2에서는 아시아의 토양 비옥도를 색깔로 구분해 놓았다. 1등급 연두색은 지구 면적의 3%밖에 없는데 미국, 우크라이나, 아르헨티나 등의 국가에 몰려 있다. 이곳은 토양의 질이 뛰어나 씨앗만 뿌려도 농사가 잘되고 농작물 수확량이 높은 축복받은 땅이다. 우리는 이곳을 곡창지대라고 한다. 안타깝게 한반도의 대부분 토지는 7등급으로 거의 최하등급에 가까워 농사 실패율이 높고, 농업생산력이 매우 낮다. 중국, 일본

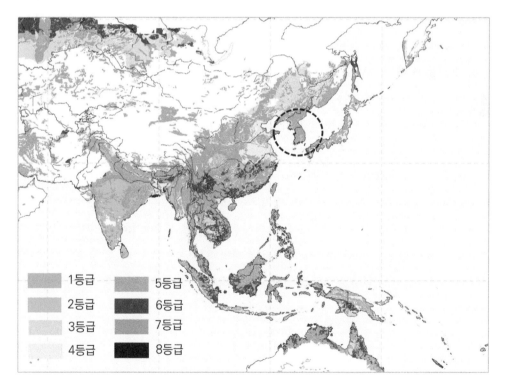

1등급	5등급
2등급	6등급
3등급	7등급
4등급	8등급

그림 3.2 아시아의 토양 비옥도

(출처 : 미국 농무부(USDA))

과 비교해도 토양 비옥도가 낮다. 토양이 척박하면 단위 면적당 농업생산력이 낮아 인구 대비 소비할 수 있는 식량이 적을 수밖에 없다. 먹을거리가 부족하면 인구가 늘어날 가능성이 작다.

한 가지 더 알아야 할 생태학 원리가 있다. 우리가 먹고 있는 에너지의 근원은 태양에너지에서 온다. 대표적인 녹색 식물(생산자)이 태양에너지를 흡수하여 광합성 공장을 끊임없이 돌려 탄수화물(포도당)을 생산한다. 이 광합성 산물인 탄수화물을 1차 소비자인 초식동물이 먹고, 이 1차 소비자를 2차 소비자인 육식동물이 먹고, 다음으로 3차 소비자인 최상위 육식동물이 먹는다. 즉, 에너지와 물질이 생태계 안의 하위 생물에서 상위 생물로 이동한다(생산자 → 1차 소비자 → 2차 소비자 → 3차 소비자). 이를 먹이연쇄 또는 먹이사슬(food chain)이라고 하는데 이 표현처럼 끊어지지 않게 연결되어 있다(그림 3.3).

또 주의 있게 살펴봐야 할 것이 있는데 태양에너지가 광합성을 통해 전환된 화학에너지(탄수화물)는 영양단계가 높아질수록 열을 발생한다는 점이다. 먹이사슬에서 생물량(생물 속에 있는 유기물 건조중량) 속에 축적된 화학에너지는 한 영양단계에서 다음 영양단계로 전달된다. 그런데 하위 영양단계에서 상위 영양단계로 화학에너지(생물량)가 모두 전달되지 않고 일부만 전달된다. 한 영양단계에서 다음 단계의 생물량 형태로 전달되어 사용할 수 있는 에너지 비율을 생태학적 효율(ecological efficiency)이라고 한다. 이 효율은 생물종에 따라 차이가 있어 2~40%인데 보통 10% 정도이다. 각 영양단계에서 전달할 수 있는 에너지는 10%이고 나머지 90%는 쓸모없는 폐열로 소실된다는 말이다. 그림 3.4에서 보듯이 먹이사슬의 영양단계가 높아질수록 에너지가 다양한 영양단계를 통해 흐르면서 사용할 수 있는 에너지가 소실되는 양이 많아진다. 지구의 생태계가 유지되고 그 균형이 잡히기 위해선 당연히 생산자의 에너지양이 많고 상위 영양단계로 갈수록 에너지양이 적어지는 피라미드 구조(에너지 흐름 피라미드)가 되어야 한다. 이 원리를 생물계의 열역학 제2 법칙이라 하며, 이 법칙을 우리는 벗어날 수 없다.

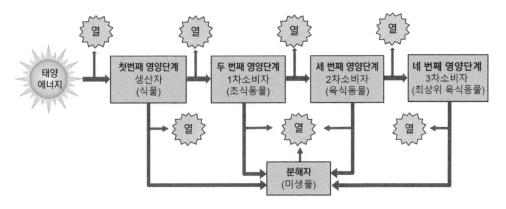

그림 3.3 먹이사슬로 본 에너지 흐름

(출처: 21세기 생태와 환경, 김기대 등)

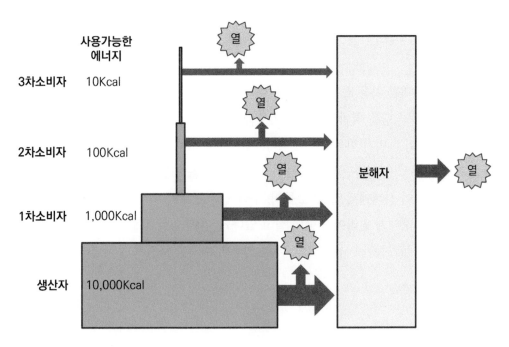

그림 3.4 생태계 에너지 흐름

(출처: 21세기 생태와 환경, 김기대 등)

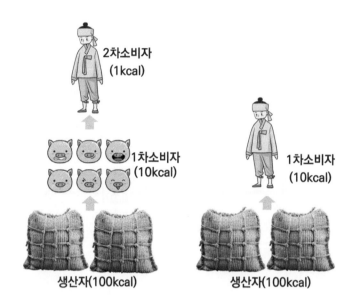

그림 3.5 돼지고기보다 곡식을 먹는 것이 생태학적 에너지 흐름 측면에서 유리하다.

이 생태학 원리를 처음 질문에 적용해 보자. 조선시대 선조들은 돼지국밥을 즐겨 먹었을까? 우리나라 땅은 척박하기에 농업생산력이 낮아 조선시대 선조들은 곡식을 먹어야지 돼지고기를 먹기 힘들었을 것이다. 에너지 흐름 피라미드에 볼 때 인간이 곡물 등을 직접 먹는 낮은 영양단계에 머물러야 에너지 효율이 높아서 배고픔을 이겨낼 수 있다(그림 3.5). 이 사례에서 알 수 있듯이, 우리 인간은 토양이나 광합성 산물(곡식 등)의 자연자본과 생태계 원리에 얽매여 살고 있다. 인간에 의한 무분별한 환경훼손과 자연자본의 지속 불가능한 이용은 결국 우리 인류의 미래를 보장하기 어렵다는 점을 강조하고 싶다.

3.2 인류가 직면한 환경문제

대략 4만 년 전에 나타난 호모 사피엔스 사피엔스(*Homo sapiens sapiens*)는 현생 인류의 조상인데 수렵-채취인이었다. 야생식물을 채취하여 먹거나 사냥이나 고기잡이로 생존하였다. 인류의 조상인 수렵-채취인으로 작은 무리를 지어 살았으며, 먹이를 찾아 이곳저곳을 옮겨 다니는 유목민 생활을 하였다. 이 시기에 인류는 자연환경에 순응하여 생존하였고, 급격한 환경 변화로 먹을거리가 줄면 인구가 감소하였다. 이 무렵에는 인간의 생존이 생태계에 미치는 영향이 미미했고, 도리어 자연환경이 인간에 미친 영향력이 컸다. 1만~1만 2천 년 전에 농업혁명이라는 문화 변화가 일어났는데 야생 동물을 가축화하고 식물을 재배하는 정착 농업사회로 전환되었다. 이때부터 작물 재배를 위해 산림을 벌채하고 태우는 경작 방식이 생겨나, 생태계에 영향을 주었는데 그다지 크지 않았다. 농업혁명 이후로 농업이 점진적으로 확산하여 갈수록 인류가 자연환경에 주는 영향력이 커지기 시작하였다.

1700년대 중반에 영국에서 시작한 산업혁명으로 인류는 또 다른 대변혁을 맞이한다. 특히 가내 수공업에서 대량 생산 체제로 전환되면서 무분별한 벌채로도 부족한 목재 대신에 석탄에 의존하기 시작하였다. 20세기 후반에 시작된 녹색혁명은 신품종 개량, 수로 시설, 화학비료 및 농약 사용 등의 새로운 농업기술 개발로 농업생산량을 크게 늘렸다. 이러한 녹색혁명으로 인구증가율이 급상승하였고, 이에 따라 대량 대기오염, 수질오염, 폐기물 발생, 생물다양성 감소, 급격한 기후변화 등 여러 가지 환경문제를 유발하고 있다. 환경문제의 근본 원인은 지구의 생태 용량(부양 능력)에 부담을 주는 지나치게 많은 인구 문제이다. 그리고 야생의 생물과 달리, 인간의 무분별한 자원 낭비, 지나친 부의 편중에 따른 빈곤 등이 환경문제의 원인으로 작용하고 있다.

인간이 생존하기 위해선 지구의 자연자본을 의존할 수밖에 없다. 자연자본은 천연자원과 생태계 서비스로 나눈다(그림 3.6). 천연자원은 자연이 인간에게 제공하는 유용한 물질과 에너지를 말한다. 이 천연자원은 무한자원 그리고 재생 가능한 자원과 재생 불가능한 자원으로 다시 구분할 수 있다. 무한자원은 태양에너지이고, 재생 가능한 자원은 숲, 비옥한 토양, 깨끗한 물과 공기 등이며, 적당히 쓰면 계속해서 재생되어 우리가 계속 이용할 수 있다. 마지막으로 재생 불가능한 자원은 우리가 잘 알고 있듯이 석탄, 석유, 천연가스 등의 화석 연료와 금속(구리, 알루미늄 등), 광물(소금, 실리카, 점토광물 등)이 있다. 태양에너지를 제외하고, 재생 가능한 자원과 재생 불가능한 자원은 지나치게 사용하면 고갈되어 더 이상 인간들이 혜택을 받을 수 없다. 생태계 서비스는 인간이 금전적 비용 없이 건강한 생태계로부터 제공받는 자연 서비스를 말한다. 대표적으로 산림은 공기와 물을 정화하고, 토양 침식을 줄인다. 비옥한 토양은 식량을 주고, 대기층은 기후를 조절하고 자외선을 차단해 준다.

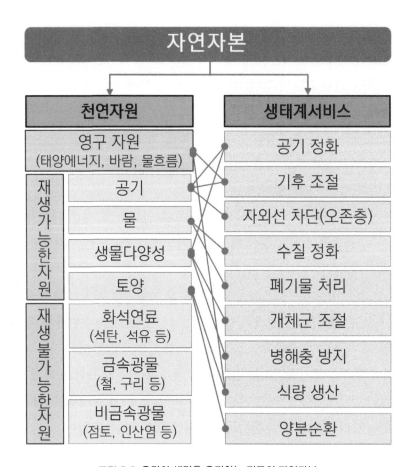

그림 3.6 우리의 생명을 유지하는 지구의 자연자본

인류가 직면한 환경문제는 인간이 자연자본을 무분별하게 써서 그 양과 질이 저하되거나 악화하여 미래세대의 생존을 위협한다는 점이다(그림 3.7). 재생 가능한 자원은 소유자가 없으며 거의 모든 인간이 이용할 수 있어 쉽고 무분별하게 이용되고 있다. 대기, 바다, 토양, 지하수 등은 누구라도 널리 쓸 수 있어 악화하고 고갈, 파괴할 수 있다. 이러한 문제를 1968년 생물학자 개럿 하딘(Garrett Hardin)은 '공유지의 비극'이라는 개념으로 지적하였다. 누구나 자유롭게 사용할 수 있는 자연자본(특히 재생 가능한 자원이 취약)은 인간들의 남용으로 공공재산이 고갈되어 공멸한다는 의미이다.

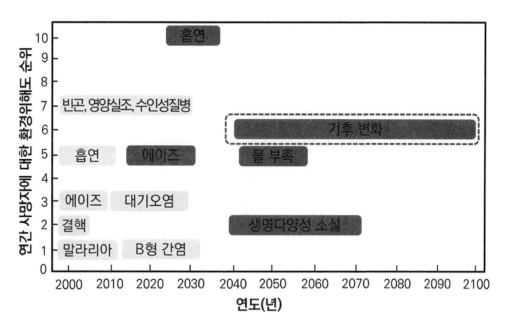

그림 3.7 **인류에게 직면한 환경문제**

(출처: 생태와 환경, 김준호 등)

환경문제 중에 가장 위협적인 문제가 '기후변화'이다(그림 3.8). 그 원인을 거칠게 말하면, 산업혁명 이후 석탄, 석유, 천연가스 등 화석 연료의 지나친 사용과 벌목, 경작, 축산 활동으로 인해 대기로 이산화탄소, 메탄가스, 아산화질소 등의 온실가스가 늘어나 지구가 급격하게 더워진다는 점이다. 지구온난화는 강수 유형을 변화시키고 농작물 재배지 변화, 해수면 상승, 야생생물의 서식지 변화 등의 광역적이고, 급진적으로 변화를 일으킨다. 북방 한대림에서 지하부에 저장된 유기물의 양이 상대적으로 큰데 현재는 저온 조건이라서 유기물 분해가 늦지만, 온난화로 온도가 상승하면 분해가 촉진되어 이산화탄소의 방출원이 될 가능성이 커 가중효과로 작용할 것이다. 탄소뿐만 아니라 온난화에 따라 토양 영양소의 무기화 속도를 변화하여 숲과 유역 전체에서 영양염류 수지(受持)도 변화할 것으로 예상되고, 하천의 수질 등의 영향도 있는 것이다. 해충과 질병의 분포 변화는 유효한 생태자원인 농작물과 인공림에서도 부정적인 영향을 미칠 가능성이 크다. 산림의 병충해 확대로 인해 산림 황폐화는 토양 보전 및 홍수 통제 등 생태계서비스의 저하로 이어진다. 또한 태풍의 대형화는 산림 피해의 증가로 심각한 교란을 받아 식물종 교체가 급속히 진행될 가능성도 있으며, 이러한 급작스러운 산림 변화는 생태계서비스 저하가 일어날 위험이 있다. 이처럼 기후변화는 단순히 생물과 생태계 자체의 변화뿐만 아니라 광범위하게 생태계서비스에 악영향을 준다는 점이 인류에게는 위협적이고 무서운 일이다.

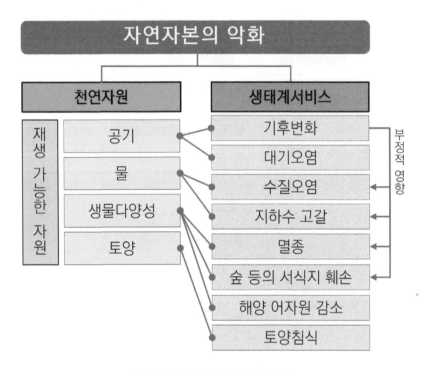

그림 3.8 기후변화와 자연자본의 악화

3.3 기후변화와 생태계

3.3.1 기상이변과 피해

우선 날씨와 기후에 대해 정의하고 가자. 우리가 일상생활에서 흔히 쓰는 날씨는 한 지역의 기온, 기압, 습도, 강수량, 햇빛, 구름 등의 일시적인 대기 상태를 말한다. 이것에 비해, 기후는 한 지역의 30년~수천 년간의 장기간에 걸친 기상 상태이며, 특히 기온과 강수량은 한 지역의 기후대를 결정한다. 기후는 나라 또는 지역별 성향 및 국민성, 종교, 음식문화·식성 등에 지대한 영향을 미친다. 기후가 변화한다는 말은 그 지역에 사는 사람들의 생활양식에 영향을 준다는 말이다(그림 3.9).

기후는 거시적, 주기적으로 변하고, 그 변화는 매우 더디다. 그러나 산업혁명 이후 지구 온도는 꾸준히 상승하여 평균기온이 약 1.2℃가 올랐다. 우리가 사는 이곳은 온대 기후대라서 사계절이 뚜렷하여 환절기 낮과 밤의 기온 차가 크다. 지구 온도가 1.2℃ 상승한 것을 기후 위기라고 하지만, 그 영향력을 몸소 느끼지 못한다. 우리는 그 변화의 조짐을 평상시에 접하는 날씨에서 알 수 있다. 우리나라는 109년간 10년마다 연평균 기온이 0.2℃ 상승하여, 봄과 여름이 빨라지고 가을과 겨울이 느려졌다. 또 강수량은 늘어났지만, 강수일수가 감소하는 추세로 인해 강우 일이 편중되거나 집중되고 있다. 이에 따라 집중호우, 폭우 등의 집중적인 강우량이 증가하지만, 한편에는 연간 강수일수가 줄어들어 매년 취수가 제한될 수 있다. 향후 무강수일수 증가와 적설량 감소로 인한 장기 가뭄이 예측되어 제한 급수, 농작물 고사 등의 가뭄 피해가 발생할 우려가 커진다. 특히 우리나라는 강수량의 계절 변동성이 크고, 인구밀도가 높아서 물 부족 현상이 발생할 가능성이 매우 크다. 시간당 강우량 50㎜ 이상의 폭우나 강우량이 수 백 ㎜를 넘는 집중호우로 인해 전국 각지에서 매년 막대한 수해가 발생하여, 인명 피해와 경제적 손실이 늘어나고 있다.

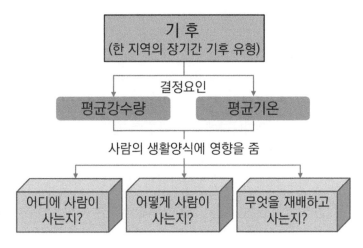

그림 3.9 **기후와 생활양식의 관계**

(출처: 21세기 생태와 환경, 김기대 등)

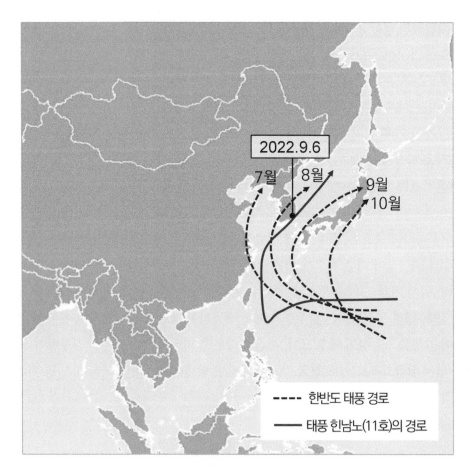

그림 3.10 **한반도 태풍 발생 경로 및 태풍 힌남로의 경로**
(출처: 한국일보, 기상청, BBC 뉴스 코리아)

이뿐만이 아니다. 2022년 우리나라에 큰 피해를 준 태풍 힌남노의 경로를 그림 3.10
에서 보자. 한반도로 접근하는 기존 태풍 경로와는 전혀 다른 경로로 포항 일대에 큰
피해를 주었다. 온난화로 바다 수온이 상승하면서 계속해서 태풍에 에너지를 공급하
여, 태풍의 발생지점과 경로가 달라지고 태풍의 크기와 강도가 더 커져 한반도에 큰 피
해를 줄 것이다.

단시간 폭우나 태풍 등의 집중호우로 전국 각지에서 대규모 산사태가 발생해 막대한
피해가 발생할 수 있으나, 산사태 발생 원인이 복잡하게 작동해 아직 정확하게 예측하
기 어렵다. 산지에 인접한 아파트 건설이나 전원주택지 개발, 태양광 패널 설치 등 개
발 사업이 자주 이루어지는 한국의 현실에 그 피해는 커질 것이다.

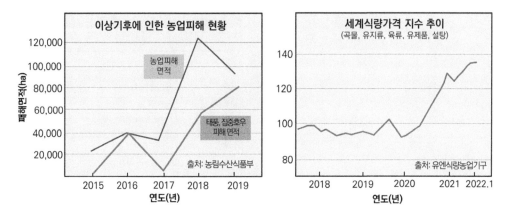

그림 3.11 이상기후에 의한 농업 피해 현황 및 세계식량가격 추이

한편, 기후변화는 농업 생산성과 직결되는 문제이다. 각 국가는 수 천 년 동안 그 기후에 적응하여 농작물 생산과 기반 시설을 구축해 농업생산력을 높여왔다. 농작물 재배는 최적 온도와 충분한 물 등의 특정 조건이 필요하다. 지역에 따라 어느 정도의 기온 상승은 작물의 생육에 이익이 될 수 있지만, 기온이 농작물의 생육 적정 온도를 초과하거나 충분한 물과 양분을 흡수하지 않으면 농작물 수확량은 줄어든다. 특히, 홍수나 가뭄 등의 이상기후는 농작물에 피해를 주고 생산력을 급감시킨다. 극단적인 기온 변화와 강수량이 줄어들면 많은 지역에서 농작물이 자라지 않게 될 우려도 있다. 이런 이상기후로 농작물 피해 면적이 늘어, 세계식량 가격의 상승으로 이어지고 있다. 이러한 징후는 국내외적으로 감지되고 있다(그림 3.11). 이 상황이 지속되면 식량은 국가의 무기가 된다. 우리나라처럼 식량자급률이 낮은 나라는 그 피해가 더 극심해진다.

기후변화는 빈번한 자연재해 등으로 인류에게 직접적인 피해를 줄 뿐 아니라 국가 간 역학관계와 사회변화에 지대한 영향을 줄 것이다. 기후변화에 따른 대표적인 갈등 사례가 수단의 다르푸르 분쟁이다(그림 3.12). 이 분쟁은 아프리카의 수단 공화국에서 독재자 오마르 알바시르(Omar al-Bashir)에 의해 벌어진 학살로 인종 및 종교분쟁, 그리고 목초지와 농경지 확보를 위한 경제 문제가 촉발 원인으로 얽혀 있는 것으로 알려져 있다. 2003년 2월 수단 서부 다르푸르 지역에서 북부의 아랍계 정부군과 서부의 흑인 푸르족 간의 석유를 둘러싼 이권 다툼이 대량 학살로 이어졌다.

기후변화가 영향을 미친 주요 분쟁 사례	
수단 다르푸르 사태	
발생년도	2003년~2006년
원인	**가뭄이 심화되어** 아랍계 잔자위드 민병대(북부 아랍계 이슬람)가 흑인 토착민 상대로 '인종청소'
피해규모	40만명이 죽고, 250만명 이재민 발생
시리아 내전	
발생년도	2011년 ~ 2024년 현재
원인	**2006년 가뭄이 시작되어**, 2009년 곡물 생산이 절반으로 줄어든 뒤에 2011년부터 100만명 가량이 굶주림에 시달림. 이후 바샤르 알아사드 정부의 민주화 운동 탄압과 수니파 무장단체 이슬람국가(IS) 발호가 겹치면 내전 장기화
피해규모	25만명이 죽고, 110만명 이재민 발생
소말리아 내전	
발생년도	1991년(2002년부터 본격화) ~ 2024년 현재
원인	1991년 바레정권 붕괴 뒤 아이디드파 등의 군벌 난립. 현재까지 소말리란드 등의 3개 정파 내전 특히, 2011년 **극심한 가뭄을 겪은 뒤**, 400만명이 기아 상태에 처했고, 최근 내전 격화
피해규모	20만명이 죽고,146만명 이재민 발생

그림 3.12 **기후변화로 발생한 수단 다르푸르 사태 등의 주요 분쟁 사례**

(출처: 세계일보)

한층 더 깊게 살펴보면 기후변화가 결정적인 원인으로 작동했다는 점을 알 수 있다. 수단에서 1979년 가뭄에 이어서 1983년, 1984년에 대기근이 발생하여 10만 명이 죽게 된다. 7월부터 9월까지 우기(雨期)인데 1980년대 이후 이 기간에도 강우량이 예전보다 40%나 줄었다. 정상적인 기후조건에선 우기 때 북쪽의 아랍 유목민들이 다르푸르의 목초지에 자유롭게 들어와도 문제가 되지 않았다. 하지만, 기후변화에 따른 오랜 가뭄이 이어지자, 다르푸르의 흑인 푸르족은 아랍 유목민들의 진입을 막았다. 이에 따라 다르푸르 분쟁의 싹이 트기 시작했다. 강수량 감소에 따른 북부 유목민의 남하, 큰 가뭄으로 인한 대량 난민 발생 등의 인종과 종교 갈등이 결국 끔찍한 학살로 이어졌다. 이뿐만 아니라 시리아 내전, 소말리아 내전에서도 기후변화에 의한 기상이변은 갈등의 빌미가 되었다. 이 사례처럼 기후변화의 영향은 국가 또는 민족 간에 전쟁과 분쟁으로 이어질 가능성이 크다.

3.3.2 자연생태계 영향

기후변화에 의한 자연생태계 영향을 논의할 때 우선시하는 것이 기후대 변화이다(그림 3.13). 전 지구는 장기간의 평균 강수량과 기온, 지구 대기 순환 패턴, 해류를 기반으로 한 다양한 기후대가 형성된다. 우리나라는 제주도와 남부 섬 지역 등에 난대 상록활엽수림(일명 난대림)이 분포한다. 그 북방계는 낙엽활엽수림대가 넓게 형성되어 있는데 온대 남부림, 온대 중부림, 온대 북부림으로 나눈다. 그리고 북한의 개마고원 등지나 한라산, 지리산, 설악산 등의 정상부에는 한대림이 분포한다. 수 천 년 동안 해당 기후대에 적응하여 수많은 동식물이 살고 있었다. 온난화에 따른 갑작스러운 기후대 변화는 생물에 지대한 영향을 줄 것이다.

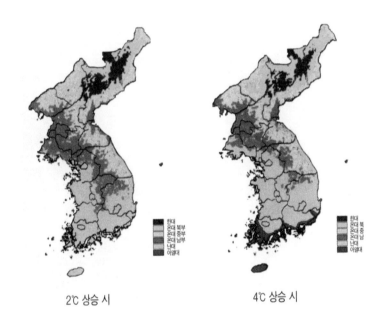

2℃ 상승 시   4℃ 상승 시

그림 3.13 **기후변화에 따른 한반도 기후대 변화 예측**
(출처: 국립산림과학원)

기후변화에 따른 생태계와 생물다양성에 미치는 영향으로 잘 알려진 것은 생물의 분포 변화이다. 비상 능력 있는 곤충이나 조류(鳥類)는 이동 능력이 커서 온난화로 인해 분포를 북쪽으로 확산하는 것으로 알려져 있다. 곤충 역시 월동 온도 조건이 분포를 결정하는 종이 많아, 최저기온의 상승에 따라 그 분포 지역이 북상하고 있다. 야생조류에서도 기온 상승에 따라 월동지가 더 북쪽으로 이동할 것이고, 월동지에서의 온난화로 개체 수가 늘어날 것이다. 문제는 식물의 이동 속도이다. 이동 속도가 느린 식물도 분산된 종자의 정착을 통해 새로운 생육지를 획득하는 동시에 개체의 고사율 증가로 기존의 생육지가 사라질 것이다.

그 대표적인 사례가 구상나무(학명 *Abies koreana*)인데 주로 한라산, 지리산 등의 정상 일대에 서늘한 한대 기후대에 자라는 수종이다. 구상나무는 한국 고유종으로 전 세계에서 한반도에만 자라는데 최근 10년 사이에 집단 고사가 일어나고 있다. 겨울철 기온 상승과 적설량 감소로 인한 봄철 토양수분 부족에 따른 건조 스트레스가 가장 큰 원인으로 알려져 있다. 기후변화로 인한 대규모 구상나무군락 고사는 생물종 소멸과 생물다양성 저하의 대표적인 국내 사례일 것이다(그림 3.14).

그림 3.14 지리산 반야봉의 고사한 구상나무군락. 사진 속에 줄기가 하얗게 변한 나무가 죽은 구상나무이다.

생물은 기온, 일장(日長) 등의 계절적 변화에 지배되는 경우가 많다. 식물이 대개 봄철에 싹을 틔우고, 여름철에 자라서 꽃을 피우고, 가을철에 열매를 맺는 등 계절적 생물의 변화를 생물계절(phenology)이라고 한다. 이러한 꽃과 번식 등의 생물계절이 변화하는 현상이 이미 여러 종에서 보고되고 있다. 또 조류의 산란 시기가 변화하는 사례도 알려져 있다. 꽃은 적산온도 등으로 제어되는 경우가 많은데 그중에는 겨울철 저온을 경험하지 않으면 개화하지 않는 수종이 있으며, 이러한 기상 자극이 변화함으로써 생물계절이 방해될 수 있다.

기후변화는 생물계절 변화에 영향을 미치는데 더 큰 영향은 생물 간의 공생 관계가 깨질 수 있다는 점이다. 보통 식물의 생리가 일장(日長)에 영향을 받지만, 그 식물을 자원으로 하는 곤충은 온도에 제어되는 사례가 많다. 온난화는 곤충의 발생 시기에 영향을 미쳐, 꽃을 수분하는 곤충이 없거나 곤충이 섭식할 식물이 없을 수 있다. 생물종 분포와 생물계절의 변화는 생물종간의 상호작용에도 큰 영향을 미칠 것으로 예상된다. 즉, 식물의 꽃가루를 나르는 곤충이나 종자를 산포하는 조류가 온난화로 먼저 서식지를 떠나면 식물의 번식에 영향을 줄 것이다.

식물병을 매개하는 곤충이 온난화의 영향을 받아서 질병이 북방으로 확대하는 예도 있다. 대표적인 사례가 소나무를 시들게 하는 재선충병인데 솔수염하늘소에 기생하는 재선충이 소나무의 수분 이동을 방해하여 생기는 병이다. 기온 상승에 따른 기후변화

그림 3.15 소나무류 송진궤양병 증상(순천대학교 식물의학과 김경희 교수 제공)

로 솔수염하늘소의 북방한계를 끌어올려 재선충병이 북쪽으로 확대되는 형국이다. 또 다른 사례가 소나무류 송진궤양병(푸시리움)인데 이 병원균은 미국 남부와 멕시코, 일본 규슈·오키나와 등지에 주로 분포하였다. 1996년에 이 병원균이 우리나라 최초 발견되었고, 현재는 전국에 확산하고 있다(그림 3.15). 이처럼 지구온난화로 인해 아열대성 병해충이 유입되고 북쪽으로 확대되어 산림에 만연할 가능성이 커졌다.

기후변화는 생물 간 상호작용의 변화를 일으키는 현재의 먹이그물과 공생 관계가 다른 생물 간의 네트워크 형성으로 이어질 수도 있다. 하지만, 어떤 네트워크가 형성될지 예측하기 어렵고, 그 영향을 예측하기 힘들다는 점이 우려된다. 명확한 사실은 긴 시간을 거쳐 안정된 생태계가 갑작스러운 기후변화로 생태계의 불안정성이 커서, 인간에 미치는 부정적인 영향이 크다는 점이다.

기후변화의 영향은 단순히 생물과 생태계 자체의 변화뿐만 아니라 생태계서비스에 영향을 준다. 소나무재선충, 참나무시들음병 등의 산림 병충해의 만연으로 인한 산림 황폐화는 대기 정화, 토양 보전, 수원함양 등 생태계서비스 저하의 위험성을 키운다. 또한 장기간의 가뭄으로 인한 대형 산불이나 집중호우에 따른 산사태 등은 대면적의 산림 피해를 일으킨다. 이런 심각한 교란으로 인한 식물종 교체 등의 급작스러운 산림 변화는 생태계서비스와 생물다양성 저하로 이어진다. 이로 인해 인류의 생명을 유지해 주는 자연자본이 악화하여 인류의 생명을 위협할 것이다.

3.4 탄소중립과 그린카본

3.4.1 그린카본과 산림

카본 즉, 이산화탄소(CO_2)는 기체 상태로 존재하고, 암석권에서는 탄산염, 흑연, 석탄, 그리고 물속에서는 탄산이온의 형태로 존재한다. 탄소중립 시대를 맞이하여, 탄소 종류를 쉽게 이해하기 위해 블랙카본, 블루카본, 그린카본으로 나누고 있다. 블랙카본은 자동차 매연, 석탄 등을 연소할 때 나오는 검은색 그을음 속에 들어있는 탄소를 말한다. 블루카본은 바닷가에 서식하는 플랑크톤, 맹그로브숲 등 해양 생태계가 흡수하는 탄소이다. 해양의 탄소저장량은 38조 톤으로 가장 많아, 저장량을 더 늘리기 위한 연구가 활발히 이루어지고 있다. 마지막으로 그린카본은 유기화합물의 주요 성분이며, 나무 등의 유기체를 구성하는 중요 성분이다. 식물은 탄소동화작용(광합성)을 통하여 이산화탄소와 물을 원료로 탄수화물(포도당)을 만든다. 이 과정을 통해 결국 지구온난화의 주요 원인인 이산화탄소를 흡수하여 영양분의 형태로 나무와 토양에 탄소를 저장한다. 이렇게 저장된 탄소는 다시 식물의 호흡이나 토양 내 유기물 분해를 통하여 대기 중으로 방출된다. 수명이 긴 나무가 이산화탄소를 흡수해 저장하는 것이 탄소흡수원으로 유리하다. 이 때문에 식물(그린)에 의해 이산화탄소(카본)를 흡수한다고 하여, 그린카본이라고 한다(그림 3.16). 육지 생태계에는 그린카본 형태로 산림에 저장량이 가장 많다.

그림 3.16 광합성과 그린카본 흡수원인 '산림'

구체적으로 탄소 수지(收支)를 살펴보면, 2018년 우리나라 온실가스 총배출량은 7.27억 톤이며, 2020년에는 6.56억 톤으로 소폭 줄어들었다. 2018년 LULUCF(토지이용, 토지이용 변화 및 임업) 분야의 순흡수량은 4,130만 톤이고, 2018년 국가 총배출량 대비 비율은 5.7%이다. LULUCF분야 총흡수량의 99.96%를 산림이 차지하였다. 이만큼 산림이 온실가스 흡수원으로서 중요한 역할을 맡고 있다.

산림은 지구 육지 면적의 약 1/3 정도이며, 전체 광합성의 2/3가량을 담당한다. 또한 산림은 육상 생태계 80%, 토양 내 40%의 탄소를 저장한다. 산림은 여러 수종이 자라면서 발달하는데 이 과정에서 많은 양의 이산화탄소를 흡수하면서 온실가스 흡수원의 역할이 크다. 산림은 이산화탄소를 유기물 형태의 탄소로 오랫동안 자기 몸에 저장한다. 온실가스를 흡수하는 공장이자 탄소저장고인 산림을 더 많이 만들기 위해 산림을 새로 조성하고, 현재 산림이 자라서 더 많은 온실가스인 탄소를 흡수하여 저장할 수 있도록 가꾸는 일이 중요하다. 우리나라는 특히 국토 면적 대비 산림이 63.7%를 차지하는데 산림을 어떻게 관리하고, 새롭게 숲을 조성하는가가 탄소중립 실현에 중요한 관건이다.

앞서 언급했듯이 나무는 오랫동안 탄소를 저장할 수 있어 탄소저장원으로 유리하다. 우리나라 산림은 탄소 흡수량이 줄어드는 실정이다. 일제강점기의 목재 수탈과 더불어 광복 이후 혼란한 시기에 남벌, 연료채취 등으로 전 국토의 산림은 황폐되었다. 그러나 1960년대부터 산림청을 중심으로 산림관리와 녹화사업을 본격화하였다. 게다가, 1970년대 연탄보일러 도입으로 산림에서의 땔감 채취가 줄어, 더욱 산림이 울창해지기 시

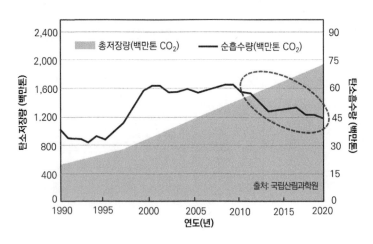

그림 3.17 우리나라 산림의 탄소 흡수량 추이

작하였다. 1970년대 산림녹화사업 이후에 매년 흡수하는 탄소의 양은 2008년 최고치인 6,150만 톤을 기록한 이후 꾸준히 줄어들고 있다(그림 3.17).

우리나라 산림 면적의 82%가 31년생 이상으로 대부분 산림이 왕성한 생장기를 지나 장령림이거나 노령림이라서 탄소 흡수량이 점차 감소하고 있다. 새로운 숲 조성에 따른 나무의 생장 패턴을 보면, 유령림(유년기)과 그 후 장령림(청년기)은 생장 속도가 빠르지만, 나무 간에 경쟁이 심하고 수세가 약해져 노령림(노년기)은 잘 자라지 않는다. 장령림까지는 탄소 흡수량이 많지만, 노령림은 흡수량이 떨어지고 결국 죽는다. 우리나라 산림의 유령림과 장령림은 숲가꾸기(솎아베기) 미흡으로 입목밀도(단위 면적당 나무 개수)가 지나치게 높아, 나무의 직경 생장이 낮아져 탄소 흡수량이 적다. 입목밀도를 낮추는 솎아베기(간벌)로 탄소 흡수량을 높여야 한다(그림 3.18). 또 일부 노령림은

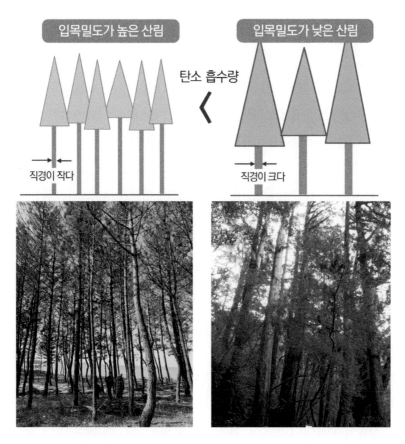

그림 3.18 입목밀도와 탄소 흡수량 관계. 솎아베기로 입목밀도를 낮춰 직경 생장을 늘려야 탄소 흡수량이 많아진다.

베어 목재로 이용하고, 그 자리에 새롭게 숲을 만들면(재조림) 초기에 생장이 빨라 탄소를 더 많이 흡수하는 유령림과 장령림으로 만들 수 있다.

또 탄소중립에 중요한 점이 있는데 목재 이용이다. 산림에서 나무를 베어 가공하여 건축재나 가구 등으로 쓰면 나무에 저장되었던 탄소는 목재가 폐기될 때까지 그 상태로 저장된다. 한편, 목재는 플라스틱, 철강재 등의 원자재보다 가공하는데 배출되는 온실가스 배출량이 훨씬 적다. 우리가 사는 주택을 살펴보면 나무보다 플라스틱, 알루미늄 등을 더 많이 썼다는 점을 알 수 있다. 온실가스 배출량이 적은 나무로 이 원자재를 대체한다면 그만큼 온실가스 감축 효과가 더 커지고, 장기간 탄소저장량이 늘어날 것이다.

3.4.2 탄소중립 숲

전 세계 각국은 기후변화 문제를 해결하는데 온실가스 배출량을 확연하게 감소하는데 초점을 맞추고 있다. 그러나 우리나라처럼 제조업 중심의 산업구조에선 온실가스 배출량 감소는 바로 경제활동 제약으로 이어질 수 있다. 산림과 도시 녹지는 국제사회가 인정하는 온실가스의 유일한 흡수원이다. 산림을 새롭게 만들어 탄소 흡수원을 늘리고(재조림), 산림이 더 많은 탄소를 흡수, 저장할 수 있도록 건강하게 잘 가꾸어야 한다(숲가꾸기). 즉, 탄소중립을 실현할 수 있는 탄소중립 숲을 만드는 것이 중요한 일이다. 이로 인한 대기정화, 수원함양, 휴양 기능 등의 생태계서비스 확대와 목재 공급까지 환경적, 경제적 이익을 가져올 수 있어 탄소중립 숲 조성은 더욱 값진 일이다.

한편, 산림 전반을 지원·관리하는 산림청이 시대적 탄소중립 흐름에 발맞춰 예산을 늘리기 위해 무분별한 개벌과 신규 조림지를 만든다고 우려하는 시민단체들의 목소리도 있다. 탄소중립이 아니더라도 우리가 일상에서 목재를 활용하기 위해선 산림(경제림)에서 목재를 생산해 수확(벌채)해야 한다. 또 우리나라 산림이 매년 탄소 흡수량이 줄어들고 있는 것도 사실이다. 산림청의 주장처럼 신규조림으로 이산화탄소흡수량은 늘어나고, 이 목재를 활용하면 탄소 흡수원으로 효과도 좋을 것이다. 그러나 산림에는 나무뿐만 아니라 토양도 탄소 흡수원으로서 중요한 역할을 한다. 산림 내 동식물 형태의 탄소 저장률이 44%이며, 토양의 유기물은 45%로 약간 더 많은 양이 저장된다(그림 3.19). 산림을 모두 베면 지표면 온도가 상승하여 토양 속 유기물의 분해 속도가 빨라져 대기로 탄소 방출량이 늘어난다. 국유림보다 사유림이 많은 우리나라에서 나무를 수확하는 벌기령이 사유림의 경우 참나무 25년, 낙엽송 30년, 기타 활엽수 40년으로 그 기간이 짧다. 지속해서 사유림의 산주는 사유재산권 행사와 소득 증대 차원에서 하향 조정을 요구하고 있다. 모두 베어서 수확한 국내 원목은 건축재, 가구 등으로 활용도가 그리 높지 않고, 목재칩, 장작, 목재펠릿, 톱밥 등으로 이용해 탄소 저장 효과가 크지 않다(그림 3.20). 사유림이더라도 신규조림에 국가 예산이 투입되는 현실에서 대규모 개벌보다 소규모 개벌과 솎아베기(간벌)로 탄소저장량을 늘려가야 한다. 또 이를 위해선 사유림 산주에 대한 인센티브가 필요하고, 간벌한 나무의 활용도를 높이는 방안이 중요하다.

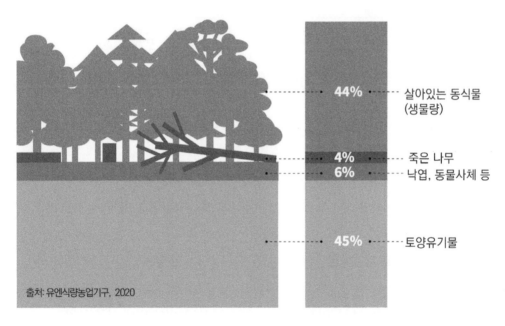

그림 3.19 산림의 탄소저장 비율

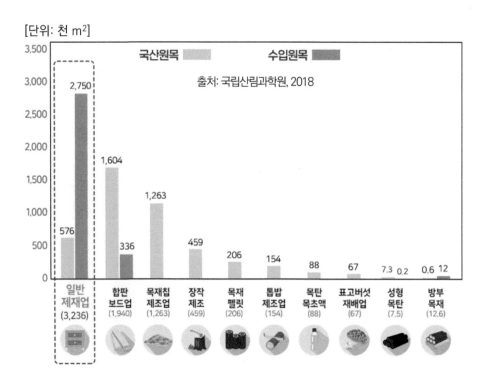

그림 3.20 국산 원목과 수입 원목의 목재 이용 현황

　마지막으로 탄소중립에 효율적인 숲을 국토 훼손지에 새롭게 만들어야 한다. 어떻게 숲을 만드는 것이 탄소중립에 효과적일까? 보통은 큰나무를 심는 것이 조속히 숲을 만드는 데 유리하다고 생각한다. 한용희·박석곤(2022)은 의외의 실험 결과를 도출하였는데 작은 나무(묘목)를 고밀도로 빽빽하게 심는 방식이 숲을 빨리 만들었다고 밝혔다. 그림 3.21에서 보듯이 작은 나무(수고 0.4m~0.7m 묘목)를 고밀도(3주/㎡)로 심었을 경우 3년 만에 우거진 숲이 만들어졌다(그림 3.21 상단 사진). 이에 비해 성목(근원직경 8㎝ 내외)을 듬성듬성 심었을 경우 시간이 지나도 크게 자라지 않았다(그림 3.21 하단 사진). 그 원인은 묘목식재구는 식재 후 환경 적응력이 뛰어나 생장량이 많았고, 고밀도로 심어 상호보완적 환경 스트레스를 완화하고, 심은 나무 간에 경쟁을 유발해 생장 촉진을 이끌었기 때문이다.

　그뿐만 아니라, 3주/㎡ 묘목식재구가 가장 탄소저장량이 높았고, 성목식재구는 생장이 늦어서 탄소저장량이 가장 낮았다. 토양 속에 탄소저장량도 3주/㎡ 묘목식재구가 더 많아, 큰나무를 심는 것보다 작은 나무를 빽빽하게 심는 방식이 탄소중립에 유효한 방식이라는 점이 증명되었다(그림 3.22). 산림, 도시 등의 훼손지에 새롭게 숲을 조성하여 탄소중립을 실현하기 위해선 이와 같은 식재법을 활용하는 것이 바람직할 것이다.

그림 3.21 탄소중립에 효율적인 작은 나무 고밀도 식재법(모듈군락식재기법)

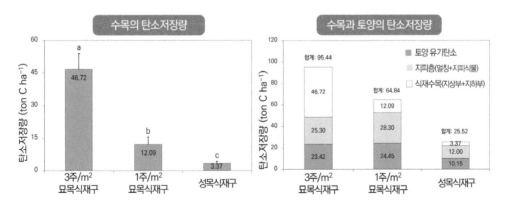

그림 3.22 식재법에 따른 탄소저장량 비교

(출처 : 한용희·박석곤, 2002)

3.5 참고문헌

- 권원태, 백희정, 최경철, 정효상. **2005.** 국가 기후변화 적응 전략 수립 방안에 관한 연구. Journal of Atmosphere, 15(4) : 213-227.
- 김기대 등. **2020.** 21세기 생태와 환경. 라이프사이언스. 262쪽
- 김동필 등. **2023.** 환경생태학-생태계의 보전과 관리-(2판). 라이프사이언스. 304쪽.
- 김준호 등. **2006.** 생태와 환경. 라이프사이언스. 284쪽
- 文部科学省・気象庁・環境省. **2013.** 「気候変動の観測・予測及び影響評価統合レポート・日本の気候変動と裕の影響（2012年度版）」
- 이병재, 김학열, 김소윤. **2018.** 기후변화 홍수에 대한 국토 취약성 변화 분석 연구. J. Korean Soc. Hazard Mitig. 18(6) : 27-33.
- 이재수 외. **2013.** 국가별 기후변화 적응 전략에 따른 우리나라의 리스크 대응 방안 연구. 한국환경정책・평가연구원. 305쪽.
- 한우석, 유진욱. **2015.** 기후변화 재해에 대응한 방재 복원력(Resilience) 구축 방향. 국토정책 518 : 1-8.
- 한용희, 박석곤. **2022.** 자연림 복원을 위한 모듈군락식재 실험연구. 한국환경생태학회지 36(3): 338-349

CHAPTER 4
기후변화와
블루카본의 이해

학습 목표

• 해양 및 연안 환경의 기후조절 기능을 설명할 수 있다.
• 블루카본의 개념과 연안습지의 탄소중립 역할을 설명할 수 있다.
• 기후변화가 해양환경 및 생물다양성에 미치는 영향을 설명할 수 있다.
• 연안습지의 기후변화 지표를 제안할 수 있다.

그림 4.1 옐로우스톤의 산림(왼쪽), 맹그로브 숲(가운데), 정유공장(오른쪽)

이 단원에서는 기후변화 대응 탄소중립 실현에 있어 블루카본의 개념과 가치를 학습한다.

 **함께 생각해보기**

위 사진은 육상 산림, 해안가 맹그로브 숲, 공장에서 배출되는 기체를 보여준다. 사진을 보고 탄소중립의 개념과 역할을 기준으로 탄소를 분류하여 보자.
순천만 연안을 예로하여 습지의 탄소중립 기능에 있어 식생과 비식생 갯벌의 의미를 생각해보자.

4.1 기후변화와 해양환경

4.1.1 해양환경의 이해

해양은 지구 표면의 71%를 덮고 있으며, 남반구의 61%, 북반구의 80%가 해양이다. 해양은 생명 기원의 원천으로 수많은 생물을 부양하면서 오늘날의 생물다양성을 만드는데 기여를 하였다(그림 4.2).

그림 4.2 해양생물의 다양성

해양은 대륙을 경계로 하여 태평양(Pacific Ocean), 대서양(Atlantic Ocean), 인도양(Indian Ocean), 북극해(Arctic Ocean) 등의 분지로 구분되며 서로 개방되어 연결되어 있으며, 이와 같이 분지로 나누어진 해양이 대양이다(그림 4.3).

다른 해양(대양) 간 연결은 해수, 물질, 그리고 생물들이 한 해양에서 다른 해양으로 이동할 수 있도록 해준다. 남극해(Antarctic Ocean)는 남극 주변의 바다를 의미하며 태평양, 인도양, 대서양과 모두 겹쳐 별도의 해양분지로 구분하지 않는다. 한 해양에서의 큰 변화는 다른 해양 환경에 영향을 미치며, 이는 궁극적으로 전 지구적 영향을 미치기도 한다. 기후변화로 인한 생물 서식지 이동, 오염물질의 확산 등이 좋은 예이다.

그림 4.3 **세계의 대양**

해양은 개방되어 있는 공간으로 대기와 상호작용을 한다. 따라서 대기 환경의 변화는 해양에도 큰 영향을 미친다. 해양은 대기 중의 열을 흡수하고 최대로 수용할 수 있는 특성으로 인하여 지구에서 가장 큰 기후조절 기능을 갖는다. 해양은 산소, 이산화탄소, 질소 등 대기를 구성하는 기체를 용존 상태로 저장하여 해양 환경에서 살아가는 수많은 생물이 이용할 수 있도록 해준다. 이러한 해양의 특성은 지구 물질순환의 가장 큰축을 해양 환경이 담당하고 있음을 말해준다.

해양은 깊이에 따라 조간대(intertidal zone), 대륙붕(continental shelf), 대륙대(continental rise), 심해저 평원(abyssal plain)으로 구성되어 있으며, 각각 독특한 환경적 특성을 갖는다(그림 4.4). 조간대에 이어 대륙붕, 이어 대륙대가 나타나는데 대륙붕과 대륙대 사이에는 심한 경사대가 나타나는데 이를 대륙사면(continental slope)이라고 한다. 대륙대에 이어서 심해저 평원이 나타나는데, 여기에는 해산(seamount), 화산(volcano), 기요(guyot) 등 다양한 종류의 산들이 있으며, 기요는 정상 부분이 꼭지가 잘려 둥글고 평편한 상태로 되어 있는 산을 의미한다.

조간대는 육상과 해양을 구분할 때의 경계대로 연안 지역이다. 조간대는 고조(밀물)시 물에 잠겼다가 저조(썰물) 시 노출되는 곳으로 매일 조수에 따라 극한 환경의 변화를 겪는 지역으로 육상의 영향을 가장 많이 받는 곳이다.

조간대는 고도에 따라 그 특징이 달라지기 때문에 다시 상 조간대, 중 조간대, 하 조간대로 다시 세분화된다. 조간대 생태계가 이렇게 세분화되는 이유는 각 환경을 구성하는 생물의 종류와 비생물 요소가 달라지기 때문이다.

조간대에는 열대 및 아열대 지역의 해안을 따라 발달된 맹그로브 숲 지대, 강(하천)과 연결된 만의 습지, 육상에서 해양으로 바로 연결되는 지대 등으로 구분되며, 각각의

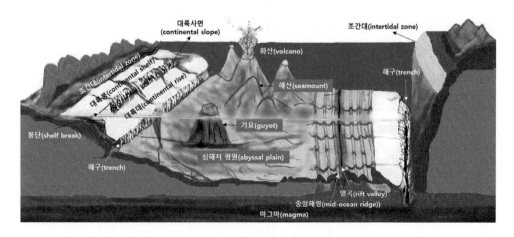

그림 4.4 해저 지형에 따른 해양 환경의 구성

그림 4.5 호주 케언즈(Cairns) 해안을 따라 발달해 있는 맹그로브 숲

조간대 환경은 독특한 특성을 갖는다.

맹그로브 숲 지대와 하천과 연결되는 연안은 완만한 경사를 이루는 반면 육상과 해양의 경계 지대가 거의 없는 조간대 지역은 급경사를 이룬다. 맹그로브 숲은 필리핀 등 동남아 여러 나라와 호주의 케언즈(Cairns) 해안을 따라 발달해 있다(그림 4.5). 열대 및 아열대의 해안에 접한 강의 경계에 군생하면서 해안 토양의 유실 방지에 기여하고, 독특한 연안 생태계를 구성하는데 큰 역할을 하며 산업적 활용 및 해일, 홍수, 풍수 등으로 인해 재난 피해를 막아주는 측면에서도 가치가 매우 높다.

조간대에 이어지는 대륙붕의 얕은 지대에는 해양 환경에서 1차 생산성이 가장 높은 곳으로 알려진 산호초(coral reefs)가 발달되어 있다(표 4.1). 산호는 자포동물(cnidarians)로서 암초를 형성하는 조초산호(hermatypic corals)와 암초를 형성하지 않는 비조초산호(ahermatypic corals)로 구분된다. 암초를 형성하는 산호는 와편모조류에 속하는 충조류(zooxanthellae)를 체 내에 포함하여 공생하고 있으며, 충조류는 광합성을 통하여 생산된 영양분(포도당)을 산호에 제공해 주는 반면, 산호는 물을 공급해주고 적으로부터 충조류를 보호하는 역할을 한다. 따라서 산호초 지대는 영양분 공급, 서식처 및 은신처 기능 등이 있어 가장 하등생물에서부터 고등생물에 이르기까지 다양한 생물이 나타난다. 많은 생물이 산호를 직접 먹거나 산호가 생산하는 점액성 물질을 먹고 살아간다. 산호초의 충조류와 잔디 조류(turf algae)는 가장 중요한 1차 생산자의 역할을 한다. 따라서 산호초 지대에서는 영양분의 순환이 광범위하게 일어나고 질소 고정도 활발히 이 일어나기 때문에 산호초는 해양 생물의 다양성을 유지하는데 중요한 역할을 한다.

표 4.1 다양한 환경의 1차 생산성 비교

환경(Environment)	생산성(고정 탄소량(g)/m^2/년)
외양 환경(Pelagic Environments)	
북극해(Arctic ocean)	0.7-1
남극해(Southern ocean)	40-260
적도 용승지역(Equatorial upwelling areas)	110-370
저서 환경(Benthic Environments)	
염습지(Salt marshes)	260-700
망그로브 숲(Mangrove forests)	370-450
해초지대(Seagrass beds)	550-1,100
대형조류 지대(Kelp beds)	640-1,800
산호초(Coral Reefs)	1,500-3,700
육상 환경(Terrestrial Environments)	
극한 사막(Extreme deserts)	0-4
온대 농지(Temperate farmlands)	550-700
열대 우림(Tropical rain forests)	460-1,600

(출처 : Castro and Huber, 1997. Marine Biology 2nd edition, 원 자료 편집)

4.1.2 해수의 특성

해양의 원천은 물이다. 물은 가장 높은 융해잠열(latent heat of melting)과 증발잠열(latent heat of evaporation)을 갖고 있으며 자연 물질 중 가장 높은 열용량(heat capacity)을 가진다. 물의 열전도율은 수은을 제외한 일반 액체 중 가장 높은 반면, 점도가 비교적 낮고 온도가 증가함에 따라 감소한다. 물은 일반 액체 중 가장 높은 표면장력을 갖고 있다. 물은 수소결합으로 인하여 이 결합을 깨뜨리려는 외부의 힘에 저항하면서 뭉치는 힘이 있는데 이를 응집력(cohesion)이라고 한다. 공기와 물의 경계면에서 응집력의 세기는 수면 위의 얇은 막을 형성하게 하는데 이를 **표면장력(surface tension)**이라고 한다.

> · **융해잠열(latent heat of melting)**: 어떤 물질을 녹이는데 필요한 열의 양을 의미한다.
> · **증발잠열(latent heat of evaporation)**: 어떤 물질이 온도의 증가 없이 액체에서 기체로 또는 기체에서 액체로 변할 때 얻거나 잃는 단위 질량당 열의 양(cal/g)으로 나타낸다.
> · **열용량(heat capacity)**: 열용량은 열에너지를 붙잡을 수 있는 능력으로, 어떤 물질 1 그램(g)의 온도를 1℃ 높이는데 필요한 열의 양(cal/g/℃)으로 나타낸다.

물 분자의 두 말단은 다른 전하를 띠고 있다. 물 분자의 산소 말단은 약한 음전하를 띠고 있는 반면 수소 말단은 약한 양전하를 띠고 있다. 반대 전하는 자석의 반대 극이 서로 땅기는 것과 마찬가지로 서로를 잡아당긴다. 따라서 한 개의 물분자의 산소 말단은 이웃한 물 분자의 수소 말단과 결합하게 된다. 물 분자 사이의 이 약한 결합을 수소결합(hydrogen bond)이라 한다. 물의 분자구조는 온도에 따라 변하며, 얼음 상태에서 수소결합은 육각형 모양의 물을 만든다. 열이 가해졌을 때 얼음은 따뜻해지면서 물 분자는 결정 상태가 없는 상태로 깨질 때까지 더 빠르게 흔들리게 된다. 얼음이 녹는 동안 가해진 열은 온도를 증가시키는 것이 아니라 수소결합 깨는데 흡수된다. 얼음이 완전히 녹았을 때, 가해진 열은 물의 온도를 높이게 되고, 물 분자는 수소결합이 없는 상태로 되어 증발한다. 100℃에서 물 분자 간 거의 모든 수소결합은 깨져 물은 끓게 된다.

해수는 강이나 호소와는 달리 나트륨, 염소 등 많은 종류의 이온으로 구성된 염수이다. 해수에 존재하는 모든 이온의 유래가 같지는 않다. 나트륨, 마그네슘과 같은 양이온은 대부분 암석의 풍화작용으로부터 유래되어 강을 거쳐 바다로 유입된다. 염소(Cl^-)와 황산염(HS^-)과 같은 음이온은 열수공(hydrothermal vent)에서 해양으로 유입되거나 화산폭발로 대기 중에 방출된 것이 비나 눈을 거쳐 해양으로 유입된다. 해수가 충분히 섞이지 않는다면, 해안가의 물은 상대적으로 높은 비율의 나트륨과 마그네슘 이온을 갖게 되는 반면 열수공으로부터 유입되는 물질의 영향을 받는 심층수는 상대적으로 높은 염소(Cl^-)와 황산염(HS^-)을 포함한다. 실제로, 해수를 구성하는 이온 비율은 강 하구와 열수공 바로 근처에서 다르게 나타나지만 대부분 해수는 잘 섞이고 일정 비율의 법칙이 적용된다. 일정 비례의 법칙에 의하면 해수의 많은 이온의 상대적 양은 항상 일정하다. 해수는 매우 다양한 이온들로 조성되어 있지만 염소(Cl^-) 55.03%, 나트륨(Na^+) 30.59%, 황산염(SO_4^{-2}) 7.68%, 마그네슘(Mg^{+2}) 3.68%, 칼슘(Ca^{+2}) 1.18%, 칼륨(K^+) 1.11%로 구성되어 있으며, 이들 6개 이온이 해수 총 이온의 99.27%를 차지한다. 특히 염소와 나트륨이 차지하는 비율이 85.62%로 매우 크다(표 4.2).

표 4.2 **염도 35‰ 해수의 조성**

이온	농도(35‰)	전체 염도의 비율(%)
염소(Cl^-)	19.345	55.03
나트륨(Na^+)	10.752	30.59
황산(SO_4^{2-})	2.701	7.68
마그네슘(Mg^{+2})	1.295	3.68
칼슘(Ca^{+2})	0.416	1.18
칼륨(K^+)	0.390	1.11
탄삼염($HC)_3^-$)	0.145	0.41
브롬(Br^-)	0.066	0.19
기타	<0.05	0.124

(출처: Castro and Huber, 1997. Marine Biology 2nd edition, 원 자료 편집)

1 해수의 물리적 성질

가. 빛(light)

빛은 에너지의 원천으로 해양 환경에서 살아가는 생물들에게 매우 중요한 역할을 한다. 해양은 마리아나 해구(Mariana trench)처럼 깊이가 10km가 넘는 곳이 있을 정도로 지형에 따라 깊이가 다르다. 가시광선(visible light)은 광합성에 사용되는 빛으로 색에 따라 다른 투과도를 나타낸다. 빨간색 가시광선은 투과도가 10m도 안 될 정도로 낮지만, 파란색 가시광선은 매우 깊은 곳까지 투과된다(그림 2.6). 따라서 해양에서는 빛이 투과되어 들어가는 곳과 들어가지 않는 곳으로 구분되며, 각각 투광대(photic zone)와 무광대(aphotic zone)로 불린다. 해양의 물기둥(water column)은 일반적으로 층상화되

어 있으며, 물의 밀도는 해저 바닥에서 가장 높다. 표수와 심층수 사이의 밀도차가 클
수록 물기둥은 더 안정화되어 있고 섞이기가 힘들다. 해양은 깊이에 따라 혼합층
(0~200m), 수온약층(200~1000m), 심해층(1000m 이상)으로 구분하는데 혼합층은 표
수층, 수온약층(thermocline)은 중간층에 해당된다. 투광대는 표수층(또는 혼합층)에
해당되며 생물의 광합성(photosynthesis)과 호흡(respiration)이 활발히 일어나는 반면,
200m 깊이가 넘는 중간층에서부터 심해 바닥에 이르는 무광대에서는 호흡만이 일어
난다(그림 4.6).

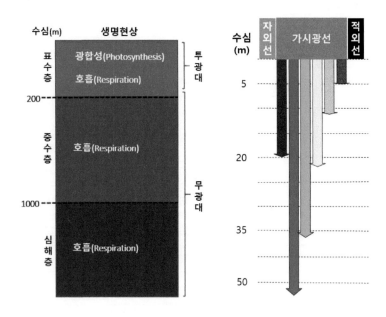

그림 4.6 해양 깊이별 생명현상의 특성(왼쪽)과 가시광선의 빛 투과도(오른쪽)

나. 수온(temperature)

해양의 수온은 해양의 표면에 입사한 복사열 대부분이 표층에서 흡수되기 때문에 깊
이에 따라 달라진다.

혼합층(0~200m)은 표수층에 흡수된 태양 복사에너지 대부분이 주로 표층 해수 위에
불고 있는 바람의 교란에 의하여 일정한 수심까지 열에너지가 고르게 분배되어 연직
수온 분포가 일정한 층이다.

수온약층(200~1000m)은 혼합층 하부에서는 바람에 의한 효과가 거의 없으므로 수
온의 깊이에 따라 온도가 급격히 낮아지는 층이다.

심해층(1000m~)은 수온약층 하부에 있으며 연중 거의 일정한 수온 분포를 보인다.

해양 표층수의 온도는 약 -2℃ ~ 30℃ 범위에 있으며, 염수는 순수한 물보다 더 낮은 온도에서 얼기 때문에 0℃ 이하가 가능하다. 적도 부근 해수의 온도는 25℃ 이상으로 매우 높게 나타나고, 극에 가까워지면 9℃ 이하의 낮은 온도 분포를 나타낸다(그림 4.7).

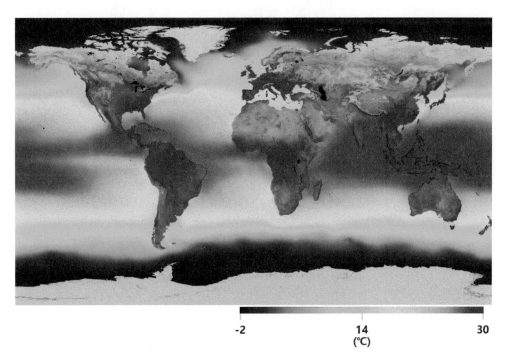

그림 4.7 **지역별 해양 표층 수온의 분포**
(출처: NASA, 2023년 5월 3일)

다. 밀도(density)

해수의 밀도는 수온과 염도 및 수압에 의하여 결정된다. 따라서 해수 표층수의 밀도는 1002 ~ 1028 kg/m^3 범위에 있으며, 극지방으로 갈수록 높아지는 경향이 있다(그림 4.8). 깊이에 따라 밀도가 커지는 경향은 수온약층 부근에서 가장 크고 심해층에서는 거의 일정하다.

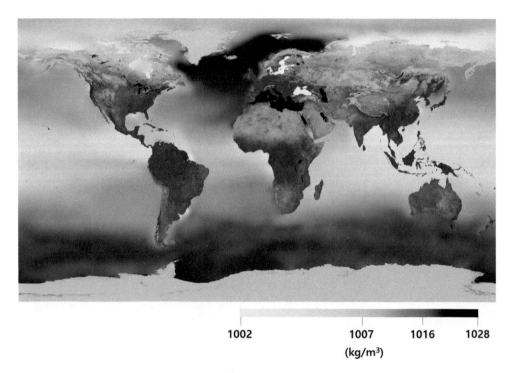

1002　　　　　　　　1007　　1016　　1028

(kg/m³)

그림 4.8 **지역별 해양 표층수의 밀도 분포**

(출처: NASA, 2023년 5월 3일)

라. 압력(pressure)

해양에서 압력의 변화는 대기와는 달리 매우 크다. 일반적으로 해양의 깊이가 약 10m 증가할 때마다 1기압씩 증가한다. 따라서 바다 깊이 들어갈수록 압력이 높아지게 되고, 매우 깊은 심해층에는 높은 압력에 견딜 수 있는 호압성 생물이 살아간다.

마. 음파(sound wave)

빛이나 전파에 비해 음파는 해양에서 매우 멀리까지 전달되므로 수심 측정, 통신, 해중 및 해저탐사, 어류 탐지에 이용된다. 해수 중의 평균 음속은 1500m/s 이지만 지역에 따라 차이가 있으며, 수온, 염분 및 수압 등에 비례한다.

2 해수의 화학적 성질

가. 염도(salinity)

해수 중에는 염화나트륨, 염화마그네슘 등 여러 가지 염류가 녹아 있으며 해수 1 킬

로그램(kg) 중에 녹아 있는 염류의 무게를 그램(g)으로 나타낸 것을 절대 염분(absolute salinity)이라 하며 ‰로 표시한다. 오랫동안 절대 염분을 염도의 개념으로 사용해 왔으나 화학적 정량이 번거롭고 정확하게 측정하기도 쉽지 않아 오늘날 염분의 농도는 해수의 전도도 자체의 수치인 실용 염분(practical salinity unit; PSU)으로 나타낸다. 해수의 염도는 지리적 위치에 따라 다르지만 30 ~ 35 범위에서 나타나며, 많은 양의 담수가 유입되는 지역에서는 순간적으로 그 이하로 나타나기도 한다. 2023년 5월 NASA가 제공한 자료에 의하면 최근 극지방 가까이에서 해수의 염도가 25 이하인 곳도 나타나고 있다(그림 4.9).

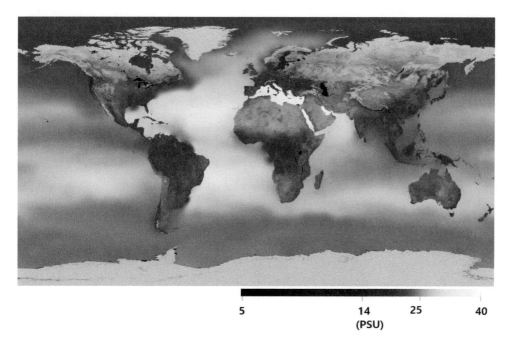

그림 4.9 **지역별 해양 표층수의 염도 분포**
(출처: NASA, 2023년 5월 3일)

나. pH

광합성 작용으로 이산화탄소가 소모되는 해양 표층에서 pH는 8.0~8.4로 알칼리성이며, 생물의 호흡작용으로 용존산소의 소모가 큰 저층의 pH는 7.5~7.8 범위를 나타낸다. pH는 용존 이산화탄소의 양과 밀접한 상관관계를 가지고 있으며 용존이산화탄소의 양이 증가할수록 pH가 낮아져 해양산성화를 가져오는 원인이 된다.

다. 용존기체(dissolved gas)

해양에는 산소, 질소, 이산화탄소 등 다양한 기체가 물에 녹은 상태로 존재하는데, 이를 용존 기체라고 한다. 산소, 질소, 이산화탄소 등 용존 기체는 해양 생물에 의하여 이용되어 일부는 해양에서 순환되고 일부는 다시 대기 중으로 이동하여 또 다른 순환 과정을 거친다. 특히, 질소는 해양에서 살아가는 조류의 주성분으로 용존 질소는 질소 고정을 통하여 암모늄, 아질산, 질산 이온으로 전환되어 해양상물에 의해 사용된다(그림 4.10).

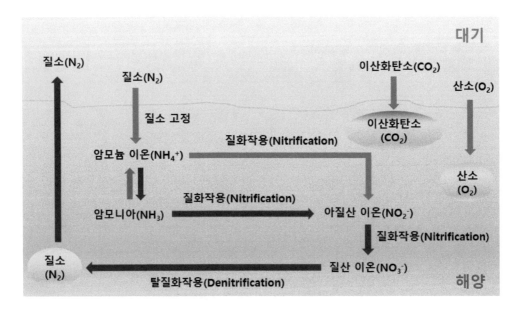

그림 4.10 해양과 대기의 기체 순환 및 해양에서 질소의 순환과정

대기는 산소 대 질소 비율이 21% : 78%이지만, 해양에서는 34% : 66%를 나타낸다. 해수 중에 녹아 있는 이산화탄소의 양은 45~54mg/L로 비교적 일정하게 유지되지만 용존 이산화탄소의 양은 해양 표층에서 최소, 수심이 증가할수록 증가한다.

4.1.3 기후변화와 해양환경

1955년부터 2020년까지 전 세계 해양 수심 700m의 열량을 조사한 결과 1970년 이후 지속 상승세 있으며, 특히 1990~2020년 사이 해양의 열량이 더욱 가파르게 상승하였다. 미국, 일본, 중국, 호주의 연구기관들이 제시한 해수의 열량의 변화는 모두 비슷한 양상을 나타내었다(그림 4.11).

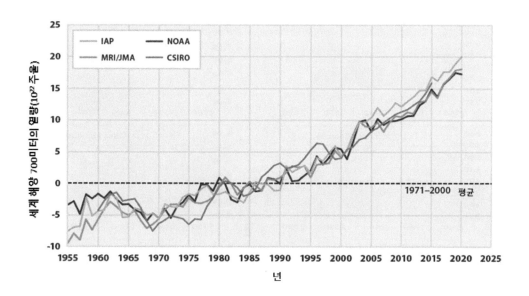

그림 4.11 1955~2020년 세계 해양 수심 700m의 열량

(출처: CSIRO 2016, IAP 2021, MRI/JMA 2021, NOAA 2021)

• **CSIRO**: 호주 정부가 지원하는 과학연구 기관으로, The Common Wealth Scientific and Industrial Research Organisation의 약자이다.

• **IAP**: 중국 과학원 산하의 대기 물리학 연구소로, Institute of Atmospheric Physics의 약자이다.

• **MRI/JMA**: 일본의 기상청(JMA, Japan Meteroological Agency) 산하 기상 연구소로 Meterological Research Institutes의 약자이다.

• **NOAA**: 미국 상무부 산하의 국립해양대기청으로 해양 및 대기 연구와 기상 예보 활동 등의 업무를 수행하며, National Oceanic and Atmospheric Administration의 약자이다.

1983년부터 2018년까지 버뮤다, 카나리 군도, 카라코 해협, 하와이 등 조사된 4개 해양의 용존 이산화탄소량과 pH를 조사한 결과 이산화탄소량은 높아지고 평균 pH가 매년 조금씩 낮아지는 현상을 나타내어, 해양산성화가 지속적으로 진행됨을 보여준다(그림 4.12). 일반적으로 표층 해수의 pH는 8.0~8.4 사이에 있는데 pH가 0.1 정도 낮아지는 것도 해양 생물에 영향을 미치며, 특히 pH가 8.0 미만의 되는 해양산성화의 경우 대부분 해양 생물의 생존에 심각한 위협을 초래한다.

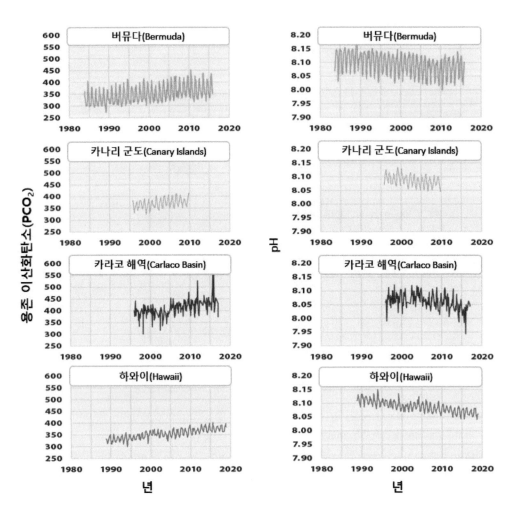

그림 4.12 1983-2018년 해양의 이산화탄소량과 pH의 변화

(출처 : Bates, 2016; González-Dávila, 2012; 남플로리다대, 2021; 하와이대, 2021)

수온, pH 등 해양환경의 변화는 해양 생물의 서식지 변화를 의미하며, 따라서 어류 등 많은 해양 생물이 알맞은 서식지를 찾아 이동한다.

1973년부터 2019년까지 동 베링해와 미국 북동쪽 해역, 그리고 여러 해역의 평균 거리 기준으로 해양 생물종의 이동 방향과 거리는 공통적으로 매년 북쪽으로 이동하거나 수심이 더 깊은 곳으로 이동하는 경향을 나타내었다(그림 4.13). 특히 북동쪽 해양 생물

종의 이동 거리가 가장 큰 것으로 나타났으며, 동 베링해의 생물종 서식처 깊이의 변화는 크지 않았으나 2015년 이후 이동 거리가 북쪽으로 10마일 이상 늘어났다.

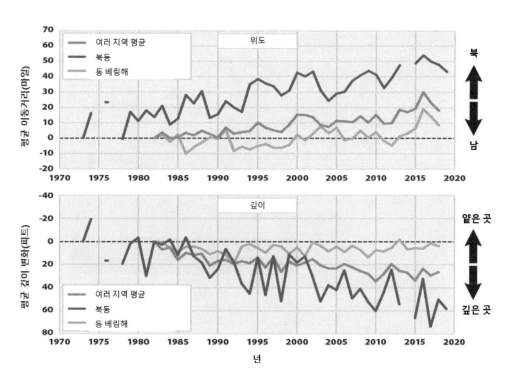

그림 4.13 1973-2019년 해양 생물종 서식지 위도 및 깊이의 변화
(출처: NOAA와 럿거스대, 2021)

미국 바닷가재, 대구류, 검은 바다베스 등 조사한 어류 모두 1970년~1980년대에 비하여 2015년 이후 이동 거리가 북동쪽으로 100마일 이상 늘어났다. 북극에 가깝게 위치한 알래스카 해역 주변에서 조사된 알래스카 명란, 대게, 태평양 넙치의 경우 평균적으로 조금 북쪽으로 이동하였으나, 연도별 이동 거리의 변동 폭은 심하게 나타났다(그림 4.14).

> • **베링해(Bering Sea)**: 태평양 북쪽에 위치해 있는 바다로 북극해와 연결되어 있다. 북동쪽으로 미국의 알래스카 해역과 서쪽으로 러시아의 시베리아와 남동쪽으로 알래스카 반도, 남쪽으로 알류산 열도(Aleutian Islands)로 둘러싸여 있다.

그림 4.14 연도별 미국 베링해 및 북동부 해역(위)과 알래스카 주변 해역(아래) 생물종의 이동 거리 변화
(출처: NOAA와 럿거스대, 2021)

1950년부터 2014년까지 해양 어류 및 무척추동물의 서식지는 세계 곳곳에서 엄청난 변화가 나타났다. 태평양, 대서양, 인도양 등 대부분 해역에서 어획고가 약 50% 감소하고 북태평양 지역의 어획고가 400% 이상 크게 증가하였다(그림 4.15).

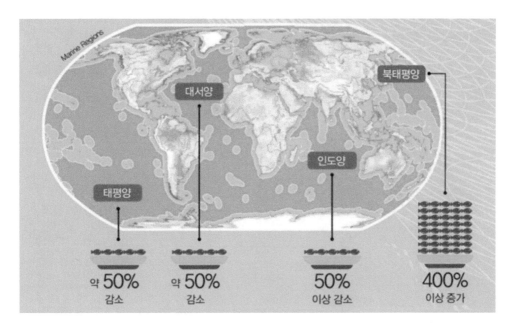

그림 4.15 어류 및 무척추 동물의 어획량 변화

(출처: 동아사이언스)

한반도 주변에서도 수온이 상승함에 따라 1985년까지만 해도 한반도 주변에서 잡혔던 도루묵, 명태 등의 물고기들이 북쪽으로 이동하여 1995년 이후에는 거의 잡히지 않는다.

최근 제주 주변 해역에서 잡히던 갈치는 한반도 북쪽으로 이동하였고, 아열대 지방에서 활동하던 참다랑어는 한반도 주변에서 많이 잡히고 있다(그림 4.16). 1975년부터 1995년까지 한반도 주변 해역에서 주요 어종인 갈치와 오징어의 어획고는 10만 톤 이상이었으나 2015년 이후로는 평균 5만 톤 이하로 떨어졌다(통계청 어업생산동향조사).

어류 서식처의 이동은 표층 해수의 온도 변화와 밀접한 관계가 있다. 1970년 한반도 주변 해역 표층 해수의 수온은 16.0℃였으나 2000년 17.1℃, 2017년 17.2℃에 이르러 1℃ 이상 상승하였다.

한반도 주변의 수온 상승과 함께 최근 여름철마다 평년 대비 2~7℃ 가량 수온이 높게 나타나는 고수온 현상이 고착화되고 있다. 우리나라에서는 2017년 수온은 2012년 대비 28℃ 이상(고수온) 지속 기간이 6~8일 증가하여 어류가 폐사 되는 등의 문제가 발생하고 있어, 이에 대한 예방책도 강화되어야 한다.

그림 4.16 **한반도 주변의 어종 분포 현황**
(출처: 국립수산과학원, 2021)

고수온은 수온 28℃를 기준으로 여러 단계로 발령하는데 수온 28℃ 도달이 예상되는 7~10일 전후 주의 단계로 고수온 관심(노란색), 수온 28℃가 도달될 것으로 예측되는 해역, 전일 수온 대비 3℃ 이상 상승 현상을 보이는 해역, 평년 대비 2℃ 이상의 급격한 수온 변동을 보이는 해역을 대상으로 경계 단계로 고수온 주의보(오렌지색), 수온 28℃ 이상이 3일 이상 지속되거나 지속이 예상되는 해역, 전일 수온 대비 5℃ 이상 상승 현상을 보이는 해역, 평년 대비 3℃ 이상의 급격한 변동을 보이는 해역을 대상으로 심각 단계로 **고수온 경보(빨간색)**를 발령한다. 주로 7~8월에 고수온 현상이 발생한다 (그림 4.17).

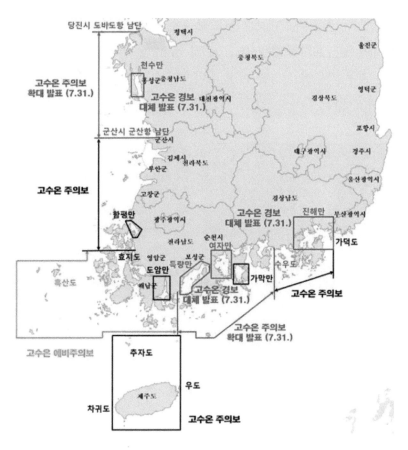

그림 4.17 고수온 특보 발령(2023.7.31.) 해역도

(출처: 해양수산부, 2023)

기후변화의 또 다른 영향으로 산호초 파괴를 들 수 있다. 산호초는 해양에서 단위면 적 당 1차 생산성이 가장 높은 곳으로 다양한 해양 생물이 살아가는데 필요한 영양분을 공급하고 서식처를 제공한다. 따라서 산호초 소멸은 해양생태계의 파괴를 가져올 수 있는 가장 위협적 요소이다.

산호는 암초(reefs)를 만드는 조초산호와 암초를 만들지 않는 비조초산호로 구분된 다. 암초를 생성하는 산호는 와편모조류에 속한 **충조류(zooxanthellae)**와 공생한다. 조초산호가 생장할 수 있는 온도 범위는 20~28℃, 염도는 35%로, 대부분 부유물이 적 어 빛 투과율이 높고 해수의 높이가 얕은 대륙붕에서 살아간다. 산호는 이들 생존조건 에 대한 감수성이 높아 기후변화로 인한 수온의 변화, 담수 유입으로 인한 염도 변화, 탁한 물의 유입 등으로 쉽게 파괴될 수 있다. 생존조건이 악화되었을 때 산호는 자신의 몸속에서 공생하는 충조류를 내보내는데, 죽음에 이르렀을 때 대부분 하얗게 변하는데, 이러한 현상을 산호의 **백화현상(coral bleaching)**이라고 한다(그림 4.18). IPCC 5차보고서는 지구 기온이 산업화 이전 대비 2℃가 상승하면 산호의 99%가 소멸될 것으로 예측하고 있다.

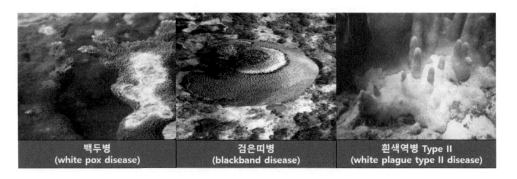

그림 4.18 **산호 스트레스와 질병**

(출처 : 산호 모니터링 서베이, Craig Quirolo, 1990~2007)

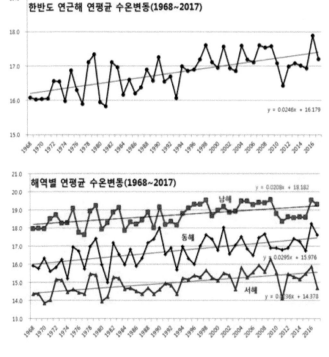

그림 4.19 **한반도 연안 해역의 수온 변화**

(출처: 현대 해양)

최근 50년(1968~2017년) 사이 한반도 연평균 표층 수온 상승은 1.23℃로 전 세계 평균(0.48℃)에 비해 약 2.6배 높은 경향을 보였다(그림 4.19). 이는 전 세계에서 가장 높은 수온 상승률을 보이는 해역 중 하나로 나타나, 해역에 대한 세심한 관리가 필요한다. 동해, 서해, 남해 모든 해역의 평균 표층 수온이 유사한 상승 패턴을 보였다.

이러한 열 함유량, 표층 수온 상승, 용존 이산화탄소량 상승, 어류의 이동거리 증가 등은 모두 서로 영향을 주는 요소이다. 따라서 위에 언급한 요소들은 모두 기후변화 지표로 사용될 수 있음을 의미한다.

4.2 블루카본의 이해

4.2.1 블루카본의 개념

블루카본(Blue carbon)은 해양 또는 연안습지 생태계에 격리되어 저장되어 있는 탄소를 의미한다. 블루카본의 개념은 2009년 국제자연보전연맹(International Union for Conservation of Nature, IUCN) 보고서에서 처음 언급되었으며, 단위면적 당 탄소저장량이 가장 큰 곳이다. 열대 및 아열대 지역의 해안을 따라 발달되어 있는 맹그로브 숲, 육상과 해양의 다리 역할을 하는 곳에 발달되어 있는 염습지 등은 대표적인 블루카본의 저장소로, 기후변화를 완화시키는데 큰 역할을 한다.

유엔환경계획(United Nations Environment Programme, UNEP)과 유엔세계식량계획(United Nations World Food Programme, WFP)이 발간한 보고서에 의하면 연안습지 생태계가 보유한 탄소의 95~99%는 퇴적물에 저장되어 있다. 전 지구의 해저 퇴적물에는 연간 2.4억 톤의 탄소가 새롭게 격리된다고 추정하고 있고, 연안 및 하구역은 그 중 약 79%(1.9억톤 탄소)를 차지하여, 탄소의 주요 저장소로 예측하고 있다. 육상 열대림은 최대 수백 년 정도 탄소를 저장할 수 있으나 연안 생태계는 육상 산림보다 면적이 좁지만, 연간 탄소흡수 총량은 육상 산림생태계와 비슷하고 흡수 속도는 육상 열대림보다 최대 50배 빠르다(그림 4.20).

그림 4.20 탄소 흡수 비용에 따른 염습지와 육상조림의 경제성 비교(해양수산부)

4.2.2 블루카본의 원천, 순천만 습지

순천만 연안습지는 해양과 육상의 영향을 동시에 받는 조간대에 위치해 있으며, 탄소 흡수 및 저장 능이 높은 블루카본의 원천으로 갈대 군락이 넓게 발달되어 있는 곳이다(그림 4.21). 순천만 갯벌은 대부분 펄(진흙)과 미사로 구성되어 있으며, 현재의 갯벌을 형성하는데 5,000년 정도가 소요된 것으로 여겨진다. 이 오랜 기간 탄소가 순천만 습지 갯벌의 퇴적물 내에 축적되어 대기로부터 격리되어 있다. 따라서 순천만 습지는 탄소중립 실현에 있어 고려되어야 할 중요한 환경이다.

그림 4.21 순천만 연안습지의 전경

순천만 습지의 갈대 및 칠면초 군락지는 탄소 흡수 및 저장에 있어 그 무엇보다도 중요하다. 순천만 갯벌은 갈대, 칠면초, 해홍나물 등 염생식물이 군락을 이루어 살아가는 갯벌((그림 4.22)과 식물 군락이 거의 발달되어 있지 않은 비식생 갯벌로 구분되는데, 식생 갯벌(염습지)의 탄소 흡수량이 비식생 갯벌보다 최소 1.7배에서 최대 4.7배 가량 높다. 순천만 습지 갯벌의 단위면적 당 탄소저장량은 강화도 갯벌이나 가로림만 등 한국의 다른 갯벌에 비하여 1.5배 이상 높다(그림 4.22, 표 4.3).

염습지의 단위 면적(㎢)당 연간 탄소 흡수량은 염생식물이 흡수한 생체축적량 2톤(ton), 갯벌 속으로 흡수된 토양 격리량 91톤 등 총 93톤이다. 이에 반해 비식생 갯벌의 연간 탄소 흡수량은 20톤에서 최대 54톤(이산화탄소 환산 시 최대 198.0톤)으로 상대적으로 낮다. 국내 염습지 면적은 전체 갯벌 면적(2,482㎢)의 1.4%(35㎢)에 불과하지만 탄소 흡수 능력은 상대적으로 훨씬 뛰어나다.

| 갈대 | 칠면초 | 나문재 | 갯질경이 | 갯잔디 |

그림 4.22 순천만 연안습지의 대표적 식물

표 4.3 국내 연안 갯벌 면적과 탄소 저장과 이산화탄소 잠재 저장 능 비교

지역	퇴적물 내 유기 탄소량(OC)(g)	갯벌 면적 (km²)	탄소저장량 (톤)	잠재적 이산화탄소 저장 능 (톤)
순천만	2.11	22.60	627,451	2,302,745
강화군	1.35	243.60	4,582,408	16,817,434
가로림만	0.96	81.90	1,130,444	4,148,729

(출처: 충남발전연구원, 2016 자료 일부 편집)

갈대, 칠면초 등 염생식물은 대기와 땅, 물속에 있는 이산화탄소를 광합성 과정을 통해 효과적으로 흡수하여 유기물로 고정하는 능력이 있다. 다시 말해 염습지는 비식생 갯벌이 갖고 있지 않은 광합성이란 탄소 고정 무기를 하나 더 가지고 있기에 탄소 흡수

능력이 상대적으로 더 뛰어난 것이다. 갯벌의 탄소 흡수는 갯벌 수에 의해 이루어지기도 하지만, 갯벌에 존재하는 수많은 식물플랑크톤이 큰 비중을 차지한다. 갯벌이 흡수하여 저장하는 탄소의 상당량은 식물플랑크톤에 의하여 고정된다. 식물플랑크톤이 탄소를 흡수하여 생산한 유기물이 갯벌 생물에게 탄소원과 에너지원으로 제공된다.

특히 순천만 습지에 발달된 갈대 군락지의 생물다양성이 높은 것으로 알려져 있는데, 갈대는 광합성을 통해 만들어진 산소의 상당량을 뿌리 근처로 방출하는 특징이 있다. 이러한 특성은 갈대 근권의 환경을 호기성으로 만들어 다양한 세균과 동·식물 플랑크톤 등이 살아갈 수 있도록 유인한다.

갈대 근권에는 갈대 뿌리의 흡수 능력 때문에 하천수에 포함되어 흘러들어온 유기물이 축적되게 되는데, 이들 유기물은 뿌리 근처에서 서식하는 호기성 미생물들에 의해 빠른 속도로 분해된다. 이러한 환경조건은 먹이사슬에서 상위에 있는 생물들을 갈대 근권으로 유인하게 됨으로 갈대 근권의 생물다양성은 갯벌의 다른 지역보다 높다. 높은 생물다양성은 저장할 수 있는 탄소량이 많음을 의미한다.

생태계와 탄소중립과는 어떤 관계가 있을까? 최근 지구온난화의 가장 큰 원인물질인 이산화탄소는 생명을 조각하고 움직이는 중요한 요소이다. 대기 중의 이산화탄소가 자연적으로 흡수되는 형태는 물에 용해되어 용존 이산화탄소 형태로 수중에 혹은 퇴적물에 존재하는 경우와 광합성 생물에 의해 고정된 후 유기물로 전환되는 경우이다.

4.2.3 연안습지 생태계의 구성

연안습지는 육상의 하천 등의 수계로부터 유입되는 담수의 영향을 많이 받는 곳이면서 동시에 바다와 만나는 곳으로, 고조일 때 해수에 잠겼다가 저조시 드러나는 조간대에 위치해 있다. 따라서 연안습지는 육상과 해양을 연결시키는 다리 역할을 하면서 육상과 해양환경의 급격한 변화에 따른 영향을 완충시키는 역할을 한다.

대표적 연안습지인 순천만 습지는 동천, 이사천, 해룡천 등의 수계로부터 유입되는 담수의 영향을 많이 받는 곳이다. 따라서 조간대에 위치한 순천만 습지 생태계는 순천시 하천에서 흐르는 물과 갯벌이 만나는 지역, 갈대 및 칠면초로 대표되는 식물 군락지, 비식생 갯벌과 해양이 만나는 곳 등 크게 세 곳으로 세분화하여 그 특성을 설명할 수 있다(그림 4.23). 순천만으로 유입되는 하천은 담수와 육상에서 버려지는 오염물질을

그림 4.23 순천만 연안습지 조간대 생태계의 구성

순천만으로 흘려보내기 때문에 순천만 습지 생태계에 큰 영향을 미친다.

갈대 및 칠면초 군락이 발달되어 있는 지역은 이들 식물이 서식하지 않는 갯벌 지역과는 또 다른 환경적 특성을 갖기 때문에 서식하는 생물의 종류나 생물종 다양성이 달라진다. 갈대 및 칠면초 군락지는 유기물, 인, 질소 등을 제거하는 자연정화 기능이 매우 높다.

갈대와 칠면초 군락을 벗어나면 순천만 갯벌과 해양이 이어진다. 해양은 조수 활동을 통해 순천만 습지에 영향을 미친다. 특히 해수의 염도는 해양생물의 지리적 분포에 큰 영향을 미친다. 염분에 높은 저항성을 띠는 생물들이 해양 가까이에 분포하고 염분 저항성이 낮은 생물일수록 하천 가까이에 분포하게 된다.

순천만 갯벌의 표면층은 펄, 아래층에는 미사로 구성되어 있으며 매우 깊은 곳까지 참갯지렁이, 칠게 등의 서식 활동으로 만들어진 수많은 구멍들이 존재하여 갯벌을 호기성 상태로 만든다.

순천만 습지에 넓게 군락을 이루어 서식하고 있는 갈대와 칠면초는 생산자의 역할을 하는 대표적인 식물이다. 많은 종류의 어·패류와 동·식물 플랑크톤, 그리고 해양미생물이 서식하고 있다. 순천만 습지는 퉁퉁마디, 칠면초, 갯질경이, 갯잔디 등 **염생식물** 군락이 발달되어 있는 식생 갯벌과 염생식물이 서식하지 않는 비식생 갯벌로 구분되는데, 각 환경에 서식하는 생물의 종류나 생물종 다양성이 달라진다.

> • **염생식물**: 염생식물은 염분이 있는 토양이나 물에서 살아가는 식물로 바닷가 근처에서 흔히 관찰된다. 염생식물은 서식하는 환경의 종류에 따라 건조한 곳에서 살아가는 건염생식물과 습한 곳에서 살아가는 습염생식물로 분류된다.

해양은 조수 활동을 통해 연안습지에 영향을 미친다. 특히 해수의 염도는 해양 생물의 지리적 분포에 큰 영향을 미친다. 염분에 높은 저항성을 띠는 생물들이 해양 가까이에 분포하고 염분 저항성이 낮은 생물일수록 하천 가까이에 분포하게 된다. 갯벌은 표면층은 펄, 아래층에는 미사로 구성되어 있으며 매우 깊은 곳까지 참갯지렁이, 칠게 등의 서식 활동으로 만들어진 수많은 구멍이 갯벌을 호기성 상태로 만든다.

연안습지 주변에는 논과 밭 그리고 양식장 등이 위치하여 습지 생태계에 영향을 미친다. 연안습지의 어패류와 주변의 논과 밭에서 생산되는 곡물은 수많은 철새를 연안습지로 끌어들이는 유인 요소이다. 육상양식에서 발생하는 많은 유기물, 인, 질소 등을 포함하는 오염수는 방류되어 연안습지를 오염시키곤 한다. 따라서 연안습지 생태계는 주변의 다른 환경적 특성을 갖는 생태계와 직·간접적 영향을 주고 받으 면서 계속해서 변화되고 안정성을 유지하고 있다.

생태계는 **생물적 요소와 비생물적 요소**로 구성된 조직화된 환경체계를 의미한다. 따라서 생명이 존재하지 않는 곳에 생태계란 말을 붙여 사용하지는 않는다. 지구에는 생물이 존재하기 때문에, 지구환경과 지구생태계란 말을 모두 사용할 수 있지만, 생물이 존재하지 않는 화성의 경우, 화성환경이란 말은 사용할 수 있지만 화성생태계란 말을 사용하지는 않는다. 따라서 환경을 크고 작은 단위의 특정 장소를 부르기 위해 사용하는 것이라면 생태계는 특정 환경의 구성 체계에 초점을 두어 이야기할 때 사용하는 것이다.

오랜 세월을 통해 만들어진 생태계는 구성하는 요소의 일부가 변화되더라도 비교적 안정된 상태로 그 특성을 유지하려는 경향이 있는데 이러한 성질을 **항상성(homeo-stasis)**이라고 한다. 항상성이 유지될 때 생태계의 평형이 유지된다. 그렇지만 환경오염 등 외부에서 가해지는 스트레스가 생태계의 한계 수용능력을 넘어서면 생태계는 항상성을 잃게 되고 생태계 평형이 깨어지게 된다.

1 생물적 요소

생태계를 구성하는 요소인 생물은 동물, 식물, 미생물로 구분된다. 생물 간에는 **먹이사슬(food chain)** 관계가 존재하여 복잡한 **먹이망(food web)**이 만들어진다. 우리는 흔히 동물, 식물, 미생물을 역할에 따라 각각 소비자, 생산자, 분해자로 구분한다.

그렇다면 과학자들이 편의상 구분한 **생산자(producer), 소비자(consumer), 분해자(decomposer)**의 역할은 무엇을 의미하는 걸까?

생물들은 생존을 필요한 에너지를 얻기 위해 먹이 활동을 한다. 생산자인 식물이나 조류들이 광합성을 하여 영양분을 만드는 이유는 스스로 소비할 영양분을 얻기 위한 것이지 다른 생물의 생존을 고려하여 영양분을 생산하는 것은 아니다. 분해자인 세균이나 곰팡이가 동·식물 뿐만 아니라 다른 미생물 사체를 분해하는 이유는 에너지로 사용할 영양분을 얻기 위한 것이므로 정확하게는 분해자이면서 소비자인 셈이며, 특정 광합성 세균은 스스로 영양분을 만들어 에너지를 얻는다는 점에서 생산자, 소비자, 분해자의 역할을 모두 할 수 있다.

동물은 인간을 비롯한 코끼리, 사자, 고래 등의 포유류, 갈매기, 두루미, 참새 등의 조류, 잠자리, 벌, 나비 등의 곤충류, 상어, 참치, 낙지 등의 어류, 전복, 굴, 홍합과 같은 패류, 악어, 거북, 뱀 등의 파충류, 개구리, 도룡뇽 등의 양서류 등을 포함한다. 동물은 전적으로 다른 생물에 의존하여 살아가기 때문에 **종속영양생물(heterotroph)**이라 부르며, 먹이사슬 관계에서 모두가 소비자이다. 소비자는 그 위치에 따라 1차 소비자, 2차 소비자, 3차 소비자, 최종 소비자 등으로 구분할 수 있으며, 소비자의 위치는 처한 상황에 따라 달라질 수 있다. 반면, 식물과 조류(algae)는 광합성을 통하여 스스로 영양분을 만들어 에너지를 획득하기 때문에 **독립영양생물(autotroph)**이라 부르며 먹이사슬 관계에서 생산자로 나타낸다. 분해자인 미생물의 경우, 종에 따라 독립영양생물과 종속영양생물이 존재한다. 한 생태계 내 독립영영생물과 종속영양생물로 구성된 먹이망을 움직이는 힘은 광합성(photosynthesis)과 호흡(respiration)이다(그림 4.24).

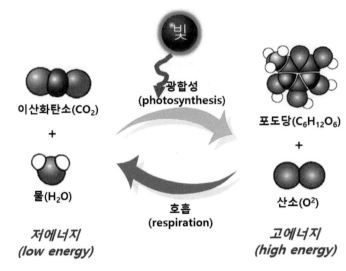

그림 4.24 광합성과 호흡

광합성은 대기와 수중의 이산화탄소의 순환의 첫 번째 단계로, 이산화탄소가 유기물로 전환되는 과정으로 흔히 탄소 고정이라 불린다. 광합성은 합성을 의미하는 동화과정(anabolism)으로 저분자에서 고분자, 저에너지에서 고에너지로 전환된다. 광합성의 역과정이 호흡(respiration)이다. 호흡은 분해를 의미하는 이화과정(catabolism)으로 고분자에서 저분자, 고에너지에서 저에너지로 전환된다.

생태계가 유지되는 힘은 생산자, 소비자, 분해자의 역할이 잘 어우러져 **물질 순환**이 끊임없이 이루어지기 때문이다. 물질순환은 에너지 흐름을 만드는 중요한 요인이다. 물질 순환의 대표적 예로 물, 이산화탄소, 질소, 인, 황 등의 순환을 들 수 있다. 특히 이산화탄소와 질소의 순환은 생명을 만들고 생태계를 구성하는데 핵심적인 물질이다.

2 비생물적 요소

비생물적 요소에는 빛, 토양, 물, 공기, 온도, 압력 등의 물리적 요소와 BOD, COD, pH, 염도 등의 화학적 요소가 있다. 빛 에너지는 광합성을 통해 생물들이 살아가는데 필요한 화학에너지(ATP)로 전환되기 때문에 빛의 세기, 파장, 일조 시간 등의 변화는 생물에 영향을 미친다. 빛, 물, 이산화탄소는 식물, 조류 등 독립영양생물이 광합성을 하는데 필수적인 물리적 요소이다. 산소는 호기성 호흡을 하는 생물에게는 필수적이지만 혐기성 생물에게는 치명적 영향을 미친다. 온도는 모든 생물에서 이루어지는 동화

작용(물질 합성)과 이화작용(물질 분해)이라는 물질대사에 큰 영향을 미친다. 압력은 해양에서 살아가는 생물에 큰 영향을 미치는데 평균적으로 10m 깊어질 때 1기압씩 높아지기 때문에 심해에서는 높은 압력을 견디어 낼 수 있는 생물만이 살아가므로 독특한 심해생태계가 만들어진다. 특히 화학적 요소는 인간의 생활 과정에서 가정이나 공장, 논밭 등에서 환경으로 방출되는 오염물질에 의하여 크게 영향을 받으며, 궁극적으로 서식하는 생물상의 변화에도 영향을 미치게 된다. BOD, COD, pH, 염도 등은 주변 환경 오염물질에 의하여 영향을 받기 때문에 수질 측정 기본 요소이기도 하다.

따라서 생태계 먹이망은 크게, 생산자, 소비자, 분해자로 분류되며, 순천만 습지는 갈대, 칠면초, 식물플랑크톤, 미세조류 등 광합성 생물들이 생산자, 갯벌 소비자는 대부분 갯벌 속 미세조류나 갯벌에 퇴적되어 있거나 바닷물에 부유하는 유기물(detritus)을 먹이로 하는 조개류, 갯지렁이, 게, 새우 등이 있다. 이들 갯벌 동물 간에도 먹이사슬이 존재하나 별도로 구분하지는 않으며, 갯벌 동물을 먹이로 하는 어류, 새 등이 고차 소비자에 해당된다(그림 4.25).

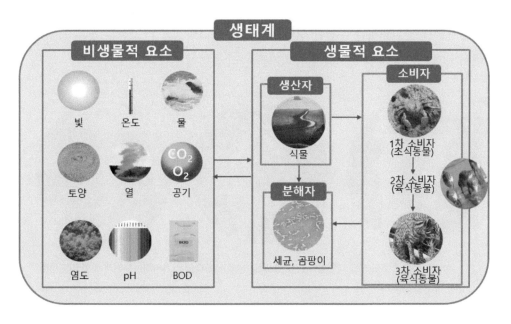

그림 4.25 생태계의 구성

4.2.4 생물 다양성과 연안습지 생태계 서비스

■ 생물 다양성의 개념

생물 다양성은 유전자, 종, 생태계에 이르기까지 모든 수준에서 생물 다양성을 의미한다(그림 4.26). 유전자 다양성(genetic diversity)은 같은 종이 지닌 유전자의 다양성을 의미하고, 종 다양성(species diversity)은 특정 생태계 내 다른 종수를 의미한다. 생태계 다양성은 한 지역에 존재하는 다른 환경적 특성으로 인해 서식하는 생물의 종류가 달라짐으로 인해 세분화되는 생태계들의 다양성을 의미한다.

1992년 브라질 리우데자네이루에서 열린 유엔환경개발회의에서 지구환경 위기에 따른 문제해결 노력으로 지구의제 21(global agenda 21)이 채택된다. 이에 따른 조치로 지구온난화 방지를 위한 **유엔기후변화협약**(United Nations Framework Convention on Climate Change, UNFCCC)과 생물자원보전을 위한 **생물다양성협약**(Convention on Biological Diversity, CBD)이 채택된다. 생물다양성협약은 생물자원(유전자, 군집, 생태계) 소멸을 방지하고 보전하기 위한 목적으로 만들어진 것이다. 따라서 세계자연유산으로 등재된 순천만 연안습지의 생물 다양성을 파악하는 것은 지구의제 21에서 채택된 생물자원 보전과 멸종위기종 관리 측면에서 매우 중요하다.

그림 4.26 다양한 수준의 생물 다양성. 유전자 다양성(왼쪽), 종 다양성(가운데), 생태계 다양성(오른쪽)

연안습지 갯벌에 다양한 어·패류가 풍부하게 존재하는 이유는 무엇일까?

첫째는 연안습지가 갖는 높은 **1차 생산성**(primary productivity) 때문이다. 우리나라 연안습지로는 처음으로 람사르(Ramsar) 협약에 가입된 지역인 순천만은 갯벌 생물 다양성이 매우 풍부한 곳이다. 갯벌에는 갈대, 갯개미취, 갯비쑥, 나문재, 칠면초 퉁퉁

마디, 해홍나물, 갯질경이 등 식물과 함께 규조류(diatom), 녹조류(green algae), 남세균 (cyanobacteria) 등 100여 종의 미세조류가 서식하고 있다. 이들은 많은 양의 이산화탄 소를 고정하여 유기물을 생산하므로 갯벌에는 풍부한 먹이가 존재하게 되고 하등생물 에서 고등생물에 이르기까지 다양한 생물이 유입되어 현재의 먹이망이 만들어졌다.

> •**1차 생산성(Primary productivity)**: 독립영양생물에 의하여 일정 시간 동안 탄소 등 무기물을 이용하여 생산한 유기물의 양을 의미한다. 무기물을 이용한 유기물 생산은 대부분 **광합성**에 의 해 이루어지지만 세균에 의한 **화학합성**으로도 이루어진다.

순천만 습지의 갯벌에는 검정비틀이고둥, 기수우렁, 대추귀고둥, 맛조개, 분홍접시 조개, 새꼬막, 갯고둥류, 석화 등 연체동물, 가지게, 갈게, 농게, 도둑게, 칠게, 밤게, 방 게, 붉은말 말똥게, 펄털콩게, 딱총새우, 쏙 등 절지동물, 개불, 두줄박이참갯지렁이 등 환형동물, 짱뚱어, 말뚝망둥어, 갯장어와 같은 어류 등 다양한 생물과 세균, 곰팡이 등 분해자 역할을 하는 미생물이 서식한다(그림 4.27).

그림 4.27 순천만 습지의 다양한 생물

순천만 습지는 이들 다양한 생물이 풍부하게 존재하기 때문에 먹이망의 고차 소비자 인 새들의 서식처 및 경유지로서 역할을 한다. 특히 천연기념물 제228호인 흑두루미(그 림 4.28)를 비롯해 검은머리갈매기, 황새, 저어새, 노란부리백로 등 희귀 조류 11종, 도 요새, 청둥오리, 흑부리오리, 기러기 등을 포함해 약 200종 이상의 새들이 월동하거나

그림 4.28 순천만 습지의 대표적 새, 천연기념물 제228호 흑두루미

번식하는 등 멸종위기종과 희귀종을 보호하는데 있어 중요한 역할을 한다.

　멸종위기종 및 법적 보호종과 같은 세계적 희귀 조류가 이곳 순천만 연안습지에서 관찰된다(표 4.4). 환경부가 멸종위기종으로 지정한 검은머리물떼새, 큰기러기 등 32종, 천연기념물인 흑두루미, 소쩍새 등 24종, IUCN의 적색목록 종에서 심각한 멸종위기(critically endangered, CR)종으로 지정된 시베리아흰두루미 1종과 멸종위기(endangered, EN)종으로 지정된 황새, 저어새 등 4종, 멸종우려근접(near threatened, NT)종으로 지정된 긴꼬리딱새, 마도요 등 2종, 취약(vulnerable, VU)종으로 지정된 검은머리갈매기, 재두루미 등 6종으로 총 13종이다. CITES 목록에 포함된 새는 물수리, 흰꼬리수리 등 28종이다. 순천만 습지에서 검은머리 갈매기, 재두루미, 흑두루미, 흰꼬리수리 등 다양한 조류가 관찰되는 것은 다양한 먹이망으로 구성된 순천만 생태계의 건강함을 보여주는 좋은 지표가 된다.

- IUCN: **국제자연보전연맹**(International Union for Conservation of Nature and Natural Resources)을 의미한다. 자연과 천연 자원을 보전하고자 설립된 국제기구로, 1963년부터 세계에서 가장 포괄적인 동·식물 종의 보전 상황을 알려주는 IUCN 적색 목록을 만들고 있다.
- CITES: **국제 야생 동식물 멸종위기종 거래에 관한 조약**(Convention on International Trade in Endangered Species of Wild Flora and Fauna)을 의미하며, 국제적인 거래로 인한 동·식물의 생존 위협을 방지하기 위해 1973년 3월 3일 미국 워싱턴에서 조인되어 1975년부터 발효되었다.

표 4.4 순천만 습지에서 발견되는 대표 희귀종 및 멸종위기종

No.	종명	학명	IUCN	CITES	M.E	N.M
1	시베리아흰두루미	*Grus leucogeranus*	CR	○	□	
2	개리	*Answer cygnoides*	EN		□	○
3	저어새	*Platalea minor*	EN		●	○
4	청다리도요사촌	*Tringa guttifer*	EN	○	●	
5	황새	*Ciconia boyciana*	EN	○	●	○
6	긴꼬리딱새	*Terpsiphone atrocaudata*	NT		□	
7	마도요	*Numenius arquata*	NT			
8	검은머리갈매기	*Larus saundersi*	VU		□	
9	고대갈매기	*Larus relictus*	VU	○	□	
10	노랑부리백로	*Egretta europhotes*	VU		●	○
11	알꼬리마도요	*Numenius madagascariensis*	VU		□	
12	재두루미	*Grus vipio*	VU	○	□	○
13	흑두루미	*Grus monachal*	VU	○	□	○

IUCN: IUCN 적색 목록종, **CITES**: CITES 멸종위기종, **M.E : 환경부 지정 멸종위기종**(●: 1급, □: 2급); **N.M: 천연기념물**. **CR(Critically endangered species)**, 심각한 멸종 위기종; **EN(Endangered species)**, 멸종위기종; **VU(Vulnerable species)**, 취약종; **NT(Near threatened)**, 멸종 우려 근접종(출처: 김인철 등, 2017).

이러한 생물 다양성은 우리에게 심미적 안정성과 함께 식량, 에너지, 의약 및 공업용 소재 등의 원료를 제공해준다. 이외에도 생물 다양성은 환경정화 및 기후조절 기능과 도 관련되어 있다.

순천만 습지 생태계는 매우 다양한 생물을 부양할 수 있는 환경으로 몇 개의 소생태 계로 구성되어 있으며, 다양한 생태계 서비스(ecosystem service)를 제공한다. 생태계 서비스는 생태계가 인간과 살아가는 생물에게 제공해주는 모든 서비스를 의미하며, 크 게 공급 서비스, 조절 서비스, 문화 서비스, 지지 서비스 등으로 구분된다(그림 4.29).

순천만 습지는 공급 서비스로 어패류 생산에 의한 어민의 소득 증대 기능, 조절 서비 스로 탄소 흡수원으로서 역할과 온도 습도 조절과 갯벌 생물에 의한 오폐수 정화 기능, 문화서비스로 교육과 문화·예술 작품의 원천, 생태관광 자원으로서의 기능, 지지 서비스

그림 4.29 생태계 서비스(ecosystem service)의 구분

(출처: 환경부)

로 희귀종 및 멸종위기종의 서식지로 생물 다양성 보고의 기능 등을 제공해 주고 있다.

순천만 습지는 종 다양성과 생태계 서비스 측면에서 매우 가치 있는 환경이지만, 지속적인 위협 요소들이 존재하고 있다. 생물 다양성을 위협하는 요소로 오염물질 유입, 외래종 유입, 기후변화, 개발에 따른 습지훼손 등을 예로 들 수 있다(그림 4.30).

이들 위협 요소는 상호 연관성을 갖고 있으며, 궁극적으로 생물 다양성 감소와 생물 서식지 이동 등의 결과를 가져와 순천만의 가치를 크게 떨어뜨리기 때문에 습지를 관리하기 위한 노력이 지속되어야 한다. 특히, 토착종과의 경쟁에서 우위에 있는 외래종은 빠른 속도로 확산하여 순천만 습지의 생물 다양성을 훼손할 수 있다. 현재 국내 갯벌 습지에 빠른 속도로 확산되는 외래종은 갯끈풀(*Spartina alterniflora*)로 2016년 해양수산부에서 유해 해양생물로, 2016년 환경부에서 생태교란 생물로 지정하여 갯끈풀 제거 및 관리를 위한 노력을 기울이고 있다(그림 4.31). 갯끈풀은 인천광역시 강화도와 영종도, 경기도 안산시 대부도, 충청남도 서천군, 전라남도 진도군 등에서 발견되는 등 우리나라 갯벌이 발달되어 있는 지역을 중심으로 확산되고 있다.

특히 최근 기후변화가 해양과 연안 환경에도 큰 영향을 미치기 때문에 연안습지 관리를 위한 기후변화 지표를 개발할 필요가 있다.

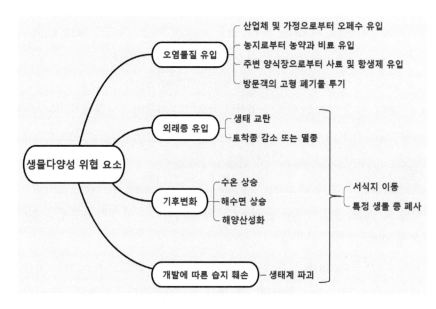

그림 4.30 연안습지 생물 다양성 위협 요소

그림 4.31 국내 갯벌 유입 외래종 갯끈풀(해양수산부)

4.3 참고문헌

- 2020년 국립기상과학원의 한반도 기후변화 전망보고서. **2020.** 우리나라의 평균 최고, 평균, 최저기온의 변화(1912~2020).
- 2020년 국립기상과학원의 한반도 기후변화 전망보고서. **2020.** 지구와 한반도 기후 전망.
- Bates. **2016**; González-Dávila. **2012**; University of South Florida. **2021**; University of Hawaii. **2021.** 해양의 용존 이산화탄소량과 pH 변화의 상관관계.
- Craig Quirolo's Coral Photomonitoring Survey. 1990- 2007.
- IPCC. **2013.** 인간 및 자연 활동에 의하여 발생하는 기체의 온난화에 미치는 영향.
- Jukieb Claes, Duko Hopmanm Gualtiero Jaeger, and Matt Rogers. **2022.** Blue carbon: The potential of coastal and oceanic climate action
- Nelleman et al. 2009. Blue carbon the role of healthy oceans in binding carbon.
- 강형일 외. **2005.** 순천만 갈대 근권으로부터 분리한 다환성 방향족 화합물 분해 세균의 특성 분석.
- 국제한림원연합회. **2016**; 호주 연방과학산업연구기구. **2021**; 아이슬란드 해양연구소 & 일본기상청. **2021**; 미국 해양대기청. **2021.** 해양 700미터 깊이의 년도별 열량.
- 김상진 외. **2021.** 적외선과 초음파 센서로 측정한 순천만 이산화탄소 변동. J. KIECS. 16, 157-164.
- 김숙양 외. **2008.** 순천만 습지 및 조간대의 지화학적 특성. 한국습지학회. 10, 81-96.
- 동아사이언스. **2021.** 어류 및 무척추 동물의 어획량 변화.
- 미국 국립해양대기청(NOAA). **2021** & Rutgers University. 2021. 물고기의 연도별 이동 거리의 변화.
- 미국 국립해양대기청(NOAA). **2021.** 지구온난화에 미치는 기체의 영향력.
- 박은진. **2009.** 도시 수목의 이산화탄소흡수량 선정 및 흡수 효과 증진 방안. 경기개발연구원.
- 세계기상기구 지구 기후보고서. **2021.** 전 세계 연도별 이산화탄소 및 메탄 농도.
- 세계기상기구 지구 기후보고서. **2021.** 전 세계 연도별 화석 연료 소비 추이.
- 윤순진. **2021.** 2050 탄소중립을 향한 여정. 국토시론.
- 충남연구원. **2016.** 신기후체제에 대응하는 연안역 블루카본 잠재력 가치 평가 연구.

현안과제연구 이슈 리포트.

- 통계청. **2020,** 국립수산과학원. 2019; 한국농수산식품유통공사. 2020. 한반도 주변의 어종 분포 현황.
- 해양수산부. **2021.** 고수온 특보 발령 해역도.
- 해양수산부. **2021.** 탄소흡수 비용에 따른 연안습지(염습지)와 육상조림의 경제성 비교.
- 환경부. **2015.** 기온 상승 폭에 따른 미래 예측.

CHAPTER 5
경영환경의 변화와 ESG

학습 목표

- 전략적 적합성의 개념을 이해하고, 전략적 적합성이 무엇인지 설명할 수 있다.
- 주주자본주의와 이해관계자 자본주의의 차이를 설명할 수 있다.
- ESG의 개념을 이해하고, 환경(E), 사회(S), 지배구조(G)에는 각각 어떠한 요인들이 있는지 설명할 수 있다.
- 글로벌 기업들의 ESG 사례를 살펴보고, ESG의 중요성과 필요성을 설명할 수 있다.

그림 5.1 Vovlo 광고 'The ultimate safety test'
(출처: Volvo Cars, https://youtu.be/hTjLmHXoNNw)

이 단원에서는 글로벌 경영환경의 패러다임 변화와 ESG 개념 및 구성요소에 대해 학습하며, 글로벌 기업들의 ESG 경영 사례를 살펴본다.

🔖 **함께 생각해보기**

과거 기업의 목적이 오직 이윤추구였다면, 지금은 이윤추구뿐만 아니라 환경, 사회, 지배구조를 포함하는 비재무적 요인들도 중요하게 고려해야 한다.
다음 Volvo 광고영상을 보고 글로벌 기업들이 왜 ESG를 추구해야 하는지 생각해보자.

5.1 주주자본주의에서 이해관계자 자본주의로

5.1.1 기업의 목적

지배구조는 기업의 이사회 및 경영구조의 절차와 과정을 관리 및 지시, 감독, 통제하는 것을 뜻한다. 기업의 지배구조는 기업이 처한 환경이나 제도 또는 소유구조가 어떠냐에 따라 달라진다. 그렇다면 기업의 주인은 누구인가? 기업의 지배구조를 주인(principal)과 대리인(agent)의 관계로 간주한다면 주인은 기업소유주와 같이 권한을 부여해주는 통제하는 자이며, 대리인은 권한을 위임받는 행동을 통제받는 자가 된다. 기업 지배구조에 있어 대리인은 통치를 받는자 즉, 기업에서 의사결정을 행하는 경영자(대표이사)가 된다. 통치하는 쪽의 주인은 주주, 채권자, 거래상대방, 종업원, 지역사회 등 회사의 다양한 이해관계자(stakeholder)를 생각할 수 있다. 결국 지배구조는 다양한 이해관계자의 이해를 경영에 반영시키는 구조라 정의할 수 있으며, 지배구조는 기업이 윤리경영을 수행하고 지속 가능성이 수행되는 방법을 제공하는 주체가 될 수 있다.

1970년대 미국과 영국 등에서는 기업의 목적을 주주자본주의에 기반하여 주주(shareholder)를 위한 이윤 창출과 이윤극대화에 두었다. 주주를 기업경영의 중심에 두는 사상은 1976년 노벨 경제학상을 수상한 밀턴 프리드먼의 주장으로 기업의 목표는 오직 이익의 증대에 있으며 오로지 주주들에게 책임을 진다는 내용이다. 하지만 주주만을 중심에 두고 이윤을 창출하는 기업의 목적은 오늘날 주주를 포함한 이해관계자에게 기여하는 방향인 이해관계자 자본주의의 관점에서 재정의 되고 있다. 2019년 8월 미국의 경영자 단체인 비즈니스라운드테이블(Business Roundtable, 이하 BRT)에서 회원사들의 최고경영자들은 기업의 목적에 관한 성명(Statement on Corporate Purpose)을 발표하였다(그림 5.2). BRT에는 아마존, 애플, GM, JP모건 등 주요한 미국 대기업들이 회원사로 참여하고 있다. 이 성명에는 기존에 기업경영의 목적이 주주의 이익을 극대화하는 것에서 고객, 공급자, 지역사회, 종업원 등 이해관계자를 고려하는 방향으로 확대하는 이해관계자 중심의 경영을 수행하겠다는 내용이 담겨 있다. 고객에게 가치를 제공하고, 내부의 종업원들에게 투자하며, 협력업체들과 공정한 그리고 윤리적인 거래를 수행하고, 지역사회를 지원하며 장기적인 주주의 가치를 창출하는 것 모두를 기업의 필수적인 목적으로 선언한 것이다. 즉, 기존에는 주주만을 주요한 기업경영의 목적으로 고려하였다면 2019 BRT에서는 소비자, 종업원, 지역사회, 협력업체 등의 이해관계자를 모두 기업경영의 목적으로 고려하겠다는 점이 가장 특징적인 점이라고 볼 수 있다.

BRT에서 밝힌 기업경영의 목적을 정리해보면 다음과 같다.

첫째, 고객에게 가치를 전달함.
둘째, 우리의 직원들에게 투자함.
셋째, 협력업체(공급업체)와 공정하고 윤리적으로 거래함.
넷째, 지역사회를 지원함.
다섯째, 주주를 위한 장기적 가치를 창출함.

그림 5.2 BRT 선언
(출처: The New York Times 누리집[1])

---

1   https://www.nytimes.com/2019/08/19/business/business-roundtable-ceos-corporations.html?
searchResultPosition=1

주주자본주의와 이해관계자 자본주의의 특징을 비교해보면 다음과 같다. 주주자본주의의 경우 주주의 이익을 최우선시 하지만 이해관계자 자본주의는 주주뿐만 아니라 소비자, 종업원, 협력기업, 지역사회 등을 포함하는 이해관계자들도 주주와 함께 중요시한다는 점에서 차이가 있다. 경영참여의 관점에서도 주주자본주의에서는 근로자들의 경영참여를 배제하고 있지만 이해관계자 자본주의에서는 근로자들이 경영에 참여한다. 가장 특징적인 것은 주주자본주의의 경우 기업의 책임이 주주에 국한되어 있다면 이해관계자 자본주의에서는 기업의 책임이 사회 전체에 있다고 보는 것이다.

5.1.2 이해관계자 자본주의의 시작

이해관계자 자본주의를 보다 쉽게 이해하기 위해 글로벌 기업의 사례를 살펴보고자 한다.

세계적인 식품기업인 네슬레는 열대우림을 파괴하면서 얻은 팜유(pham oil)를 인도네시아의 시나마스(Sinar Mas)로부터 공급받아 킷캣 초콜릿을 생산하고 있었다(그림 5.3, 그림 5.4). 2010년 비정부 환경단체인 그린피스(Greenpeace)는 네슬레의 무책임한 공급망 관리를 풍자하는 동영상을 유튜브에 올리며, 환경을 파괴하는 공급기업들과 거래를 중단할 것을 네슬레에 요구하였다. 하지만, 네슬레는 유튜브에 문제의 동영상 삭제를 요청하는 등 킷캣의 팜유 사건은 네슬레 자신의 문제가 아니라 공급기업의 문제로 인식하고 문제를 회피하는 것에만 급급한 모습을 보이자 많은 사람들은 네슬레의 대응에 큰 실망을 했고 네슬레를 비난하는 목소리가 커지게 되었다. 결국 네슬레는 문

그림 5.3 네슬레(Nestle)의 킷캣

그림 5.4 팜유 논란 비판 운동

제를 일으킨 공급업체인 시나마스와의 공급관계를 청산하고 향후 환경을 훼손하는 공급기업들과는 거래관계를 맺지 않을 것이며, 더 포레스트 트러스트(The Forest Trust)라는 국제 환경보호단체의 회원으로 가입해 환경보호 활동에 앞장서겠다는 계획을 밝히며 소비자들의 불만을 겨우 잠재울 수 있었다.

또 다른 예시로, 2013년 4월 24일 다카(Dhaka, 방글라데시 수도)에서 의류공장인 라나플라자(Rana Plaza)가 붕괴되는 사고가 있었다(그림 5.5). 라나플라자 붕괴사고는 1,138명의 노동자가 사망하고 2,500여명의 사람들이 부상을 당한 역사상 가장 참혹한 사고 중 하나로 기록되고 있다. 라나플라자 붕괴사고는 사상자의 규모 측면에서 인류 역사상 최악의 사고로 회자되고 있지만, 다른 한편으로도 중요한 의미를 지니는 사건으로 평가받는다. 그것은 바로 이 붕괴사고로 인해 글로벌 패션기업들의 공급망에 속해있는 하청업체들의 열악한 근무환경이 공개되었다는 것이다. 라나플라자 붕괴사고로 희생된 사상자의 대다수가 글로벌 패션기업들의 하청업체 소속 노동자들이었으며, 이 사고로 인해 그들의 열악한 근무환경이 전 세계에 알려지게 되었다. 당시는 패션산업에서 SPA(Specialty store retailer of private label apparel) 브랜드의 인기가 높아지고 있었던 시기였다.

이에 따라 많은 패션기업들은 최신 트렌드의 의류를 유행에 민감한 글로벌 시장의 소비자들에게 빠르게 공급해야 하는 압력과 더불어 점점 더 치열해지는 경쟁에서 경쟁자들에 비해 가격경쟁력을 확보하기 위해 원가를 절감해야 해야 하는 압력을 동시에 받고 있었다. 최신 트렌드의 옷을 전 세계의 소비자들에게 신속하게 제공하면서 동시에 원가를 절감하기 위해서 많은 패션기업들이 선택한 생산거점이 방글라데시였으며, 방글라데시는 글로벌 패션기업들의 니즈(needs)에 부합하는 저렴한 노동력을 풍부하게 보유하고 있는 패션산업에 최적화된 국가 중 하나였다. 당시 대부분의 글로벌 패션기업들은 주주자본주의에 입각하여 주주이익을 극대화하기 위한 경영활동에 최선을 다했기 때문에 그들의 공급망 내 하청업체들이 어떻게 운영되는 지에 대해서는 큰 관심이 없었다. 하청업체들이 환경을 오염시키고 근로자들의 노동을 착취하는 지의 여부는 원청업체의 중요한 고려사항이 아니었으며 글로벌 패션기업들이 요구하는 저렴한 원가구조로 일정수준 이상의 품질을 보유한 제품을 납품할 수 있는지의 여부가 더 중요했다.

그림 5.5 2013년 방글라데시 라나플라자(Rana Plaza) 붕괴사고
(출처: 나무위키[2])

즉 글로벌 기업들은 이제 원청기업의 이윤창출만을 위해 경영활동을 수행하는 것이
아닌 글로벌 기업들을 둘러싸고 있는 이해관계자들을 보호하고, 이해관계자들 또한 기
업경영에 참여하기 시작하면서 이해관계자 자본주의가 확산되고 있다. 그리고 이해관
계자 자본주의를 시작으로 주목받고 있는 키워드가 바로 ESG이다.

5.2 제도로서의 ESG

최근 ESG가 사회적으로 주목받고 글로벌 기업들이 ESG를 적극적으로 추구하고 도
입해야 한다는 목소리가 높아지면서 EU의회와 EU집행위원회를 중심으로 ESG 관련
제도들이 만들어지고 있다. 물론 과거에도 경제협력개발기구(Organization for Eco-
nomic Cooperation and Development, OECD)나 국제노동기구(International Labour
Organization, ILO) 등과 같은 국제기구에서 노동자들의 인권 보호나 환경보호 등을 위
한 제도가 있었지만, 기업의 자발적인 참여에 의존해왔다. 하지만 이해관계자 자본주
의가 도래하고 ESG가 기업의 중요한 요인으로 고려되기 시작하면서 이제는 노동자들

---

2 https://namu.wiki/w/%EB%B0%A9%EA%B8%80%EB%9D%BC%EB%8D%B0%EC%8B%9C%20%
   EB%9D%BC%EB%82%98%20%ED%94%8C%EB%9D%BC%EC%9E%90%20%EB%B6%95%
   EA%B4%B4%EC%82%AC%EA%B3%A0

의 인권보호나 환경보호 등을 기업의 자율에 맡기는 것이 아닌 의무적으로 수행해야 한다는 목소리가 높아졌다. 그 대표적인 예로 만들어진 제도가 바로 'EU 공급망 실사 지침(안)'과 'Fit for 55'이다. 물론 국가별로 노동자들의 인권이 환경 등을 의무적으로 보호해야 한다는 제도는 여럿 있지만 본 서에서는 ESG와 관련된 대표적인 제도로 'EU 공급망 실사지침(안)'과 'Fit for 55'를 살펴보고자 한다.

제도(institution)는 기업이 원활한 경영활동을 위해 주요하게 고려해야 하는 외부환경 중 하나이다. 제도는 "게임의 규칙(the rules of the game)으로, 인간의 상호작용을 통해 만들어진, 인간에 의해 고안된 제약(humanly devised constraints that shape human interaction)"으로 정의할 수 있다(North, 1990). 제도는 기업의 활동을 촉진하기도 하며 때로는 기업의 활동을 저해하기도 한다. 따라서 많은 학자들은 제도라는 외부 환경 변화에 따라 기업의 전략을 수립하고 그에 적합한 조직 아키텍처를 구성해야 한다는 전략적 적합성을 강조한다.

5.2.1 전략적 적합성

기업은 외부환경과 상호작용을 통해 운영된다. 경영전략에서 전략적 상황이론(strategic contingency theory)은 외부환경과 기업전략, 기업전략과 조직 아키텍처(조직구조) 간 적합성(fit)을 강조하고 있다(그림 5.6). 전략적 적합성에 따르면 외부환경은 기업의 전략수립 및 실행에 영향을 미친다. 따라서 외부환경이 변화하게 되면 기업 또한 외부환경에 맞춰 전략을 수정해야 한다. 그리고 기업은 전략을 수행하기 위해 그에 적합한 조직 아키텍처를 갖추어야 한다.

전략적 적합성은 기업의 생존과 성장에 영향을 미친다. 환경변화에 반응하여 그에 적합한 전략을 수립하는 기업은 외부환경과 기업전략 간 높은 적합성으로 인해 우수한 기업성과를 기대할 수 있다. 하지만 환경변화에 반응하지 못한 기업은 외부환경과 기업전략 간 적합성이 떨어질 수 있으며, 이러한 기업은 우수한 성과를 기대하기 어려울 뿐만 아니라 시장에서 도태될 수 있다.

즉, 기업들은 외부환경에 적합한 기업전략을 수립하여 외부환경과 기업전략 간 적합성을 높여야 하며, 해당 기업전략이 효과적으로 실행되기 위해서는 기업전략과 조직 아키텍처 간 적합성도 재구성해야 하는 상황에 놓였다.

그림 5.6 환경-전략-조직의 전략적 적합성

기업은 과거에 기업의 주된 목적을 주주자본주의에 입각하여 주주의 이익을 극대화하는 것에서 찾았다. 하지만 최근에는 이해관계자 자본주의를 바탕으로 기업의 존재목적이 주주뿐만 아니라 협력기업, 고객, 조직구성원, 지역사회 등 이해관계자를 고려하며 경제적 가치뿐만 아니라 사회적 가치를 창출하는 지속 가능성에서 찾고 있다. 이러한 패러다임의 변화로 인해 지속 가능한 발전을 토대로 ESG 경영의 중요성도 더욱 높아지고 있다.

5.2.2 EU 공급망 실사지침(안)

1 도입 배경

EU 의회는 최근 기업의 ESG가 중요해짐에 따라 기업의 자발적인 실사참여 체계로는 공급망 내 인권 및 환경보호에 한계가 있다는 공감대를 바탕으로 의무적인 공급망 실사 관련 결의안을 발표하였다(European Commission, 2022). EU 의회는 현재 실시하고 있는 역내의 자발적 참여를 유도하는 실사체계의 한계와 더불어 EU 내 국가들마다 각기 다른 기업실사 국내법(안)들을 EU 역내 어디서든 적용받을 수 있도록 일원화된 EU 공급망 실사지침 초안을 마련하였다. 해당 공급망 실사지침은 기업이 보유하고 있는 공급망 내에서 발생할 수 있는 환경 및 인권의 부정적 영향을 확인, 파악 및 식별하고 이를 완화, 예방 및 제거하기 위한 내용을 포함하고 있다. 즉, EU 공급망 실사지침(안)이란 기업이 지속 가능한 경영활동을 수행하기 위해 공급망 전반에 걸쳐 실질적·잠재적으로 발생될 수 있는 부정적 영향을 식별·확인하고 이를 제거·완화하기 위한 의무적 실사지침(안)을 의미한다. EU 의회가 공개한 공급망 실사지침의 실사대상은 역내·외 국가로 구분하고 또 기업규모에 따라 그룹 1은 대기업, 그룹 2는 중견기업으로 구분하여 적용하고 있다(표 5.1). EU 공급망 실사지침(안)은 제1조부터 제32조까지 구성되어 있다. 실사지침의 주요내용으로 실사의무, 중소기업 지원, 감독, 제재 등의 내용을 포함하고 있으며, 추가로 환경 및 인권 실사의무를 수행하기 위한 부록도 포함되어 있다(표 5.2).

표 5.1 실사 대상 공급망 범위

구분			범위[1]	예상 기업 수
역내	그룹1	대기업	• 전 세계 순매출 1억5천만 유로 초과 • 근로자수 500인 초과	9,400개사
	그룹2	중견기업	• 근로자 수 250~500인 • 전 세계 순매출 4천만~1억5천만 유로 * 순매출의 50% 이상이 고위험산업[2]에서 발생한 경우	3,400개사
역외	그룹1	대기업	• EU 내 연간 순매출 1억5천만 유로 초과 • 근로자수 기준 미적용	2,600개사
	그룹2	중견기업	• 전 세계 순매출 4천만~1억5천만 유로 • 근로자수 기준 미적용 * 순매출의 50% 이상이 고위험산업[2]에서 발생한 경우	1,400개사
그 외 기업			지침 적용 대상은 아니지만, 계약상의 종속관계나 투자방식에 따라 간접적인 영향을 받게 됨	

1) 재무제표가 작성된 마지막 회계연도 기준
2) 섬유, 가죽 및 관련 제품(신발 포함)의 제조 및 섬유, 갈탄, 건축자재, 금속 및 금속 광석, 기타(모든 비금속 광물 및 채석 제품), 기본 금속 제품의 제조, 기초 및 중간
   광물의 도매 거래 제품, 농업, 목재, 비금속광물제품 및 금속가공제품(기계류 및 장미) 및 광물자원, 살아있는 동물, 석탄, 수산업(양식 포함) 식품 및 음료, 식품제조 및 농업 원료 도매 무역, 연료, 의류 및 신발 도매 무역, 임업, 천연가스, 추출광물자원(원유포함석유), 화학물질 및 다른 중간 제품
(출처: European Commission(2022), Proposal for a directive of the european parliament and of the council on corporate sustainability due diligence and amending directive EU 2019/1937. pp.16-17.)

표 5.2 EU 공급망 실사지침(안) 주요 내용

Article 1		실사지침 주제(의의)	Article 17	감독	감독기관
Article 2		실사지침 범위	Article 18		감독기관의 권한
Article 3		실사지침 목적	Article 19		감독기관의 우려사항
Article 4		실사지침 요구사항	Article 20	행정사항 제재조치	제재
Article 5	실사 의무	기업실사 정책을 수립하여 내재화	Article 21		EU감독기관 네트워크 형성

Article 6	실재적 또는 잠재적인 부정적 영향 파악	Article 22		민사책임
Article 7	잠재적인 부정적 영향 예방과 실질적인 부정적 영향 제거조치	Article 23		보고자 보호 의무
Article 8	직·간접적인 비즈니스 관계에서 발생한 부정적 영향 종료 조치	Article 24		공공지원
Article 9	고충처리 시스템 수립 및 유지	Article 25		이사의 의무
Article 10	실사정책 및 조치의 효과성 모니터링	Article 26		기업실사 준비 및 시행
Article 11	실사의무에 대한 외부와의 소통(정보공시)	Article 27		부록
Article 12	자체적인 실사의무 조항 개발	Article 28		규칙설정
Article 13	가이드라인 제시	Article 29	기타	지침검토
Article 14	실사지침 시행으로 수반되는 조치	Article 30		지침 변화 설정
Article 15	기후변화 대응	Article 31		지침발표 날짜
Article 16	실사의무 보고자 지정	Article 32		수신자 설정

(출처: 한가록, 문두철, 이재은, 2022)

2 주요 내용

EU 공급망 실사지침(안)은 자사뿐만 아니라 협력사 및 자회사 등 전체 공급망을 포괄하여 실사 의무를 명시하고 있다. 기업의 공급망 실사 의무 수행범위는 EU 역내 경영활동을 수행하는 기업들과 직·간접적인 비즈니스 관계를 수립(established)한 협력업체 및 공급업체들을 대상으로 한다. 직접적인 비즈니스 관계는 자사로부터 소유권을 통제(ownership control)받고 있는 직접 공급업체(direct suppliers), 즉 자회사(as regards subsidiaries) 등을 의미한다. 간접적인 비즈니스 관계는 사실적으로 통제(factual control)되어 있는 기업으로써 기타 투자 방식으로 통제되거나 계약상의 종속관계(other leverage or contractual cascading in indirect business relationships) 등을 의미한다. 요약하면 공급망 실사를 적용받는 범위는 기업과 협력사 및 자회사를 포함한 전/후방 가치사슬 모두를 포괄하는 것으로 볼 수 있다.

EU 공급망 실사지침에서 제시한 실사의무는 인권과 환경에 초점이 맞춰있으며, 인권 및 환경에 미치는 부정적인 영향을 완화 및 예방시키는 것에 주된 목적이 있다. 실사지침에서 제시하고 있는 인권에 대한 이슈로는 크게 강제 노동(forced labour), 아동 노동(child labour), 부적절한 작업장 건강 및 안전(inadequate workplace health and safety), 노동자 착취(exploitation of workers) 등이 있다. 다음으로 환경에 대한 이슈로는 온실가스 배출(greenhouse gas emissions), 오염(pollution) 또는 생물 다양성 손실(biodiversity loss) 및 생태계 파괴(ecosystem degradation), 기후변화 대응(combating climate change) 등이 있다. 그림 5.7은 실사지침(안)에서 기업이 수행해야 하는 실사의무 세부내용을 요약한 그림이다.

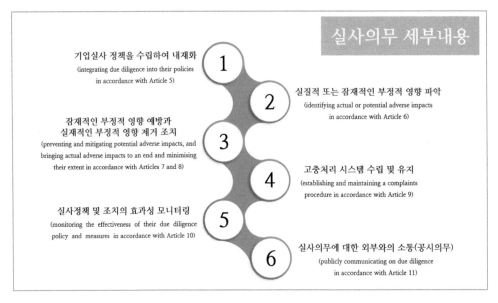

그림 5.7 실사의무 세부내용 요약

5.2.3 Fit for 55

1 도입 배경

2021년 7월 EU 집행위원회(Commission)는 2030년까지 탄소배출량을 1990년 탄소배출 기준 55%까지 감축하겠다는 EU의 목표를 담은 입법안 패키지 '탄소감축 입법안 패키지(이하, Fit for 55)'를 발표하였다(표 5.3). Fit for 55는 i) 탄소 가격결정 관련 입법안, ii) 감축목표 설정관련 입법안, iii) 규정 강화 관련 입법안, iv) 포용적 전환을 위한 지원대책 등 크게 4가지 법안으로 구성되어 있다. 먼저 탄소 가격결정 관련 입법안에는 ① 해운 및 육상운송, 건축물 분야 등 배출권거래제 신설, ② 항공 분야 배출권거래제 강화, ③ 에너지조세지침 개정, ④ 탄소국경조정제도 도입 등과 같은 내용이 포함되어 있다. 특히 탄소 가격을 결정해야 하는 산업은 전기, 화학, 시멘트, 철강, 항공 등 탄소 집약 산업이며, 탄소배출권거래제(이하, ETS)에 포함되는 산업이다.

표 5.3 Fit for 55 주요내용

입법안 구성	세부 법안
탄소 가격결정 관련 입법안	항공 분야 배출권거래제 강화
	해운, 육상운송 및 건축물 분야 배출권거래제 신설
	에너지조세지침 개정
	탄소국경조정제도 도입
감축목표 설정관련 입법안	노력분담규정 개정
	토지이용, 토지이용변화 및 삼림 규정 개정
	재생에너지지침 개정
	에너지효율지침 개정
규정 강화 관련 입법안	승용차 및 승합차 탄소배출 규제 기준 강화
	대체연료인프라규정 개정
	항공운송 연료 기준 마련
	해상운송 연료 기준 마련
포용적 전환을 위한 지원대책	사회기후기금 신설

(출처: https://www.consilium.europa.eu/en/policies/green-deal/fit-for-55-the-eu-plan-for-a-green-transition/)

2 주요 내용

EU연합은 EU-ETS가 Fit for 55에서 가장 중요한 기후변화 대응 정책이라고 강조하고 있는 제도 중 하나이다. EU-ETS란 탄소배출량의 한도를 정하고, 한도 이하의 탄소를 배출하는 기업은 배출권을 팔고, 한도 이상의 탄소를 배출하는 기업은 배출권을 사는 방식으로 탄소배출량에 따라 배출권을 거래할 수 있도록 구축한 시스템이다. EU-ETS와 관련된 2023년 주요 이슈로는 3월 ETS 일부인 시장 안정 준비금(market stability reverse) 결정을 채택하고, 4월 EU ETS Ⅱ 주요 개정안을 공식적으로 채택하였다. ETS Ⅱ 주요 개정안은 저탄소 에너지 혁신 자원을 강화시키고자 단순 EU 연합 차원을 넘어 저소득 회원국을 일부 참여시켜야 한다는 내용이 포함되어 있다.

하지만 EU의 탄소규제가 강화될수록 EU 내 기업과 공급망을 형성하고 있는 글로벌 기업들은 탄소집약제품 생산 및 서비스의 탄소배출과 관련한 규제적 압박을 피하고자, 탄소규제가 느슨한 국가로 제품 생산을 이전시키거나, EU 내에서 소비하는 상품 자체가 탄소집약적인 수입품으로 대체되는 탄소누출(carbon leakage)이 발생될 수 있다. 이에 대응하기 위해 EU는 역외로부터 수입되는 상품 즉, EU 역외 생산제품 중 생산과 정에서 배출되는 탄소에 가격을 부여하기 위한 친환경적인 세금 조정제도인 탄소국경조정매커니즘(이하, CBAM)을 도입하였다.

5.3 ESG 개념

그렇다면 ESG는 무엇인가? ESG는 환경, 사회, 지배구조를 뜻하는 영어 단어 Environmental, Social, Governance의 앞 글자를 따 조합한 용어이다. ESG라는 용어는 2003년 UNEP FI(유엔환경계획 금융이니셔티브를 2004년 UN Global Compact Leader Summit(유엔 글로벌 컴팩트 지도자 회의)에서 사용되었으며, UN Global Compact의 문건 Who Cares Wins에서 공식적으로 등장하였다. 그림 5.8에서 볼 수 있듯이 UN Global Compact는 유엔과 기업 간 협력을 위해서 UN이 추진하는 지속균형발전에 기업들의 참여를 독려하고 그 실질적인 방안을 제시하는 이니셔티브(initiative)로 규모로 볼 때 세계 최대의 자발적 기업시민 이니셔티브이며, UNEP FI는 유엔환경계획과 주요

그림 5.8 Who Cares Wins(출처: UNGC 홈페이지)

금융기관들이 결성한 글로벌 파트너십이다.

  기업들이 착한 활동을 수행하거나 윤리적 활동을 수행하는 경우라면 다 ESG라고 부르는 경향이 있는데 사실 ESG는 착한 활동을 의미하지만 모든 착한 활동이 ESG에 포함되는 것은 아니다. ESG는 기업의 착한 활동이지만 그와 동시에 이윤을 창출할 수 있어야 한다. 경제적 가치(economic value)를 창출하며, 사회적 가치(social value)도 동시에 창출할 수 있어야 한다. 예컨대, ESG경영은 착한 경영활동이지만 그 활동을 통해서 기업의 수익이 보장되어야 하며, 마찬가지로 ESG투자는 착한 투자활동이지만 시장의 수익률을 웃도는 수익률을 거둘 수 있어야 한다는 의미이다. 이러한 관점에서 본다면 ESG는 CSR과 구분될 수 있는데, 일반적으로 CSR은 기업의 수익보장과 관련 없는 단순한 기부나 자선활동을 포함하고 있기 때문이다. 소외계층을 위한 조건 없는 기부는 기업의 선한 활동으로써 CSR활동으로 부를 수 있지만 ESG와는 관련이 없는 활동이다. ESG는 그 용어에서 나타나듯이 기업경영 시 환경과 사회적 책임 그리고 투명한 기업지배구조에 중점을 두고 지속 가능한 성장을 추구하는데 주력하자는 의미를 지닌다.

  글로벌 거대 자산운용사인 블랙록의 래리핑크 회장은 매년 CEO들에게 연례서한을 발송하는데 2021년 연례서한에서 래리핑크 회장은 모든 기업들에 넷 제로(Net-zero)와 관련된 사업계획을 수립해 공개할 것을 요구했다. Net-zero(넷 제로)는 이산화탄소 등 온실가스의 배출량과 흡수량을 합쳐 순 배출량이 0이 되는 상태를 말하는데, 이미 래리핑크 회장은 2020년 연례서한에서 전통적인 화석연료를 생산 및 사용하는 기업들에게 더 이상 투자하지 않을 것이며, 화석연료를 통해 얻는 매출이 전체 매출액의 25%를 넘는 기업의 주식과 채권은 정리하겠다고 밝혔다. 이에 더해 블랙록은 2050년까지 포트폴리오 내 탄소중립 달성을 위해서 2020년 출범한 글로벌 자산운용사 협의체인 NZAMI(Net Zero Asset Managers Initiative)에 참여하기로 했다. 블랙록 이외에도 HSBC, 골드만삭스 등 27개 글로벌 투자은행들은 주요 투자사들로부터 탄소배출 기업에 대한 자금조달을 중단할 것을 요구받았으며, 친환경 대출은 확대하라는 권유의 서한을 받을 만큼 투자기관, 금융기관들에게 있어 ESG는 매우 중요한 관심사가 되고 있다.

  이와 같은 글로벌 자산운용사들의 기조는 기업들의 경영활동에 직접적인 영향을 미칠수 밖에 없으며, 실제로 많은 글로벌기업들이 ESG경영을 중요한 경영의 이슈로 인식하고 관련된 전략들을 수립하여 실행하고 있다. 실제로 블랙록과 같은 글로벌 투자

회사들은 기업들에게 기후관련 위험 공개를 요구하고 있으며, 이에 대한 대응으로 기업들은 기후관련 재무정보공개 태스크포스(Task-force in Climate-related Financial Disclosure, 이하 TCFD) 권고안을 반영한 보고서 등을 발간하고 있다. 우리나라의 경우도 예외는 아닌데, ESG경영에 대한 글로벌 차원의 요구가 우리 정부와 국내의 많은 기업들에게도 큰 영향을 미치고 있다. 실제로 많은 기업들이 회장이나 사장의 직속기구로 ESG관련 조직을 신설하여 운영하고 있거나, 이사회 내에 별도의 ESG 위원회를 구성하여 적극적으로 ESG경영 활동을 수행하고자 준비하고 있다. ESG경영이 환경, 사회, 지배구조의 측면에서 기업의 지속 가능성을 높이고 단기적인 성과에 매몰되기보다는 장기적인 관점에서 기업의 가치를 높이는 경영방식이라는 점에 공감하고 있는 기업들이 늘어가고 있다. 기업에 자본을 투자자는 투자기관이나 투자자들 역시 이제는 단기적인 측면에서 기업의 수익성만을 고려하는 재무적 측면의 요소들을 주요한 투자의 기준으로 고려하지 않고, 기업의 지속 가능한 발전을 위해 비재무적 측면의 요소들을 주요한 투자의 기준으로 고려하고 있다. 마찬가지로 소비자들도 착한 경영활동을 수행하면서 수익을 창출하는 기업을 단지 수익창출을 위해서 어떤 일도 수행하는 기업보다 더 선호하는 경향들이 나타나고 있다. 즉, 기업들은 ESG의 요소들을 심각하게 고려하지 못하면 소비자나 투자자들로부터 외면받는 시대로 접어들고 있다.

우리나라 금융위원회는 지속 가능경영보고서 공시계획을 발표하고 2025년까지 지속 가능경영보고서의 자율공시를 활성화하고 코스피 상장기업들은 2030년까지 지속 가능경영보고서의 발행을 의무화하는 계획을 발표했다. 하지만 표면적으로 ESG경영을 수행하겠다는 선언과 공표만으로는 충분하지 않다는 것을 기업들이 인지할 필요가 있으며, 단순히 외부에 보여주기식의 일방적인 ESG경영의 선포보다는 기업 내부의 진지한 고민을 바탕으로 ESG경영을 받아들여 기업경영의 주요한 패러다임으로 삼을 필요가 있다. 또한, ESG의 각각의 요소들을 충분히 파악하고 기업경영 전반에 반영함으로써 기업의 지속 가능성을 높일 수 있는 장기적 관점에서 전략을 수립하고 실행할 필요가 있다.

그렇다면 ESG에는 어떠한 요인들이 있을까? ESG의 환경 부분은 기후리스크 관리, 탄소중립화 실천 등이 포함되며, 사회 부분은 인권보호, 노동자의 권리, 지역사회 기여 등이 있으며, 지배구조 부분은 투명경영, 기업윤리, 주주의 권리보장 등이 포함된다. ESG의 목표는 궁극적으로 기업의 지속 가능한 발전을 추구하는 것에 있다. 과거에는 기업의 투자를 결정할 때 해당 기업이 어느 정도 재무적 성과를 거두고 있는지가 주된 판단기준이었으나, 최근에는 보다 장기적 관점에서 기업의 지속 가능성과 사회적 가치를 고려하는 비재무적 성과로서 ESG를 고려하려는 투자자들이 급증하고 있으며, 많은 기업들은 ESG경영 도입의 필요성을 매우 심각하게 인지하고 있다. 즉, 단기성과의 추구에 초점을 맞추는 것이 아니라 장기적 성과와 기업의 지속 가능성을 위해 환경(E), 사회(S), 지배구조(G)의 측면을 경영활동의 주요한 기준으로 삼아야 한다는 것이다. 일부의 학자나 전문가들은 ESG의 개념을 대신해 지속 가능성(sustainability)이라는 개념을 사용하기도 하는데, 여기서 지속 가능성은 현 세대의 필요 때문에 미래 세대가 사용해야 할 환경, 사회, 경제자원을 낭비하지 않고 서로 균형 및 조화를 이루는 개념이다.

일반적으로 ESG는 다음과 같은 요소로 구분할 수 있다(표 5.4.).

표 5.4 ESG의 구성요소

환경(E)	사회(S)	지배구조(G)
기후변화 및 탄소배출	지역사회관계	이사회 구성
대기 및 수질 오염	고객만족	로비
생물 다양성	직원참여	정치기부금
산림벌채	인권	임원보상
폐기물관리	성별다양성	감사 위원회 구조
물부족	노동기준	뇌물 및 부패
에너지효율	데이터보호 및 프라이버시	–

5.3.1 환경(E)

환경(Environmental)에 포함되는 세부 항목에는 기후변화 및 탄소배출, 생물의 다양성, 대기 및 수질오염, 폐기물 관리, 물 부족, 토지이용, 동식물보호, 에너지사용(신재생에너지), 환경 관련 법 규제 위험, 원자재 채굴, 재활용 등이 있다. 기업의 판매, 생산, 경영 등의 가치사슬이 친환경적으로 운영된다면 탄소중립 실현에 큰 기여가 될 것이다.

1 기후변화 및 탄소배출

지구 대기에 존재하고 있는 온실가스의 농도가 상승하면서 인해 기후변화가 나타나고 있다. 특히 이산화탄소는 온실가스 배출량 중 가장 높은 누적 배출량을 보인다.

지난 세기에 비교할 때 지구의 지표 온도는 약 1℃ 가까이 상승하였고, 해양은 산성화되었으며, 빙원과 빙상이 녹으면서 평균 해수면이 상승하였다. 폭염과 호우 빈도가 증가하였다. 기후변화에 관한 정부 간 협의체인 IPCC(Intergovernmental Panel on Climate Change)는 기후변화를 '장기간에 걸쳐 변화하는 기후의 평균 상태(또는 통계적으로 의미 있는 기후변동)'라고 정의하였다. IPCC는 앞으로 올 기후변화를 예측하기 위해 인위적으로 이산화탄소 배출량을 줄일 때, 나타날 수 있는 예상 시나리오를 작성하였다.

현재 기후변화에 관한 유엔기본협약(United Nations Framework Convention on Climate Change, 이하 UNFCCC)에 속한 당사국들은 파리협정에 따라 전 지구온난화 수준을 산업화 시대 이전 기온 대비 2도 상승 이하(이후 1.5도로 상향조정)로 유지하는 것을 목표로 이산화탄소 저감 정책을 이행 중이다. 지구가 탄생하고 기후는 계속 변화해 왔다. 지구의 공전궤도 변화나 지축의 경사는 장기간에 걸쳐 기후를 변화시킨다.

하지만 현재로서는 인간의 활동이 기후를 변화시키는 중요한 요인이 되고 있다. 특히 탄소는 인간이 모든 활동에서 배출되며 기후변화, 즉 지구온난화의 가장 큰 원인이다.

전 세계적으로 탄소배출 '0'을 위해 법안을 제정하거나, 세금을 부과하는 등 다양한 방법을 모색하고 있으며, 지구온난화를 늦추기 위해 노력하고 있다.

2 생물 다양성

생물 다양성협약 제2조에 따르면 생물 다양성을 '육상, 해상 및 그 밖의 수중 생태계와 이들 생태계가 부분을 이루는 복합 생태계 등 모든 분야의 생물체 간의 변이성을 말하며, 이는 종 내의 다양성, 종간의 다양성 및 생태계의 다양성을 포함한다'고 정의하고 있다. 생물 다양성은 크게 생물 다양성, 생태계다양성, 유전자다양성으로 구분해볼 수 있다. 먼저 생물 다양성은 육지와 바다 등 지구상에 존재하는 모든 생물의 다양성을 생물 다양성(또는 종다양성)이라고 한다.

생물 다양성은 지구의 생태계 균형을 유지하는 조절 기능을 수행한다. 생물은 공기와 물을 정화하고 토질을 강화하며 바다와 산림은 이산화탄소를 흡수하고 산소를 내뿜는다. 따라서 생물 다양성을 보존하는 것은 이상기후를 막기 위한 최후의 방어선이라고 할 수 있다. 이처럼 생물 다양성은 인류의 식량과 의약품, 문화와 복지 등 삶의 모든 분야에 지대한 영향을 미칠 뿐 아니라, 미래의 환경변화에 대응할 자원의 보고가 될 수 있다. 생물 다양성의 파괴는 곧 인류의 생존과도 관련된 문제라 할 수 있다.

표 5.5 [글로벌기업 ESG 사례 1] 한화큐셀

한화솔루션은 그린에너지(green energy) 사업 부문인 한화큐셀은 충북 진천에 소재한 국내 최대 태양광 모듈·셀 공장이다. 해당 공장은 연간 700만 명이 사용가능한 태양광 전기를 생산할 수 있는 제품을 만들고 있으며 한화큐셀이 생산한 태양광 전지는 나무 300만 그루를 심는 것과 동일한 효과를 낼 수 있다. 진천공장에서 생산하는 한화큐셀의 주력제품인 큐피크 듀오(Q.Peak DUO)시리즈는 저탄소 자재와 공정을 통해 만들어지며 해당 제품은 국내 최초로 탄소인증제도 1등급을 획득하였다. 또한 한화큐셀은 한국의 탄소인증제도와 유사한 프랑스의 '태양광 탄소 발자국'을 국내기업 중 유일하게 인증받았다. 이처럼 한화큐셀은 한국을 넘어 프랑스와 유럽연합 등 친환경 정책을 활용해 소비자가 시장에서 객관적 시각으로 친환경 제품을 구매할 수 있도록 노력하고 있다. 또한 한화는 기존 생산 설비를 이용하면서도 탄소배출을 절감시킬 수 있는 수소 혼소(混燒) 발전 기술*이라는 혁신기술을 창출하였다.

5.5.1 한화큐셀의 환경경영 이행수단 및 개요

이행수단	개요
녹색프리미엄제	전기 소비자는 기존의 전기요금과 별도의 녹색프리미엄 요금을 한국전력에 납부해 신재생에너지 전기를 구매
인증제(REC)구매	전기소비자가 RPS 의무 이행에 시행되지 않은 신재생 에너지를 공급하는 인증제(REC)를 RE100인증서 거래 플랫폼을 통하여 구매할 수 있음
제3자 PPA	전기 소비자가 신재생에너지 발전사업에 직접적으로 투자하고, 해당 발전사와 제3자 REC 또는 PPA를 구매 및 계약하여 별도로 체결함
지분 투자	전기소비자가 신재생에너지 발전사업에 직접적으로 투자하고, 해당 발전사와 제3자 REC 및 PPA를 구매 및 계약하여 별도로 체결함
자가발전	전기 소비자가 자기 소유 자가용 신재생에너지 설비를 설치하고 설치 수 생산된 전력을 직접 사용함

* 수소 혼소발전이란 가스 터빈에서 액화천연가스(LNG)와 수소를 함께 태워 전기를 생산하는 것을 의미한다.

표 5.6 [글로벌기업 ESG 사례 2] 로레알

로레알은 2013년 지속 가능경영 프로젝트를 통해 Sharing Beauty with All 전략을 수립하여 전사적 차원에서 상품을 기획 및 디자인 유통 생산과정 원재료 등 가치사슬 전 단계에서 지속 가능성을 달성하기 위해 노력하였다. 로레알 그룹은 지속 가능성 달성을 위한 핵심 분야 4가지 (혁신, 생산, 삶, 발전 등)를 선정하고 각 분야에 알맞은 목표를 수립하였다.

먼저 혁신 분야에서는 신제품과 새롭게 리뉴얼된 제품들이 사회 및 환경에 미칠 수 있는 부정적인 영향들을 최소화하고자 노력하였다. 생산 분야에서는 제품생산과 운송과정에서 배출되는 탄소배출량과 그에 따른 폐기물을 감축시키고자 노력하였다. 삶 부문에서는 로레알 그룹의 모든 제품을 대상으로, 로레알 제품이 경제 및 환경에 미칠 영향을 파악하고 이에 따른 정보를 고객들에게 공시하였다. 마지막으로 발전 부문에서는 가치사슬 전체를 포괄하고 있는 협력업체의 관리와 임직원 복지 향상, 취약계층 일자리 창출 및 지역사회 등의 지속적인 성장을 위해 노력하였다.

특히 로레알은 환경경영에 더욱 관심을 가졌는데, 대표적 사례 중 하나로 플라스틱 포장재를 줄이기 위해 노력하였다. 2018년 기준 로레알 제품은 전체 포장재의 약 60%가량이 플라스틱으로 구성되어 있었으며, 제품 생산을 위해 약 14만t의 플라스틱을 사용하였다. 로레알 그룹은 플라스틱 포장재를 줄이기 위해 3R(respect, reduce, replace)를 수립하였다.

첫 번째 Respect에는 소비자의 건강과 그리고 안전, 생물 다양성에 대한 존중의 의미를 부여하였다. 이를 실천하기 위해 화장품 내용물과 직접적으로 맞닿는 포장재에 대해서는 식품 포장 기준을 준수하였다. 두 번째인 Reduce는 포장재의 크기와 양을 줄이겠다는 의미로 활용되었다. 리필을 활성화할 수 있도록 노력하였으며 용기 재사용을 가능하도록 제품을 디자인하였다. 마지막 Replace는 포장재를 구성하는 재료를 대체하였다. 포장재에 친환경 PCR을 사용하고자 하였다.

5.3.2 사회(S)

사회(Social)에 해당하는 세부 항목들에는 고객만족, 데이터보호 및 프라이버시, 성별 및 다양성, 직원참여, 인권, 노동기준 등이 있다. 지역사회 공동체와 근로자 등 기업을 둘러싼 이해관계자들 모두, 즉 사회에 대한 책임을 다하는 것은 기업의 가치를 높일 수 있기 때문에 사회의 이슈는 중요하다.

1 노동기준

ESG 경영에서 중요한 지표 중 하나인 노동은 기업을 넘어 협력사도 함께 ESG를 추구해야 한다는 안정성이 보장되는 노동 생태계를 형성하려고 노력하고 있다. 하지만 국내에서는 아직까지 ESG에 기반한 노동 생태계를 구축하려는 변화 움직임이 미약하며, 건강한 노동 생태계를 구축하려 하더라도 일부 기업의 자발성에만 의존하고 있는 등의 한계가 있다. 따라서 국내에서도 노동 생태계가 잘 조성될 수 있도록 ESG 관점에서 변화가 필요하다.

대표적으로 노동자의 인권과 안전성에 관한 내용은 지속가능성회계기준위원회와 ISO 26000에서 살펴볼 수 있다. 지속가능성회계기준위원회(Sustainability Accounting Standards Board, 일명 SASB)에서는 기업이 장기간에 걸쳐 가치를 창출할 수 있는 능력을 유지 또는 향상시키는 기업활동을 측정, 관리, 보고하기 위한 '지속가능성회계'를 도입하고 있다. SASB에서 선정한 지속가능성 주제는 총 30개로 환경, 사회적 자본, 인적자본, 사업모형 및 혁신, 리더십 및 지배구조 등 5가지 범주를 중심으로 분류된다. 그 중 노동은 인적자본에서 주요 내용을 다루고 있으며, 직원의 참여, 다양성, 성과에 대한 보상 등 직원의 생산성과 관련된 기업의 정책뿐만 아니라 기술 및 역량 관련 교육훈련과 같이 직원의 능력을 향상시키는 방안 등 7가지 주제를 포함한다. 또한 직원의 근로조건 및 노사관계, 직원의 건강 및 안전관리, 사업장의 안전에 대한 사항도 함께 다루고 있다. 다음으로 ISO 26000에서는 인권과 노동관행의 관점에서 인권, 고충처리, 차별 및 취약집단, 고용관계, 근로조건, 산업안전, 교육훈련 등의 차원에서 노동에 대한 ESG 경영 실천 방안을 제시하고 있다.

2 데이터 보호 및 프라이버시

ESG 중 사회(Social)에서 중요하게 떠오르고 있는 요인 중 하나로 데이터 및 프라이버시 보호가 있다. 한 ESG 경영 전문가는 "개인 데이터의 수집 및 사용이 오늘날 경제 생태계에서 가장 중요한 가치가 되고 있고, 최근 발생한 데이터 침해 사고들이 부적절한 데이터 보안으로 인해 기업이 겪는 평판 및 재정적 피해를 여실히 보여주고 있어 투자자들이 이와 관련된 주가 하락의 위험을 무시할 수 없는 상황에 이르렀다."며, "이에 따라, 투자자들은 개인정보 보호에 더 관심을 두고, 기업이 데이터 관리 관행에 대해 보고해줄 것을 기대하고 있으며, 기업은 개인정보 데이터를 수집·사용·보호하는 방법에 대해 적극적으로 대처하고 있다"고 밝혔다. 특히 2021년 이후 메타버스(가상현실) 관련 시장 규모가 폭발적으로 증가하여 개인정보와 데이터 보안이 중점적으로 관리가 중요해지고 있다. 정보유출과 관련된 부정적 사건 발생 시 기업 신뢰도와 ESG 등급에 악영향, 사고 발생 시 기업 대응 태도 등, 기업 내 정보보안 이슈에 대한 체계적 시스템(거버넌스, 프로세스, 통합보안센터 등)을 운영하여 정보보안 이슈에 대응해야 한다.

표 5.7 [글로벌기업 ESG 사례 3] 월트디즈니

〈봉사활동을 하면 디즈니랜드 입장권을 준다〉 이는 디즈니랜드가 실제로 2010년 시행했던 프로그램이다. 월트디즈니는 봉사활동 장려를 위해 비영리단체 핸드온 네트워크와 협력하여 디즈니 홈페이지에 자원봉사자들이 참여가능한 봉사활동 목록들을 제시하였다. 사람들은 해당 목록 중에서 참여하고 있는 봉사활동을 인증해주면 미국 전역에 있는 디즈니랜드 중 한 곳의 입장권을 배포하였다. 2010년 1월 1일 시작하여 1년 동안 운영될 예정이었던 해당 프로그램은 100만장의 무료입장권이 70일도 채 되지 않아 모두 소진되며 조기 종료되었다. 이는 월트디즈니가 지역사회의 봉사활동 참여도를 높이고 기업 시민으로서 사회적 책임을 이행하는 이미지까지 얻을 수 있었다.

월트디즈니는 이러한 사회적 책임 활동을 통해 단순한 평판만 얻은 게 아닌 수익도 창출할 수 있었다. 무료로 왔다는 만족감에 소비자들은 디즈니랜드에서 더 많은 소비를 하였기 때문이다. 또한 멀리 떨어져 있는 도시에서 디즈니에 온 고객들은 디즈니랜드 리조트에 숙박함으로써 추가적인 수익을 창출할 수 있었다. 이와 같이 단순한 사회적 공헌활동을 넘어 고객에게는 봉사활동으로 인한 만족감뿐만 아니라 디즈니에서의 특별한 경험을 선사해 주었다.

하지만 월트디즈니가 수행한 사회적 책임활동에는 항상 긍정적인 부분만 있었던 것은 아니었다. 디즈니에서 2020년에 출시한 영화 '뮬란'은 인권 문제 이슈로 흥행에 실패하였다. '뮬란'은 인권탄압으로 비판받는 중국의 신장지구 위구르 자치구에서 촬영하였다. 해당 지역에는 약 100만명 이상이 수용소에서 인권탄압을 받고 있는 걸로 추정된다. 하지만 '뮬란' 영화촬영팀은 해당 지역에서 촬영한 것에 대한 Thanks Message를 영화 엔딩 크레딧을 통해 공안에게 전달하였으며, 결국 이는 소비자의 공분을 사, 불매운동이 촉발되었다.

표 5.8 [글로벌기업 ESG 사례 4] 넷플릭스

넷플릭스는 사회(S) 측면에서 다양성과 포용성을 매우 중요하게 고려하고 있다. 좋은 이야기는 결국 즐거울 뿐만 아니라 공감과 이해를 바탕으로 부당한 편견에 맞설 수 있어야 한다고 보기 때문이다. 넷플릭스는 이러한 회사의 가치관에 부합되는 브리저튼 등과 같은 콘텐츠를 제작하는 본연의 활동뿐만 아니라 자사의 직원들을 위해서 다양성과 포용성을 높이기 위한 실질적인 실천을 해 오고 있다. 넷플릭스는 미국에서 제작된 넷플릭스의 오리지널 시리즈나 영화에서 작가, PD, 감독의 구성을 분석하고 다양성을 제고시키는 노력을 수행하였다. 예컨대, 넷플릭스는 유색 여성 감독이나 여성 크리에이터의 비중을 높이면서 자사가 제작하는 콘텐츠 제작의 측면에서 다양성을 개선하고 있다.

하지만 이와 같은 넷플릭스의 노력에도 불구하고 여전히 다양성의 측면은 개선의 여지가 여전히 존재하기 때문에 넷플릭스는 라틴계, 아메리칸 인디언, 알래스카 원주민, 아시아, 성소수자, 장애인 등 차별을 개선하고자 노력하고 있다. 넷플릭스는 이러한 노력들을 격년으로 정리해 다양성 분석 보고서를 발간하고 있으며, 다양성과 포용성을 높이기 위한 장기적 계획을 수립하였다.

5.3.3 지배구조(G)

지배구조(Governance)에 해당하는 세부 항목들에는 이사회 구성, 감사위원회 구조, 실적 악화로 직결되는 불상사의 회피, 부패 정도, 임원 성과, 보상 및 정치기부금과 내부 고발자 제도 등이 있다. ESG 중 지배구조가 가장 어렵고 모호한 부분이 많다. 시간과 비용을 투자하면 어느 정도 변화를 만들 수 있는 사회이슈와 환경이슈와는 다르게, 지배구조 이슈는 말 그대로 기업의 내부구조 자체에 변환이 생겨야 하기에 쉽게 개선되지 못하는 경우가 많다. 아무리 환경과 사회 이슈를 개선하기 위해 열심히 노력해도 지배구조가 잘 받쳐주지 않으면 기업은 지속적인 성장이 어려울 수 있다. 실제로 대한상공회의소에서 한 설문조사에 의하면, ESG 경영에서 가장 대응하기 어려운 분야가 지배구조라고 응답한 기업이 무려 41.3%나 된다.

1 이사회 구성

이사회의 독립성은 ESG 중 지배구조에서 가장 중요하게 여겨지는 요인 중 하나이다. 만약 기업 회장이 의견을 낼 때마다 모든 이사가 만장일치로 의견을 수렴한다면 독립성을 갖춘 이사회라 보기 어렵다. 따라서 경영전문가들이 이야기하는 독립성을 갖춘 이사회는 이사회를 구성원들이 자신의 의견을 낼 수 있어야 하고, 사외이사를 이사회 의장으로 선임하여 이사회를 이끌어가야 한다고 이야기한다. 다른 사업 분야를 가진 기업의 이사들이 가진 전문지식과 통찰력을 얻을 수 있는 기회도 되고, 회사의 의사결정을 견제하고 감시하기에 이사회의 투명성을 보여줄 수 있는 방법도 된다.

또한, ESG의 환경문제 및 사회적 이슈들을 최고 경영층에서 엄중히 다루겠다는 의지를 가장 가시적으로 보여줄 수 있는 방법은 'ESG 위원회'를 신설하는 것이다. ESG 위원회는 이사회 산하 기구인 만큼 기업 내 최고 의사 결정권을 가진 자들이 ESG 경영의 중요성을 인정하고, 보다 전문적으로 ESG 이슈를 정기적으로 논의하고 정책을 만들어 내며 기업 경쟁력을 챙기기 위해 노력하고 있다는 것을 외부에 보여줄 수 있다.

2 감사위원회

우리나라는 2016년 평가 회계 투명성 부문에서 61개국 중 최하위를 기록하였다. 실제로 국내에서는 지난해부터 건설업, 조선업 등 수주산업 기업들의 대규모 분식회계 사건이 끊이지 않고 있다. 다수의 선량한 투자자들이 입는 금전적 피해는 물론, 자본시장 내 상호신뢰를 악화시키는 이러한 대형 분식회계 사건이 발생하는 데 대해서는 경영진, 감사(위원회), 외부 감사인, 감독 당국 모두에게 책임을 물어야 한다. 책임의 경중을 떠나 분식회계 사태를 예방하는 데 가장 핵심적으로 수행할 수 있는 주체는 감사위원회 및 감사라고 볼 수 있다. 회사의 감사기구는, 기업 내부에서 경영진의 도덕적 해이를 상시 감시하고, 재무정보의 신뢰성을 외부 감사인과의 협력에 기반하여 검토 및 감독함으로써 분식회계, 횡령·배임, 탈세와 같이 기업의 재무상태를 조작 또는 허위 공시하는 데서 기인하는 각종 부정 사안을 예방 또는 조기 적발할 수 있기 때문이다. 과거에 주로 외부 감사제도에 의존하던 회계 투명성 확보의 노력이, 기업 내부의 통제장치인 감사위원회와 내부 회계관리 제도와의 균형점을 찾는 방향으로 변화되어 온 것은, 기업 내부로부터 원천적으로 분식 위험을 근절하는 것이 회계 투명성을 확보하는 최선의 방안이라는 절실한 공감이 확산되었기 때문이다.

우리나라는 현재 '주식회사의 외부감사에 관한 법률'(이하 '외감법')을 제정해 경영자의 내부 회계관리제도 구축·운영 의무와 감사기구의 동 제도에 대한 평가의무 및 외부감사인의 검토의무를 명시하였고, 동 제도를 근간으로 분식을 저지른 경영자를 형사처벌 하고 집단소송을 가능하게 하는 법적 근거를 마련하였다. 미국과 한국 모두, 기업의 내부통제장치 감사위원회와 경영자에 의한 내부 회계관리제도 구축·운영을 회계 투명성 확보의 핵심적 제도로 명문화하고 있으나, 미국과 달리 한국에서는 여전히 외부감사제도에 대한 의존도가 훨씬 더 높은 상황이다. 과거 문제가 되었던 일부 기업들의 분식회계 스캔들은 모두 경영자에 의해 의도된 분식이었으며, 의도된 분식은 외부감사제도만으로 적발하는 데 한계가 분명 존재한다. 기업의 분식으로 인해 발생할 수 있는 막대한 사회적 피해를 방지하기 위해서는 기업이 자체적으로 내부통제장치, 자체적인 감사기구를 만들어 분식을 사전적으로 예방해야 하며, 자체적인 감사기구를 기업별로 구축하는 것이 우리 기업들의 시급한 과제라 할 수 있다.

표 5.9 [글로벌기업 ESG 사례 5] 카카오

> 과거 IT기업은 거대한 공장을 가지고 있거나, 수많은 인원을 고용하는 대기업들에 비하면 환경, 사회, 지배구조에 직접적인 신경을 쓸 필요가 없는 적은 기업군으로 구분되어 분류됐다. 하

지만 최근 IT기업들은 지속 가능한 발전을 위해 기업경영 활동 전반에 걸쳐 ESG 경영활동을 중요하게 고려하고 있으며, 카카오 역시 ESG 활동을 수행하고 있다. 2021년 2월 카카오는 카카오가 수행하고 있는 ESG 경영활동을 "더 나은 세상을 만들기 위한 카카오의 책임과 약속"으로 정의하였다. 카카오는 그들만의 방식으로 환경, 사회, 지배구조 문제를 해결하고자 힘쓰고 있다.

그 중 지배구조 개선을 위해 노력하고 있으며, 기업지배구조헌장(2021년 1월 제정)을 통해 주주, 감사기구, 이사회, 이해관계자, 시장에 의한 경영활동 감시 등 총 5개 영역에 대한 운영 전문성과 방향, 독립성을 추구하기 위해 이사회 감독하에 경영진들은 책임 경영을 수행하고 있다. 지배구조 확인을 통해 발전시켜 나가겠다는 해당 선언은 카카오의 ESG에 대한 중요성을 인식하고 이사회 산하에 독립적 기구인 ESG위원회를 신설하였다. 다음 표를 살펴보면, 2017년 대비 2020년 카카오의 지배구조 등급은 상향한 것으로 확인된다.

표 5.9.1 **카카오의 지배구조 등급**

연도	2017	2018	2019	2020
지배구조 등급	B+	B+	B+	A

(출처: 카카오 홈페이지)

표 5.10 **[글로벌기업 ESG 사례 6] 의사결정 명과 암, LG화학과 KT 사례비교**

이사회 자체에서 ESG에 관련된 이슈를 보고받으며 주요 의사결정사항을 검토하고 승인하는 방식을 사용하고 있는 대표적 기업은 LG화학이다. 이사회 중심으로 의사결정을 할 때의 장점은 이사회가 ESG이슈와 주요경영 의사결정을 통합적으로 논의할 수 있지만, 단점은 ESG에 대한 이사회의 책임과 역할이 불명확할 수 있다. 실제 LG화학은 2020년 5월 인도법인의 가스 누출사고와 충남 대산공장 화재사고를 연달아 겪으며, 한국기업지배구조원의 ESG 통합등급이 기존의 'B+'에서 'B'등급으로 하향 조정됐다. 세부적으로 환경경영(E) 부문 등급이 기존 'C'에서 'D'로 떨어졌고, 사회책임경영(S)부문은 'A+'에서 'A'로 하락했으며, 지배구조(G) 부문은 기존 'B+'를 유지했다. 전문가들은 LG화학이 이 난관을 헤쳐 나가기 위해서 "ESG에 관한 종합적인 전략방향을 정하고, 추진할 수 있는 의사결정 드라이브를 이사회에서 주도적으로 실시할 수 있느냐가 관건"이라고 말하고 있다.

LG화학과 달리 KT는 2023년 6월에 개최한 임시주주총회를 30분 만에 마무리하여 '졸속이 사회'를 했다는 비난을 받고 있다. 이번 임시주주총회에서 KT 새노조는 "낙하산으로 대표이사를 선임하기 위한 사전 작업이 아니냐"며 "KT이 새롭게 출발하기 위해서는 이권카르텔을 해체하고 이들이 받은 이익을 환수해야 된다는" 의견을 제시하였다. 하지만 이번 임시주주총회를 이끈 직무대행은 "노조가 제시한 의견을 새롭게 선임되는 대표이사가 답할 안건이 아닌 것 같다"고 답했다. 이 날 개최된 임시주주총회는 미리 계획이라도 한 듯 재빠르게 안건 표결을 진행하였으며, 30분 만에 마무리하였다.

5.4 참고문헌

- 한가록, 문두철, 이재은. **2022**. EU 공급망 실사지침(안)의 주요내용과 한국 중소기업의 대응전략: 키워드 네트워크 분석을 중심으로, 중소기업연구, 44(4), 41-46.
- Peng, M.W. **2018**. 글로벌 전략, Global Strategy 3rd. (박정민, 이재은, 송윤아, 양영수 역). 초아출판사. (원저 2012년 출판).
- European Commission. **2022**. Proposal for a directive of the european parliament and of the council on corporate sustainability due diligence and amending directive EU 2019/1937. pp.16-17.
- North, D.C. **1990**. *Institutions, institutional change and economic performance.* NY: Cambridge Univ. Press.

CHAPTER 6

국제환경협력과 탄소시장의 형성

- 기후변화의 심화에 따른 국제간 노력으로 기후변화협약의 채택 배경에 대해 설명할 수 있다.
- 교토의정서체제와 신기후체제의 특징과 한계에 대해 비교 설명할 수 있다.
- 탄소자산의 개념을 이해하고, 탄소자산의 획득과 관리방안에 대해 이해할 수 있다.
- 탄소가격제의 개념과 종류, 특성 등에 대해 설명할 수 있다.
- 탄소시장의 개념과 역할, 운영메카니즘, 종류 등에 대해 설명할 수 있다.

그림 6.1 **파리협정**

(출처: 한겨레, "2050년 지구 '2도 상승'…디스토피아 문 열리나", 2016.11.17.)

이 단원에서는 먼저, 기후변화 및 지구온난화 심화에 따라 이러한 현상을 완화시키기 위한 국제협력의 주요 내용에 대해 함께 토론해본다. 그리고 기후변화에 대한 국제협력의 과정에서 형성되고 있는 탄소시장의 개념과 운영메카니즘, 종류 등에 대해 이야기 해보고, 이러한 탄소시장을 형성하게 하는 탄소자산의 획득방법에 대해 토론해 본다.

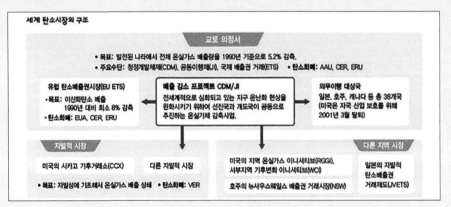

그림 6.2 세계 탄소시장의 구조

(출처 : 한겨레, "탄소시장, CO₂ 감축이 기업지도 바꾼다.", 2010. 08. 30.)

> **함께 생각해보기**
>
> 1. 유엔기후변화협약 당사국회의(COP)에서 논의된 기후변화 대응 및 적응과 관련된 국제간 주요 합의에 대해 이야기하여 보자.
> 2. 현재 형성되고 있는 탄소시장의 미래에 대해 생각해보자.

6.1 국제 환경협력

6.1.1 기후변화협약(UNFCCC)

기후변화의 확산으로 인해 지구 온난화 현상이 확대되면서 지구온난화에 대한 과학적 증거 및 자료의 필요성과 분석 요구도 점차 증가하고 있다. 이러한 과정에서 1988년에는 UN총회 결의에 따라 세계기상기구(WMO)와 유엔환경계획(UNEP)의 주관 하에 "기후변화에 관한 정부간 협의체(IPCC)"가 설치되었다. 그리고 1992년 6월에는 UN 산하의 유엔환경개발회의(UNCED)에서 기후변화에 관한 국제연합 기본협정(UNFCCC, 이하 기후변화협약 또는 리우환경협약)이 채택되었다.(1994년 발효)[1]

기후변화협약은 지구온도 상승의 주범인 온실가스의 대기중 배출을 억제함으로써 지구온난화로 인한 해수면 상승, 홍수피해, 생태계 파괴 등과 같은 지구에 대한 환경파괴를 막고 기후변화에 대한 적극 대응을 목적으로 채택되었다. 책임의 원칙으로는 온난화 방지를 위해 모든 당사국이 참여하되, 배출의 역사적 책임이 있는 선진국이 더 많은, 즉 차별화된 책임을 지는 것을 기본 원칙으로 한다. 기후변화협약의 의무사항으로 모든 참여당사국은 지구온난화 방지를 위해 정책 및 조치, 그리고 국가 온실가스 배출 통계 등이 수록된 '국가보고서'를 UN에 제출해야 한다.

기후변화협약의 기본 원칙과 의무사항

○ 기본원칙
 – 공동의 차별화된 책임 및 부담 (선진국의 선도적 역할)
 – 개도국의 특수 사정 배려 (기후변화 악영향이 큰 국가 등)
 – 기후변화의 예방적 조치 시행 (과학적 불확실성의 극복 필요)
 – 모든 국가의 지속 가능한 성장 보장

---

1 기후변화협약은 2022년 기준으로 196개국의 회원국을 가지고 있으며, 우리나라의 경우 1993년 12월에 세계 47번째 회원국이 되었다.

○ 공동 및 특정 의무사항

공동의무사항	특정 의무사항
• 온실가스 배출량 감축을 위한 국가전략 수립 • 온실가스 배출량 및 흡수량에 대한 국가보고서 작성 및 제출	• Annex Ⅰ 국가. 1990년 수준으로 온실가스 감축노력 규정(비구속적) • Annex Ⅱ 국가. 개발도상국에 대해 재정 및 기술이전의 의무

    기후변화협약체계의 핵심으로 기후변화협약(UNFCC)이 있고, 그 시행령으로써 교토의정서나 또는 파리협정이 있다(그림 6.3). 그리고 협정의 산하에는 기술적 지원을 행하는 IPCC와 재정적 지원을 행하는 GEF가 있다. IPCC(Intergovernment Panel on Climate Change)는 기후변화에 관한 정부간 협의체를 의미한다. GEF(Global Environment Facility)는 지구환경기금으로, 세계은행(World Bank), UN개발계획(UNDP) 및 UN 환경계획(UNEP)에 의해 1990년 설립되어 잠정적 차원에서 협약의 재정메카니즘으로 운영된다. 이는 1988년 세계기상기구(WMO)와 유엔환경계획(UNEP)에 의해 설립되었고, 기후변화에 관련된 과학적, 기술적 사실에 대한 평가를 제공하고 있다.

그림 6.3 **기후변화협약체계**

6.1.2 교토의정서(Kyoto Protocol)

기후변화협약(UNFCCC)은 채택 당시 협정의 목적을 달성하기 위한 온실가스감축을 위한 구속력을 가지는 국제간 약속이 없었다는 한계를 가지고 있었다. 이러한 이유로 기후변화협약 당사국 총회는 기후변화협약의 구체적 실행방안에 대한 국가간 약속을 정하기 위해 매년 개최되게 되었다. 기후변화협약의 구체적 실행방안을 도출하기 위한 기후변화협약 당사국총회의 결과 가장 의미있는 합의 중 하나는 1997년 교토에서 개최된 제3차 당사국총회(COP 3)에서 도출된 교토의정서가 있다.

교토의정서는 '교토 프로토콜'이라고도 불리고, 기후변화협약에 따른 온실가스 감축 목표의 실행에 대한 행동내용이 담겨져 있다. 1997년에 채택된 교토의정서는 회원국들의 국내비준절차를 거쳐 2005년 2월 16일에야 공식 발효되었다. 한국은 2002년에 교토의정서를 비준했다.

교토의정서는 온실가스의 실질적인 감축을 위하여 온실가스 배출의 역사적 책임이 있는 선진국(38개국)을 대상으로 제1차 공약기간(2008~2012)동안 1990년도 배출량 대비 평균 5.2% 감축해야 함을 규정했다. 교토의정서에서는 온실가스 감축의 의무국의 감축 부담을 완화하기 위하여 온실가스의 효율적 감축과정에서 비용부담을 줄일 수 있는 방안을 제시했다. 이를 통칭하여 '교토 메카니즘'이라고도 하며, 구체적으로 공동이행제도(JI), 청정개발제도(CMD), 배출권거래제도(ETS) 등과 같은 3가지 경제적 수단의 활용이 권고되었다(표 6.1).

표 6.1 교토 메카니즘의 주요 내용

구분	주요 내용
공동이행제도(JI) Joint Implementation	선진국 A국이 다른 선진국에 투자하여 얻은 온실가스 감축분을 A국 감축실적으로 인정하는 제도
청정개발체제(CDM) Clean Development Mechanism	선진국이 개발도상국에 투자하여 얻은 온실가스 감축분을 선진국의 감축실적으로 인정하는 제도
배출권거래제(ETS) Emission Trading System	온실가스 감축의무가 있는 국가들에 배출쿼터를 부여한 후 동 국가 간 배출쿼터의 거래를 허용하는 제도

6.1.3 신기후체제: 파리협정

1 교토의정서의 한계

파리협정(2015)은 교토의정서체제의 한계를 극복하려는 과정에서 도출된 국제협력의 결과이다. 교토의정서체제는 온실가스 배출량 감축을 규정한 국제협약이지만, 그 이행과정에서 형평성 문제가 제기되었다. 당시 전 세계 이산화탄소 배출량의 30% 정도를 차지하는 미국이 자국의 산업보호를 명분으로 불참을 선언했다. 그리고 급성장 중인 중국과 인도 등 신흥공업국들도 불참했다.

그 결과 교토의정서체제는 발효는 되었지만 온실가스 감축에 대한 실효성이 없는 상징적 체제로 전락되었던 것이다. 이는 당시 온실가스 배출량 상위 10대국 중에서 CO_2 배출량 감축의무 이행국은 독일과 영국뿐이었다는 사실에서도 알 수 있다. 그 결과 교토의정서체제의 한계에 직면한 국제사회에서는 특히 선진국을 중심으로 새로운 포스트교토의정서 체제가 만들어지기를 바라는 분위기가 형성되었던 것이다.[2]

2 포스트 교토의정서 도출을 위한 노력

교토의정서의 이행과정에서 참가국들 간에는 의무 이행에 대한 형평성 문제가 제기되었다. 그 과정에서 교토의정서체제 참여에 미온적이거나 또는 불참하는 분위기가 형성되기 시작했다. 대표적으로 미국은 2001년 3월에 교토의정서에 대한 불참선언을 하기에 이르렀다.

국제사회에서는 이러한 의무이행의 형평성 문제 해결을 위한 노력이 시작되었다. 구체적 노력의 시작으로 제1차 교토의정서 당사국총회(COP11/MOP1)가 2005년 11월에 개최되었다. 이때부터 당사국총회를 중심으로 교토의정서 체계가 가지는 문제나 한계점 등을 완화하고, 그 합의안의 신뢰성을 높이기 위한 논의가 본격적으로 이루어지게 된다. 그러한 과정에서 2007년 11월 제13차 당사국총회이자 제3차 교토의정서 당사국총회(COP 13/MOP 3)가 진행되던 발리에서 '발리로드맵'이 채택되게 된다. 이때 합의된 발리로드맵에서는 온실가스 감축에 대한 정량적 목표가 설정되지는 않았다. 하지만

---

2 당시 선진국들은 이러한 이유 때문에 주요 배출국들이 모두 의무감축에 참여하지 않는 한 2차 공약기간을 설정하지 않겠다고 주장하게 된 것이다.

산림벌채(deforestation)로 인한 배기가스 억제, 기술이전 결정 뿐 아니라 적응기금(Adap-tation Fund) 등을 포함해서 기후변화 대응을 위한 핵심문제가 핵심논의 주제로 다루어지면서, 주요 합의가 도출되었다.

발리로드맵의 합의로는 첫째, 온실가스 협상대상이 확대되어 미국과 개발도상국 등 모든 국가들이 참여하게 되었다. 둘째, 선진국과 개도국 참여 하에 기후변화 대응책[3]을 논의한다는 포스트 교토의정서체제 협상규칙이 정의되었다. 셋째, 기후변화 대응재원 마련방법에 대한 논의를 진행하여, 세계 각국들로 하여금 탄소세나 탄소배출권제도의 시행이 가능하도록 합의했고, 이러한 탄소세 부과나 탄소배출권거래시 2%씩의 기금 마련에 대해서도 합의했다. 마지막으로 포스트교토의정서체제의 구체적 감축 목표와 방법은 2009년에 결정하되, 이를 위한 회의는 2008년 3월에 시작하고 2009년 15차 기후변화 총회(COP15, 장소 : 덴마크 코펜하겐)에서 최종 결정할 것을 결정했다.

포스트교토의정서체제에 대한 의미는 또 다른 2009년 코펜하겐(COP15)에서 만들어진 "코펜하겐 합의문(Copenhagen Accord)"이다. 코펜하겐 합의문의 주요 내용을 살펴보면 다음과 같다. 첫째, 부속서 I 당사국의 경우 1990년(또는 2005년)을 기준으로 2020년까지의 온실가스 감축목표를 2010년 1월 31일까지 제출한다. 둘째, 부속서 I 비당사국들은 자발적인 일방적 감축행동(unilateral NAMA)을 담은 국가보고서를 제출하거나 또는 선진국의 재정, 기술 지원을 받는 감축행동(supported NAMA)을 등록부(Registry)에 등록한다. 셋째, 기후변화협약 참여국 중 선진국들은 2012년까지 300억불, 2020년까지 연간 1,000억불 규모의 재원을 공동 조성한다.

하지만 코펜하겐합의문의 채택에도 불구하고 당사국총회에서는 합의서 채택과정에 참석하지 못한 개도국을 중심으로 합의문 채택 과정의 투명성 문제가 제기되면서 총회 차원에서 합의문 채택은 실패하게 된다. 최종적으로는 영국 등이 제안한 타협안으로 "코펜하겐 합의문에 유의한다(take note)"는 문안을 담은 결정문이 채택된다.

가장 의미 있는 합의는 교토의정서의 1차 공약기간이 만료되는 시기인 2012년 말 도하에서 진행된 제18차 당사국총회(COP 18)에서 도출된다. 그리고 총회의 결과로서 교

---

3 온실가스 감축, 기후변화 적응 기술 이전, 재정 지원방법 등

토의정서 합의문의 개정안이라고 할 수 있는 '도하개정문(Doha Amendment)'이 채택된다. 이는 2013년에서 2020년간 선진국의 온실가스 의무감축을 규정하는 개정안이다.

3 파리협정

① 협정의 체결 과정

도하개정안(2012)은 교토의정서의 효력이 제2차 공약기간(2013~2020년)까지로 8년 더 연장됨을 규정하고 있다. 그리고 2020년 이후 모든 당사국에 적용되는 신기후체제를 위한 협상(2013-2015)의 작업계획도 마련되었다.[4] 또한 2013년 3월 1일까지 신기후체제에 적용될 원칙, 법적 형태, 온실가스 감축 형태 등 주요 요소들에 대한 국별 제안서를 제출키로 합의했다. 동 회의에서는 한국의 녹색기후기금(Green Climate Fund) 사무국 유치도 인준되었다.

한편 2015년 파리에서 개최된 COP21에서는 교토의정서(1997)를 대체할 새로운 기후변화체제에 대한 구체적 내용을 담은 파리협정('파리 기후협정문')이 채택되었다. 파리협정은 선진국과 개발도상국 모두가 의무이행 당사국으로서 참여하여 자국의 상황에 맞는 기후 대처방안을 모색하는 내용을 담고 있다. 파리협정의 주요 합의내용으로는 참여국의 자발적인 감축 목표량 설정이 가능하도록 되었다.[5] 파리협정에서는 선진국의 의무 감축안이 설정된 것이 아니라 지구온도를 중심으로 각국 간의 구체적 감축 실행계획의 설정에 합의했다.

파리협정에서는 산업화 이전과 비교하여 지구 평균온도의 상승폭을 2℃ 미만으로 유지하되, 궁극적으로는 기온 상승을 1.5℃ 까지로 제한할 것에 합의했다. 그리고 이를 위한 구체적 실행 방안는 감축(Mitigation), 적응(Adaption), 재정(Finance) 등에 관한 사항을 기술하고 있다. 이를 위해 파리협정에서는 모든 참여당사국에 대해 향후의 감축 목표량과 그 이행방안에 관한 국가별 기여방안(Nationally Determined Contributions, NDC)을 5년마다 제출하도록 의무화하였다. NDC는 5년마다 개정되고, 기존 기여방안보다 더 높은 수준의 감축 목표량을 제시하여야 한다.[6] 그리고 선진국은 개발도상국의

---

4 개정안에서는 2020년에 출범할 新기후체제 및 2020년 이전 감축상향에 대한 구체적인 논의를 위해 2013-2015년간 매년 최소 2회의 회의를 개최하여 2015년 5월까지 협상문안 초안을 마련할 것을 합의하였다.

5 교토의정서에서는 주요 선진국을 대상으로 온실가스 배출 감축의무와 감축목표량이 제시되었다.

기후변화 대책마련을 위한 기금마련에 적극 동참해야 한다. 이를 위해 선진국들은 2020년 이후 매년 1,000억 달러의 재정지원을 부담하게 된다.

② 파리협정의 주요 내용

첫째, 파리협정은 모두 협정 당사국들이 온실가스 의무감축에 참여하는 형태를 가진다. 이 때문에 파리협정을 의무감축 참여여부를 중심으로 포괄적(Universal and Comprehensive) 체제라고 한다. 교토의정서체제는 40여개 선진국들이 모든 감축 의무를 부담하는 체제였다.[7] 하지만 파리협정은 온실가스 감축의무 부담국가를 목록화 하지 않았다. 참여 당사국은 선진 당사국(developed country Parties)과 개발도상 당사국(developing country Parties)으로 구분되나, 별도의 국가별 구분 목록을 작성하고 있지는 않다. 결과를 비교해 보면 교토의정서체제의 참여국들은 전체 온실가스 배출량 22%만을 관리 감축하지만, 파리협정체제에서는 모든 당사국들이 감축 노력에 참여함으로써 참여국의 수가 197개국으로 증가하였다. 그 결과 파리협정의 영향력은 전세계 온실가스 배출량의 95.7% (INDC 제출 161개국 기준)까지로 증가하게 되었다.

파리협정은 선진국과 개도국들이 부담해야 하는 의무를 각국의 다양한 여건을 반영하여 차등화하고 있다(표 6.2). 선진국은 경제전반에 걸친 온실가스 배출량의 절대량을 감축해야 하는 의무를 부담한다. 하지만 개발도상국은 경제 전반에 걸친 온실가스 감축방식의 사용을 권장하는 수준으로 부담 의무가 제시된다.

표 6.2 **국가별 의무 차등화 정도**

	선진국	개발도상국
감축 방식	경제 전반에 걸친 온실가스 배출량의 절대량 감축 의무	경제 전반에 걸친 온실가스 감축방식 사용 권장
추가 의무	개발도상국 재정지원, 기술이전 등	없음

---

[6] 신기후체제에서는 이러한 내용을 바탕으로 협약에 대한 전반적인 이행점검(Global Stocktake)이 5년마다 국제적 차원에서 이루어지게 된다.

[7] 교토의정서는 온실가스 감축의무를 부담하는 부속서 1국가(선진국)와 이러한 감축 의무를 부담하지 않는 비부속서 1국가(개도국)를 명시적으로 목록화하여 구분하고 있다.

둘째, 파리협정은 참여국 모두에게 자발적 감축 목표를 설정하도록 한다. 교토의정서의 감축 목표 설정방식은 전체 회의 등과 같은 거버넌스가 구성되고, 여기에서 합의된 내용을 모든 회원국이 이행 또는 실행하는 하향식(Top-down) 감축 목표 설정 방식을 갖고 있었다. 그 결과로써 교토의정서체제 참여국들은 서로 국가간 상황이 달랐기 때문에 이견과 대립, 갈등이 빈번하게 발생했고, 하지만 이러한 차이나 상황에 대한 반영이나 배려는 부족해서 감축 수준의 합의가 쉽지 않았다.

파리협정은 감축 목표 설정방식을 상향식(Bottom-up) 설정 방식을 채택하고 있다. 이는 자국의 역량을 고려해서 국가별로 '국가별 결정기여(Nationally Determined Contribution, NDC)'를 자발적으로 설정할 수 있도록 한 것이다. 국가별 결정기여(NDC) 방안은 기후변화협약의 이행을 위하여 각국이 스스로 자국의 감축 목표와 적응정책 등을 결정한 것으로, 감축, 적응, 재원, 기술, 역량배양, 투명성 등 6개 분야에서 포괄 작성되어 UN에 제출된다.[8]

파리협정에서 NDC의 도입은 기존의 의무부담국들의 반발이 강하게 작용한 것이 배경이다. 포스트교토의정서체제의 결정과정에서 당사국들은 선진국만이 가지는 감축의무 부담에 따른 교토의정서의 한계를 지적했다. 그래서 당사국들은 기존의 기후변화협약이 가지는 유용성이 상실되었다고 주장하면서 보다 많은 개도국들도 온실가스 감축의무에 적극 참여해야 함을 지속적으로 제기하면서 NDC 합의가 도출되었다.[9]

---

8 파리협정 체결 이전에 제출된 NDC : Intented NDC(INDC)로 지칭된다.

9 구체적으로 포스트교토의정서체제도출을 위한 협상과정에서 제기된 주요 사항을 정리하면 기후변화협약의 국가분류 체계를 수정함으로써 온실가스 감축의무 부담국가를 확대하자는 의견과 함께, 경제발전과 온실가스 배출이 급증하고 있는 한국, 중국, 인도 등의 국가그룹을 신설하여 추가적 감축의무를 부과해야 한다는 주장이 제기되었다. 한국의 경우 그 과정에서 모든 국가가 감축 목표를 자율적으로 설정하는 입장을 제시했다. 그리고 한국정부는 이 안의 COP통과를 위해 다각적 노력을 경주했고, 그 결과 2013년에 개최된 COP19에서 감축방식 및 수준을 각국이 스스로 결정한다는 부분에 재합의하게 된다. 하지만 NDC에 대한 협상과정에서는 개도국들의 온실가스 감축의무 부과에 대해 회원국들간의 의견이 대립되었다. 하지만 최종적으로 합의안에서는 Commitment이란 용어 대신에 Contribution이란 용어가 채택되었다. 즉, 최종적으로는 공약(commitment)의 의미를 담고 있는 용어보다는 중립적 의미를 담고 있는 용어인 기여(contribution)를 사용하기로 결정함으로써 세계 각국은 자국의 상황에 맞는 온실가스 감축방안을 도입할 것에 합의하였다. 파리협정에서는 이러한 감축목표 설정방식을 통하여 교토의정서체제보다 신속한 대응과 보다 많은 국가들의 참여를 이끌어 내게 된다.

NDC의 개념

NDC는 국가결정기여(Nationally Determined Contributions, NDCs)의 약자로 각 당사국이 자국의 상황과 역량을 감안하여 자율적으로 정한 감축 및 적응에 대한 목표, 절차, 방법론 등을 의미한다. NDC는 파리협정의 도출과정에서 장기 기온목표의 달성을 위한 방법으로 제시된 것이다. 즉, 각 당사국들로 하여금 자신이 온실가스 배출 감축에 기여할 목표를 성정한 국가결정기여(NDCs)를 준비 및 통과, 유지할 의무를 부여(Paris Agreement, Article 4.2)한 것에서 유래되었다. 그리고 파리협정은 참여 당사국들로 하여금 2020년부터 5년 주기로 수정 및 보완된 NDC를 제출하도록 의무를 부과하고 있다.(Paris Agreement, Article 4.9.)

NDC 용어와 개념의 도입은 파리협정체제의 성격을 가장 잘 나타내주는 요소라고 볼 수 있다. 파리협정에서는 NDC 개념을 채택하여 교토의정서를 기반으로 하는 기후변화체제와 달리 당사국 감축목표의 설정에 대한 세계 각국의 자율성 보장을 하였다.

파리협정에서는 각국이 제출하는 NDC 목표유형과 수준 설정에 대해 각국의 자율성을 보장하면서도 파리협정의 장기 목표 달성을 위해 시간이 경과함에 따라 목표 수준을 강화하는 '진전 원칙(progression over time)'도 합의했다. 이러한 방법으로 온실가스 감축에 대한 세계 제국들의 의무에 대한 강제력과 확산력을 확보하려고 했다. 결과적으로 기후변화협약의 참여 당사국들이 제출하는 NDC는 일정 이행 기간 동안 자국이 달성하고자 하는 온실가스 배출감축량 목표, 감축대상 온실가스, 경제 전반 혹은 일정 부문의 감축범위, 감축방법 등을 요약하여 제출하는 문서라고 볼 수 있다.

그 결과 신기후체제에서는 선진국과 개도국들은 모두 NDC를 제출해야 하는 의무를 지니게 되었다. 선진국의 경우 기존의 교토의정서 체제에서와 마찬가지로 온실가스 감축에 초점을 맞춘 NDC를 제출해야 한다. 하지만 개도국의 경우에는 파리협정의 6대 핵심조항(감축·적응·기후재원·기술개발 및 이전·역량배양·투명성)을 포괄하는 NDC를 제출한다. 대부분의 개도국들은 6대 핵심조항이 포함된 NDC를 제출하는 형태로 자국의 의무감축의 이행을 약속하고 있으나 일부 개도국은 UN에서 2030년까지 전 세계가 나아가야 할 발전 방향을 제시한 '지속가능발전목표(SDGs9))'와의 연계성이 포함된 NDC를 제출한다.

셋째, 파리협정은 합의안의 이행을 주기적 점검하고, 목표를 지속적으로 강화하는 형태로 되어 있다. 파리협정 참여국들은 온실가스 감축목표를 지속적이고 점진적으로 강화해야 한다. 이는 차기 NDC는 이전 NDC 보다 강화되어야 한다는 진전원칙(Progression)을 적용되기 때문이다. 그리고 5년마다 국제사회 차원에서 협정에 대한 종합적 이행 상황을 점검(Global Stocktake)한다.

파리협정은 NDC를 별도로 규정하거나 또는 이에 대한 의무를 부과하는 방식이 아니라 NDC의 제출 및 점검 등과 관련된 절차에 대해 일정한 구속력을 부여했다는 것이 특징이다. 그 결과 파리협정체제는 당사국이 목표를 달성해 나가도록 유도하는 체제라고 볼 수 있다.

교토의정서와 파리협정을 통해 형성된 신기후체계를 비교해 보면 다음과 같은 차이가 있음을 알 수 있다(표 6.3).

표 6.3 **교토의정서와 파리협정의 비교**

구분	교토의정서	신기후체계
목표	온실가스 배출량의 감축 (1차 : 5.2%, 2차 :18%)	온도 목표 (2℃ 이하를 목표, 1.5℃를 목표달성하려고 노력을 추구함)
범위	온실가스 감축에 초점	감축을 포함한 포괄적 대응
감축대상국가	주로 선진국 (기후변화협약 Annex 1국가(선진국))	모든 당사국(NDC)
감축 목표 설정방식	하향식(Top-down) 방식	상향식(Bottom-up) 방식
의무준수	징벌적 (미달성량의 1.3배의 페널티 부과)	비징벌적 (비구속적, 동료 압력 활용)
의무강화	특별한 언급이 없음	진전 원칙(후퇴금지 원칙) 전지구적 이행점검(매5년)
지속성	매 공약기간 대상 협상 필요	종료시점 없이 주기적 이행 점검

6.2 탄소시장과 탄소자산

6.2.1 탄소가격제

1 개념과 유형

탄소자산을 거래하는 시장을 탄소시장이라고 한다. 따라서 탄소시장의 형성은 탄소자산의 개념이 만들어지면서 형성되었다고 볼 수 있다. 탄소자산은 저탄소와 관련되어 만들어지는 모든 가치속성을 지니는 유무형 자산을 의미한다. 이러한 탄소자산의 형성은 탄소가격제라는 탄소에 대한 가격 부과하는 여러 가지 제도에서 시작된다고 볼 수 있다.

탄소가격제는 배출된 탄소에 대해 가격을 부여하여 탄소배출 주체가 온실가스의 배출에 대한 비용이나 책임을 부담하도록 하는 정책수단이나 제도를 의미한다.[10] 탄소가격제는 장기적 측면에서 탄소규제를 통해 탄소배출을 줄이는 제도로 온실가스 배출을 비용으로 인식하도록 하여 온실가스 감축을 유도하는 가장 효과적인 정책 수단이다. 그리고 탄소가격제는 후생경제학적 측면에서 보면 특정 경제활동이 초래할 외부불경제를 외부효과의 유발주체가 이를 부담하는 방안을 의미한다.

탄소가격제의 유형은 크게 4가지로 구분할 수 있다. 탄소가격제의 가장 대표적 유형으로는 배출권 거래제(emissions trading system)가 있다. 이는 최소비용으로 배출감축목표의 달성을 달성하기 위해 배출권거래제에 참여하는 배출주체(emitters)가 내부적 저감조치를 통해 배출량을 감축하도록 한 제도이다. 그리고 이러한 과정에서 남는 배출권을 탄소시장에 공급하거나, 또는 부여된 배출목표 달성에 필요한 배출권을 구매하는 제도이다.

배출권거래제는 시행 과정에서 배출권의 수요와 공급이 창출되어 온실가스 배출을 거래하는 시장가격이 형성되게 된다. 배출권거래제의 유형에는 상한 및 거래제(cap and trade system)와 기준선 대비 크레딧시스템(Baseline-and-Credit System)이 있다. 여기서 상한 및 거래제는 배출할 수 있는 상한(cap)이 부여되고, 이를 유·무상으로 배출주체에 할당한 다음 거래를 유도하는 제도를 의미한다. 그리고 기준선 대비 크레딧시스템은 개별 배출주체에 기준 배출량(baseline)을 설정하고, 이보다 적게 배출한 배출량만큼을 크레딧으로 발행하여 기준 배출량을 초과한 다른 배출자에 크레딧을 판매하는 제도를 의미한다.

탄소가격제의 또 다른 대표적 유형으로는 탄소세(carbon tax)가 있다. 탄소세는 온실가스의 배출이나 또는 화석연료의 탄소함유량 등을 기준으로 세율을 부과함으로써 탄소에 직접적으로 가격을 부여하는 일종의 에너지관련 조세제도를 의미한다. 탄소세는 온실가스를 배출하는 모든 종류의 에너지원에 대해 그 과세범위와 대상을 할 수 있다는 장점이 있다. 2021년 기준으로 전세계 국가 중 27개국이 탄소세제도를 도입하고 있다.

---

10 예를 들어, 기업들이 이산화 탄소 1톤을 배출할 때 자체적으로 설정한 금액을 부과하는 제도를 통해 이산화탄소 배출을 자체적으로 줄이도록 하는 제도를 의미함.

탄소가격제의 또 다른 유형으로는 상쇄 메커니즘(offset mechanism)이 있다. 탄소상 쇄메커니즘은 탄소 감축을 위한 프로젝트, 프로그램 등을 통해 달성한 탄소 감축 크레 딧을 발행하고 이를 국내나 해외의 탄소 감축목표에 활용하는 제도를 의미한다. 마지막 으로는 탄소국경제도(CBAM)과 결과기반 기후재원(Results-based climate finance)이 있다. CBAM은 탄소유출(Carbon Leakage)의 문제를 해결하기 위하여 도입된 무역관 세의 일종이다. 주로 탄소세를 채택하고 있는 국가들이 도입을 고려하는 제도이다. EU 의 경우 2023년 10월 1일에 도입되어 2026년부터 본격 도입할 예정에 있다. 결과기반 기후재원은 주로 세계은행(World Bank)을 활용되고 있는 방안으로 탄소 감축과 민간 의 참여를 유도하는 방안이라고 볼 수 있다. 이는 주로 사전에 탄소감축성과가 사업결 과로 도출될 경우 약정된 지급금을 지급하는 방식이다.

2 도입 현황과 전망

① 도입 현황

현재 IMF는 "전 세계적으로 60개가 넘는 국가들이 탄소 가격을 제시하고 있지만(그 림 6.4), 아직 탄소 배출량의 80%는 가격이 매겨지지 않고 있고, 현재 전 세계 탄소 가격 평균은 3달러에 머물러 있다"고 발표했다. 특히 IMF의 크리스티나 게오르기바 총재는 "파리 협정의 1.5도 제한 시나리오에 맞추기 위해선 2030년까지 현재 탄소배출량의 절 반을 줄여야 한다"며 "새로운 대책이 없으면 탄소 감축은 불가능하다"고 강조했다.

② 전망

국제적인 환경규범의 강화와 함께 EU 및 미국을 중심으로 한 탄소국경세(또는 탄소 국경조정제도)등이 도입됨에 따라 전세계적으로는 새로운 무역장벽에 대응하기 위한 노력이 강화되고 있는 상황이다. 세계 각국들의 입장에서는 기후변화를 중심으로 한 대응 및 적응 노력의 강화와 함께 탄소누출의 문제에도 함께 대응할 필요성이 강해진 것이다. 탄소가격제의 활용은 이러한 상황의 해결이나 또는 대응에 가장 효과적인 수단이 될 수 있을 것이다. 그 과정에서 탄소가격제의 활용은 향후 더욱 확대될 수밖에 없을 것이다.

구체적으로 EU 그린딜 등 친환경 경제복구정책 추진됨에 따라 탄소국경세 도입과 같은 국제적인 탄소가격제 강화 기조가 확대되고 있다. 따라서 이에 대응하기 위해서는

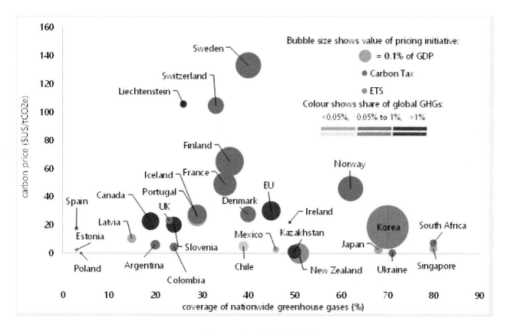

그림 6.4 탄소정책 운용 현황

Note: Updated as of Nov. 2020. GHGs from 2017. EU includes Norway, Iceland, Liechtenstein. Values less than 0.0005 percent of GDPare of equal size for illustrative purposes.

Source: World Bank, Climate Watch, Fund Staff Estimates. OECD, **Tax Policy and Climate Change**, April 2021, p. 9.

고탄소 산업구조의 개선이나 전환 지원의 강화가 불가피한 상황이다. 탄소가격제도의 도입은 향후 세계 제국들이 추진하고 있는 탄소중립의 실현을 위해서도 반드시 필요한 제도이다.

하지만 탄소가격제의 도입은 화석연료 기반의 에너지세제 및 관련 보조금 개편 등을 포괄하는 관점에서 신중하고 균형 있는 접근 필요하다. 즉, 탄소중립 이행시 현행 화석 연료 기반의 에너지 세입 감소[11] 및 기후대응 세제지원 등에 따른 재정소요 증가가 예 상된다. 따라서 탄소가격제의 도입은 기후변화의 위험도가 국가재정이나 기업 등 재정 에 미치는 영향을 중·장기적 관점에서 평가하여 이러한 재정의 지속가능성을 확보하기 위한 관점에서 추진할 필요성이 있다.

---

11 국가 온실가스 감축목표 추진시 유연탄에 대한 제세부담금 및 개별소비세수 등이 최대 5.5조원(연평 균 3,700억원) 감소할 것으로 추계됨 (이동규 외, "탄소중립에 따른 발전부문 에너지세제의 중장기 세 수전망과 시사점", 예산정책연구 제11권 제1호, 2022)

한편, 탄소가격제의 도입은 중장기적으로는 에너지 전환에 따른 세입 감소를 완충할 대체 세원의 발굴, 현행 에너지 세제 및 화석연료에 대한 보조금 개편을 포괄하는 친환경적 조세정책을 준비할 필요가 있다. 그리고 탄소가격제 시행에 따라 조달한 재원에 대해서는 향후 국가적 측면에서 보면 친환경 분야 및 고탄소 업종 일자리 전환 등 피해 분야 지원에 활용하거나 기업적 측면에서 보면 기후위기 또는 탄소중립 대응에 사용하는 등 정책적 합목적성을 제고함으로써 제도적 수용도를 높일 필요성이 있다.

6.2.2 탄소시장

1 탄소시장의 개념과 역할

탄소시장은 주로 탄소가격제 중에서 온실가스의 배출에 대한 권한인 탄소배출권에 대한 소유권을 상품화하여 장외시장 또는 거래소를 통해 거래하는 시장을 의미한다.[12] 결과적으로 국제 탄소시장은 탄소배출권거래제의 형성과 밀접한 관련성이 있다고 볼 수 있다. 탄소시장은 비용 대비 가장 효율적으로 경제주체 간 시장원리에 따라 탄소배출 감축의 유인을 제공하기 위하여 도입되었기 때문이다.

탄소시장은 일종의 온실가스 배출권을 거래하는 시장으로 온실가스 배출과 관련된 사업 전반을 포괄하는 광의의 개념의 자산을 총칭한다. 여기서 배출권은 탄소배출권거래제를 의미하고, 이는 오염물질의 배출 권한을 물건처럼 사고 팔 수 있는 제도로 탄소시장 형성의 가장 중요한 요소로 볼 수 있다. 탄소시장은 지구온난화 방지를 위한 국제 기후환경협정에 따라 이산화탄소(CO_2) 등과 같은 온실가스의 배출에 대한 소유권이 설정되고, 이러한 배출의 권리 수급에 따라 가격이 형성되는 시장을 의미한다고 볼 수 있다.

탄소시장은 일종의 탄소자산을 거래하는 시장으로 '교토메카니즘' 또는 '교토유연성체제'를 근간으로 형성된 시장이다. 여기서 교토유연성체제는 시장기능의 도입을 통해서 신축적으로 온실가스의 배출량을 감축하는 제도로 '배출권 거래제(ETS)', '청정개발체제(CDM)', '공동이행(JI)' 등이 해당된다.

---

12 교토의정서에서는 지구온난화 현상을 유발하는 저감대상인 온실가스를 이산화탄소(CO_2), 메탄(CH_4), 아산화질소(N_2O), 과불화탄소(PFCs), 수소불화탄소(HFCs), 육불화황(SF_6) 등 6종류로 규정하고 있으나, 온실가스의 대부분이 이산화탄소의 형태로 배출되고 있으므로, 탄소시장이라 불리고 있다.

탄소시장은 온실가스 배출량을 할당받은 에너지 소비기업과 배출권 거래를 통해 수익을 얻거나 또는 배출권 관련 지원서비스를 제공하는 기업 등이 참여하는 시장을 의미한다. 탄소시장은 결국 온실가스 배출을 유료화하여 배출권을 시장에서 판매 가능하게 함으로써 경제적 유인을 제공하여 사회 각계에서 자발적인 온실가스 감축노력, 감축기술개발, 저탄소 경제로의 이행을 위한 신제품 개발을 유도하기 위한 시장이다.

2 탄소시장의 운영메카니즘과 유형

① 탄소시장의 운영메카니즘

탄소시장 운영메카니즘은 탄소배출권의 거래 메카니즘과 같다(그림 6.5).

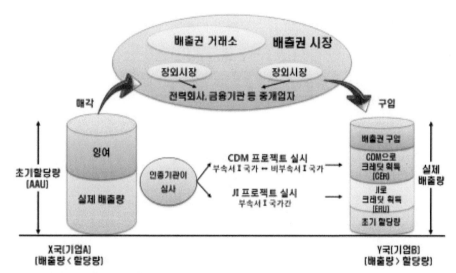

자료 : 김현진 외, "탄소시장의 부상과 비즈니스 모델", 삼성경제연구소, 2007.

그림 6.5 탄소시장의 운영 메카니즘

② 탄소시장의 유형

탄소시장의 유형으로는 탄소배출권 거래방법에 따라 할당량 거래시장과 프로젝트 거래시장으로 구분 짓거나 교토의정서 적용여부에 따른 구분으로 강제적 탄소시장과 자발적 탄소시장으로 구분하는 방법이 있다.

탄소시장의 유형을 정리해보면 다음 그림 6.6과 같다.

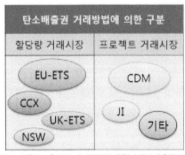
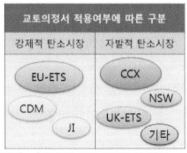

자료: 김은표, "저탄소 녹색성장의 영향과 탄소배출권시장의 미래", 「코딧리서치」봄호, 신용보증기금, 2009.

그림 6.6 탄소시장의 유형

가. 할당량 거래시장과 프로젝트 거래시장

먼저 탄소배출권의 거래방법에 따른 탄소시장에 대해 살펴보기로 한다. 우리나라에서는 온실가스 배출권 중에서 탄소배출권이 거래된다(그림 6.7). 탄소배출권이 거래되는 탄소시장은 크게 할당량 거래시장(Allowance-based Market)과 프로젝트 거래시장(Project-based Market)으로 나누어진다.

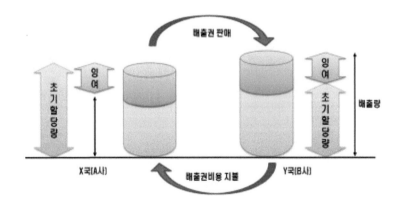

그림 6.7 탄소배출권의 거래 방법

할당량 거래시장 또는 할당량 시장(allowance market)은 온실가스 배출 허용량이 할당된 국가나 기업들이 할당량 대비 잉여분과 부족분을 거래하는 시장을 의미 한다[13].

---

13 할당량거래시장에서는 사전에 국가, 기업 및 시설에 배출한도를 할당하고, 시장가격에 따라 할당된 배출권이 거래될 수 있도록 유통시장을 개설한다.

그림 6.8 총량제한배출권거래제(cap-and-trade) 절차

할당량 거래시장에서는 국가나 기업의 초기 할당량 목표치가 국제기구나 또는 국가에 의해서 설정된다. 그리고 기업의 실제 배출량이 목표치 보다 많고 적음에 따라 배출권을 매매하는 총량제한배출권거래방식(Cap and Trade System)으로 거래된다(그림 6.8). 할당량시장에서는 배출권 할당량보다 초과 배출한 기업이 배출권 할당량보다 적게 배출한 기업으로부터 배출권을 구입하는 방식으로 총량을 맞추도록 되어 있다.

할당량거래시장의 대표적 예로는 유럽연합 탄소시장(EU Emission Trading Scheme, EU-ETS)과 미국 시카고의 기후거래소(Chicago Climate Exchange, CCX), 영국의 탄소시장(UK Emission Trading Scheme, UK-ETS), 호주의 탄소시장(New South Wales Certificates, NSW) 등이 있다.

프로젝트 거래시장(또는 프로젝트시장)은 온실가스감축 프로젝트를 실시해 거둔 성과에 따라 획득한 크레딧(Credits)을 배출권 형태로 거래하는 시장을 의미한다(그림 6.9). 프로젝트거래시장에서는 이산화탄소 배출 감축활동에 따라 탄소배출이 감소했을 때, 그 감축분을 크레딧으로 부여하는 베이스라인 크레딧(baseline and credit) 방식으로 배출권이 거래된다.

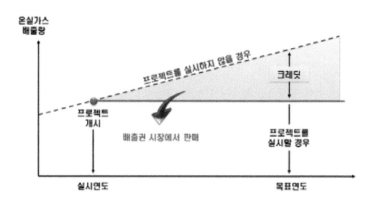

그림 6.9 **프로젝트 거래 시장**

(출처 : 김창길·문동현(2009), "세계 탄소시장 개황"), 「세계농업」, 109. p.4)

프로젝트 거래시장(project market)은 온실가스 배출 감축의무가 없는 곳이라도 온실가스 배출 감축활동이 이루어지는 경우, 크레딧을 부여하여 수익원으로 활용하는 시장이다. 이를 위해서 프로젝트 거래시장에서는 온실가스 저감 사업을 개발하고 사업에서 발생하는 배출권을 거래하게 된다.

프로젝트 시장은 기업이 온실가스 저감사업에 투자시 온실가스 배출을 상쇄(offset)하는 거래방식으로 운영된다. 그래서 베이스라인을 초과하여 저감하는 경우, 이에 따른 배출권이 발생하고, 이를 다시 거래하게 된다. 이러한 거래 방식을 베이스라인 크레딧(baseline and credit) 거래제라고 한다.

프로젝트 거래시장의 대표적 사례는 청정개발체제(CDM: Clean Development Mechanism)와 공동이행(JI: Joint Implementation)사업 관련 시장을 들 수 있다. 부속서 1국가[14]들의 경우 CDM, JI 등의 메커니즘을 통해 국내 저감 활동과 배출권 구매를 병행하여 탄소 저감 목표가 달성된다. 그리고 개발도상국 및 저개발국이 단독으로 또는 부속서 1국가의 기술 및 금융지원을 받아 온실가스 저감 사업을 추진함으로써 저감된 배출량은 CER(Certified Emissions Reduction), ERU(Emission Reduction Unit) 등의 형태로 거래된다.

나. 강제적 탄소시장과 자발적 탄소시장

탄소시장은 교토의정서 적용여부에 따라서 크게 강제적 탄소시장(compliance carbon market)과 자발적 탄소시장(voluntary carbon market)으로 구분할 수 있다. 여기서 강제적 탄소시장은 교토의정서에 따른 온실가스 의무감축이 적용되는 탄소시장을 의미하며 주로 유럽의 탄소시장(EU-ETS)과 CDM과 JI 등의 거래가 이루어지는 프로젝

---

14 교토의정서에서는 협약 당사국을 부속서 1(Annex I) 국가, 부속서 2(Annex II)국가 및 비부속서 1(Non-Annex I)국가로 구분하여 각기 다른 의무를 부담하도록 규정하고 있다.

  • 부속서 1국가 : 온실가스 배출량을 1990년 수준으로 감축하기 위하여 노력하도록 규정된 국가들이며, 협약 채택 당시 OECD 24개국 및 EU와 동구권 국가 등 35개국이었으나 제 3차 당사국총회에서 5개국(크로아티아, 슬로바키아, 슬로비니아, 리히텐스타인 및 모나코)이 추가로 가입하여 현재 40개국이 됨

  • 부속서 2국가 : 부속서 1국가 중에서 동구권 국가가 제외된 OECD 24개 국가로 개도국에 재정지원 및 기술이전을 해줄 의무가 부여된 국가를 의미함.

  • 교토의정서에서는 통상 부속서 1국가를 의무감축국으로 칭하며, 비부속서 1국가의 경우 비의무감축국으로 칭한다.

트 시장 등을 해당된다.

자발적 탄소시장은 탄소 감축의무가 없는 기업, 기관(정부기관 포함), 비영리단체, 개인 등이 사회적 책임과 환경보호를 위해 활동 중에 발생한 탄소를 자발적으로 상쇄하거나 이벤트/마케팅용으로 탄소배출권을 구매하는 등 다양한 목적 달성을 위해 배출권을 거래하는 시장을 의미한다.

자발적 탄소시장은 강제적 탄소시장의 규제가 모든 산업 및 탄소배출원을 규제대상에 포함시킬 수는 없기 때문에 이와 상호보완적인 관계로서 공존하고 있다. 세계 최초의 자발적 탄소 상쇄 프로젝트는 1989년 미국의 전력회사(AES Corp.)가 환경보호와 마케팅을 목적으로 전력발전 시 발생하는 온실가스를 상쇄하기 위해 5천만 그루의 나무를 심는 과테말라 산림농업(agro-forestry) 사업에 투자한 사례이다. 자발적 탄소시장의 사례로는 미국 CCS, 호주NSW, 영국 UK ETS 등을 들 수 있다.

6.2.3 탄소자산

1 탄소자산의 개념

기후변화 확산에 따른 기후변화협약의 체결과 이의 구체적 실행을 위한 교토의정서와 파리협정의 체결로 국제적인 탄소시장이 형성되기 시작했다. 탄소시장의 형성배경으로는 특히 1997년 교토의정서의 체결과정에서 합의된 교토메카니즘의 역할이 컸다. 교토메카니즘이란 온실가스 감축의 의무를 지닌 국가의 감축부담을 완화하기 위하여 온실가스의 효율적 감축과정에서 비용부담을 줄일 수 있도록 하는 3가지 경제적 수단의 도입을 의미한다. 그리고 이러한 3가지 경제적 수단에는 배출권거래제도(ETS), 청정개발제도(CDM), 공동이행제도(JI)를 의미한다.

교토메카니즘이라는 3가지 경제적 수단이 세계 각국에서 온실가스 감축국가의 부담감축을 위한 시장기반제도로 도입되기 시작하면서 탄소배출과 관련된 새로운 개념으로서 탄소자산이 인정되기 시작했다. 탄소자산은 좁은 의미로는 탄소배출권을 의미하지만 광의로 볼때에는 가치속성을 지닌 대상에게 구현되거나 잠재되어 있는 모든 것 중에서 저탄소 경제분야에 저장, 유통 또는 부의 전환에 적용될 수 있는 유·무형의 자산으로 볼 수 있다.

탄소자산의 개념은 기후변화에 대한 대응과 적용과정에서 나타나는 저탄소전환과 밀접한 관련성이 있다. 사실 기후변화의 심화에 따른 위험증대는 인간사회에 존재하는 많은 자산들의 가격에도 영향을 미치게 된다.

많은 기존의 연구결과들에 의하면 기후변화에 따른 위험증가는 해당 위험에 노출된 자산의 가격에 부정적인 영향을 미친다고 보여준다. 쉽게 이야기 하면 탄소배출이 많은 기업들의 경우 기업가치에 부의 영향을 받는다는 의미이다. 그리고 수면 상승, 허리케인, 가뭄 등 기후변화에 따른 물리적리스크가 지방채 발행 비용, 대출 이자율, 부동산 가격 등에 유의한 영향을 미치고 있다는 결과도 존재한다.

탄소자산의 개념은 이러한 탄소배출량과의 관련성을 근간으로 한다. 이러한 내용을 반영하면 결국 탄소자산에 대한 광의의 개념으로는 저탄소경제로 전환과정이나 또는 저탄소전환 경제분야에서 저장, 유통 또는 부의 전환에 적용될 수 있는 유무형의 모든 자산이라고 볼 수 있다.

2 탄소자산의 획득

① 획득방법

대표적인 탄소자산의 획득 방법은 크게 다음과 같은 5가지로 정리할 수 있다.

첫째, 탄소자산은 깨끗하게 생산된 전기와 수소의 활용을 확대함으로써 획득할 수 있다. 우선 산업에서 사용되는 화석연료를 깨끗하게 생산되는 전기에너지로 대체함으로써 탄소자산을 확보할 수 있다. 그리고 건물에서 많이 사용하는 도시가스를 전기화하는 것 만으로도 도시가스의 연소과정에서 발생하는 이산화탄소를 감축시킴으로서 탄소자산을 확보할 수 있다. 이 밖에도 화석연료를 연료로 사용하는 수송차량의 내연기관을 친환경차로 전환하는 것도 탄소자산의 확보방안이라고 볼 수 있다. 그리고 비록 현재까지는 여러 가지 현실적 한계를 많이 가지고 있지만 수소에너지를 확보하는 것도 탄소자산을 확보하는 주요 방안중 하나이다.

둘째, 탄소자산의 확보는 디지털 기술과의 연계를 통해 에너지 효율을 향상시킴으로써도 확보가 가능하다. 구체적으로 산업분야에서는 고효율 기기의 보급 확대나 또는 공장 에너지관리시스템 보급, 스마트 그린산단 조성 등을 통해서도 기업들은 탄소자산을 확보할 수 있다. 수송 분야 에서는 지능형 교통시스템(C-ITS)을 도입하거나 또는 자율주행차(교통사고↓, 효율↑)의 도입, 드론택 수송장비의 도입등을 통해서도 탄소자산의 확보는 가능하다. 건물분야에서는 기존의 건물을 그린리모델링하거나 또는 신규

건물의 건설시 제로에너지빌딩으로 건설하는 것, 그리고 건물 안 조명을 발광다이오드 (LED) 조명 사용, 고효율 가전기기 등의 사용을 통해서도 탄소자산의 확보가 가능하다.

셋째, 탄소자산의 확보는 탈탄소 미래기술 개발과 상용화의 촉진을 통해서 가능하다. 탈탄소 미래기술의 개발과 상용화 방안으로 철강 분야에서는 수소환원 제철기술의 도입을 들 수 있다. 수소환원 제철기술은 화석연료 대신 수소(H_2)를 사용하여 철을 생산하는 혁신적인 방법이다. 석탄이나 천연가스와 같은 화석연료는 철광석과 화학반응하면 이산화탄소(CO_2)가 발생하지만, 수소는 물(H_2O)이 발생하기 때문에, 수소환원제철은 철강 제조과정에서 탄소배출을 혁신적으로 줄일 수 있다.[15] 석유화학산업 분야에서는 혁신소재를 사용하거나 또는 바이오플라스틱의 개발을 통해 기존의 자원의 폐기시 이산화탄소 등이 집중 배출되는 플라스틱의 사용을 줄일 수 있다. 그리고 전력산업 분야에서는 수소터빈, 이산화탄소 포집·활용·저장(CCUS, Carbon dioxide Capture Utilization and Storage), SMR(소형모듈원자로) 등의 기술 개발을 통해 탄소자산을 확보할 수 있다.

넷째, 탄소자산의 확보는 순환경제(원료·연료투입↓)의 촉진을 통해 지속 가능한 산업혁신을 이룩하는 것으로도 가능하다. 산업혁명 이후 약 260년 기간 동안 나타났던 자원의 조달, 생산, 소비, 폐기 등의 자원의 활용과정을 보통 일방통행식 선형경제 (Linear Economy)라고 표현한다. 순환경제는 이러한 선형경제를 벗어나 자원을 최대한 장기간 순환시키면서 이용하고 폐기물 등의 낭비를 줄이는 경제 모델을 의미한다. 순환경제는 자원에 대한 공급을 중심으로 진행되는 것이 아니라 지속적 이용을 전제로 진행되며, 물건이나 자산 등을 빠르고 짧고 순환시킴으로써 사용 자원의 잠재적 가치를 극대화하는 것을 의미한다. 순환경제는 원료의 재활용·재사용(철스크랩, 폐플라스틱, 폐콘크리트)을 극대화하는 것을 포함한다. 하지만 순환경제는 제품의 품질을 낮추는다운 사이클링적 성격을 갖는 재활용과 재사용과는 달리 업사이클링적 성격을 가진다. 이러한 순환경제는 순환형공급망, 공유플랫폼, 제품공급 서비스제공, 제품 수명의 연장, 회수 및 재활용 등의 5가지의 비즈니스 모델을 가진다.

다섯째, 탄소자산은 산림, 갯벌, 습지 등 자연·생태의 탄소흡수 기능 강화를 통해서도 확보할 수 있다. 그래서 탄소자산의 확보는 유휴토지(갯벌, 습지, 도시 숲 등)에 대한

---

15 Posco Newsroom, "포스코 HtREX 수소환원제철 기술 심층 소개", 2022. 5. 10.

신규조림의 확대를 통해서도 확보가 가능하다. 또한 산림경영의 촉진을 통해 벌채를 위한 산림연령을 낮추거나 적정화하고, 목재이용률을 높일 수 있다. 그리고 산림경영은 정밀하게 도입 운영됨으로써 기존에 탄소흡수 능력이 떨어지기 시작하는 고목을 탄소흡수 능력이 좋은 나무들로 대체함으로써 탄소흡수율도 제고할 수 있게 된다.

② 탄소자산의 관리

탄소자산은 앞에서 살펴본 바와 같이 다양한 방법으로 획득할 수 있다. 하지만 이러한 탄소자산의 획득을 위해서는 탄소자산에 대한 관리활동이 전제되어야 한다. 탄소자산의 획득을 위한 관리활동의 시작은 온실가스·에너지 인벤토리의 구축을 통해 시작된다고 볼 수 있다. 여기서 온실가스·에너지 인벤토리는 기업 활동으로 인해 배출되는 모든 온실가스와 사용 에너지를 파악·기록·분석·유지관리하는 총괄적인 온실가스·에너지 관리시스템의 의미하며 온실가스 인벤토리라고도 한다.

온실가스 인벤토리는 온실가스 배출원과 배출량을 체계적으로 구성한 리스트를 의미하여 온실가스 배출처와 배출정도를 조사하여 배출원별로 자료를 구축하는 것이다. 따라서 온실가스 인벤토리는 온실가스 배출량에 대한 확인 뿐 아니라 온실가스 감축목표 설정과 관련 정책 수립의 근거자료로 활용된다. 기업의 입장에서 보면 온실가스 인벤토리는 기업이 정하고 있는 조직경계 내에서 온실가스의 직·간접 배출원을 찾아내고, 이러한 배출원에 따른 개별 온실가스 배출량을 산출 및 목록화 함으로써, 이에 대

표 6.4 온실가스의 배출범위

SCOPE 1 DIRECT EMISSIONS FROM SOURCES (ON SITE)	SCOPE 2 INDIRECT EMISSIONS FROM ENERGY / UTILITIES	SCOPE 3 INDIRECT EMISSIONS OF THE CHAIN SUPPLY OR SERVICE
회사가 소유하거나 통제하는 원천에서 발생하는 직접 배출	회사가 구매한 전기, 열 또는 증기 생성으로 인한 간접 배출	회사의 가치 사슬에서 발생하는 모든 기타 간접 배출
회사 내부에서 연료를 연소하여 발생하는 이산화탄소(CO_2), 메탄(CH_4), 아산화질소(N_2O) 등의 배출이 이에 해당	제3자로부터 구매한 전기, 열 또는 증기의 생성과 연관됩니다. 예를 들어, 회사가 구매한 전기를 생산하는 과정에서 발생하는 배출 등	공급 업체, 직원 출퇴근, 출장, 회사 제품의 사용 및 폐기 등이 포함됩니다. 예를 들어, 공급 업체가 생산하는 제품을 이용하는 과정에서 발생하는 배출

한 관리체계를 구축하는 것을 목적으로 만들어진다.

이때 기업이 배출하는 온실가스의 배출은 세 가지 배출범위(Scope) 내에서 분류된다(표 6.4). 배출범위(Scope) 1, 2, 3은 기업의 자체 운영 및 포괄적인 가치 사슬에서 발생하는 다양한 종류의 탄소배출을 분류하는 방법이다. 이러한 스코프를 중심으로 한 배출범위의 분류는 2001년 온실가스 프로토콜 (Greenhouse Gas Protocol)에서 처음 사용되어, 지금은 온실가스 보고의 표준으로 사용되고 있다.

온실가스 인벤토리의 작성은 일반적으로 다양한 통계자료[16]를 활용하여 산정되고, 산정시에는 한국환경공단의 지자체 온실가스 배출량 산정지침에 따라 산정된다. 그리고 온실가스 인벤토리의 산정대상 온실가스는 교토의정서 상에 제시되어 있는 6대 온실가스(CO_2, CH_4, N_2O, HFCs, PFCs, SF_6)로 한다. 인벤토리를 근거로 온실가스의 계산은 각 온실가스 별로 배출량이 산정된 후 지구온난화 지수를 곱하여 CO_2를 기준으로 환산되고, 주로 ton(kg) CO_2 eq.로 표시된다.

결과적으로 기업이나 사회, 국가의 탄소자산의 회득과 관리는 기업이나 사회, 국가 등의 행동주체에 대한 온실가스 배출 인벤토리의 구축을 통해서 산정이 되고, 거래되어질 수 있게 된다. 결과적으로 지구 내에서 배출되는 주요 6대 온실가스는 대부분은 에너지 사용시 배출되기 때문에, 이러한 배출 온실가스 인벤토리를 구축함으로써 각 사업장 내의 설비별 에너지 사용량과 효율을 확인할 수 있게 된다. 그리고 이를 통해 이들 기관이나 주체들은 장기적인 에너지 관리 계획을 수립할 수 있게 되는 것이다.

6.3 참고문헌

- 김은영·장동식. **2023**. "우리나라의 자발적 탄소시장 도입현황과 구축 전략에 관한 연구", 「산업경제연구」, 36(6).
- 김은영·장동식. **2022**. "한국 배출권거래제(ETS)의 운영평가와 개선방안에 관한 연구", 「산업경제연구」, 35(4).

---

16 에너지 통계 : 국가석유자료, 지역에너지통계, 전력통계 등

- 김은표. **2009.** "저탄소 녹색성장의 영향과 탄소배출권시장의 미래", 「코딧리서치」, 봄호, 신용보증기금.
- 김창길·문동현. **2009.** "세계 탄소시장 개황, 세계농업", 109.
- 김현진 외. **2007.** "탄소시장의 부상과 비즈니스 모델", 삼성경제연구소.
- 이동규 외. **2022.** "탄소중립에 따른 발전부문 에너지세제의 중장기 세수전망과 시사점", 예산정책연구 제11권 제1호.
- 태정림. **2022.** "탄소가격제도 운영현황 및 시사점", 나보포커스 제43호, 국회예산정책처.
- OECD. **2021.** *Tax Policy and Climate Change*, April 2021.
- Worldbank. **2021.** "State and Trends of Carbon Pricing".

CHAPTER 7
기후변화와 생물 다양성

• 생물 다양성의 개념과 수준 및 중요성에 대해 설명할 수 있다.
• 급격한 생물종 감소 현상과 원인에 대해 설명할 수 있다.
• 기후변화가 생물종 감소에 미치는 영향을 다양한 측면에서 설명할 수 있다.
• 생물종 감소를 늦추고 회복하는 방안에 대해 제안할 수 있다.

그림 7.1 호주 대산호초 지대의 산호백화현상

이 단원에서는 생물 대멸종을 가져올 수 있는 기후변화 영향을 살펴보고 이에 대응하기 위한 탄소중립 실현 필요성을 학습한다.

함께 생각해보기

위 그림은 지구온난화에 의한 해양산성화와 해수온도 상승으로 인한 호주 대산호초 지대의 산호들이 백화현상으로 죽어가고 있는 모습을 보여준다. 사진을 보고 기후변화(지구온난화)에 의한 생물종 감소 가능성에 대해 토론해 보시기 바랍니다.

7.1 생물 다양성

7.1.1 생물 다양성이란?

생물 다양성은 '생물학적 다양성'의 축소어로, 종의 다양성, 종 내 유전자 다양성, 생태계 다양성 등 모든 수준의 생물학적 조직에서 지구상에 존재하는 다양한 생명체를 의미한다(그림 7.2). 특정 지역 또는 지구 전체에 존재하는 유전자, 종, 생태계의 총체를 포괄한다. 생물 다양성은 생명의 풍부함과 복잡성, 그리고 이를 지탱하는 생태학적, 진화적 과정을 측정하는 척도이다.이 개념은 생태계의 기능, 종의 적응력, 생물권의 전반적인 건강 상태를 이해하는 데 기본이 된다. 생물 다양성의 보존은 필수적인 생태계 서비스를 제공하고 지구 생명체의 회복력에 기여하기 때문에 자연 생태계와 인간 사회 모두의 안녕을 위해 매우 중요하다.

생물 다양성이라는 용어는 1988년 미국의 곤충학자 에드워드 오 윌슨에 의해 사용되기 시작하였으며, 1992년 리우데자네이루에서 열린 유엔 환경 개발 회의 동안에 이 정의가 확립되었습니다. 생물 다양성협약 제2조에 따르면 생물다양성(biological diversity; biodiversity)이란 "육상·해상 및 그 밖의 수중생태계와 이들 생태계가 부분을 이루는

그림 7.2 생물종 다양성에 대한 이해를 돕기 위한 이미지

복합생태계 등 모든 분야의 생물체 간의 변이성을 말하며, 이는 종내의 다양성, 종간의 다양성 및 생태계의 다양성을 포함"한다고 정의하고 있다. 다시 말하면 생물 다양성이란 지구상의 생물종(Species)의 다양성, 생물이 서식하는 생태계(Ecosystem)의 다양성, 생물이 지닌 유전자(Gene)의 다양성을 총체적으로 지칭하는 말이다.

7.1.2 지구상에는 어떻게 이렇게 많은 생물종이 출현할 수 있었는가?

생물 다양성의 기원은 진화의 과정과 지질학적 시간에 따른 생물과 환경 간의 역동적인 상호작용에 깊이 뿌리를 두고 있다. 생물 다양성의 개념은 19세기 찰스 다윈이 제안한 진화론과 복잡하게 연결되어 있는데, 진화론은 자연 선택과 적응의 메커니즘을 통해 종들이 시간이 지남에 따라 진화한다는 것을 시사한다.

생물 다양성은 자연 선택, 유전적 이동, 유전자 흐름과 같은 메커니즘에 의해 주도되는 진화 과정에서 시작된다. 수백만 년에 걸쳐 생물종은 변화하는 환경 조건에 적응해 왔으며, 그 결과 생명체의 다양화가 이루어졌다. 새로운 종의 기원과 기존 종의 변형은 자연계에서 관찰되는 놀라운 다양성에 기여한다.

새로운 종이 생겨나는 과정인 종의 진화는 생물 다양성의 발전에 중추적인 역할을 한다. 이는 개체군이 분리되어 독립적으로 진화하면서 시간이 지남에 따라 유전적 차이를 축적하는 지리적 고립을 비롯한 다양한 메커니즘을 통해 발생할 수 있다. 종의 일종인 적응적 방사는 하나의 조상 종이 다양한 생태적 적소(틈새)를 활용하기 위해 다양한 형태로 빠르게 다양화될 때 발생한다.

생물 다양성의 기원은 한 개체군이나 종 내의 다양한 유전자를 의미하는 유전적 다양성에도 있다. 유전적 다양성은 DNA 염기서열의 무작위적인 변화인 돌연변이와 성적 생식 과정에서의 재조합을 통해 발생한다. 이러한 유전적 다양성은 환경 변화에 직면한 종의 적응력과 회복력에 필수적이다.

생물 다양성은 다양한 종 간의 복잡한 생태적 상호작용으로 형성된다. 포식, 경쟁, 상호주의 및 기타 생태적 관계는 종의 분포와 풍요로움에 영향을 미친다. 이러한 상호작용은 생태계 내에서 다양한 생명체가 공존하는 데 기여한다.

기후변화, 지질학적 사건, 지형의 변화로 특징지어지는 지구의 역동적인 역사는 종의 진화와 분포에 영향을 주었다. 빙하, 대륙 이동, 화산 활동 등의 환경 변화는 지질학적 시간 규모에 걸쳐 생물 다양성의 과정을 형성해 왔다.

생물 다양성은 자연적인 기원을 가지고 있지만, 최근에는 인간의 활동이 생물 다양성 변화의 중요한 원인이 되고 있다. 삼림 벌채, 서식지 파괴, 오염, 기후변화는 생물 다양성의 손실에 기여하는 인위적인 요인으로, 자연 진화 과정과 생태계의 균형을 깨뜨리고 있다.

따라서 생물 다양성의 기원을 이해하려면 생명의 상호 연결성, 진화의 메커니즘, 방대한 시간에 걸친 환경 요인의 영향을 탐구해야 한다. 생물 다양성은 역동적이고 지속적인 과정으로, 지구상의 다양한 생명체를 보존하기 위한 보존 노력의 중요성을 강조하며 살아있는 세계를 계속 형성해 나가고 있다.

7.1.3 생물 다양성의 수준 (종류)는 어떻게 구분될까?

생물 다양성은 흔히 유전자 다양성, 종 다양성, 생태계 다양성의 세 가지 주요 수준에서 설명되고 분석된다. 이러한 수준은 지구상의 다양한 생명체와 그 역동적인 상호 작용에 대한 포괄적인 이해를 종합적으로 제공한다.

가. 유전적 다양성

유전적 다양성이란 특정 종의 개체군 내에 존재하는 다양한 유전자를 의미한다. 진화와 적응의 원동력이다. 개체군 내 유전적 다양성이 높을수록 환경 변화에 대응하고 질병에 저항하며 시간이 지나도 지속될 수 있는 능력이 높아진다. 예를 들면 특정 식물 종의 어떤 개체가 건조 내성 유전자를 지니고 있다면 동일종의 다른 개체들에 비해 가뭄 조건에서 좀 더 잘 적응할 가능성이 높다고 하겠다. 이와 같은 동일 종 내 개체 간의 유전적 변이를 유전적 다양성이라고 한다. (그림 7.3)

나. 종 다양성

종 다양성은 특정 지역 내에서 다양한 종의 다양성과 풍요로움을 포함한다. 종의 다양성은 생태계의 전반적인 생태적 복잡성에 기여한다. 각 종은 고유한 역할을 하며, 종 간의 상호 작용은 생태계 기능에 매우 중요하다. 예를 들면 숲에 사는 다양한 종류의 나무, 곤충, 새, 곰팡이 등 다양한 식물, 동물, 미생물 종들을 종 다양성이라고 한다. (그림 7.3)

다. 생태계 다양성

생태계 다양성이란 더 넓은 지역에 존재하는 다양한 생태계 또는 서식지 유형을 의미한다. 다양한 생태계는 서로 다른 서비스를 제공하고 다양한 생명체를 지원한다. 생태계 다양성은 전반적인 생태계 회복력에 기여하고 수질 정화, 기후 조절, 영양분 순환과 같은 필수 기능을 유지하는 데 도움이 된다. 산호초, 열대우림, 사막, 초원, 습지 등과 같이 넓은 지리적 영역 내에 공존하며 각각 고유한 동식물이 서식하는 것을 예로 들수 있다. (그림 7.3)

이러한 생물 다양성의 수준을 이해하고 측정하는 것은 생태 연구, 보존 노력, 자연 자원의 지속 가능한 관리를 위해 필수적이다. 이러한 수준에서 생물 다양성의 손실은 생태계 건강 및 생태계가 제공하는 서비스에 연쇄적인 영향을 미칠 수 있다. 따라서 생물 다양성 보전 전략은 개체군 내 유전적 다양성을 보존하고, 개별 종의 멸종을 방지하며, 다양한 생태계를 유지하는 것을 목표로 하는 경우가 많다.

그림 7.3 다양성의 여러 수준에 대한 이미지. 유전적 다양성(왼쪽), 종다양성(가운데), 생태계 다양성 (오른쪽)

7.1.4 생물 다양성은 어떤 면에서 중요할까?

생물 다양성은 지구 생태계의 건강과 기능에 가장 중요한 요소이며, 자연계와 인간 사회 모두의 안녕을 위해 본질적인 가치를 지니고 있다. 생물 다양성의 중요성은 생태적, 경제적, 사회적, 문화적 차원을 포괄한다.

생물 다양성은 생태계의 안정성과 회복력에 기여한다. 다양한 생태계는 기상이변, 질병 또는 인간 활동과 같은 교란을 더 잘 견디고 회복할 수 있다. 다양한 종은 생태학적 과정을 위한 중복성과 대체 경로를 제공한다.

생물 다양성은 인간의 안녕에 필수적인 다양한 생태계 서비스를 지원한다. 이러한 서비스에는 곤충에 의한 농작물 수분, 습지와 숲에 의한 수질 정화, 탄소 격리를 통한 기후 조절, 유기물 분해 등이 포함된다.

생물 다양성을 구성하는 많은 식물, 동물, 미생물은 인간의 생존에 필수적인 식량, 의약품 및 기타 자원의 원천이다. 종 내 유전적 다양성은 해충에 대한 저항성이나 변화하는 환경 조건에 대한 적응성 등 바람직한 형질을 가진 작물을 육종하는 데 특히 중요하다.

생물 다양성은 문화적 정체성 및 미학과 깊은 관련이 있다. 다양한 생태계와 그 안에 포함된 생물종은 예술, 문학, 전통, 영적 신념에 영감을 준다. 많은 문화는 특정 종이나 풍경과 깊은 관련이 있으며, 생물 다양성의 손실은 이러한 문화적 유대에 영향을 미칠 수 있다.

생물 다양성은 방대한 지식과 잠재적인 과학적 발견의 보고이다. 다양한 생명체를 연구하면 생태학적 과정, 진화 메커니즘, 생명의 상호 연결성에 대한 이해를 높일 수 있다. 생물 다양성은 또한 과학 연구와 교육을 위한 살아있는 실험실 역할을 한다.

생물 다양성은 농업, 수산업, 임업 등 다양한 경제 활동의 기반이 된다. 생물 다양성이 높은 생태계는 보다 안정적이고 생산적인 농업 시스템을 지원하는 경우가 많다. 또한 제약과 같은 산업은 새로운 의약 화합물을 발견하기 위해 생물 다양성에 의존한다.

생물 다양성은 기후변화를 완화하고 적응하는 데 중요한 역할을 한다. 예를 들어, 숲은 이산화탄소를 격리하여 지구 기후를 조절하는 데 도움을 준다. 또한 다양한 생태계는 종마다 환경 변화에 다르게 반응할 수 있으므로 기후변화에 더 탄력적으로 대응할 수 있다.

생물 다양성이 풍부한 지역은 종종 생태 관광을 유치하여 지역사회에 경제적 이익을 제공한다. 또한 사람들은 자연경관과 다양한 동식물을 통해 레크리에이션과 심미적 즐거움을 얻기도 한다.

7.1.5 생물종 감소의 주요 요인으로는 어떤 것들이 있을까?

생물 다양성은 수많은 위협에 직면해 있으며, 그중 상당수는 인간 활동으로 야기된다. 이러한 위협은 지구상의 다양한 생명체에 심대하고 종종 돌이킬 수 없는 영향을 미치고 있다.

우선 서식지 파괴와 파편화를 들 수 있다. 자연 서식지가 도시 지역, 농업 및 인프라로 전환되면서 많은 생물종의 중요한 서식지가 사라지고 있다. 서식지 파편화는 대규모 서식지가 더 작고 고립된 구역으로 나뉘어 생태적 과정을 방해하고 종의 이동을 제한할 때 발생한다. 따라서 서식지 파괴는 생물종 멸종의 주요 원인이며 생태계 기능에 부정적인 영향을 미친다.

다음으로 기후변화를 들 수 있다. 주로 화석 연료의 연소와 삼림 벌채로 인해 인간이 유발한 기후변화는 전 세계의 기온과 강수량 패턴을 변화시킨다. 이는 생물종의 분포와 행동에 영향을 미쳐 생태계의 변화와 생물 다양성의 잠재적 손실로 이어진다. 따라서 기후변화는 서식지 손실, 이동 패턴 변화, 기상이변 빈도 증가를 초래하는 심각한 위협이다.

오염도 생물종 감소의 심각한 원인 중의 하나이다. 산업 배출, 농업 유출수, 플라스틱 폐기물, 대기 오염 등 다양한 원인으로 인한 오염은 생태계를 오염시키고 생물에 해를 끼칠 수 있다. 오염 물질은 생태계를 교란하고 생물종을 죽게 하며 서식지를 파괴할 수 있다.

과도한 착취와 남획에 의해서도 생물종 감소도 심각하게 진행되고 있다. 식량, 의약품, 애완동물 거래 및 기타 목적으로 동식물을 지속 불가능한 방식으로 채취하면 개체수가 감소하고 심지어 멸종에 이를 수 있다. 남획과 과잉 사냥은 과잉 착취의 일반적인 예이다.

마지막으로 침입종을 생각해 볼 수 있다. 새로운 환경에 유입된 외래종은 토착종과 경쟁하거나 먹이가 되어 개체 수 감소 또는 멸종으로 이어질 수 있다. 침입종은 기존의 생태 관계를 파괴하여 생태계를 변화시킬 수 있다. 따라서 침입종은 생물 다양성 손실의 주요 원인이며, 종종 서식지 구조와 생태계 역학에 변화를 일으킨다.

생물종 감소의 원인으로 크게 서식지 파괴, 기후변화, 오염, 남획, 침입종을 언급하였다. 다음 장에서는 이런 요인 중에 기후변화에 의한 생물종 감소에 대해 보다 자세하게 살펴본다.

7.2 6차 생물 대멸종이 다가오고 있다

7.2.1 6차 지구 생물 대멸종이란?

홀로세 또는 인류세 멸종이라고도 불리는 6차 대멸종은 지구에서 생물 다양성 손실이 가속화되고 있는 지속적인 시기이다. 이 사건은 다양한 분류군에 걸쳐 종의 수가 현저하고 광범위하게 감소한 것이 특징이다. '6차 대멸종'이라는 용어는 이 사건이 지구 지질 역사상 6번째로 큰 멸종 사건이라는 점을 강조한다. 6차 대멸종은 과거와 달리 소행성 충돌이나 지각변동 등 자연적 원인이 아닌 생태계를 파괴하는 인간에 의한 재앙으로, 주요 원인으로 인간 활동, 특히 서식지 파괴, 오염, 기후변화, 자원의 과도한 개발, 침입종의 유입을 추정할 수 있다. 이러한 요인들은 생태계를 교란하고 서식지를 변화시키며 다양한 생물종에 스트레스를 가함으로써 생물 다양성의 손실을 일으키고 있다.

지구는 지질 역사를 통틀어 지금까지 여러 차례의 멸종을 경험했다. 각 대량 멸종 사건은 비교적 짧은 기간에 많은 생물종이 멸종하는 등 생물 다양성의 심각한 손실을 초래했다. 현재 진행 중인 6차 대멸종 이전에 발생한 다섯 차례의 대량 멸종은 다음과 같다.

- 오르도비스기-실루리아기 멸종(약 4억 4,300만~4억 4,300만 년 전)

오르도비스기-실루리아기 멸종의 정확한 원인은 완전히 밝혀지지 않았지만, 빙하와 해수면 변화로 인해 촉발된 기후변화와 관련이 있는 것으로 추정된다. 해양 무척추동물의 약 60%가 멸종했다. 이 멸종 사건은 주로 브라치오포드, 삼엽충, 그랩톨라이트 등 해양 생물에 영향을 미쳤다.

- 후기 데본기 멸종(약 3억 7,200~3억 5,900만 년 전)

데본기 후기 멸종은 기후변화, 해양 무산소증(산소 고갈), 소행성 충돌 등 여러 요인이 복합적으로 작용하여 발생했을 가능성이 있다. 이 멸종 사건은 해양 및 육상 생물에 영향을 미쳤으며, 특히 삼엽충과 산호초를 만드는 생물 등 해양 무척추동물이 많이 감소했다. 초기 네발동물(네 다리가 있는 척추동물)도 감소세를 보였다.

- 페름기-트라이아스기 멸종(약 2억 5,200만 년 전)

'대멸종'이라고도 불리는 페름기-트라이아스기 멸종은 지구 역사상 가장 심각한 대량 멸종이다. 정확한 원인은 논란의 여지가 있지만, 격렬한 화산 활동과 기후변화, 해양산성화 및 일련의 연쇄적인 환경 영향과 관련이 있을 것으로 추정된다. 해양 생물의 약 96%와 육상 척추 동물의 70%가 멸종했다. 이 사건으로 인해 트라이아스기에는 새로운 생물군이 등장했다.

■ 트라이아스기-쥐라기 멸종(약 2억 1천만 년 전)

트라이아스기-쥐라기 멸종의 원인은 완전히 밝혀지지 않았지만 화산 활동, 기후변화, 소행성의 영향과 관련이 있을 수 있다. 이 멸종 사건은 해양 및 육상 생태계에 영향을 미쳐 많은 해양 파충류와 일부 육상 척추동물의 멸종을 초래했다. 이 사건은 쥬라기 공룡의 지배를 위한 길을 열었다.

■ 백악기-고생대 멸종(약 6600만 년 전)

백악기-고생대(K-Pg) 멸종은 소행성 충돌 가설로 잘 알려져 있다. 멕시코 유카탄 반도 근처의 소행성 또는 혜성 충돌이 산불과 '핵 겨울' 효과를 포함한 대규모 환경 변화를 촉발한 것으로 추정된다. 조류가 아닌 공룡을 포함한 지구 생물 종의 약 75%가 멸종했다. 해양 생태계와 육상 생태계가 크게 재편되면서 포유류와 다른 동물군이 등장했다.

이러한 대량 멸종은 지구 생명체의 역사에서 중추적인 사건으로, 다양한 종과 생태계의 진화를 형성했다. 현재 진행 중인 6차 대멸종은 이전 멸종의 원인과 다르게 인간 활동으로 야기되고 있으며 생물 다양성과 생태계 안정성에 대한 독특한 도전을 제기하고 있다.

7.2.2 현재 진행 중인 생물종 감소는 6차 생물 대멸종이라 불릴 만큼 심각한가?

여섯 번째 대멸종의 과학적 근거는 고생물학, 생태학, 기후학, 생물학 등 다양한 분야에서 수집한 광범위한 연구와 증거에 기반하고 있다. 과학자들은 현재 진행 중인 생물 다양성 위기를 이해하고 특성화하기 위해 과거의 멸종 사건, 현재의 생물종 개체수, 인간 활동이 환경에 미치는 영향을 연구해 왔다. 하지만 '6차 대멸종'이라는 용어는 구체적인 수치 데이터로 정확하게 묘사된 사건이라기보다는 진행 중인 추세를 설명하는 데 사용되는 개념적 틀에 가깝다는 점을 알아두는 것이 중요하다. 이러한 멸종 위기에 대한 이해는 생태학적 연구, 생물 다양성 평가, 고생물학적 기록 등 다양한 출처의 조합을 통해 도출된다.

동물의 멸종과 관련한 최고의 전문가 그룹으로 꼽히는 미국 스탠퍼드대학교를 비롯한 미국과 멕시코 공동 연구팀이 2015년 6월 19일 과학저널 사이언스 어드밴스(Science Advances)에 발표한 논문에 따르면, 1900년 이후 최근 100년 평균 척추동물의 멸종 속도가 과거 인간의 영향이 없었던 시기보다 최고 114배나 빠르다고 한다(그림 7.4). 연구팀의 산출 결과, 1900년 이후 최근 포유류의 멸종 속도는 과거 인간의 영향이 없었던 시기보다 55배나 빠르고 조류의 멸종 속도는 34배, 파충류의 멸종 속도는 24배, 양서류의 멸종 속도는 100배, 어류의 멸종 속도는 56배나 빠른 것으로 나타났다. 멸종 속도가 100배나 빨라진 양서류를 예를들면 과거 인간의 영향이 없던 시기에는 1만종의 양서류가 있을 경우 100년에 2종씩 멸종됐는데 1900년 이후 현재는 과거 멸종속도의 100배인 100년에 200종씩 멸종이 진행되고 있다는 뜻으로, 1900년 이후 척추동물의 멸종 속도는 지금부터 6천 6백만 년 전 중생대 말기에 공룡이 지구상에서 완전히 사라진 5차 대멸종 이후 그 어느 시기와도 비교할 수 없을 정도로 빠른 것으로 여겨지고 있다.

2022년 10월 13일 세계자연기금(WWF)이 발표한 '지구생명보고서 2022'에서 전 세계 5,230종의 생물종을 대표하는 3만 1,821개 개체군을 조사한 결과, 1970년부터 2018년 사이에 개체군의 규모가 평균 69% 줄었다고 밝히고 있다. 4년 전 보고서에서는 개체군 감소가 1970년 대비 60%였고, 2년 전에는 68%였다며 과학자들은 지구가 공룡 시대 이후 6번째 대멸종 시기를 겪고 있다고 경고하고 있다. 이러한 생물종 멸종이 가장 급격하게 진행되고 있는 지역은 아마존을 포함한 중남미·카리브해 지역으로 나타났다. 이 지역에서는 지난 48년 사이에 야생 동물 개체군이 평균 94%나 줄었다. 아프리카와 아시아·태평양에서는 개체군이 각각 66%와 55% 감소했다. 북미(20%)와 유럽·중앙아시아(18%)는 상대적으로 감소가 덜했다. 서식지별로는 강이나 호수 같은 민물에서 개체군이 83% 줄어 가장 두드러진 감소세를 보였다. 유럽, 아메리카, 아프리카, 오세아니아, 중국에서 그동안 사라진 야생 동물 수는 이들 지역 전체 인구 규모에 가까운 것이라고 지적하고 있다.

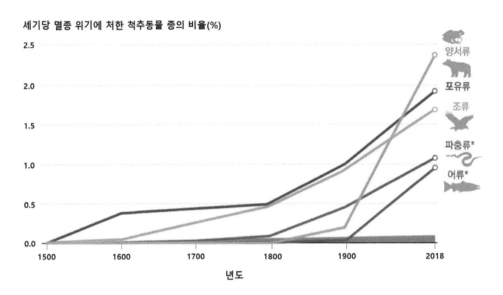

그림 7.4 현재의 생물종 멸종율.
현재의 멸종율이 자연적인 멸종율(년간 백만종 당 0.1~2종 멸종, 가장 아래의 붉은 실선)보다
100~1,000배 이상 빠른 것으로 산출

(출처 : 국제자연보전연맹. IUCN)

7.3 기후변화는 어떻게 생물종을 감소시킬까?

기후변화는 생물 다양성에 중대한 영향을 미치며 다양한 방식으로 생물 다양성 손실에 기여할 수 있다. 다음은 기후변화가 생물 다양성에 영향을 미치는 몇 가지 주요 메커니즘이다.

7.3.1 온도 변화

기온 상승은 많은 생물종의 생리와 행동에 직접적인 영향을 미칠 수 있다. 일부 종은 더 높은 온도에서 생존하지 못해 분포에 변화가 생기거나 극단적인 경우 지역 멸종으로 이어질 수 있다. 또한 온도 변화는 생태계의 섬세한 균형을 깨뜨려 개화, 이동, 번식과 같은 생물학적 사건의 시기에 영향을 미칠 수 있다.

온도 변화로 인한 생물 다양성 감소의 한 가지 구체적인 예는 산호의 백화현상이다.

산호초는 해수 온도 변화에 매우 민감하다. 산호초를 구성하는 작은 동물인 산호 폴립은 충조류(zooxanthellae)라고 불리는 광합성 조류와 공생 관계를 맺고 있다. 이 조류는 광합성을 통해 산호에게 영양분을 공급하고 산호의 생생한 색을 만들어 낸다. 해수 온도가 특정 임계값 이상으로 상승하면 산호는 스트레스를 받고 공생관계가 깨진다. 산호는 공생조류를 배출하여 산호의 색을 잃게 되는데, 이를 산호의 백화 현상이라고 한다. 백화된 산호가 반드시 죽는 것은 아니지만, 질병에 더 취약하고 번식 능력이 떨어진다. 스트레스가 지속되면 산호초의 많은 부분 또는 산호초 전체가 영향을 받는 대량 산호 백화 현상이 발생할 수 있다. 스트레스가 장기간 지속되면 산호가 죽어 산호초의 생물 다양성이 감소할 수 있다. 산호초는 다양한 해양 생물을 지원하는 중요한 생태계이다. 산호초는 수많은 어류, 무척추동물, 기타 해양 생물에게 서식지를 제공한다. 산호 생물 다양성의 손실은 산호초 생태계 전체에 연쇄적인 영향을 미쳐 관련 종의 풍부함과 다양성에 영향을 미칠 수 있다. 기후변화로 인한 해수 온도 상승은 전 세계적으로 산호 백화 현상이 증가하는 데 중요한 요인으로 작용하고 있다.

냉혈동물이라고도 하는 외온동물(ectotherms)은 체온을 조절하기 위해 외부 열원에 의존한다. 이 그룹에는 파충류, 양서류, 어류 및 많은 무척추동물이 포함된다. 온도는 외온동물의 신진대사, 행동 및 전반적인 생리학에 중요한 요소이다. 온도 패턴의 변화를 수반하는 기후변화는 여러 가지 방식으로 외온동물에 다양한 영향을 미칠 수 있다. 먼저 열 스트레스를 들 수 있다. 호열성 생물은 최적의 기능을 발휘할 수 있는 특정 온도 범위가 있다. 온도가 열 내성 한계를 초과하면 열 스트레스를 받을 수 있다. 고온에 장시간 노출되면 생리적 스트레스가 발생하여 성장, 번식 및 전반적인 체력에 영향을 미칠 수 있다. 반대로 온도가 낮으면 활동과 신진대사가 제한될 수 있다. 온도는 많은 외온동물의 번식 행동과 성공에 영향을 미친다. 온도 변화는 번식기, 구애 의식, 알이나 유충의 발달 시기에 영향을 미칠 수 있다. 온도 변화가 생식 사건을 유발하는 생태적 신호와 일치하지 않으면 시기가 일치하지 않아 번식 성공률이 떨어지고 개체군 규모에 영향을 미칠 수 있다.

다음으로 서식지 변화를 생각할 수 있다. 고온성 동물은 특정 열 서식지와 밀접하게 연관된 경우가 많다. 기온이 변화함에 따라 적합한 서식지가 지리적으로 이동할 수 있다. 새로운 서식지에 적응하거나 이주하지 못하는 종은 개체 수 감소 또는 지역 멸종에 직면할 수 있다. 이는 분산 능력이 제한적이거나 특수한 틈새에 서식하는 종의 경우 특히 어려울 수 있다. 온도는 또한 포식자와 먹이 모두의 행동과 신진대사율에 영향을 미친다. 기온의 변화는 포식자와 먹이 종 간의 동기화를 방해하여 먹이 패턴, 사냥 성공률 및 전반적인 개체군 역학에 영향을 미칠 수 있다. 이는 생태계 전반에 걸쳐 연쇄적인 영향을 미쳐 군집 구조와 생물 다양성에 영향을 미칠 수 있다. 기온 변화는 식량과 쉼터와 같은 자원의 가용성과 분배에 영향을 미칠 수 있다. 특히 새로운 환경에 적응하지 못하거나 변화하는 환경에 더 잘 적응하는 다른 종과 경쟁하는 경우, 호온성 종은 제한된 자원에 대한 경쟁이 심화할 수 있다.

7.3.2 서식지 손실 및 파편화

서식지 손실과 파편화는 생물 다양성 감소의 중요한 원인이며, 기후변화는 이러한 문제를 더욱 악화시킨다. 서식지 손실이란 생물의 자연생활 공간이 줄어들거나 완전히 사라지는 것을 말한다. 주요 원인으로는 도시화, 농업, 벌목, 인프라 개발과 같은 인간 활동을 들 수 있으며, 일례로 아마존 열대우림을 들 수 있다. 주로 농업과 벌목 목적으로 아마존 열대우림에서 계속되는 삼림 벌채로 인해 다양한 생태계가 사라지고 있다. 이러한 서식지 파괴는 열대우림 환경에 고유하게 적응한 수많은 동식물 종을 위협한다. 서식지 파편화는 크고 연속적인 서식지가 더 작고 고립된 파편으로 나뉠 때 발생한다. 도로, 도시 지역, 농업 활동은 서식지를 파편화하여 종의 자연스러운 이동과 상호작용을 방해하는 장벽을 만들 수 있다. 일례로 플로리다 퓨마를 들 수 있는다. 퓨마의 아종인 플로리다 팬더는 플로리다의 도로 건설과 도시개발로 인해 서식지가 파편화되었다. 그 결과 개체군이 고립되어 유전적 다양성이 감소하고 질병에 대한 취약성이 증가했다.

기후변화와 관련하여 서식지 손실과 파편화는 기온 상승과 해수면 상승 등에 의해 가속화되고 있다. 기온과 강수량 패턴의 변화는 서식지 분포를 변화시켜 생물종이 이동하거나 적응하도록 만들 수 있다. 일부는 기후변화의 속도를 따라잡지 못해 서식지 손실로 이어질 수 있다. 지구 기온이 상승하면 빙하와 만년설이 녹아 해수면이 상승한다. 이로 인해 해안 서식지가 손실되어 번식, 먹이 또는 은신처를 위해 이 지역에 의존하는 생물종에 영향을 미칠 수 있다. 맹그로브와 습지와 같은 해안 서식지는 해수면 상승으로 인해 위험을 받고 있으며, 이에 따라 많은 종의 서식지가 손실되고 있다.

기후변화로 산불, 허리케인, 가뭄과 같은 극단적인 사건이 더 빈번하게 발생하면 서식지 파괴와 파편화가 가속화될 수 있다. 북극곰을 예로 들 수 있다. 기후변화로 인해 북극의 해빙이 녹으면서 북극곰이 필수 사냥터에 접근할 수 있는 길이 줄어들고 있다. 이는 서식지 손실뿐만 아니라 북극곰의 활동 범위를 좁혀 먹이를 찾기 어렵게 만들고 인간과 야생동물 간의 충돌 가능성을 높인다. 생물 다양성 감소 문제를 해결하려면 서식지 손실, 파편화, 기후변화의 상호 연관성을 고려한 총체적인 접근 방식이 필요하다.

7.3.3 강수 패턴의 변화

기후변화의 결과인 강수 패턴의 변화는 생물 다양성에 중대한 영향을 미칠 수 있다. 이러한 변화는 특정 수분 체계에 적응해 온 생태계와 생물종에 영향을 미친다. 우선 극한 현상의 강도와 빈도 증가를 생각해 볼 수 있다. 기후변화는 종종 폭우와 폭풍과 같은 극심한 기상이변의 강도와 빈도를 증가시킵니다. 이로 인한 집중호우는 홍수, 토양 침식, 서식지 파괴로 이어질 수 있다. 홍수는 생물체를 익사시키고 번식 주기를 방해하며 씨앗과 어린 식물을 씻어낼 수 있다. 산호초 군락 피해가 대표적인 예라고 할 수 있다. 강우량 증가는 종종 더 강력한 폭풍과 연관되어 연안 해역의 침전물 증가로 이어지고, 그 결과 햇빛의 투과를 감소시켜 산호초 조직 내에 서식하는 공생 조류의 광합성을 방해함으로써 산호초에 부정적인 영향을 미친다.

다음으로 강우 패턴의 변화를 생각해 볼 수 있다. 기후변화로 인해 강우 발생 시기, 지속 시간, 강도가 변화할 수 있다. 따라서 특정 강우 패턴에 적응한 생물종과 생태계는 갑작스러운 변화에 대처하는 데 어려움을 겪을 수 있다. 이는 식물의 개화 및 결실 시기에 영향을 미치고, 이동 패턴을 방해하며, 상위 소비자에게 먹이가 필요할 때 먹이 공급이 제대로 이루어지지 않는 경우가 발생할 수 있다. 강수 패턴의 변화에 따른 철새 식량 자원 가용성 변화를 예로 들 수 있다. 강우 시기와 곤충 또는 개화 식물의 출현 시기가 일치하지 않으면 번식 및 이동과 같은 철새의 생애주기에서 중요한 시기에 먹이가 부족해질 수 있다.

기후변화로 인해 일부 지역에서는 가뭄이 더 길고 심각해질 수 있다. 가뭄은 물 부족으로 이어져 육상 및 수생 생태계 모두에 영향을 미칠 수 있다. 식물은 생존에 어려움을 겪을 수 있으며, 물에 의존하는 생물종은 서식지와 식량 가용성이 감소할 수 있다.

양서류, 특히 번식을 위해 계절 습지에 의존하는 양서류는 가뭄의 영향을 심각하게 받을 수 있다. 이러한 습지의 물 가용성이 감소하면 알이 건조해지고 올챙이의 생존이 제한되어 양서류 개체군의 번식 성공에 영향을 미칠 수 있다. 코스타리카를 포함한 중남미에서 황금두꺼비가 멸종한 이유로 계절 습지의 건조를 지목하고 있다.

마지막으로 생물 군계의 변화를 생각해 볼 수 있다. 강수 패턴의 변화는 사막의 확장이나 숲의 축소와 같은 생물군 분포의 변화에 일으킬 수 있다. 특정 생물군계에 적응한 종은 서식지가 변화함에 따라 어려움에 직면할 수 있다. 일부 종은 충분히 빠르게 이동하거나 적응하지 못해 개체 수 감소 또는 지역 멸종으로 이어질 수 있다. 북극의 온난화와 강수 패턴의 변화로 인해 관목이 툰드라 지역인 북쪽으로 확장되고 있다. 이는 춥고 개방된 툰드라 환경에 적응한 고유 동식물 종에 영향을 미쳐 생태계 구성의 변화와 생물 다양성 손실로 이어지고 있다.

7.3.4 해양 산성화

해양 산성화는 해양이 대기에서 이산화탄소(CO_2)를 흡수할 때 발생하는 기후변화의 결과이다. 바다는 대기 중 이산화탄소의 흡수원 역할을 하며, 화석 연료 연소와 같은 인간 활동을 통해 배출되는 이산화탄소의 상당 부분을 흡수한다. 이산화탄소가 바닷물에 녹으면 탄산을 형성한다. 탄산은 약산으로 중탄소 이온과 수소이온으로 해리되어 해수 중의 수소이온농도를 증가시킴으로써 해양 산성화를 유발한다. 이렇게 발생한 수소이온은 바닷물에 녹아 있던 탄산 이온과 반응하여 중탄산이 된다. 산호, 연체동물(예: 조개, 굴, 달팽이), 일부 플랑크톤을 포함한 많은 해양 생물은 껍질과 골격을 형성하기 위해 탄산칼슘에 의존한다. 해양 산성화로 인해 탄산 이온의 가용성이 감소함에 따라 이러한 생물은 탄산칼슘 구조를 만들고 유지하는 것이 더 어려워진다. 껍질과 골격이 약화되거나 용해되어 포식, 질병 및 환경 스트레스에 더 취약해질 수 있다.

산호는 특히 해양 산성화에 취약한다. 산성화는 산호초의 기초를 형성하는 탄산칼슘 골격을 만들고 유지하는 산호 폴립의 능력을 방해한다. 약해진 산호는 폭풍, 산호 백화 및 기타 스트레스 요인으로 인한 피해에 더 취약해져 궁극적으로 전체 산호초 생태계와 이를 지원하는 다양한 해양 생물을 위협한다.

해양 산성화로 인해 다양한 생물의 생리와 행동에 영향을 미쳐 해양 먹이사슬과 생태계 교란이 일어날 수 있다. 해양 산성화로 플랑크톤이나 작은 조개껍질 생물과 같이 먹이사슬의 기저에 있는 종은 감소하고 있으며 이를 먹이로 하는 생물에 영향을 미쳐 해양 생태계 전체에 파급 효과를 일으키고 있다. 해양 먹이 그물망의 중요한 부분인 작은 해양 달팽이인 익족류는 산성 조건에서 용해되기 쉬운 얇고 깨지기 쉬운 껍질을 가지고 있다. 해양 산성화가 진행됨에 따라 해양 달팽이 개체수의 감소는 어류, 바닷새, 고래 등 먹이에 의존하는 포식자에게 연쇄적인 영향을 미칠 수 있다.

7.3.5 극심한 기상이변

기후변화로 인해 더욱 심해지고 빈번해지는 기상이변은 생태계와 생물종에 직접적인 영향을 미쳐 생물 다양성 손실에 중요한 역할을 한다. 이러한 사건은 서식지 파괴를 유발하고 생태학적 과정을 방해하며 유기체의 적응 능력에 영향을 줄 수 있다. 허리케인, 태풍, 사이클론과 같은 강풍과 폭우를 동반하는 강렬한 열대성 폭풍우는 특히 해안 지역과 산호초에서 광범위한 서식지 파괴로 이어질 수 있다. 폭풍 해일은 해안 서식지에 홍수를 일으키고 해안선을 침식하며 해양 생물의 구조를 손상시키거나 파괴할 수 있다. 실제로 사이클론과 열대성 폭풍은 호주 그레이트 배리어 리프(대보초)에 위협이 되고 있다. 강풍과 폭우는 산호 구조를 손상시키고 산호 조각으로 이어질 수 있다. 이러한 사건의 빈도와 강도가 증가하면 산호초 생태계 회복을 방해하여 산호 백화 및 산호 군락 감소에 기여할 수 있다.

지나치게 높은 온도가 장기간 지속되는 현상인 열파는 많은 생물종의 내열성을 초과하여 생태계에 스트레스를 유발할 수 있다. 이는 특히 특정 온도 범위에 적응한 종의 경우 대량 폐사로 이어질 수 있다. 실제로 폭염으로 인한 해수 온도 상승은 산호 백화의 원인이 된다. 산호는 영양분을 공급하는 공생 조류를 배출하여 산호의 색과 에너지를 잃게 된다. 백화 현상이 장기간 또는 심각하게 발생하면 산호초가 죽어 산호초가 지탱하는 풍부한 생물 다양성에 영향을 미칠 수 있다.

산불 발생 증가도 문제가 되고 있다. 산불로 인해 서식지와 식생이 직접적으로 소실되어 많은 종의 이동과 사망으로 이어질 수 있다. 또한 생태계 구성과 구조를 변화시켜 화재에 취약한 조건에 적응한 종을 선호하게 만들 수 있다. 실제로 기후변화로 인해 호주에서 발생한 대규모 산불은 생물 다양성에 심각한 영향을 미쳤다. 많은 종의 식물,

동물, 곤충이 서식지를 잃었고 일부 개체군은 즉각적인 멸종 위협에 직면했다. 이러한 화재의 규모와 강도는 생태계 복구에 어려움을 주고 있다.

　과도한 강우량 또는 폭풍 해일로 인해 토지가 침수되는 홍수는 서식지 손실, 토양 침식, 생태 과정의 교란으로 이어질 수 있다. 수생 및 육상 생물은 홍수로 인한 서식지 이동이 불가피하게 발생할 수 있으며, 먹이 확보와 적절한 번식지가 어긋나는 경우도 발생할 수 있다. 대표적으로 강변 생태계를 생각해 볼 수 있는데, 강변 생태계의 홍수는 물의 흐름과 퇴적물 이동을 변화시켜 어류 개체군에 영향을 미칠 수 있다. 강바닥과 제방 구조의 변화는 어류의 산란 및 먹이 서식지에 영향을 미쳐 어류의 다양성과 풍요로움을 감소시키는 원인이 될 수 있다.

7.3.6 종의 상호작용 변화

　기후변화는 종의 상호작용에 중대한 영향을 미쳐 기존의 생태적 관계를 파괴하고 생물 다양성 손실에 기여한다. 온도, 강수 패턴 및 기타 기후 요인의 변화는 종의 분포, 행동, 표현형(수명 주기 이벤트의 시기)을 변화시킬 수 있다. 우선 지리적 범위의 변화에 따른 상호작용 변화를 생각해 볼 수 있다. 종은 기후 조건의 변화에 따라 새로운 지역으로 이동하여 군집 구성과 구조에 영향을 미칠 수 있다. 종의 범위가 이동함에 따라 경쟁, 포식, 상호주의와 같은 다른 종과의 상호작용이 중단될 수 있다. 새로운 상호작용이 생겨나면서 재편된 생태계에서 잠재적인 승자와 패자가 나타날 수 있다. 실제로 북극 툰드라의 경우, 기온이 상승함에 따라 북극의 수목이 북쪽으로 이동하고 관목이 툰드라로 확장되고 있다. 이에 따라 순록과 같은 초식동물과 먹이원 간의 상호작용이 달라지고 있다. 개방된 툰드라에 적응한 순록은 관목에 적응한 초식동물과의 경쟁이 치열해져 개체군 역학에 영향을 미칠 수 있다.

　상호 작용하는 종들 사이에서 개화, 이동 및 번식과 같은 주요 생명 시계(수명주기 이벤트의 타이밍)가 변경된다. 생태계의 종들이 기후 신호에 다르게 반응하면 시기의 불일치가 발생할 수 있다. 예를 들어, 따뜻한 기온으로 인해 식물의 개화 시기가 빨라졌지만 수분 매개자의 개화 시기는 여전히 과거의 개화시기에 맞춰져 있다면 수분 효율이 떨어질 수 있다. 봄이 따뜻해지면 애벌레가 더 일찍 출현할 수 있다. 그러나 파랑새와 같은 일부 철새는 새끼에게 먹이를 주기 위해 애벌레가 가장 많이 발생하는 시기에 맞춰 도착 시간을 조정한다. 새들의 도착 시기가 애벌레가 가장 많이 서식하는 시기와 일치하지 않으면 번식 성공률이 떨어질 수 있다.

먹이 그물망의 구조와 기능 및 영양 상호작용의 변화를 생각해 볼 수 있다. 기후변화는 다양한 영양 수준에서 종의 풍부함, 분포 및 행동에 영향을 미쳐 전체 생태계에 연쇄적인 영향을 미칠 수 있다. 해양 온난화와 영양계 연쇄를 예로 들 수 있다. 해양 온난화는 플랑크톤과 소형 어류의 분포에 영향을 미쳐 대형 포식자의 먹이 가용성에 영향을 미칠 수 있다. 이는 한 종의 개체수 변화가 전체 먹이 그물에 영향을 미치는 영양 계단식으로 이어질 수 있다. 예를 들어 플랑크톤의 가용성이 감소하면 작은 물고기에 영향을 미치고, 이는 다시 큰 물고기와 해양 포유류에 영향을 미칠 수 있다.

종들이 기후변화에 다르게 반응함에 따라 수분 및 종자 분산과 같은 상호주의적 상호작용이 중단될 수 있다. 수분 매개자와 식물은 시기나 분포에 불일치를 겪을 수 있으며, 이에 따라 수분 성공률이 감소할 수 있다. 마찬가지로 종자 분산이 중단되면 식물 모집과 개체군 역학에 영향을 미칠 수 있다. 많은 식물 종은 번식을 위해 특정 수분 매개자에 의존한다. 온난화로 인해 식물의 개화 시기가 빨라지지만 수분 매개자가 그에 상응하는 영향을 받지 않는다면 수분 효과가 떨어질 수 있다. 이로 인해 해당 식물의 열매와 종자 생산량이 감소할 수 있다.

기후변화는 침입종의 새로운 지역으로의 확장을 촉진할 수 있다. 침입종은 토착종과 경쟁하고, 지역 생태계의 상호작용을 방해하며, 토착 생물 다양성의 감소에 기여할 수 있다. 또한 물, 먹이, 둥지 장소와 같은 자원 가용성의 변화로 인해 종간 경쟁이 심화될 수 있다. 역사적으로 특정 자원 가용성에 적응해 온 종은 경쟁이 심화되어 잠재적으로 개체군 규모가 감소하거나 군집 구성에 변화가 생길 수 있다. 실제로 고산 환경의 기온이 따뜻해져 고도가 낮은 식물 종들이 위로 이동하고 있다. 이에 따라 토종 고산 식물과 새로 유입된 종 사이에 토양 영양분과 공간 등 한정된 자원에 대한 경쟁이 심화되고 있다.

7.4 미래 전망과 우리의 할 일

2022년 세계경제포럼에서 "자연과 생물 다양성"과 관련한 "생물 다양성과 자연 손실의 상태를 보여주는 6가지 차트와 우리가 '자연을 긍정적으로' 만드는 방법"이라는 보고서가 발표되었다. 이 보고서에서 제시된 생물 다양성 회복 전망(그림 7.5)에 따르면, 생물 다양성의 회복은 가능하지만, 생물 다양성의 곡선을 바꾸기 위해서는 보존과 복원을 가속화할 뿐만 아니라 생물 다양성 손실의 원인을 해결하는 야심찬 목표가 필요하다고 언급하고 있다. 이 보고서는 다음과 같은 지속 가능한 생산 및 소비 관행이 이러한 목표에 포함된다고 말한다. "수확량과 무역의 지속 가능한 증가, 폐기물 감소, 식단에서 식물성 제품의 비중 확대"를 통해 향후 토지 이용의 확대를 제한하는 것이다. 결정적으로, 지구 온난화를 2℃ 이하로 유지하지 않고는 생물 다양성의 손실을 줄일 수 없다. 2℃(또는 1.5℃) 이하로 유지해야 하며, 이를 위해서는 에너지부터 농업에 이르기까지 모든 부문에서 탈탄소화를 가속화해야 한다고 밝히고 있다.

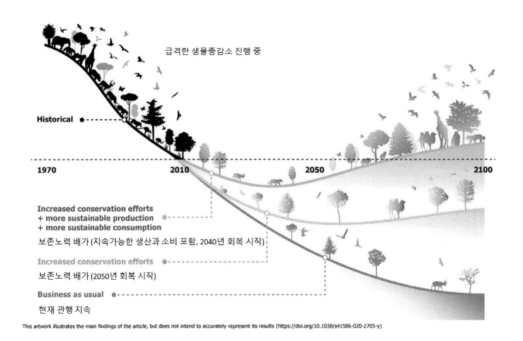

그림 7.5 생물 다양성 회복 전망

기후변화에 직면한 생물 다양성의 미래는 도전과 기회를 동시에 제시한다. 기후변화는 생태계를 변화시키고 서식지를 파괴하며 기존의 환경 압력을 악화시키기 때문에 전 세계 생물 다양성에 심각한 위협이 되고 있다. 생물 다양성에 대한 미래의 주요 측면과 이러한 도전과제를 해결하기 위한 잠재적 조치에 대한 몇 가지 주요 내용은 다음과 같다.

기후변화는 기온과 강수량 패턴의 변화로 이어져 서식지 분포에 영향을 미치고 잠재적으로 서식지 손실과 파편화를 초래할 수 있다. 보전 노력은 생태 통로를 만들고 유지하며, 중요한 서식지를 보호하고, 생물종이 더 적합한 지역으로 이동할 수 있도록 지원하는 데 초점을 맞춰야 한다.

기후변화는 많은 생물종이 더 적합한 환경에 적응하거나 이주할 수 있는 능력을 앞질러 멸종 위험을 증가시킬 수 있다. 보전 전략에는 기후변화에도 불구하고 비교적 안정적으로 유지될 것으로 예상되는 기후 피난처 지역을 파악하고 보호하는 것이 포함되어야 한다. 일부 종에 대해서는 포획 사육 프로그램과 재도입 노력이 필요할 수도 있다.

변화된 기후 조건은 생물종 간의 관계와 생물학적 사건(생명 시계)의 타이밍을 방해하여 생태적 상호작용의 불일치를 초래할 수 있다. 변화하는 조건을 고려하고 생태계 회복력을 증진하는 적응적 관리 전략이 필수적이다. 여기에는 황폐화된 생태계를 복원하고 회복력이 강한 종을 도입하는 것이 포함될 수 있다.

이산화탄소 수치의 상승은 해양 산성화를 촉진하여 해양 생물에 부정적인 영향을 미친다. 또한 해수 온도가 상승하면 산호 백화현상이 발생하여 해양 생물 다양성을 위협할 수 있다. 탄소 배출량 감소를 통해 기후변화를 완화하는 것이 중요하다. 지역적으로 오염을 줄이고, 어업 관행을 규제하고, 해양 보호 구역을 설정하려는 노력은 취약한 해양 생태계를 보호하는 데 도움이 될 수 있다.

기후변화에 대응하여 생물종이 새로운 지역으로 이동함에 따라 인간 활동과의 충돌이 증가할 수 있다. 지속 가능한 토지 이용 관행을 구현하고, 야생동물 통로를 만들고, 인간과 야생동물의 갈등을 완화하기 위한 전략을 개발하는 것이 필수적이다. 지역사회 참여와 교육은 성공적인 보존 노력의 핵심 요소이다.

기후변화와 생물 다양성 손실 문제를 해결하려면 전 세계적인 협력과 조율된 정책적 노력이 필요하다. 국가와 국제기구는 온실가스 배출을 줄이고, 생태계를 보호하며, 지속 가능한 개발을 촉진하는 정책을 시행하고 집행하기 위해 협력해야 한다. 파리 협정과 같은 협약은 전 세계적으로 이러한 문제를 해결하는 것을 목표로 한다.

생태계의 복잡성과 기후변화와 관련된 불확실성으로 인해 효과적인 예측과 대응이 어렵다. 기후변화가 생물 다양성에 미치는 영향에 대한 지속적인 연구와 혁신적인 보존 및 적응 전략의 개발이 필수적이다. 강력한 모니터링 시스템은 변화를 추적하고 적응적 관리 관행을 안내하는 데 도움이 될 수 있다.

요약하자면, 기후변화에 직면한 생물 다양성의 미래에 대처하기 위해서는 글로벌 협력, 정책적 개입, 보전 노력, 지역사회 참여를 결합한 다각적인 접근 방식이 필요하다. 핵심은 기후변화를 완화하기 위해 단호하게 행동하는 동시에 생태계를 보호 및 복원하고 취약한 종을 지원하기 위한 적응 전략을 실행하는 것이다.

7.5 참고문헌

- https://www.kbr.go.kr
- http://www.cbd.int/
- https://naturalhistory.si.edu/education/teaching-resources/life-science/what-biodiversity
- https://www.unep.org
- https://www.audubon.org
- https://bio4climate.org
- https://www.weforum.org/publications/industry-transitions-to-nature-positive-report-series/
- https://magazine.hankyung.com/business/article/202307043181b
- https://www.gcseglobal.org/gcse-essays/saving-nature-nature
- 김태규 외. **2003**. 유전자원 접근 및 이익공유에 관한 국제동향과 생물다양성 연구. 한국자원식물학회지. 16, 169-180.
- 안지홍 외. **2016**. 생물다양성에 대한 기후변화의 영향과 그 대책. 한국습지학회지. 18, 474-480.
- 육근형 외. **2010**. 생태계 서비스와 인간 문화의 바탕이 되는 생물다양성과 위협 요인. 환경논총. 49, 1-25.
- 채여라 외. **2016**. 기후변화 대응역량 강화를 위한 시스템다이내믹스 모델 개발. 한국환경연구원 사업보고서. 1-121.
- CBD(Convention on Biological Diversity). **1992**. Conventionon Biological Diversity. Secretariat of the Convention on Biological Diversity, Montreal, Canada.

- C. Bellard 외. **2012**. Impacts of climate change on the future of biodiversity. Ecology Letter. 15, 365-377.
- C. D. G. Harley 외. **2011**. Climate Change, Keystone Predation, and Biodiversity Loss. Science. 334, 1124-1127.
- C. Gerardo 외. **2015**. Accelerated modern human-induced species losses: Entering the sixth mass extinction. Science Advances. 1(5): e1400253.
- M. Balint 외. **2011**. Cryptic biodiversity loss linked to global climate change. Nature Climate Change. 1, 313-318.
- M. S. Habibullah 외. **2021**. Impact of climate change on biodiversity loss: global evidence. Environmental Science and Pollution Research. 29, 1073-1086.
- R. H. Cowie. **2022**. The Sixth Mass Extinction: fact, fiction or speculation? Biological Reviews. 97, 640-663.
- WWF (World Wildlife Fund). **2020**. Bending the curve of biodiversity loss. Living Planet Report 2020.

CHAPTER 8
기후변화와 수자원

학습 목표

• 우리나라의 수자원 특성과 현황을 설명할 수 있다.
• 기후변화로 인한 수자원의 변동성을 이해할 수 있다.
• 정수와 하수처리과정이 기후변화에 미치는 영향을 설명할 수 있다.
• 물의 중요성을 인식하고 물절약을 실천할 수 있다.

그림 8.1 유엔의 세계물개발보고서
(출처: https://unesdoc.unesco.org/ark:/
48223/pf0000372882_kor)

그림 8.2 탄소중립을 위한 물절약
(출처:https://url.kr/49cti2)

기후변화는 극한 호우, 극한 가뭄과 같이 수자원과 밀접한 관련이 있는 이상 기후를 야기한다. 이 단원에서는 기후변화와 수자원의 관계를 학습한다.

함께 생각해보기

기후변화는 우리가 사용하는 물의 양과 질에 어떠한 영향을 줄까?
생활에 필수적인 물의 사용은 기후변화에 어떠한 영향을 줄까?

8.1 물

8.1.1 물의 특성

물은 인간의 생명 유지뿐 아니라 지구생태계가 유지되는데 필수적인 요소이다. 우리가 광활한 우주에서 생명체가 존재할 가능성이 있는 다른 천체를 찾을 때 물의 존재 여부를 확인하고자 하는 것도 이런 이유 때문이다. 물은 지구상에서 상태를 달리하면서 끊임없이 순환한다(그림 8.3). 육지, 식물, 호수나 강, 바다에서 액체 상태의 물이 증발하여 기체 상태의 물인 수증기가 되고 수증기가 모여 응결하면 안개나 구름이 형성되고, 비나 눈이 되어 다시 땅으로 떨어진다. 땅으로 떨어진 물은 땅속으로 스며들어 지하수를 이루기도 하고, 강이나 호수를 거쳐 바다로 흘러 들어가기도 한다. 기온이 낮은 높은 산이나 남극과 북극 지역에서 물은 얼음의 형태(빙하)로 존재하기도 한다. 이렇게 물은 기체-액체-고체로 상태변화를 하는 과정에서 에너지를 흡수하거나 방출하므로, 지구 전체의 에너지 순환에 기여하고 지구 온도의 항상성에 중요한 역할을 한다. 또한 날씨의 변화, 지형의 변화도 물의 순환과정과 밀접한 관련이 있다.

그림 8.3 **물의 순환**

(출처: https://www.usgs.gov/media/images/water-cycle-korean)

다음은 지구생태계가 유지되는 데 중요한 역할을 하는 물의 몇 가지 특성이다.

① 물은 비슷한 분자량의 다른 물질보다 비열이 높다. 이는 같은 질량의 물질을 같은 온도만큼 가열하는데 더 많은 에너지가 소모된다는 뜻이다. 여러분이 바닷가에 갔을 때 모래사장 온도는 매우 높아 발이 따갑다고 느끼지만, 물에 들어가면 모래사장만큼 온도가 높지 않은 것을 경험할 것이다. 혹은 냄비에 물을 넣어 끓일 때 냄비의 온도는 손으로 만질 수 없을 정도로 뜨거워져도 물의 온도는 그보다 천천히 올라가는 것을 경험하였을 것이다. 이처럼 물은 비열이 높아서 많은 양의 태양에너지를 흡수할 수 있다. 지구 표면의 약 70%를 덮고 있는 해양이 담고 있는 물의 양을 생각해보면 얼마나 많은 태양에너지를 담고 있을지 상상할 수 있다.

② 대부분의 물질의 경우, 액체 상태보다는 고체상태일 때 입자(분자) 간의 거리가 가까워져 부피가 감소한다. 같은 질량인데 부피가 줄어드니 밀도가 증가한다. 밀도는 일정 부피의 물질이 갖는 질량을 나타내는 물리량으로 g/mL의 단위를 갖는다. 예를 들어 양초를 만들기 위해 액체 상태의 파라핀을 틀에 부으면 액체 상태의 파라핀이 굳은 후 양초의 부피는 처음 액체 상태의 파라핀 부피보다 줄어든다. 하지만 물의 경우는 다르다. 액체 상태의 물을 페트병에 넣어 얼리면 페트병이 부풀어 오른 것을 본 경험이 있을 것이다. 이처럼 물은 고체가 되면 물 분자들이 규칙적인 배열을 하면서 부피가 증가한다. 따라서 얼음의 밀도는 액체 상태의 물보다 작아지고 이 때문에 얼음이 물에 뜨게 된다. 얼음이 물보다 밀도가 작아서 강이나 호수가 얼 때 수면부터 얼어 물고기 등 수생 생물들이 그 아래 얼지 않은 물속에서 추운 겨울을 지낼 수 있다.

③ 물이 극성물질이라는 것 또한 지구생태계에서 물의 역할과 밀접한 관련이 있다. 물은 이온성 물질이 아니지만, 물 분자의 특성 때문에 극성을 띈다. 즉 분자구조 내에 양의 전하를 띈 부분과 음의 전하를 띈 부분이 존재한다(그림 8.4).

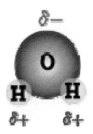

그림 8.4 **물분자의 구조**

따라서 물은 다른 극성물질과 잘 섞일 수 있으며 이온성 물질(양이온, 음이온)을 잘 녹이는 용매이다. 예를 들어 소금과 같은 물질이 잘 용해된다. 또한, 토양에 존재하는 질소나 인, 칼륨 성분들이 용해되어 식물에 흡수되기 때문에 식물이 자라는데 필요한 영양분을 운반한다. 우리 몸에서도 대사 과정에 필요한 물질을 운반하고 불필요한 물질을 배출하는데 물의 극성은 매우 중요한 역할을 한다.

④ 모세관현상은 식물의 높은 곳까지 물을 전달하거나 토양 입자 사이로 물이 이동하도록 한다. 물의 모세관현상은 물의 표면장력과 관련이 있으며 물 분자 간의 인력, 물 분자와 식물의 물관을 구성하는 물질 간의 인력, 물 분자와 토양 입자의 인력 간의 상호관계 때문에 나타난다. 만일 물 분자 간의 인력이 다른 인력(물 분자와 식물, 물 분자와 토양 입자)보다 강하다면 모세관현상은 나타나지 않을 것이다.

⑤ 대기 중의 수증기는 지구 복사에너지 중 하나인 적외선을 잘 흡수하는 성질을 갖는다. 만일 수증기의 이러한 작용이 없다면 지구 복사에너지는 그대로 우주로 방출되어 지구의 온도가 지금과 같은 일정한 온도를 유지하기는 어려울 것이다. 사막의 낮과 밤의 온도 차가 심한 이유 중 하나도 바로 이러한 지구복사 에너지를 흡수하는 수증기가 매우 적기 때문이다. 앞서 설명한 물의 높은 비열과 함께 수증기의 지구복사 에너지 흡수 능력은 지구 온도의 항상성 유지에 매우 중요한 역할을 한다.

이처럼 물은 지구생태계의 존립에 없어서는 안 되는 필수요소이다.

8.1.2 우리나라의 수자원과 수자원 특성

2021년 기준 우리나라의 연평균 강수량은 약 1,252mm로 세계평균 813mm에 비하면 많지만, 인구밀도가 높아 일 인당 총강수량은 2,409m³/년으로 세계평균인 15,044 m³/년의 1/6 정도이다(그림 8.5) (물과 미래, 2023). 2019년 UN 보고서(The United Nations World Water Development Report 2019)에서는 우리나라를 '물 스트레스' 국가로 분류했다. 국제 인구 행동연구소(Population Action International)는 매년 1인당 가용 수자원량을 기준으로 연 1,000㎥ 미만이면 물 기근(water- scarcity) 국가, 1,000~

1,700㎥ 미만이면 물 스트레스(water-stressed) 국가, 1,700㎥ 이상이면 물 풍요(relative sufficiency) 국가로 분류한다(대한민국 정책브리핑, 2021).

세계 813mm · 우리나라 1,252mm (세계 평균의 1.5배) · 세계 15,044(㎥/년) · 우리나라 2,409(㎥/년) (세계 평균의 1/6)

[연평균 강수량] · [1인당 연 강수총량]

그림 8.5 우리나라의 연평균 강수량과 1인당 연강수총량

(출처: 환경부, K water. 2023 제31회 세계 물의 날 자료집 물과 미래. p19)

게다가 우리나라의 강수 패턴을 보면 일 년 내내 골고루 비가 내리는 것이 아니고, 여름철 강수량이 연 강수량의 약 54%를 차지한다(그림 8.6). 또한, 산이 많은 지형 특성으로 하천의 경사가 급해 비가 내리면 며칠 사이에 바다로 유출되어 이용 가능한 물의 양은 더욱 적은 실정이다.

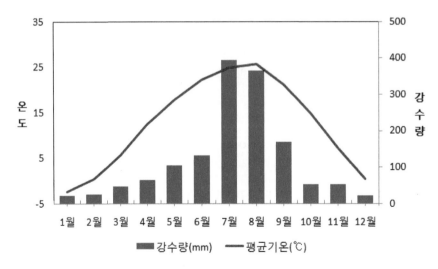

그림 8.6 우리나라의 월별 평균 강수량

(출처: 기후와 기후변화 정의 – 기후변화감시용어집 해설(climate.go.kr))

이러한 계절적 특성과 지형적 특성을 반영한 하천의 유량변동계수를 하상계수라고도 한다. 하상계수(河狀係數, 유량변동계수, coefficient of flow fluctuation)란 하천의

최대유량과 최소유량의 비를 나타낸 값이다. 우리나라 하천의 하상계수는 1:300 정도이며 외국 하천의 하상계수(1:20~100)보다 매우 크다. 하상계수가 크다는 것은 하천의 유량 변화가 크다는 것을 의미한다. 비가 올 때는 하천 수위가 높아 홍수 발생 가능성이 높으며, 비가 오지 않으면 하천이 바닥을 드러내기도 하는 등 가뭄 발생 가능성이 높을 수 있다. 따라서 유량변동계수는 이수와 치수에 중요한 지표이다. 낙동강의 경우 1:372이며, 금강 1:299, 외국의 템즈강 1:8, 라인강 1:14, 세느강 1:23, 나일강 1:30, 양쯔강 1:22 등이다(표 8.1)[1].

표 8.1 하천의 하상계수

국가	하천명	하상계수	국가	하천명	하상계수
한국	섬진강	1/734	베트남	메콩강	1/35
	영산강	1/682	인도	겐지스강	1/35
	한강	1/393	이집트	나일강	1/30
	낙동강	1/372	프랑스	세느강	1/23
	금강	1/299	중국	양쯔강	1/22
일본	정천	1/117	독일	라인강	1/14
미국	미주리	1/75	영국	템즈강	1/8

(출처: 이경수, 류재근, 안상진(2014). 준설과 댐 건설로 인한 하상계수변화, 한국환경준설학회지. 4(1))

그림 8.7에 제시한 우리나라의 수자원(water resources)을 보면 이용 가능한 수자원 59% 가운데 43%가 홍수 시 유출되어 30%가 바다로 유실되는데 이것의 원인 중 하나가 바로 높은 하상계수이다. 우리가 이용할 수 있는 수자원은 하천수 11%, 댐용수 16%, 지하수 2%를 합한 29%에 불과하다. 따라서 이러한 우리나라의 수자원 특성을 이해하고 이용가능한 수자원의 양을 늘리는 수자원 관리가 필요하다.

---

1 하상계수값이 감소했다는 연구 결과들이 있으나 아직 공식적으로 변경된 것은 아니다.

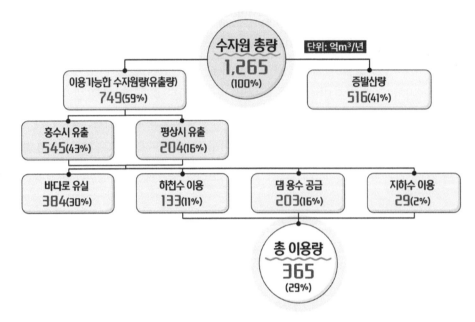

그림 8.7 우리나라의 수자원 이용현황

(출처: 한국수자원공사, 2020. 제1차 국가물관리기본계획(2021~2030), 물관리기획처 물통합계획부, p.15)

8.2 기후변화와 수자원의 변동성

지구 온난화로 인한 온도 상승은 해수 증발량을 증가시켜 강수량은 증가하지만, 강수일수가 줄어들어 집중호우가 많아 질것으로 예상된다. 남한 상세 기후변화 전망보고서(2022)에 의하면 SSP1-2.6시나리오[2] 적용 시 평균 강수량은 현재 대비 21세기 전반기에는 5%, 21세기 중반기에는 7%, 21세기 후반기에는 4% 증가할 것으로 예상된다 (표 8.2). 한편 강수일수는 21세기 전반기에는 현재보다 11.2일 감소하고 중기에는 9.2일, 후기에는 11.1일 감소할 것으로 예상된다. 한편, 1일 최대 강수량, 상위 1%극한 강수

---

2 SSP(Shared Socioeconomic Pathways, 공통사회 경제경로): IPCC 6차 평가보고서에서는 2100년 기준 복사강제력 강도와 함께 미래 사회경제변화를 기준으로 기후변화에 대한 미래의 완화와 적응 노력에 따라 5개의 시나리오를 사용하였는데, 인구통계, 경제발달, 복지, 생태계 요소, 자원, 제도, 기술발달, 사회적 인자, 정책을 고려하였다. 이 가운데 가장 바람직한 상황을 설정한 시나리오는 SSP1-2.6으로, 재생에너지 기술 발달로 화석연료 사용이 최소화되고 친환경적으로 지속 가능한 경제성장을 이룰 것으로 가정하는 경우이고 SSP5-8.5는 산업기술의 빠른 발전에 중심을 두어 화석연료 사용이 높고 도시 위주의 무분별한 개발이 확대될 것으로 가정하는 경우이다.

일수, 호우일수는 모두 증가하는 것으로 전망된다. 강수일수는 줄어드는데 강수량은 늘어나니 극한 강수, 호우발생일이 증가하는 것으로 분석된다.

표 8.2 현재 및 미래기간별 한반도 평균 강수량(mm), 강수일수(일), 극한강수량과 극한 강수일수 변화

현재 (2000~2019)		강수량 (mm)	강수일수 (일)	1일 최대 강수량(mm)	상위 1% 극한 강수일수(일)[a]	호우일수[b]
		1328.1	110.9	125.7	0.8	2.1
SSP1-2.6	21세기 전반기 (2021~2040)	1396.4 (+5%)	99.7 (-11.2)	147.8 (+18%)	1.2 (+0.3)	2.5 (+0.4)
	21세기 중반기 (2041~2060)	1414.8 (+7%)	101.7 (-9.2)	147.9 (+18%)	1.2 (+0.3)	2.5 (+0.4)
	21세기 후반기 (2081~2100)	1381.9 (+4%)	99.8 (-11.1)	151.3 (+20%)	1.1 (+0.2)	2.4 (+0.3)

a) 일 강수량이 기준기간의 상위 1% 보다 많은 날의 연중 일수
b) 일 강수량이 80㎜이상인 날의 연중 일수

　이처럼 기후변화로 인한 수자원의 문제는 전체 강수량의 변동뿐 아니라 집중호우나 가뭄 등 평균값을 크게 벗어나는 잦은 '기후 극한 사건(Climate Extreme Events)'이 발생 하는 위기와 지역적인 강수 불균형이다. 즉. 국지성 집중호우로 인한 홍수로 하천 유출량이 커지고, 장기간 가뭄으로 인한 물 부족이다.

　1912년부터 2020년까지 109년 동안의 우리나라 기후관측 값을 분석한 보고서에 의하면 지난 109년간 우리나라의 여름철 강수량이 크게 증가하여 10년당 강수량 변화율이 +15.55mm/10년이었으며 강수일수는 모든 계절에서 -0.6~-0.76일/10년으로 유의미한 변화를 나타내었다. 이는 여름철 강수량은 증가한 반면, 강수일수가 줄어든 것으로 강한 강수가 증가한 것을 의미한다(표 8.3).

표 8.3 우리나라 109년간 계절별 강수량과 강수일수의 평균과 변화 (1912~2020년)

구분		장기 기후변화			최근 기후변화	
		평균 (109년)	변화경향 (/10년)	최근 30년~ 과거 30년	최근 30년~ 지난 30년	최근 10년~ 최근 30년
봄	강수량 (mm)	237.6	+1.83	+14.9 227.3 → 242.2	+5.5 236.7 → 242.2	-8.2 242.2 → 234.0
	강수일수 (일)	33.1	-0.60*	-4.3 35.5 → 31.2	-0.9 32.1 → 31.2	-2.0 31.2 → 29.2
여름	강수량 (mm)	640.4	+15.55*	+97.3 608.1 → 705.4	-3.8 709.2 → 705.4	-64.3 705.4 → 641.1
	강수일수 (일)	47.9	-0.60*	-4.3 50.1 → 45.8	-0.9 46.7 → 45.8	-2.5 45.8 → 43.3
가을	강수량 (mm)	268.5	+5.16	+33.9 242.3 → 276.2	-2.8 279.0 → 276.2	+31.8 276.2 → 308.0
	강수일수 (일)	31.8	-0.76*	-6.1 352. → 29.1	-0.2 29.3 → 29.1	+0.4 29.1 → 29.5
겨울	강수량 (mm)	94.4	-0.65	-9.3 100.3 → 91.0	-0.9 → 91.9 → 91.0	+2.6 91.0 → 93.6
	강수일수 (일)	29.9	-0.72*	-6.5 33.5 → 27.0	-0.4 27.4 → 27.0	+1.0 27.0 → 28.0

하상계수가 높은 우리나라의 특성을 고려할 때 여름철에 강수가 집중되고, 집중호우가 잦아지면 바다로 유출되는 양이 더 많아져 이용 가능한 물의 양은 더욱 줄어들 수 있다. 즉, 강수강도 증가→ 홍수 증가→ 홍수시 유출량 증가→ 바다로 유실 증가로 이용가능한 수자원이 감소하게 된다. 따라서 기후변화로 인한 물 부족이 예상되며 이에 대한 대비가 시급하다.

8.3 기후변화 대응 수자원 관리

물관리란 풍부한 물을 확보하는 수자원 총량 관리와 깨끗한 물을 확보하는 수질관리의 두 축으로 구성된다. 기후변화에 대응하는 우리나라의 새로운 물관리 패러다임을

표 8.4에 정리하였다. 기존의 공급 위주 관리, 버리는 물관리, 대규모 댐이나 하천 보 등 저수 위주의 집중형 물관리에서 모으는 물관리, 1인당 물 사용량 관리, 보이지 않는 물 관리, 분산형 물관리, 소순환 관리로 물관리 정책의 변화를 알 수 있다.

표 8.4 기존 물관리와 새로운 물관리 비교

물관리	기존의 물관리 패러다임	새로운 물관리 패러다임
기본원칙	• 수자원의 공급-소비관리 • 버리는 물관리 • 단일목적 물관리 • 수량, 수질 개별관리	• 생산형 수요관리 • 모으는 물관리 • 다목적 물관리 • 부처별・요소별 통합관리
추진목표	• 기후변화 적응 • 수자원 확보 • 물 부족 해소 • 상하수도 보급률	• 기후변화 회복 • 물과 자원 확보 • 물의 공급 및 재난 안전 확보 • 1인당 일 물 사용량
추진 방법	• 댐수・하천수 등 보이는 물관리 • 사후 물관리 • 집중형 물관리	• 증발산등 보이지 않는 물관리 • 발생원 물관리 • 분산형 물관리
규모와 범위	• 유역・권역 단위 물관리 • 인공계 물관리 • 물의 대순환 관리 • 중・대규모 수공 구조물	• 마을, 행정, 유역, 권역 물관리 • 인공계 및 자연계 물 순환관리 • 물의 소순환 관리 • 중・소규모 다목적 구조물

8.3.1 수량관리

우리나라의 연간 강수량은 많아서 수량을 어떻게 관리하느냐가 홍수와 가뭄으로 인한 피해를 예방하고 이용가능한 수자원을 많이 확보하는 데 중요하다. 이용 가능한 수자원을 확보하는 첫 번째 단계는 집중 강우 시 물이 바다로 유출되는 양을 줄이는 것이다. 지금까지는 대규모 댐을 건설하여 물을 가두어 두었다가 갈수기에 사용하는 방식이었으나 이 방식은 하천의 본류에서는 어느 정도 적용 가능하나 많은 지류에서는 적용하기 어렵고 실제로 많은 홍수피해가 지류에서 발생한다. 앞으로 극한의 집중 강우가 증가할 것으로 예상되므로 현재 건설된 댐만으로는 이러한 극한 강우를 감당하는 것이 불가능할 수 있다. 극한 강수량의 증가는 댐의 구조 안전에도 큰 영향을 미칠 수 있다. 또한, 댐의 저수 용수 확보를 위해 상시 물을 방류할 수 없어 댐 하류지역의 하천 유지용수가 부족하고 이로 인한 용수 부족 현상도 자주 발생하였다. 기후변화로 집중 호우량과 호우일수가 증가하면 댐 위주의 치수 대책은 더욱 한계를 드러내게 된다. 이에 대한 근본적인 방안은 도심의 경우 지하에 대규모 빗물 저장시설을 설치하거나 (그림 8.8), 수변 지역에 인공저류시설(천변 저류지, 생태습지, 수림대 등)을 확대하여 집중 강우시 물을 가두어 두었다가 서서히 방류하거나 강의 유속을 느리게 하고(그림 8.9), 산림관리(녹색 댐)로 물이 지하수층으로 침투했다가 하천으로 서서히 유출되도록 하는 수원함양기능을 확보해야 한다.

또한, 상류에는 소규모 용수 전용 댐을 조성하여 담수 기능도 하면서 대규모 댐 조성으로 인한 생태계 파괴 문제도 해결할 수 있다.

그림 8.8 서울 양천구 신월동의 '신월 빗물저류배수시설'

(출처: 양천구청)

그림 8.9 하천변의 저류지
(출처: https://www.dbltv.com/news/articleView.html?idxno=25637)

빗물 활용 또한 매우 중요한 수자원 확보 방안이다. 현재 우리나라 빗물 활용 수준은 약 800만 톤 정도로 수자원 총량의 약 1%도 안 되는 실정이다. 수자원의 출발이 빗물인 만큼 빗물이 떨어진 장소에서 모으는 것이 최우선이다. 이를 위해 건물의 빗물 저장 시설을 확충하여 빗물을 저장하였다가 청소용수나 조경수로 활용하고 지표면의 투수층을 확대하여 빗물이 지하수층으로 스며들 수 있도록 해야 한다(그림 8.10). 강우 시 지하로 스며드는 빗물은 토양수와 지하수로 저장되고 우수관을 통해 일시적으로 많은 양이 유출되는 것을 방지하므로 홍수나 침수피해를 줄이고 바다로 유출되는 수자원의 양을 줄일 수 있다. 우리나라는 92%가 도시지역으로 도로포장이나 건축물로 인해 빗물이 지하로 스며들 지표면적이 줄어들고 있다. 물이 통과할 수 있는 재질의 투수 블록이나 투수성 재질을 이용한 도로포장이 확대되어야 한다 (그림 8.11).

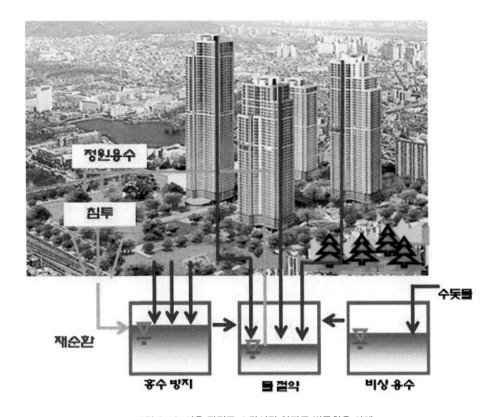

그림 8.10 서울 광진구 스타시티 아파트 빗물활용 사례

(출처: http://www.jumbotank.com/design/subpage/sub5_1.asp?table=UT1406026850&mode=view&id=37&page=1)

그림 8.11 투수블럭으로 포장된 주차장

8.3.2 수질관리

수량을 확보하는 것만큼이나 수질관리도 중요하다. 아무리 물이 많아도 쓸 수 없을 정도로 수질이 나쁘다면 소용없는 일이기 때문이다. 기후변화로 기온이 높아지면 식물과 토양의 증발산이 증가하여 갈수기의 하천유량을 더욱 감소시켜 오염물질의 농도가 높아지는 효과를 나타낼 수 있다. 또한, 4대강 사업으로 2012년에 완공된 16개보로 인한 수질 악화, 녹조 발생 및 생태계 교란 문제가 지속해서 발생하고 있는 것을 보면 수량 확보만큼이나 수질관리가 중요하다는 것을 알 수 있다. 이러한 문제는 보로 인한 물의 정체가 원인으로 2017년 정부에서는 일부 보를 개방하였고 일부 보는 해체하기에 이르렀다. 4대강에 보의 설치와 해체, 수량 확보, 인근의 지하수위 변화, 수질 문제는 보다 장기적인 과학적 모니터링이 필요한 것으로 판단되며, 주요 하천 위주의 저수 우선 치수 정책만으로는 기후변화로 예상되는 수자원의 변화에 적절히 대응하기 어려울 것이다. 하천 본류와 지천, 수변 지역의 토양수, 지하수위를 종합적으로 고려한 수량과 수질관리 정책이 필요하다.

8.4 물의 이용과 기후변화

8.4.1 우리나라의 물 이용현황

물은 사용처에 따라 크게 생활용수, 공업용수, 농업용수로 나뉜다. 2014년에는 농업용수가 총사용량의 40.9%로 가장 큰 비중을 나타내었으며, 생활용수, 유지용수, 공업용수가 각각 총사용량의 20.4%, 32.5%, 6.2%를 차지하였다(국토교통부, 2020). 1998년 이후 생활 및 공업용수의 이용량은 비슷하게 유지되고 있고, 농업용수의 비율은 감소하고 있다. 하천의 정상적인 기능을 유지하기 위한 유지용수는 점차 그 비율이 증가하고 있다(그림 8.12).

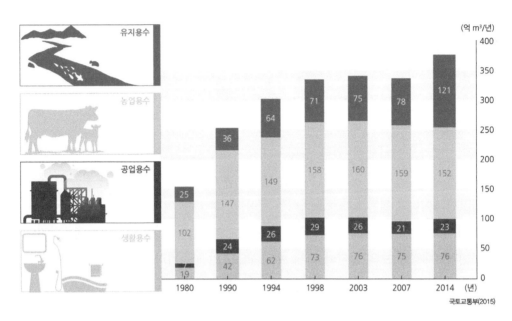

그림 8.12 **물 이용 변화**

　수계권역별로 용수의 비율이 다른데 수도권을 중심으로 하는 한강권역의 경우 생활
용수가 가장 큰 비중을 차지하는 반면 금강, 낙동강, 영산강 권역은 농업용수가 가장
큰 비중을 차지한다(그림 8.13). 따라서 권역별 용수 수요의 특성을 고려한 수자원 관리
가 필요하다.

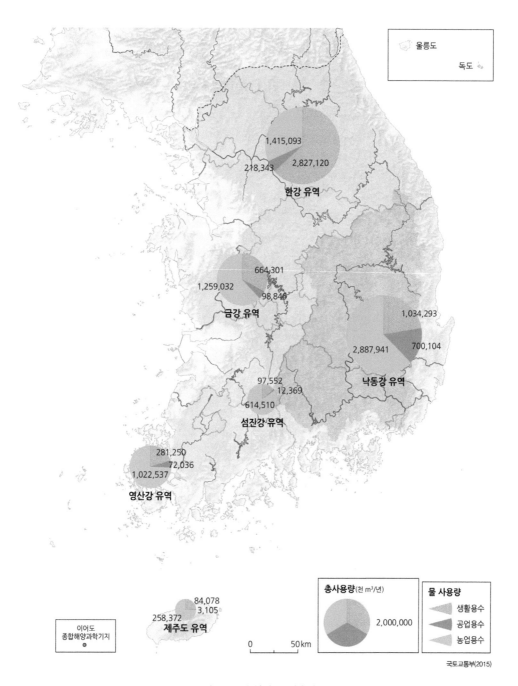

올릉도

독도

1,415,093

218,343　2,827,120

한강 유역

664,301

1,259,032

98,846

금강 유역

1,034,293

2,887,941　700,104

낙동강 유역

97,552

12,369

614,510

섬진강 유역

281,250

72,036

1,022,537

영산강 유역

이어도
종합해양과학기지

84,078

3,105

258,372

제주도 유역

0　　50 km

총사용량(천 m³/년)

2,000,000

물 사용량

생활용수

공업용수

농업용수

국토교통부(2015)

그림 8.13 유역별 물 사용량

우리나라의 수도 요금은 세계평균 1,822원/m³의 절반도 안 되는 721원/m³로 매우 낮으며 수도 요금 현실화율은 전국평균 73.6%이다(그림 8.14. 환경부, 2022). 즉, 수돗물을 만드는 데 드는 비용의 약 74%만 사용자가 부담하고 나머지는 국가의 세금으로 충당된다는 뜻이다. 물 절약을 위한 여러 가지 정책이 있지만, 수도 요금을 인상하여 수도 요금 현실화율도 높이고 시민들의 물 절약도 유인할 필요가 있다.

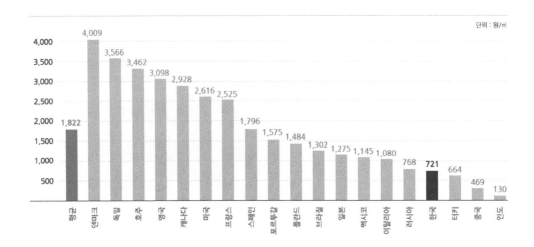

그림 8.14 해외 국가 수도요금 현황(2022 GWI(Global Web Index) 통계 기준)

(출처: K-water, 2022, https://www.kwater.or.kr/cust/sub04/rateconsumerPage.do?s_mid=1548)

8.4.2 물 이용과 기후변화

지금까지는 기후변화가 수자원에 미치는 영향을 살펴보았다면 이제부터는 물을 이용하는 과정에서 온실가스가 발생하여 기후변화에 영향을 주는 것을 살펴보고자 한다. 물을 이용하는 과정에는 많은 에너지가 소모된다. 물을 정수하고 사용처로 이송·급수하는 과정에 에너지가 소비되며, 사용한 물을 정화하여 다시 사용하거나 자연으로 돌려보내는 하수처리 과정에도 많은 에너지가 소모된다. 표 8.5은 최근 5년간 상수처리 시설에서 사용한 전력량과 이로 인한 온실가스 배출현황을 나타내며 그림 8.15는 수돗물 생산과정 단계별 온실가스 배출량을 나타낸 것이다. 수돗물 생산과정 중 취수와 도수, 송수단계에서 온실가스 대부분을 배출하는 것을 알 수 있다.

표 8.5 상수도 시설 온실가스 배출현황 (통계청, 2023)

년도	사용 전력량(GWh)	발생 CO_2(천 ton)
2017	2,821	1,315
2018	2,544	1,186
2019	2,475	1,153
2020	2,496	1,164
2021	2,563	1.195

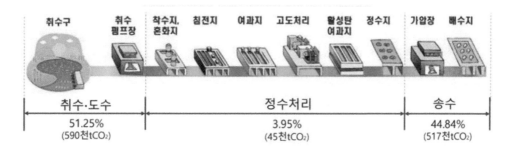

그림 8.15 수돗물 생산과정의 온실가스 배출

한국수자원공사는 2050년까지 수처리 과정에 소요되는 전력 사용량의 100%를 태양광, 수력 등 재생에너지로 충당하겠다는 국제적인 캠페인(RE 100)에 가입(2021년 4월)하고 물 환경 분야 기초시설의 에너지효율 향상을 통한 온실가스 저감에 노력하고 있다. 최근 물관리 분야는 2050 탄소중립을 위한 전세계 탄소배출 감축량의 20%를 감당(2018, IWA)할 수 있는 핵심 분야로 평가되고 있다. 그림 8.16에서는 취·송수, 정수처리, 급·배수, 하수차집, 하수처리, 하수 배출 등 물관리 단계별로 최소 20%에서 최대 100%까지 온실가스 감축 가능성을 보여준다.

이처럼 정수 및 하수처리 과정에 필요한 에너지를 줄여 온실가스를 감축하기 위한 노력도 필요하지만 물을 적게 사용하면 정수나 하수처리를 해야 할 물도 줄어들므로 물 사용을 줄이기 위해 노력해야 한다.

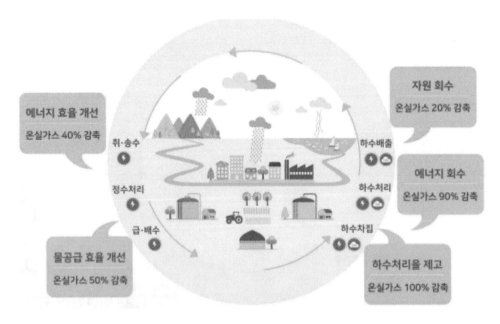

그림 8.16 **물관리 과정 중 온실가스 감축 가능량**
(출처: IWA, 2018)

또한, 많은 사람은 수돗물을 음용수로 사용하지 않고 정수기를 설치하거나 생수를 구입한다. 2016년에 진행된 한 연구에 의하면 우리나라 사람들은 음용수로 '정수기 물' 46.3%, '먹는 샘물(시판 생수)' 28.3%, '수돗물' 22.4%, '지하수 혹은 약수' 3.0%를 사용하여 약 1/4 정도만이 수돗물을 식수로 이용하고 있었다(김지윤 등, 2016). 환경부

그림 8.17 **생수 생산공정**

와 한국환경산업기술원의 '탄소 성적 표지'에 따르면 성인의 하루 물 섭취 권장량인 2L를 기준으로 수돗물을 생산할 때 나오는 이산화탄소량은 0.512g이다. 반면 페트병 생수는 238~271g, 정수기는 171~677g에 달한다. 샘물을 생산하는 과정에서 에너지가 소비되고, 일회용 페트병을 생산하고 수거, 재활용하려면 또 에너지가 소비된다(그림 8.17). 정수기를 사용하는 과정에는 지속적인 전기공급이 필요하여 온실가스를 발생시키게 된다.

8.4.3 가상수와 물발자국

우리가 하루에 사용하는 물의 양은 얼마나 될까? 씻고, 마시는 것만이 사용하는 물의 전부일까? 직접 마시고 사용하는 물 외에 또 어떻게 물이 사용되고 있을까? 우리는 많은 곳에서 물을 사용하고 있다. 예를 들어 소고기가 생산되어 우리에게 전달되는 과정을 살펴보면, 우선 소를 사육하는 과정에 지하수나 수돗물을 사용한다. 이후 도축과 가공과정에서 물이 사용된다. 즉 생산의 전 단계에서 물이 사용된다. 우리가 먹고, 마시고, 사용하는 모든 제품은 정도의 차이는 있으나 모든 생산 단계에서 물을 사용하고 있으므로, 결국 우리는 보이지 않지만 직접 사용하는 물의 양보다 훨씬 많은 양의 물을 사용하게 되는 것이다. 이처럼 '생산과 유통 전 과정에 소비되는 물'을 '가상수(Virtual Water)'라고 부른다. 가상수는 1998년 토니 앨런(Allan. J.A) 교수가 제시한 개념으로 물에 대한 경각심을 높이기 위해 제안되었다고 한다. 오늘날 많은 상품은 자국에서만 생산·소비되는 것이 아니고 세계 여러 나라로 수출, 수입 과정을 통해 이동한다. 소고기만 하더라도 우리나라에서 생산되는 것도 있지만 많은 양을 수입하고 있다. 우리나라는 상당량의 농작물을 외국에서 수입한다. 만일 이것들을 모두 우리나라에서 생산한다면 지금보다 훨씬 많은 농업용수가 필요했을 것이다. 그림을 보면 우리나라는 가상수를 많이 수입하는 나라 중 하나이다. 우리나라의 가상수 평균 사용량은 1,629㎥/인으로 세계평균 가상수 사용량 1,385㎥/인 보다 높게 나타나고 있다. 수입하면서까지 많은 양의 물을 사용한다는 것을 의미한다(그림 8.18).

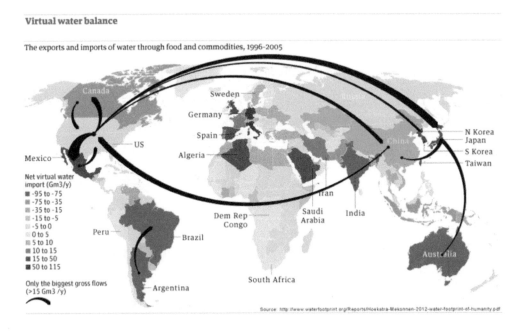

Virtual water balance

The exports and imports of water through food and commodities, 1996-2005

Net virtual water import (Gm3/y)
- -95 to -75
- -75 to -35
- -35 to -15
- -15 to -5
- -5 to 0
- 0 to 5
- 5 to 10
- 10 to 15
- 15 to 50
- 50 to 115

Only the biggest gross flows (>15 Gm3 /y)

Source: http://www.waterfootprint.org/Reports/Hoekstra-Mekonnen-2012-water-footprint-of-humanity.pdf

그림 8.18 **음식물과 제품의 수입과 수출을 통해 이동하는 가상수**

가상수가 상품을 생산하는 과정에서 사용된 물을 의미한다면 '물발자국(Water Footprint)'은 '어떤 제품을 생산해서 사용하고 폐기할 때까지의 전 과정에서 직간접적으로 소비되는 물을 모두 더한 양'을 의미한다. 이 개념은 물발자국 네트워크 공동 창립자의 한 사람인 네덜란드 트벤터 대학의 아르옌 훅스트라(A. Hoekstra) 교수가 2002년 처음 소개했다. 인구 증가와 생활수준 향상으로 물 소비와 오염 속도가 점점 빨라지는 것에 대한 고민에서 나온 개념이다. 물 발자국은 그린, 블루, 그레이 세 가지로 구성되며 각각 직접적인 물 사용과 간접적인 물 사용으로 구성된다(A.Hekstraet.al, 2009).

- 그린(green) 물발자국: 강수가 토양의 근군역(root zone)에 저장되었다가 증발 또는 증산되거나 식물에 의해 사용되는 물을 나타낸다. 특히 농업, 원예업, 그리고 산림업과 관련이 있다. 일반적으로 취수 관리를 위한 인위적인 에너지가 소모되지 않는 빗물의 양을 나타낸다.

- 블루(blue) 물발자국: 지표수(surface water)나 지하수(ground water)가 근원인 물을 뜻하며 재화와 용역을 생산하기 위해 사용한 물이다. 주로 산업, 그리고 가정에서 소비하는 물에 해당할 수 있다. 에너지를 투입하여야만 사용할 수 있는 물의 양

이므로 수자원 절약 측면에서 중요한 의미를 지니고 있다.

- 그레이(grey) 물발자국: 오폐수를 자연수 또는 주변 수질기준에 맞게 정화하는 데 필요한 담수의 양이다.

이러한 세종류의 물 발자국을 쌀에 적용한 예를 살펴보면, 쌀 1kg을 생산하고 사용하는 데에는 총 2,497ℓ의 물발자국이 필요한데 68%의 그린 워터, 20%의 블루 워터, 11%의 그레이 워터가 사용된다(그림 8.19).

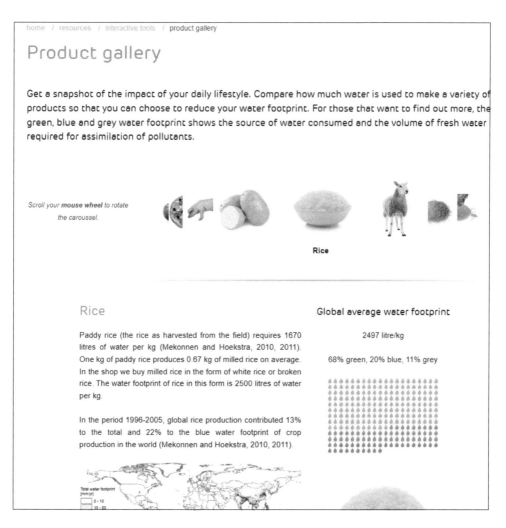

그림 8.19 **쌀의 물발자국 계산 예**

(출처: 물발자국 네트워크)

'물발자국 네트워크'(https://www.waterfootprint.org/en/) 홈페이지에 방문하여 관심 있는 물품의 물발자국을 계산해볼 수 있다(그림 8.20과 그림 8.21).

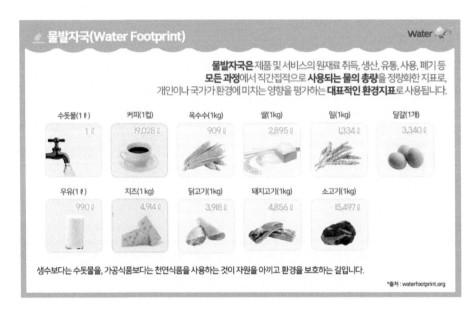

그림 8.20 제품의 물발자국 예1

그림 8.21 제품의 물발자국 예2

8.5 마치며

기후변화로 인한 기온상승과 강수량 변화, 강우 패턴의 변화는 우리나라 수자원에도 많은 변화를 초래할 것으로 예상된다. 물은 지구생태계를 포함하여 우리가 일상생활을 영위하는데 필수 불가결한 요소이다. 물은 자원으로 물이 부족하면 국가경쟁력에도 부정적 영향을 미치게 된다. 우리나라는 물 스트레스 국가이다. 현재 우리가 이용가능한 수자원량은 총강수량의 약 29%에 불과하며 기후변화로 집중 강우와 강한 강우의 증가가 예상되는 상황에서 홍수로 인한 피해를 예방하고, 바다로 바로 유실되는 강우의 양을 줄여 총 이용가능한 물의 양을 늘리기 위한 수자원 관리 정책이 필요하다. 이를 위해 기존의 댐과 본류 위주의 치수 정책을 지천과 본류, 수변 지역과 하천, 하천과 지하수, 산림과 유역을 유기적으로 연계하여 통합적으로 관리하는 치수 정책으로 바꿔야 한다. 도시의 토지피복 비율을 낮추기 위해 녹지공간 조성, 투수 재질의 피복, 빗물 저장 및 활용 등으로 강우의 체류 기간을 늘리고 지하수 충전을 늘리는 방안, 중수도 시설 확대로 물의 재이용률을 높이는 방안 등이 더욱 확대되어야 한다. 용수공급을 위한 정수, 하수처리, 급·배수 과정에 투입되는 에너지를 신재생에너지로 대체하고 설비의 에너지 효율 개선, 스마트화를 통한 최적 운전에 요구되는 기술혁신을 동시에 진행해야 한다. 즉, 도시 내 인공적 물관리(급·배수, 하수 배출·처리·차집 등)를 위해 필요한 에너지 소비량을 줄이고 물 이용 효율성을 증가시켜야 한다.

일반시민들은 물의 사용과 온실가스 배출이 밀접하게 관련되어있음을 인식하고 탄소중립 실현을 위해 물 절약에 다 같이 힘을 기울여야 할 것이다.

8.6 참고문헌

- 국립기상과학원. **2021**. 우리나라 109년(1912-2020) 기후변화 분석 보고서.
- 국립기상과학원. **2022**. 남한상세 기후변화 전망보고서.
- 국토교통부. **2020**. 대한민국 국가지도집 II.
- 국회입법조사처. **2017**. 물발자국 관리현황과 개선과제-인증제도를 중심으로, 제317호.
- 김지윤, 도윤호, 주기재, 김은희, 박은영, 이상협, 백명수. **2016**. 수돗물 이용에 대한 국

내 연구 동향과 사회적 인식. 생태와 환경. 49(3), 208-214.

- 대한민국 정책브리핑. **2021**.
- https://www.korea.kr/news/reporterView.do?newsId=148885273.
- 유승환. 물발자국의 개념과 산정, 세계농업. 제206호. **2016**. 2.
- 이경수, 류재근, 안상진. 준설과 댐 건설로 인한 하상계수변화, 한국환경준설학회지. **2014**. 4(1), 30-38.
- 이정원, 김진관, 안재현. 기후변화와 탄소중립(Net-zero) 물관리. 물과 미래. **2022**. 55(3), 23-34.
- 통계청. 상수도 통계. **2023**. https://kosis.kr/statHtml/statHtml.do?orgId=106& tblId=DT_106N_06_0100055
- 한국수자원공사. **2023**. 제 31회 세계 물의 날 자료집(물과 미래).
- 한국수자원공사. **2022**. 수도요금현황.
- https://www.kwater.or.kr/cust/sub04/rateconsumerPage.do?s_mid=1548.
- 환경부. MY WATER_물정보포털: 요금현실화율(%). **2020**. https://water.or.kr/popup/popupMainWaterLocation01.do?pageGb=F&REGION_CD= 3023052500
- IWA. 2018. The Roadmap to a low-Carbon Urban water Utility.

CHAPTER 9
축산분야 탄소제로

학습 목표
• 축산분야에서 발생하는 주요 온실가스에 대하여 설명할 수 있다.
• 축산분야 온실가스 감축을 위한 다양한 방법들을 설명할 수 있다.
• 가축에서 발생하는 온실가스에 대하여 설명하고 그 발생 원인에 대하여 이해할 수 있다.

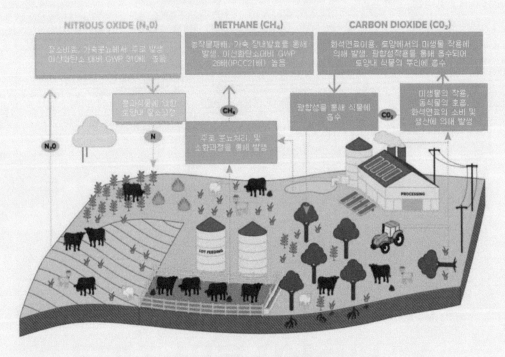

그림 9.1 축산분야에서 발생하는 주요 온실가스 순환 경로

이 단원에서는 축산업 전반에서 발생하는 온실가스와 이를 감축하기 위한 방안에 대하여 학습한다.

 **함께 생각해보기**

축산이 인류의 식량공급에 주는 가치를 생각해보고 보다 효과적인 생산방법에 대하여 고찰해본다.
자연과 환경을 보존하면서 안정적인 동물자원 생산방법에 대하여 생각해보자.

9.1 기후변화와 온실가스 감축

지난 100년간 세계 평균 기온과 우리나라 평균 기온 변화를 보면 세계 평균 기온은 0.7℃ 상승한 반면, 우리나라는 2배 높은 1.5℃ 상승하였다. 최근 20년간 ('81~2010) 국내 1일 평균 기온이 25℃ 이상인 날이 호남과 영남은 40일 이상으로서, 최근의 기상 변화는 식량 공급 불안을 가중시키고 토지, 생태계 등 식량 생산 전반에 악영향을 미치고 있다. 지구와 한반도 기온변화를 예측한 결과 2020 이후에는 약 0.7℃와 0.9℃ 씩 증가하고 21세기말 (2100년)에는 지구와 한반도의 기온이 각각 2.7℃와 4.2℃ 증가할 것으로 예측하는 가운데 우리나라의 연평균 기온이 2℃ 상승할 경우 영남과 호남지역이 아열대성 기후로 변하고 4℃ 상승할 경우에는 대부분의 국내 지역이 아열대성으로 변할 것으로 예상하고 있다.

2018년 환경부에서는 기후변화에 대응하기 위하여 미세먼지 관리 강화와 에너지 전환 등 정부의 국정과제를 반영하고 국제 사회에 약속한 국가 온실가스 감축목표 이행력을 높이기 위한 '2030 국가 온실가스 감축목표 달성을 위한 기본 로드맵 수정안'과 '제 2차 계획기간 국가 배출권 할당계획 2단계 계획을 발표한 바 있다. 2030년 국가 온실가스 감축목표 달성을 위한 기본 로드맵 수정안에서 우리나라는 온실가스 전망치 (BAU) 대비 37% 감축을 목표로 하고 있다. 이를 위하여 국내 부문별 감축량을 우선적으로 늘려 감축 목표의 30%를 국내에서 감축시키고자 노력하고 있다. 이를 예정대로 진행한다면 2030년 배출 전망치인 850.8백만 톤에서 감축 후 배출량은 536.0백만 톤으로 유지되며 이는 2015년 대비 22.3%가 감축되는 효과를 거둘 수 있다. 주요 감축 방안으로는 에너지 효율화 및 수요관리 강화, 우수 감축 기술 확산 등을 통해 276.5백만톤 감축과 산림 흡수원 활용 등을 통한 38.3백만 톤을 감축함으로 감축목표에 도달하고자 한다. 이중 2016년도 농축산 분야 배출 전망치는 20.7백만 톤이며 감축 후 배출량 전망치는 18.0백만 톤으로 약 8%의 감축목표로 정하였으며 축산부분이 차지하는 배출 전망치는 8.7백만 톤이었다(표 9.1).

2023년 자료에 의하면 2050 탄소중립 선언 이후 관계부처 합동으로 2050 국가 탄소중립 시나리오와 2030 NDC 상향 안을 2021년 10월에 발표하여 2030년 국가 배출량은 2018년 대비 40% 감축을 목표로 정하였으며 축산부분은 2018년 대비 27.1% 감축하는 것으로 목표로 18백만 톤을 감축하는 것으로 상향조정하였다(표 9.2). 장기적으로 2050

년 농축수산 부분은 2050년까지 18년대비 37.7% 감축한 15.4백만톤 배출를 목표로 하고 있다. 2020년 기준 축산분야 온실가스 배출량은 9.7백만 톤으로 농업부분의 43.7%를 차지하고 있으며 지속적으로 가축의 사육두수 증가 및 식량수요 증가에 따라 증가할 것으로 예측하고 있다.

표 9.1 국가 온실가스 배출 전망치　　　　　　　　　　　　　　　　　(단위 : 백만톤, %)

부문		배출 전망 (BAU)	2016년 로드맵		2018년 로드맵	
			감축후 배출량 (감축량)	BAU 대비 감축률	감축후 배출량 (감축량)	BAU 대비 감축률
배출원 감축	산업	481.0	424.6	11.7%	382.4	20.5%
	건물	197.2	161.4	18.1%	132.7	32.7%
	수송	105.2	79.3	24.6%	74.4	29.3%
	폐기물	15.5	11.9	23.0%	11.0	28.9%
	공공(기타)	21.0	17.4	17.3%	15.7	25.3%
	농축산	20.7	19.7	4.8%	19.0	7.9%
감축수단 활용	전환	(333.2)[1]	− 64.5		(확정 감축량) −23.7 (추가감축잠재량) −34.1[2]	
	신산업/CCUS	−	− 28.2	−	− 10.3	−
	산림흡수원		−		− 38.3	4.5%
	국외감축 등	−	− 95.9	11.3%		
기존 국내감축			631.9	25.7%	574.3	32.5%
합계		850.8	536.0	37.0%	536.0	37.0%

(출처: 환경부 2018)

9.2 국내 축산분야 온실가스 발생량 전망

세계적인 축산 수출국인 뉴질랜드 정부는 2025년부터 소와 양의 트림에서 나오는 온실가스인 메탄에 대해 축산농가에게 가축의 배출량에 대한 가격을 책정하여 지불하게 한다고 발표하였다(그림 9.2). 더불어 메탄 저감사료첨가제(feed additive)를 이용하여 소와 양에서 나오는 메탄을 감축하는 농가에게는 재정적 인센티브를 제공함으로서 2030년까지 메탄 배출량을 2017년 대비 10% 감축하는 목표를 두고 있다. 국내 축산업 도 지속적인 성장과 함께 전체 가축 사육두수는 2020년 195백만두(수)에서 2030년 208백만두(수)로 6.7% 증가될 것으로 예측하며, 국내 한우사육두수는 2022년 9월에 집계된 자료에 의하면 355,6천두로 축산분야의 주요 온실가스지표로 사용되는 장내발 효와 가축분뇨에서 발생하는 온실가스 배출량이 증가될 것으로 전망하고 있다.

축산분야에서 발생되는 온실가스는 주로 사료(feed) 생산 및 공정에서 발생되는 가 스(45%), 장내발효(enteric fermentation)에서 발생되는 가스(39.1%), 분과 뇨에서 발생 되는 온실가스 등으로 구분할 수 있다. 가축의 생산 및 유통시스템에서 발생되는 온실 가스는 전 세계 온실가스의 약 14.5%에 달하여 인구의 증가에 따라 축산물의 소비가 증가되는 현 시점에서 축산물과 관련하여 필연적으로 온실가스는 증가할 것으로 예상 하여 이러한 온실가스의 감축은 전 세계적으로 해결해야 할 문제이다. 특히 국가간 자 유무역협정의 체결과 더불어 축산물의 수요가 국가별로 다양하게 증가함에 따라 축산 물의 생산과 함께 수반되는 환경파괴 그리고 축산물의 소비와 관련된 지리적인 상관관 계가 점차적으로 줄어드는 현상을 보이는 시점에서 전 세계 모든 국가들은 기후변화 완화를 위해 온실가스를 감축해야 한다는 의견에 동의하고 있다.

그림 9.2 뉴질랜드의 소 사육에 따른 메탄 세금 정책 제안

(https://www.scmp.com/video/asia/3195778/new-zealand-tax)

9.3 축산 부분 온실가스 감축안

국내에서는 2012년부터 저탄소 농축산물 인증 제도를 시행하여 농축산물에 대한 저탄소 농축산물 인증을 위한 축산물 온실가스 배출량 산정기준 초안을 마련한 바 있다. 저탄소 축산을 위한 방안으로 국내 5대 축종인 젖소, 한우, 돼지, 육계, 산란계에 대한 배출량을 산정하고 이를 기반으로 탄소를 적게 배출하는 축산물을 생산하는 사양방법의 개발과 농축산분야의 온실가스를 감축하기 위한 토대를 마련하는데 있다. 따라서 정부는 국제 경제가 빠르게 기후위기 대응을 위한 산업경쟁력을 강화하는 차원뿐만 아니라 기후변화로 인한 국내 피해를 최소화하고 국제 사회의 책임있는 일원으로서 기후위기에 적극적으로 동참할 필요가 있다. 이에 2030년까지 온실가스 감축목표를 2017년 대비 24.4% 감축을 발표한 바 있다. 농축산의 부분은 50년 배출량을 기초로 하여 18년 대비 37.7% 감축된 15.4백만톤 CO_2eq 목표로 삼고 있다. 또한 국제 동향 등을 고려하여 2030년 국가 온실가스 감축목표를 18년 대비 40% 감축으로 상향 조정함으로서 정부의 탄소중립을 위한 정책의지를 보여준 바 있다(표 9.2).

표 9.2 2023 국가 온실가스 감축목표 수정안

구분	부문	2018	2030 목표	
			기존 NDC ('21.10)	수정 NDC ('23.3)
배출량 합계		727.6	436.6 (40.0%)	436.6 (40.0%)
배출	전 환	269.6	149.9 (44.4%)	145.9 (45.9%)
	산 업	260.5	222.6 (14.5%)	230.7 (11.4%)
	건 물	52.1	35.0 (32.8%)	35.0 (32.8%)
	수 송	98.1	61.0 (37.8%)	61.0 (37.8%)
	농축수산	24.7	18.0 (27.1%)	18.0 (27.1%)
	폐기물	17.1	9.1 (46.8%)	9.1 (46.8%)
	수 소	(-)	7.6	8.4
	탈루 등	5.6	3.9	3.9
흡수·제거	흡수원	(-41.3)	-26.7	-26.7
	CCUS	(-)	-10.3	-11.2
	국제감축	(-)	-33.5	-37.5

9.3.1 축산 부분 온실가스

유엔 식량기구에서 제시한 세계 축산환경 모델(GLEAM 3.0)에 의하면 축산분야에서 발생되는 온실가스는 62억톤으로 메탄(CH_4), 아산화질소(N_2O)가 주요 온실가스이다. 전 세계 축산분야에서 발생하는 온실가스는 전체 배출량의 11%를 차지하는 것으로 계측된다. 특히 축산분야에서 발생되는 주요가스인 메탄과 아산화질소는 지구온난화지수(GWP) 대비 이산화탄소를 1로 기준으로 할 때 메탄은 25배, 아산화질소는 296배 높아 각각의 가스의 발생량과 감소방안이 선별적으로 준비되어야 한다.

가축 생산을 통해 발생되는 온실가스는 7.1Gt CO_2-eq($n \times 10^9$ tonnes of CO_2 equivalent)에 이른다. 이중 반추가축에서 발생되는 온실가스는 전체 가축품종에서 65%에 달한다. 가축에서 발생되는 온실가스는 메탄발생이 주원인이 된다.

국내 한우는 우리나라 장내 발효 부문 온실가스 배출량의 약 60%를 차지하는 핵심적인 배출원이다.(그림 9.3) 주로 축산에서의 온실가스는 소, 젖소, 양 및 염소에서 사료를 섭취할 때 미생물의 발효과정에서 나오는 메탄이 주요 온실가스이다.

반추가축의 경우 장내 메탄 발생으로 사료에너지의 2-15%가 메탄가스로 전환됨에 따라 사료효율 손실을 초래함으로서 사료 효율의 향상을 위해서도 메탄발생 억제방안

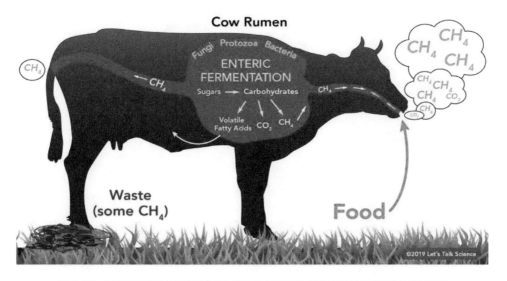

그림 9.3 소에서의 메탄 발생경로(사료 섭취 후 미생물에 의한 사료분해과정에서 메탄발생

(https://www.civilsdaily.com/news/methane-pollution-cows)

이 필요하다. 따라서, 현재 가축 장내발효에 의한 메탄배출 저감을 위해 양질의 조사료 급여, 사료 내 첨가제 적용, 가축생산성 향상 등 직간접적인 방법이 적용되고 있으나, 이들 다양한 방법들에 의한 온실가스 저감효율에 대한 정량적 자료가 부족하고, 분뇨에 의한 이차오염원의 위험성 등에 대한 연구나 결과가 취약한 실정이다.

9.3.2 반추 가축의 장내 미생물에 의한 메탄 생성 과정

반추 가축의 가장 큰 위를 차지하고 있는 반추위(rumen)는 수많은 미생물이 상호 공존하는 생태계를 유지하고 있다(그림 9.4). 주요 반추위 내 미생물로는 박테리아가 10^{10} ~10^{11} cells/ml, 프로토조아는 10^4~10^6cells/ml, 곰팡이는 10^3~10^6cells/ml, 메탄을 생성하는 고세균류는 10^7~10^9cells/ml으로 미생물 세포수는 인간세포의 40~500배 정도이다. 한우의 반추위에 존재하는 미생물은 조사료나 섬유질 사료를 급여시 이를 분해하는 섬유소 분해 및 헤미셀룰로오스 분해 미생물이 우점하고 있다. 주요 섬유소 분해미생물로 *Fibrobacter succinogenes*, *Ruminococcus flavefaciens* 및 *Ruminococcus albus*가 있으며 섬유소에 부착하여 세포표면에 섬유소를 분해하는 섬유소분해효소를

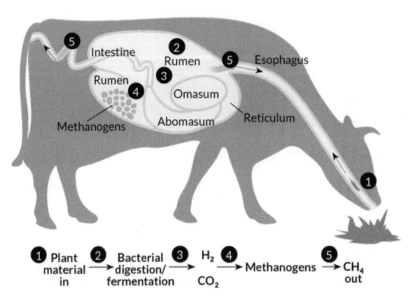

그림 9.4 소의 반추위에서의 메탄생성미생물에 의한 메탄생성과정
(http://english.isa.cas.cn/rh/rp/201705/t20170518_177188.html)

분비하여 다양한 다당류를 가수분해 시킨다. 최근의 분석결과에 따르면 반추위 박테리아중 *Provotella, Butyrivibrio, Ruminococcus, Lachnospiraceae, Ruminococcaceae, Bacteroidales* 및 *Clostridiales*가 전체 미생물의 67%를 차지하고 있으며, 반추동물의 품종, 사료급여방법, 급여수준에 따라 박테리아의 군집은 변화할 수 있다. 반추위에서 메탄을 생성하는 미생물을 메탄생성균 (methanogens)이라 한다.

이들 미생물은 원핵생물로 대부분 산소가 없는 혐기성 조건에서 살고 있으며 반추위의 상피세포 주변이나 프로토조아, 곰팡이에 공생하여 살고 있다. 반추위에 서식하는 프로토조아는 400여 종이 넘는 것으로 알려져 있으며 편모로 운동하는 편모충 프로토조아(protozoa)와 섬모로 운동하는 섬모충 프로토조아로 구분한다. 메탄생성균은 프로토조아의 벽에 많은 수가 공생을 하고 있어 프로토조아를 제거시 메탄생성량이 줄어들며 프로토조아는 대사과정에서 많은 양의 수고를 생성하므로 수소를 이용하는 메탄생성균에 의해 메탄 발생도 증가하게 된다. 따라서 프로토조아를 제거하면 반추위에서 수소생성량이 감소하고 메탄생성균에 의한 증식이 억제되므로 메탄 생성을 막을 수 있는 방안으로 고려되고 있다.

반추가축에서 배출하는 온실가스 발생량을 비교해보면 비육우에서 발생하는 온실가스 발생량이 가장 높고 순차적으로 젖소, 돼지, 버팔로, 양계 순으로 발생한다(그림 9.5). 이들 데이터를 근거로 최근 소가 기후위기 시대의 온실가스의 주범으로 소 한 마

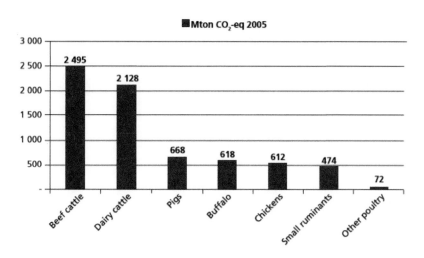

그림 9.5 축종별 온실가스 발생량 비교, FAO 2013

리가 배출하는 온실가스가 자동차 한 대보다 많다는 주장들이 나오고 있다. 그러나 온실가스 배출량의 산정은 기후변화정부간 패널(IPCC)에서 온실가스 배출량을 산출 시 소의 장내발효에서 배출하는 부문별 직접 배출량을 계산하여 산출하기 때문에 정확한 산출량에 대한 근거를 명확히 할 필요가 있다.

지구온난화에 약 7.9% (2007년 기준)를 기여하고 있는 아산화질소(nitrous oxide, N_2O) 역시 매우 중요한 지구 온난화의 주범으로 알려져 있다. 주요 온실가스인 아산화질소의 지구온난화 가능성(GWP, Global Warming Potential)은 이산화탄소에 비해 296배에 이르고 분해되는데 120년의 소요되는 것으로 알려져 있어 온실가스 내 잔존비율이 적음에도 불구하고 많은 관심을 받고 있다. 대기 중 아산화질소의 농도는 1750년 270 ppb에서 2004년 18% 증가한 319 ppb로 측정되고 있으며, 대기 중에서 매우 안정하여 성층권에서 오존층을 파괴하는 물질로 알려져 있어 감축방안 수립이 필요하다.

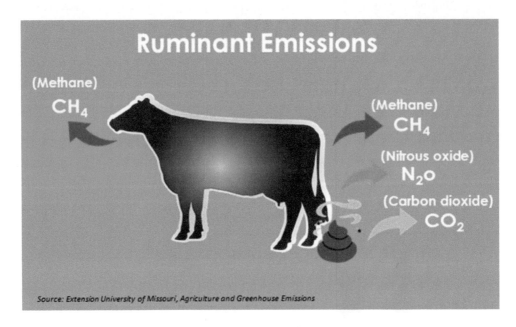

그림 9.6 분뇨에서의 아산화질소 및 메탄 발생
(https://dairy.extension.wisc.edu)

축산 부분에서 발생되는 아산화질소는 가축분뇨의 처리 과정, 목초 및 사료작물 생산과정에서 주로 발생하는 것으로 알려져 있고, 축산분야에서 배출되는 온실가스(그림 9.6)의 상당량을 차지하고 있어 축산분야에서 감축의 필요성이 증대되고 있으며 이산화탄소에 비해 비용 대비 감축 효과가 크다. 축산업의 발달로 인해 증가된 아산화질소의 발생을 억제하기 위해 가축두수 당 육류생산성을 증대시키는 방안이 대두되고 있으므로 초지 생산 효율 증대, 사료효율 증대, 아산화질소 발생 저감사료의 선택, 첨가제의 개발, 축분의 이용 및 처리기술 개발에 대한 대책이 필요한 실정이다.

또한 가축이 섭취하는 대부분의 질소 성분이 배설됨으로써 아산화질소의 배출원으로 작용하기 때문에 가축사육 시 배출되는 질소의 양을 저감하기 위한 방안이 요구되고, 그러기 위해서는 가축이 필요한 적절한 질소량을 제공하기 위한 정량적 접근이 필요한 실정이다. 이를 위한 한 예로 축분의 신재생에너지로의 전환에 대한 연구는 국내에서 전무한 실정이므로 국가 경쟁력 확보를 위해 온실가스 저감과 더불어 축분의 재생에너지로써의 전환 기술이 요구된다.

9.3.3 축산 부분 온실가스 국내외 연구 동향

축산분야에서의 온실가스 감축은 우선 국제적으로 공인된 방법에 따라 국가 온실가스 배출량과 배출원의 정량화된 자료를 만드는 온실가스 인벤토리를 산정하는 것이다. 이러한 인벤토리의 보고 원칙은 5대 원칙을 기준으로 산정하는데 투명성, 정확성, 안전성, 일관성 및 비교가능성을 기본원칙으로 인벤토리를 산정한다. 통합관리 정책기술개발은 우선적으로 농축산업 부문의 상위 Tier 1을 적용하여 배출 및 흡수 계수 개발

온실가스 인벤토리 산정등급의 분류 (Tier 1~4)

Tier 가 높을수록 결과의 신뢰도와 정확도가 높아진다.

① Tier 1 : IPCC 기본배출계수(기본산화계수, 발열량 등 포함)을 활용하여 배출량을 산정하는 기본방법
② Tier 2 : Tier 1 보다 더 높은 정확도를 갖는 활동자료.
　　　　　국가 고유배출계수 및 발열량 등 일정부분 시험,분석을 통해 개발한 매개변수값을 활용한
　　　　　배출량 산정방법
③ Tier 3 : Tier 2 보다 더 높은 정확도를 갖는 활동자료.
　　　　　사업장 배출시설 및 감축기술 단위의 배출계수 등 상당 부분 시험,분석을 통해 개발한 매개변수값을
　　　　　활용한 배출량 산정방법
④ Tier 4 : 굴뚝자동측정기기 등 배출가스 연속측정방법을 활용한 배출량 산정방법, 연속배출계수(CEM)

그림 9.7 온실가스 측정을 위한 배출가스 측정방법

및 검증기술개발을 목표로 하고 있다. 일반적으로 Tier 1은 기후변화에 대한 정부간 패널(IPCC) 기본 배출계수적용 (활동오차 7.5% 이내), Tier 2는 국내 여건을 반영한 국가 고유계수 적용(활동오차 5%이내), Tier 3는 시설단위 계수 자체 개발, 모델링 및 고도화된 방법을 적용한 직접측정 (활동오차 2.5% 이내) 배출계수를 산정하고 있다(그림 9.7).

국내 축산부분에서 가축의 장내발효에 의한 메탄 발생량은 IPCC에서 기후와 가축의 생산성을 기준으로 제시하는 고정된 배출계수와 기초적인 가축분류를 근거로 산출하는 Tier 1 방법을 적용하여 왔으나 2003년 이후부터 국내 축적된 연구 자료와 통계를 근거로 각 품종별 특성과 생산성에 대한 고유의 배출계수를 산출하는 Tier 2 방법을 적용하여 추정할 예정이다(표 9.3). Tier 2 방법에 의한 메탄 배출계수는 각 세 분류 집단의 가축의 생산성, 생체중, 도체중, 일당 증체량, 소화율을 근거로 산출하였고 한우의 메탄 배출계수는 39-49 kg/head/year이고 젖소의 배출계수는 107 kg/head/year정도이다.

표 9.3 Tier 2를 적용한 축종별 장내발효에 의한 국가 단위 메탄 배출 통계 (단위:Gg/year)

축 종	1996	1997	1998	1999	2001
한우					
송아지	44.32	43.18	35.08	28.11	19.81
비육우	9.33	10.59	10.65	9.68	7.84
번식우	71.98	66.44	59.24	48.07	34.05
합계	125.57	120.21	104.97	85.86	61.70
젖소					
송아지, 육성기, 건유기	14.59	14.51	14.28	14.15	17.49
비육우	2.73	3.10	3.11	2.83	2.30
착유우	33.66	33.04	32.84	33.27	28.27
합계	50.98	50.65	50.23	49.6	48.06

(출처 국립축산과학원)

국가 기후변화 대응을 선도하는 농림수산식품 산업을 위해 국내의 연구 목표는 다음과 같은 내용을 가지고 추진하고 있다. 특히 축산분야의 주요 정책으로 흡수, 감축, 및 적응을 위해 우선 흡수를 위한 추진과제로서 조사료 재배를 우선적으로 추진하고자 진행 중이며, 감축을 위해 시설현대화, 분뇨자원화, 에너지화, 축산업 허가제를 두고, 적응을 위해 가축사양, 축사관리기술개발, 질병방지대책을 중점사항으로 하고 있다.

기후변화 완화를 위한 국외 기구로서 2009년 12월 코펜하겐에서 열린 제15차 당사국총회의 기후변화 협약의 이행을 위한 후속조치로써 뉴질랜드의 기구 창설 제안을 통해 공동선언 형태로 Global Research Alliance on agricultural greenhouse gases(GRA)가 창설되었다(그림 9.8). GRA는 농업분야 기후변화 대응 및 식량안보를 위한 국제 공동연구의 일환으로 창설되었으며 농업부문 온실가스 감축을 위한 국가 간 연구 결과 공유, 학계와 정부 간의 대화와 협력을 유도하기 위해 노력하고 있으며 현재 32개국이 가입되어 있으며 우리나라는 2011년 6월 24일에 GRA 헌장에 사인을 하며 가입하였다.

축산(livestock) 분과에서는 당면 목표로 각 연구원의 온실가스 배출에 관련한 연구들의 정보의 수집·대조·분석; 온실가스 측정법에 대한 규격화 및 우수실행 가이드라인의 개발; 미생물 유전 및 가축분뇨 처리 등에 관련된 네트워크 및 DB 구축; 회원국 간 공동연구 기회 확대 등을 내세우고 있다. 축산분과는 두 개의 하위 그룹(반추동물, 비반추 동물)으로 나누어 진행하고 있으며, 연구 결과가 각 농부들에게 보급될 수 있도록 노력하고 온실가스 감축 방법에 대한 내용을 분류·목록화하고 있다.

그림 9.8 Global Research Alliance의 주요 활동 예
(https://globalresearchalliance.org/event)

축산분야 기후변화 완화를 위한 방안으로 일본은 바이오매스(biomass)의 자원화에 노력을 기울이고 있다. 바이오매스란 우리 주변에서 흔히 볼수 있는 나무, 풀, 가지, 잎, 부리 등 광합성으로 생성되는 모든 식물자원을 포함하고 있다. 최근에는 톱밥, 볏집 부터 음식물 쓰레기, 축산분뇨에 이르기까지 산업 활동에서 발생하는 유기성 폐자원을 모두 바이오매스 자원이라고 한다. 현재 지구상에는 약 2조 톤의 바이오매스가 발생되고 있으며 바이오매스로 만들어 내는 자원을 바이오에너지라 한다. 전 세계적으로 석유의 비중이 가증 큰 에너지원으로 쓰이고 있으나 향후 석유자원이 고갈 시 대체자원으로 바이오매스의 이용이 증가할 것으로 예측하고 있다. 일본의 바이오매스 부존량은 원유 환산으로 2,919만 kℓ/년으로 추산되는데, 이 중 바이오매스 자원 발생량 및 이용율은 아래 표 9.4에서 볼 수 있으며(김광수 등, 2010), 이 중 이용 가능한 바이오매스 자원은 목질이 가장 많으며 그 뒤로 농업 관련 자원이다(표 9.4). 일본의 2006년 바이오매스 이용량은 원유 환산가치로 6.12Mton이었으며 이는 일본의 일차 에너지 공급량(527.56 Mton) 중 1.2%를 차지하였으며, 주로 제지업 및 농림축산업의 폐자원, 가정 및 사무소 등에서 나오는 쓰레기를 연소하여 에너지를 얻는다. 2010년의 바이오매스를 이용한 발전 및 열 이용의 목표는 각각 원유환산 586kℓ 및 308kℓ 였으며 2030년의 목표는 2010년에 비해 각각 2.3배 및 2.2배이다.

표 9.4 일본의 바이오매스 발생량

바이오매스	연간 발생량	이용현황
가축배설물	약 8,700만톤	약 90%
하수슬러지	약 7,500만톤	약 70%
흑액	약 7,000만톤	약 100%
폐지	약 3,700만톤	약 60%
식품폐기물	약 2,000만톤	약 20%
제재공장 등의 폐재	약 430만톤	약 95%
건설시 발생 폐목재	약 470만톤	약 70%
비식품 농작물	약 1,400만톤	약 30%
산림폐재	약 340만톤	약 2%

(출처: 김광수 등, 2010)

이외에 가축 분뇨 및 식품 폐기물을 이용한 메탄 생성 기술은 개발되어 있으나 보급을 위한 수집·운송이나 메탄 발효 후의 폐기물 처리는 해결이 필요한다. Non-CO_2 온실가스 배출 저감 및 탄소 흡수(일본정부, 2010)를 위해 논에서는 화학비료 사용 감소 및 사용된 화학비료 이용 극대화 방법을 개발/도입하여 아산화질소 배출량을 줄이고, 토양 개선을 위한 볏짚 사용에서 퇴비사용으로 경작방법을 개선하여 메탄을 감소시키고 있다. 또한 산림의 탄소 흡수를 촉진하기 위한 기술을 개발하는 연구도 진행하고 있다.

영국의 경우 오래된 전통농업국가로 국토의 약 75% 이상이 직접적으로 농업에 이용되고 있으며 오랫동안 온실가스 배출에 농업이 기여하는 비율과 그 결과에 대해 연구를 지속하고 있다. 이들 온실가스 가운데 가축 산업에서 발생하는 메탄가스와 아산화질소(nitrous oxide)가 차지하는 비율이 높아 이들의 발생량을 줄이기 위해 정부와 연구단체 등에서 지속적인 노력을 기울여 왔다. 한 예로 메탄발생량을 줄이기 위해서는 우선 첫째로 생활 패턴을 변화해야 한다고 설명하고 있다. 예를 들면 탄소 배출이 많은 육류의 섭취를 줄이는 노력이 그러한 예인데 이는 과도한 육류 섭취와 이로 이한 포화지방산의 섭취로 인해 발생하는 성인병의 예방이라는 차원에서도 긍정적으로 받아들여지고 있다. 그러나 이러한 노력은 몇몇 선진국에서는 긍정적으로 검토가능 하지만

그림 9.9 식물성 버거원료를 이용한 인공육을 이용한 버(Beyond meat), 고기 대체식품

(/best-meat-substitute-burgers-taste-test)

급격한 경제성장으로 육류 섭취가 증가하는 중국, 인도 등의 국가에서는 물론 육류의 섭취가 서방 선진국에 비하면 현저하게 낮은 우리나라에서도 논란을 야기할 수도 있다. 이외에도 최근 들어 여러 회사들이 고기를 복제하기 위한 식물성 버거를 출시하여 고기 대체 제품을 판매하고 있다(그림 9.9). 이러한 경향은 점차 시장에서의 고기를 대체한 새로운 식품산업으로 소비자들에게 관심을 가지게 되었으며 다양한 옵션을 포함한 제품들이 출시되고 있다.

또한 온실가스 감축을 위해서는 첫째로 가정에서 버려지는 음식물의 쓰레기를 줄이자는 운동 역시 관심이 가는 항목이고 둘째로 적절한 사양관리를 통해 가축 생산성을 높이고 결과적으로 이를 통해 온실가스의 배출을 줄이는 방안으로 활용될 수 있다. 이외에는 사료 조절, 첨가제, 항생제, 백신을 이용하는 방법 등을 포함하는데 시험관내에서는 탁월한 효과를 보이더라도 실제 동물에서는 효과를 보이지 않거나 지속적인 효과를 보이는 것이 적어 실제 응용까지는 아직도 어려움이 있을 것으로 보인다. 이들 가운데 특히 효과가 좋은 항생제유사물질(ionophores)는 유럽뿐만 아니라 국내에서도 가축에 사용이 금지되어 있으나, 그럼에도 지속적인 연구 노력을 계속 되는데 Agricultural Greenhouse Gas Platform 이라는 연구 그룹이 영국 정부 (DEFRA) 지원 하에 결성되어 동물 산업에서 메탄과 아산화질소의 배출에 관해 연구하고 이를 수치화, 모델화하는데 연구를 진행한 바 있다.

9.3.4 축산부분 기후변화 완화 전략

축산분야의 온실가스는 크게 메탄(CH_4), 아산화질소(N_2O), 이산화탄소(CO_2)로 구분할 수 있다. 첫째로 가축에서 가장 많이 발생하는 온실가스는 장내 발효를 통해 발생하는 메탄이다. 장내발효 과정에서 배출되는 메탄(CH_4)은 가축의 소화과정에서 생기는 일반적 부산물이며, 가축이 섭취한 사료가 소화되는 과정에서 장(腸)에 있는 미생물들이 그것을 발효하는 과정에서 발생한다. 반추(反芻) 가축은 소화관에 있는 특정 미생물의 존재 때문에 탄수화물 형태인 셀루로스(cellulose)를 소화하는 과정에서 메탄의 발생량이 많지만 비 반추가축도 역시 메탄을 만들어내며, 이러한 과정을 장내발효(場內醱酵)라고 부른다. 대가축인 반추가축의 소화기관의 유형은 메탄 방출의 비율에 중요한 영향을 끼치고 있다. 반추가축은 혹위(전위,반추위) 안에서 많은 양의 메탄 생성

발효작용이 일어나기 때문에 메탄의 배출량이 높다. 주요 반추 가축은 소, 염소, 양 및 낙타가 있으며, pseudo-ruminant animals(말, 노새, 당나귀)와 단위가축(monogastric animals, 돼지, 닭 등)은 소화기관에서 반추가축에 비해 적은 메탄 생성 장내발효로 인해 상대적으로 적은 메탄 배출량을 보인다. 배출된 메탄의 양은 가축의 유형, 나이, 무게, 사료의 질과 양, 그리고 에너지 소비에 따라 다르므로 메탄 감축을 위해서는 가축의 생산성과 연관된 다양한 전략들이 필요하다.

가축분뇨에서 가장 많이 발생하는 온실가스로는 메탄과 아산화질소가 있다. 가축 분뇨는 유기물로 구성되어 있는데, 이 유기물이 혐기적 환경에서 분해될 때 메탄생성균(methanogen)에 의해 메탄이 발생한다. 가축 분뇨의 메탄 배출량에 영향을 주는 주요 요인은 분뇨량, 분뇨의 유기물 양과 혐기적으로 분해되는 분뇨의 분해율 이다. 분뇨량 및 분뇨의 유기물 양은 한 마리당 배설하는 양과 개체수, 그리고 섭취 사료에 따라 달라진다.

또한 혐기적으로 분해된 분뇨의 분해율은 분뇨의 관리법에 따라 달라지는데, 예를 들어, 분뇨가 액체로 저장되거나 처리될 때(예: lagoons, 연못, 탱크, 구덩이) 혐기적으로 분해되는 경향이 있고 이에 따라 많은 양의 CH_4이 생산되며, 분뇨가 고체 형태(예: 퇴비화 등)로 관리될 때 또는 방목하는 가축이 초원과 목장 등 방목지에서 배설할 경우 그 분뇨는 호기적으로 분해되는 경향이 있고 CH_4은 혐기적 상황에서 보다 적게 발생된다.

일반적으로 메탄 배출량을 측정하기 위해서는 가축 개체수, 가축 당 생성되는 분뇨의 다양한 양과 유기물 양, 그리고 분뇨를 처리하는 방식을 반영하여야 한다. 가축분뇨의 아산화질소 배출은 가축분뇨의 질소 성분의 분해 과정에서 일어나는데, 분뇨가 질산화 및 탈질화 과정을 거치면서 질소 성분이 분해되어 질소가스가 되는 과정의 전 단계의 부산물로 발생하거나 산소가 부족한 상황에서 질산화 과정 도중에 발생하기도 한다. 질산화는 산소의 공급이 원활할 경우 일어나는 현상이며 탈질화는 산소의 공급이 원활하지 않아 산소가 부족한 환경에서 일어나는 현상인데, 이러한 과정을 통해 배출되는 N_2O의 양은 분뇨처리 체계와 기간에 달려 있다.

더불어 분뇨의 저장과 관리(분뇨가 토양으로 축적되기 전) 중 발생하는 N_2O는 직접적 배출이며 토양으로 유출된 분뇨 혹은 분뇨에서 발생한 암모니아와 질소산화물이 토양에 축적되어 발생한 N_2O는 간접적 배출로 규정함. 또한 이러한 메탄과 아산화질소의 배출량은 가축분뇨 처리시설이 위치한 지역의 기후환경에도 영향을 받는 것으로 알려져 있다.

가축의 사양관리 및 사료관리 측면도 온실가스를 감축하는데 중요한 기능을 하고 있다. 국내 한국형 가축의 사양표준(농친청)은 2012년과 2017년 개정되어 가축의 생산성을 높이기 위한 다양한 정보를 제공하고 있다. 2017년 한우사양표준개정판에는 가축의 메탄발생량에 관한 기초적인 자료가 제시된 바 있으며, 반추가축에서 발생되는 온실가스를 가장 효율적으로 줄일 수 있는 방안은 축산물 단위당 메탄 발생량을 감소시키는 효율적인 사료와 사양 방법을 개발하고 인증하는 것으로 보인다. 그런 한우와 낙농 사양관리 방법에 따른 축산물 단위당 메탄발생량의 차이에 대한 국내 연구는 사실상 부족하여 한우의 경우 국내 고유의 품종으로써 메탄생성에 관련된 미생물 균총의 특징연구와 그에 따른 기후변화 대응 사양관리 연구는 반드시 선행되어야 한우의 국제 경쟁력 확보에 한 축이 될 수 있을 것이다.

국내 낙농산업의 경우, 조사료(forage) 기반이 약하여 사료원료를 포함한 조사료 대부분을 해외 수입에 의존하는 현실에서, 옥수수 사일리지가 아닌 국내 특유의 TMR과 배합사료 사양에 따른 기후변화 관련 지표의 완성과 최적모델의 적용이 시급함. 조사료의 경우, 국내 자급 조사료의 소화율 향상과 TMR 배합의 품질 균일화로 반추위내 발효효율을 향상시켜 축산물 단위당 메탄 발생량을 최소화 하는 연구가 병행되어야 한다.

바이오 가스를 에너지 자원으로 이용하는 방안도 온실가스 감축과 환경보존에서 중요한 역할을 할 수 있다. 바이오 가스는 음식물쓰레기와 가축분뇨, 하수 슬러지 등과 같은 유기성 폐자원이 처리되는 과정에서 나오는 가스로 대표적인 신재생에너지이다 (그림 9.10). 독일은 바이오가스 생산시설이 1만개 이상이 있는 것으로 알려져 있으며 덴마크는 도시가스공급의 25%를 바이오 가스로 충당하고 있다. 바이오 가스 시설은 생물학적 처리공정으로 혐기성 소화를 기반으로 한다. 유기성 자원을 바이오 가스로 전환하는데 다양한 미생물학 공정이 필요하며 주요성분으로 메탄과 이산화탄소가 발생한다. 유기성 폐자원을 이용한 바이오가스를 회수하는 과정에서 발생하는 이산화탄소와 메탄은 온실가스로 산정하지 않기 때문에 탄소중립을 위한 중요한 감축방안으로 활용될 수 있다(그림 9.11).

바이오가스의 생성 과정

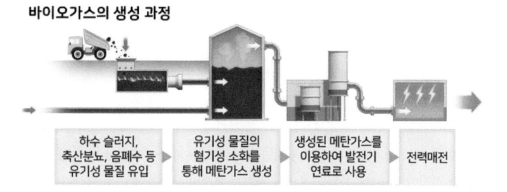

| 하수 슬러지,
축산분뇨, 음폐수 등
유기성 물질 유입 | 유기성 물질의
혐기성 소화를
통해 메탄가스 생성 | 생성된 메탄가스를
이용하여 발전기
연료로 사용 | 전력매전 |

그림 9.10 바이오 가스 생성 공정

(https://m.ecomedia.co.kr/news/newsview.php?ncod)

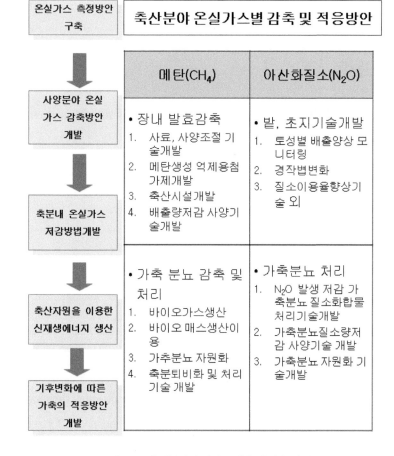

온실가스 측정방안 구축	축산분야 온실가스별 감축 및 적응방안	
	메탄(CH$_4$)	아산화질소(N$_2$O)
사양분야 온실가스 감축방안 개발 축분내 온실가스 저감방법개발	• 장내 발효감축 1. 사료, 사양조절 기술개발 2. 메탄생성 억제용첨가제개발 3. 축산시설개발 4. 배출량저감 사양기술개발	• 밭, 초지기술개발 1. 토성별 배출양상 모니터링 2. 경작볍변화 3. 질소이용율향상기술 외
축산자원을 이용한 신재생에너지 생산 기후변화에 따른 가축의 적응방안 개발	• 가축 분뇨 감축 및 처리 1. 바이오가스생산 2. 바이오 매스생산이용 3. 가추분뇨 자원화 4. 축분퇴비화 및 처리기술 개발	• 가축분뇨 처리 1. N$_2$O 발생 저감 가축분뇨 질소화합물 처리기술개발 2. 가축분뇨질소량저감 사양기술 개발 3. 가축분뇨 자원화 기술개발

그림 8.10 축산분야 온실가스 감축 및 적용 방안

9.4 결론

최근 '정부 간 기후변화위원회'(IPCC, Intergovernmental Panel on Climate Change)의 평가에 의하면, 2100년까지 지구 표면의 평균 기온은 6.4℃, 해수면은 최대 59cm 상승할 것으로 예상되고 있다. 따라서 지구 전반적인 기후변화와 생태계의 불균형에 기인한 물 부족, 식량문제 등의 문제가 인간의 생활에 직접적으로 영향을 끼칠 수 있어 이에 대한 적극적 대처방안 수립이 필요한 실정이다. 특히 축산물의 소비가 급격하게 증가되는 시점에서 축산부분의 기후변화 완화는 국가의 경쟁력 제고 및 축산업이 다른 산업과 상호 보완적인 산업으로 자리매김과 안정적이고 지속적인 산업으로의 발전을 위해서 반드시 필요한 부문이다. 이를 통해 지속적이고 환경 친화적인 동물 산업의 토대를 구축하여야 한다.

9.5 참고문헌

- A. Beauchemin. **2010**. Life cycle assessment of greenhouse gas emissions from beef production in western Canada

- Christel Cederberg, Magnus Stadig. **2003**. System expansion and allocation in life cycle assessment of milk and beef production, The International Journal of Life cycle Assessment, 8(6): 350-356

- https://globalresearchalliance.org/event

- https://dairy.extension.wisc.edu

- IPCC guideline 2006, emission from livewtock and manure management, chapter 10, pp. 10.7 – 10.2

- IPCC. **2018**. Special report: Global warming of 1.5 ℃. An IPCC Special Report on the impacts of global warming of 1.5 ℃ above pre-industrial levels and related global greenhouse gas emission pathways, in the context of strengthening the global response to the threat of climate change, sustainable development, and efforts to eradicate poverty (V. Masson-Delmotte, P. Zhai, H.-O. Pörtner, D. Roberts, J. Skea, P.R. Shukla,

A. Pirani, W. Moufouma-Okia, C. Péan, R. Pidcock, S. Connors, J.B.R. Matthews, Y. Chen, X. Zhou, M.I. Gomis, E. Lonnoy, T. Maycock, M. Tignor & T. Waterfield, eds.), 616 pp. Cambridge, UK & New York, USA, Cambridge University Press.

- www.ipcc.ch/site/assets/uploads/sites/2/2019/06/SR15_Full_Report_High_Res.pdf
- IPCC. **2021**. Climate change 2021: The physical science basis. Contribution of Working Group I to the Sixth Assessment Report of the Intergovernmental Panel on Climate Change (V. Masson-Delmotte, P. Zhai, A. Pirani, S.L. Connors, C. Péan, S. Berger, N. Caud, Y. Chen, L. Goldfarb, M.I. Gomis, M. Huang, K. Leitzell, E. Lonnoy, J.B.R. Matthews, T.K. Maycock, T. Waterfield, O. Yelekçi, R. Yu & B. Zhou, eds.). Cambridge, UK & New York, USA, Cambridge University Press. https://doi.org/10.1017/978100915789
- Ministry of Environment Korea. **2013**. The Act on the Allocation and Trading of Greenhouse Gas Emission Permits. Ministry of Environment Korea, Seoul, Korea.
- Ministry of Environment Korea. **2013**. The Framework Act on Low Carbon, Green Growth. Ministry of Environment Korea, Seoul, Korea.
- 한우자조금위원회. **2021.** 2020년 한우자조금 성과분석 연구 최종보고서
- 온실가스종합정보센터. **2022.** 국가 온실가스 통계·산정·보고 검증 지침
- 농림축산식품부. **2022.** 2014-2021 농림축산식품통계연보

CHAPTER 10

기후변화와
지속 가능한 식품산업

학습 목표

- 지구온난화를 야기하는 식품산업 활동을 설명할 수 있다.
- 식품산업에서의 탄소중립 실현 방안을 제시할 수 있다.
- 업사이클링을 정의하고 식품산업에서의 사례를 들어 설명할 수 있다.
- 푸드테크를 정의하고 이에 해당하는 예시를 제시할 수 있다.
- 기후변화 대응 미래식품산업을 설명할 수 있다.

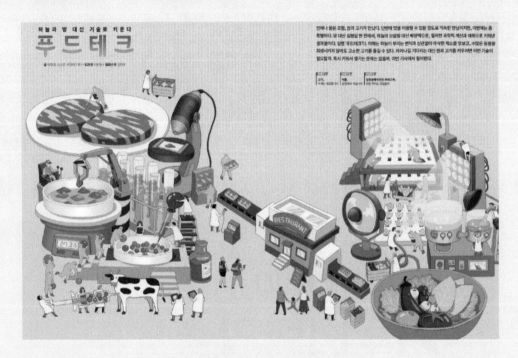

그림 10.1 하늘과 땅 대신 기술로 키운다, 푸드테크

(출처: 과학동아 2021년 11호 표지)

이 단원에서는 식품산업과 지구온난화와의 관계를 푸드시스템 단계별로 이해하고 지속 가능한 푸드테크와 가치소비는 무엇인지 학습하여 건강한 나, 지속 가능한 지구를 만들어가는 소양을 배양시키고자 한다.

📖 함께 생각해보기

- *나의 식품소비 패턴은 지구온난화에 어떤 영향을 미칠 수 있을까?*
- *건강한 식생활과 지속 가능한 식품산업은 어떤 관계가 있을까?*
- *푸드테크는 미래 식품산업을 어떻게 변화시킬까?*

10.1 지구온난화와 식품산업

10.1.1 지구온난화

일반적으로, '날씨'는 우리가 매일 경험하는 기온, 바람, 비 등의 대기 상태를 말하며, '기후'는 수십 년 동안 한 지역의 날씨를 평균화한 것을 말한다. 기후는 위도, 바다로부터의 거리, 식물, 산의 존재 또는 다른 지리적 요소에 의존하기 때문에 장소에 따라 다양하며, 또한 시간에 따라서도 다양하게 나타난다. 즉, 계절과 계절, 1년 주기, 10년 주기 그리고 빙하 시기 같은 시간 규모에 따라 다르므로 일반적으로 수십 년 또는 그 이상 지속되는 기후 또는 변동성이 평균적 상태에 비하여 통계적으로 중요한 변동을 '기후변화'라 말한다.

기후변화협약(UNFCCC)에서는 '직접적 또는 간접적으로 전체 대기의 성분을 바꾸는 인간 활동에 의한, 그리고 비교할 수 있는 시간 동안 관찰된 자연적 기후 변동을 포함한 기후의 변화'를 기후변화라고 정의하고 있다. 긴 시간 동안(평균 30년) 평균값에서 조금씩 변화를 보이지만 평균값을 벗어나지 않는 자연적인 기후의 움직임은 '기후변동성'이라고 할 수 있다. 즉, '기후변화'는 기후변동성의 범위를 벗어나 더 이상 평균 상태로 돌아오지 않는 평균 기후체계의 변화를 가리킨다. 이러한 변화는 전 지구 대기의 조성을 변화시키는 인간의 활동이 직접 또는 간접적 원인이 되어 야기되며, 충분한 기간 동안 관측된 자연적인 기후변동성에 추가하여 일어나는 기후의 변화와 같은 자연적 원인과 구분된다.

2020년대에 들어오면서 기후변화는 '지구온난화'로 인한 기후변화를 지칭하는 일반적인 용어로 전문가 뿐만 아니라 일반인들에게도 널리 인지되고 있는데 그 이유는 국지적으로 간헐적으로 나타났던 지구온난화 현상들이 이제는 전 세계인이 체감할 수 있는 정도의 이상 기온 현상들이 넓게 확산되어 나타나고 있기 때문이다. 다음과 같은 2023년 이상 기온으로 인한 기후변화 현상에 관한 기사를 보면 매년 새로운 기록들이 갱신되고 있으며 이러한 지구의 변화는 곧 다가올 미래에 인류의 생존을 위협하고 있음을 예측해 볼 수 있다.

2023년 지구온난화에 따른 기록적인 이상 기온 현상

- 전 세계 이산화탄소 배출량이 사상 최고치를 기록함.
- 2023년 여름, 지구 기온과 해수 온도는 역대 최고 기록함. 산업화 이후 이산화탄소 배출은 50% 급증한 상태이며 지난 30년 동안 지구 온도는 1.5도 상승함. 유럽은 세계 평균의 2배 상승을 보였고 남극의 빙하 규모도 역대 최소를 기록함.
- 미 항공우주국(NASA) 지구관측소에서 관찰한 2023년 2월 2일 남극 해빙의 범위는 179만㎢였는데, 이는 1979년 위성 관측을 시작한 이래 가장 낮은 수준으로 2022년 2월 25일의 최저치보다 13만㎢ 낮은 수준임.
- 유럽연합(EU)의 코페르니쿠스 기후변화서비스(C3S)는 2023년 6월 1~11일의 지구 평균 기온이 역대 같은 기간 대비 최고 수준임. 6월 지구 평균 기온이 산업화 이전보다 섭씨 1.5도 넘게 오르는 기록 수립.
- 미 기상청(NWS)에 따르면 중미 푸에르토리코에서는 체감 기온이 48.9(화씨 120도)도 넘게 치솟는 폭염 발생. 미국 텍사스와 루이지애나, 인도 등지에서도 이전에 경험하지 못한 무더위로 온열질환 환자 속출.

(출처: ESG경제, https://www.esgeconomy.com)

10.1.2 지구온난화와 산업화

온실가스(green house gases, GHG)는 대기 중에 장기간 체류하는 가스상의 물질이다. 지구는 태양으로부터 에너지를 받은 후 다시 에너지 방출하게 되는데 이때 대기 중의 여러 온실가스는 지구가 방출하는 긴 파장의 빛을 흡수해 에너지를 대기 중 묶어 두게 되고, 기체 분자의 운동량을 증가시켜 대기 온도를 상승시키며, 결국 지구 온실효과(greenhouse effect)를 나타내게 된다. 이와 같이 온실가스는 인간이 지구에서 살 수 있도록 온실 유리처럼 작용하기 때문에 매우 중요하며 인류의 생존을 위해서는 지구의 평균 기온 14℃를 유지해야 한다. 하지만 온실가스의 농도가 급격히 높아지게 되면 지구에서 우주로 방출하는 열을 대기에 묶어 온실효과가 심화되어 지구의 평균 기온이 비정상적으로 상승하게 되며 지구온난화 현상은 점점 심화된다. 이러한 지구온난화를 가속화시키는 온실가스 발생량의 증가는 산업화의 시작과 빠른 발달 속도가 주요 원인이 되고 있다.

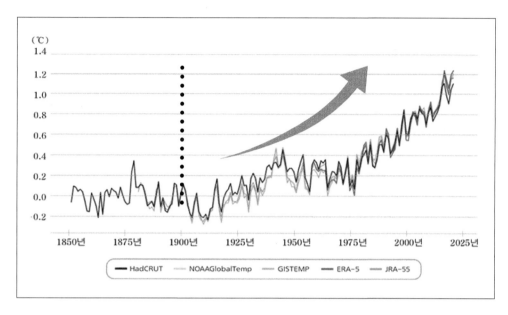

그림 10.2 1850-1900년 대비 산업화 이후 증가하는 글로벌 평균 온도 변화

(출처: 세계기상기구(WHO), State of the Global Climate 2020)

그림 10.2와 같이 지구 온도의 상승은 산업화(industrialization) 이후 급격히 증가하고 있는 것을 볼 수 있다. IPCC 6차 평가보고서(2021)에 따르면 산업화로 인한 온실가스의 증가로 산업화(1850~1890년) 이전에 비해 전 지구의 지표면 온도가 2011~2020년 10년 동안 1.09℃ 상승하였다. 이는 46억 년 지구 역사상 유례없는 급격한 변화로 50년에 한 번 발생하던 극한 고온(폭염 등) 현상이 4.8배 증가하였는데 지구의 온도가 1.5℃ 더 오르게 된다면 극한 고온 현상은 8.6배 증가할 것으로 전망되고 있다. 이러한 지구의 온도 변화는 과거 지구 온도가 1℃ 상승하는데 걸린 기간이 2,500년인데 반해 산업화 후 100년 만에 1℃가 상승하고 있으며 이는 자연적인 온도 변화 속도보다 산업화 이후 약 25배가 빠른 속도로 이러한 온도 상승 가속화는 변화의 노력이 없다면 점점 심화될 것이다.

지구온난화 대비를 위해 1997년 교토의정서에서는 6대 온실가스-이산화탄소(CO_2), 메탄(CH_4), 아산화질소(N_2O), 수소불화탄소(HFCs), 과불화탄소(PFCs), 육불화황(SF_6)-를 정의하였으며 그 특성은 다음과 같다(표 10.1).

표 10.1 **온실가스의 발생원과 특성**

온실가스	특성
이산화탄소 (CO_2)	• 인간의 화석연료 소비 증가로 배출되는 대표적 온실가스 • 관측단위는 ppm(100만분의 일) • 대기 중에 머무르는 시간이 100~300년으로 전체 온실효과의 65%를 차지 • 화석에너지 사용과 시멘트 생산 등 인간 활동과 동·식물의 호흡과정, 유기물의 부패, 화산활동 등 자연활동으로 대기 중에 배출 • 식물의 광합성 작용과 해양 흡수로 배출된 양의 약 60%가 제거됨 • 나머지 40%는 대기 중에 남아 농도가 증가
메탄 (CH_4)	• 이산화탄소 다음으로 중요한 온실가스 중 하나 • ppb(10억분의 1) 수준으로 대기 중에 존재 • 주요 배출원은 습지, 바다, 대지의 사용, 쌀농사, 발효, 화석연료 등 다양 • 소멸원은 주로 대기 중 수산화이온(OH) 라디칼로 알려져 있음 • 다른 온실가스에 비해 체류시간이 12년으로 짧아 배출량을 줄이면 가장 빠른 효과를 볼 수 있음
아산화질소 (N_2O)	• 대기 중 체류시간이 114년 되는 온실가스 • 발생원: 해양, 토양 등이 있고 화석연료, 생태소각, 농업비료 사용, 산업공정 중 배출됨 • 성층권으로 올라가 광분해 되어 성층권 오존을 파괴하면서 소멸됨
수소불화탄 (HFCs)	• 오존층을 파괴하는 프레온 가스로 염화불화탄소의 대체물질로 개발됨 • 냉장고, 에어컨의 냉매 등 인공적으로 제조되어 산업공정 부산물로 사용됨
과불화탄소 (PFCs)	• 염화불화탄소의 대체물질로 개발됨 • 탄소(C)와 불소(F)의 화합물로 만든 전자제품, 도금산업, 반도체의 세척용, 소화기 등에 사용됨
육불화황 (SF_6)	• 육불화황은 인공적인 온실효과를 유발함 • 화학적, 열적으로 안정된 기체 • 전기를 통하지 않는 특성이 있으며 반도체 생산공정에서 다량 사용됨 • 이산화탄소와 같은 양일 때 온실효과는 약 22,800배로 가장 큼 • 한번 배출되면 3200년까지 영향을 미침(이산화탄소 200년) • 대부분 성층권이나 그 상층에서 주로 단파장 자외선에 의해 파괴됨

(출처: 국가기상위성센터 홈페이지
https://nmsc.kma.go.kr/homepage/html/base/cmm/selectPage.do?page=static.satllite.greenHouseGasTab)

전 세계에서 배출되고 있는 온실가스는 위성 자료를 활용하여 관찰 및 산출할 수 있다. 우리나라에서도 매년 증가하고 있는 이산화탄소와 메탄의 농도 변화는 위성 관측으로도 확인할 수 있다. 그림 10.3은 1983~2019년 동안 국내 안면도, 고산, 울릉도 지역과 전지구(global)의 이산화탄소와 메탄 배출량을 위성 관측한 자료를 비교한 것으로 두 종류의 온실가스 모두 배출량이 지속적으로 가파르게 증가하는 것을 볼 수 있다.

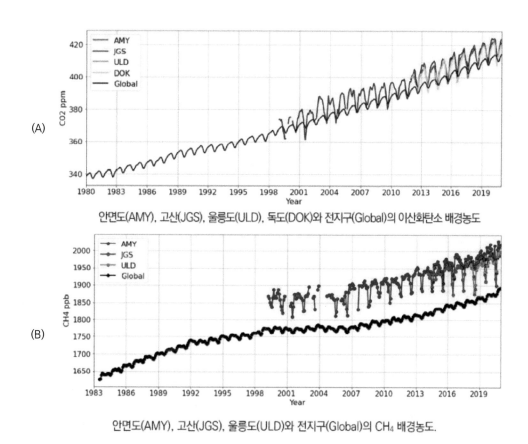

안면도(AMY), 고산(JGS), 울릉도(ULD), 독도(DOK)와 전지구(Global)의 이산화탄소 배경농도

안면도(AMY), 고산(JGS), 울릉도(ULD)와 전지구(Global)의 CH_4 배경농도.

그림 10.3 1983~2019년 국내 안면도, 고산, 울릉도 및 전지구(global)의 이산화탄소(A)와 메탄(B) 배경 농도
(출처: 국립기상과학원 지구대기감시보고서, 2020)

산업화의 시작과 발전은 인류에게 다양한 풍요로움과 편의성을 가져왔으나 산업화에 따른 온실가스 발생량의 급속한 증가는 이제 인류의 생존을 위협하는 주요 요인이 되고 있다. 산업혁명이 시작된 영국은 탄소경제로부터 시작하여 비약적인 기술발전의 혜택을 누려왔으나 이로 인한 지구환경의 파괴에 대한 책임을 자각하고 이를 해결하기 위한 저탄소 경제로의 산업 전반적인 변화를 추진하고 있다. 영국의 기후변화법이 2008년 11월 26일 영국 여왕의 재가(royal assent)를 받아 발효되었고, 2019년 6월 27일 2050년까지 탄소의 순배출량을 영(0)으로 맞추겠다는 탄소중립 관련법에 최종 서명한 이후, 2020년 11월 17일 보리스 전 영국총리가 탄소배출 내연기관의 차량을 2030년 이후 전면 금지한다는 정책을 발표하는 등 영국은 사실상 세계 최초의 탄소중립국의 면모를 보여주고 있다.

　기후변화에 대응하기 위한 국제사회의 노력은 1972년 스톡홀름 회의에서부터 시작되었다. 1992년 UN 기후변화협약(브라질 리우)에서 기후변화에 관한 국제사회의 기본법적 역할을 정의했으나 구체적 강제 사항은 없었다. 1997년 교토의정서에서는 6대 온실가스를 규정하고 선진국에 구속력 있는 온실가스 감축목표와 구체적인 의무 사항을 명시하였다. 2001년 더반 결정문(남아공 더반)에서 2012년 교토의정서 종류에 대비한 선진국과 개도국 협의체제 방안 마련에 실패하였으나, 2015년 파리기후변화협약(프랑스 파리)에서 선진국에만 온실가스 감축 의무를 부과하던 체제를 넘어 196개 모든 국가가 참여하는 보편적 체제가 마련되어 현재 전 세계가 공동으로 탄소중립 실현을 추진하고 있다.

　우리나라 온실가스 배출량 중 산업 부문의 배출량은 2018년 기준 35.8%로 전력 부문에 이어 두 번째로 큰 비중을 차지한다. 전력 부문은 재생에너지 보급 확대로 배출량은 곧 감소될 것이다. 즉, 우리나라는 산업 부문 감축을 하지 않고는 온실가스 감축 목표를 달성하기 어려운 구조적 한계에 직면해 있다. 산업 부문의 감축은 탄소중립 기술 개발의 선행이 필요하며 이를 위한 비용 소요 측면에서 기업에서의 감축이 어려울 수 있으나 해외 사례를 보면 해결 방안이 없는 것은 아니다. 유럽 최대 철강사인 아르셀로미탈(ArcelorMittal)은 온실가스 배출량을 2016년 대비 2021년 27%를 감축했는데, 같은 기간 매출은 35% 증가했으며, 영업 이익은 300%가 증가했다. 오일메이저 중 하나인 BP(British Petroleum)는 온실가스 배출량을 2016년 대비 2022년에 45%를 줄였는데, 같은 기간 매출은 32% 증가했고, 영업이익은 흑자 전환됐다. 이렇게 온실가스 감축을 시도하면서도 매출이 꾸준히 증가한 산업적 사례들을 보면 이제 온실가스 고배출 산업이기 때문에 온실가스를 감축하면 기업 이익이 적자가 나거나 운영이 불가하다는 주장은 이제 타당성을 찾기 어렵다. 해외 사례와 국내 기업의 상황을 같은 출발로 놓고 볼 수는 없으나 이제 각 산업 부분별 탄소중립을 향한 기업의 본격적인 고심과 노력이 요구되는 시점인 것은 분명하다.

10.1.3 식품산업과 온실가스

1 식품산업의 온실가스 배출량

식품산업은 타산업 대비 급격히 성장하여 2022년 기준으로 세계 식품시장 규모는 7.9조 달러에 이르렀고 이는 IT 산업의 2배, 자동차 산업의 약 3.5배로 큰 산업 규모를 보이고 있다(그림 10.4). 먹거리로 이용되는 원료를 생산하는 1차 농업에서 시작하여 이를 이용한 식품 생산, 가공, 유통, 소비로 연계되는 가치 사슬을 포함하는 푸드시스템은 식품산업의 규모 면에서도 상당량의 온실가스 배출의 주요 원인이 될 수 있음을 예측할 수 있다.

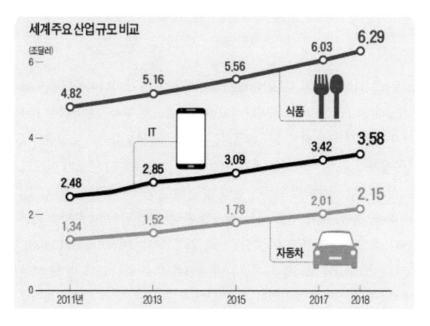

그림 10.4 세계 주요 산업 규모 비교

(출처: 영국 데이터모니터 마켓라인, https://sgsg.hankyung.com/article/2017042169211)

Crippa 등(2021)의 연구에 따르면 2015년 전세계 온실가스 방출량의 평균 34%(범위 25~42%)로 약 1/3이 푸드시스템에서 기인되고 있으며(그림 10.5), 식품시스템의 온실가스 총배출량(18Gt CO_2-eq) 중 산업화된 국가에서 27%(4.9Gt CO_2-eq), 개발도상국(중국 포함)에서 73%(13Gt CO_2-eq)가 배출되고 있어 국가별 식품산업 발달 영역과 수준에 따라 적합한 탄소중립 정책이 필요함을 알 수 있다.

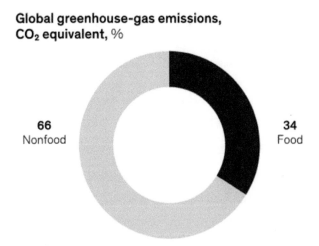

**Global greenhouse-gas emissions,
CO₂ equivalent, %**

66
Nonfood

34
Food

그림 10.5 2015년 총 온실가스 방출량의 식품과 비식품 비율

(출처: Crippa 등, 2021)

Crippa 등(2021)이 네이처 푸드(Nature Food)에 발표한 생키다이아그램(Sankey Dia-gram)은 'EDGAR-FOOD'라는 데이터베이스를 처음으로 구축·활용하여 1990년부터 2015년까지 매년 각 식품 단계에서 발생하는 배출량을 세분화하고 배출량을 푸드시스템 부문, 온실가스 종류, 국가별로 분류한 것이다(그림 10.6). 이 연구에 따르면 2015년 기준으로 식품 관련 배출량의 71%는 농업 및 관련 활동에서 발생되고(LULUC), 나머지 29%는 유통, 운송, 소비, 연료 생성, 폐기물 관리, 산업 공정 및 포장을 하는 과정에서 비롯된다. 푸드시스템 관련 온실가스 배출량의 50%는 이산화탄소(CO_2)로 가장 높고, 다음은 메탄(CH_4)이 35%를 차지했는데 메탄은 주로 축산업, 농업 및 폐기물 처리 과정에서 배출되는 것으로 분석된다. 이와 같이 푸드시스템의 섹터와 단계별로 온실가스 종류와 발생량이 다르게 나타나므로 기후변화 대응을 위한 온실가스 감축을 위해서는 푸드시스템 전반에 대한 이해와 이를 고려한 맞춤 전략이 필요하다.

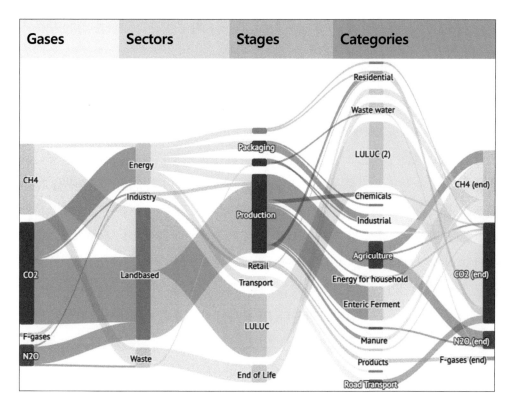

그림 10.6 2015년 전 세계 푸드시스템의 배출량을 분석한 생키다이어그램(Sankey diagram)
(차트 출처: CarbonBrief, 2021.08.03. https://www.carbonbrief.org,
데이터 출처: Crippa 등, 2021, Nature Food)

한국농촌경제연구원(2022)의 보고서에 따르면 2019년 기준 국내 푸드시스템의 온실가스 배출량은 약 112.1백만 톤 CO_2-eq으로, 우리나라 총 온실가스 배출량의 약 16%를 차지한다. 같은 시기의 국내 푸드시스템 부문별 온실가스 배출량의 경우 음식점업(약 45.1백만 톤 CO_2-eq)이 40.2%로 가장 높고, 식품 유통(약 31.0백만 톤 CO_2-eq) 27.6%, 가축 사육(약 15.7백만 톤 CO_2-eq) 13.6%, 작물재배(약 13.0백만 톤 CO_2-eq) 11.7%, 음식료품 제조업(약 7.2백만 톤 CO_2-eq) 6.5% 순이다(한국농촌경제연구원, 2022). 에너지 사용으로 인한 음식료품 제조업과 음식점업, 그리고 식품 유통 부문의 온실가스 배출량은 83.4백만 톤 CO_2-eq으로, 에너지 사용으로 인한 푸드시스템 전체 배출량(91.2백만 톤 CO_2-eq)의 약 91.4%를 차지한다. 이는 농림축산식품부의 온실가스 감축 정책의 주요 대상인 작물 재배와 가축 사육과 같은 비에너지 배출량(약 21.0백만 톤 CO_2-eq)에 비해 음식점업, 식품 유통, 음식료품 제조업 에너지 부문의 배출량이

4배 높은 수준임을 나타내는 것으로 푸드시스템에서의 온실가스 감축은 생산 부문보다 식품가공과 소비 부문의 감축이 중요할 수 있다.

2 한국 농림축산식품부의 탄소중립 정책

최근 우리나라 농림축산식품부가 발표(2021.12.27)한 2050 농식품 탄소중립 추진 전략의 주요 내용은 저탄소 농업구조 전환, 온실가스 배출량 감축, 농업 농촌 에너지 효율화 및 전환 등으로 감축 목표는 2050년까지 농식품 분야 온실가스 배출량을 2018년 2,473만 톤에서 1,545만 톤 수준으로 38% 감축하는 것이다. 이를 위한 농업 부문의 온실가스 감축을 위한 추진 정책은 생산 관련 감축 수단이 주를 이루는데, ① 저탄소 농업 이행에 경제적 유인을 제공하는 저탄소 농림축산 기반 구축 사업, 농업 환경 보전 프로그램, ② 온실가스 감축 시설투자를 지원하는 가축분뇨 자원화 시설 지원사업, 농업 에너지 이용 효율화 사업이 포함된다. 이 중에서 식품 소비 단계에서의 변화와 밀접한 연관이 있는 정책은 저탄소 농림축산기반 구축사업에 속해 있는 '저탄소 농축산물 인증제도'이다(그림 10.7).

- 농자재(비료, 농약 등)를 적정량만 사용한 농산물
- 농기계 사용을 최소화해 생산한 농산물
- 화석연료를 줄이거나 친환경 에너지로 생산한 농산물
- 친환경 GAP 인증을 획득한 농산물
- 대상품목: 61개 품목(식량작물 7, 채소 28, 과수 15, 특용작물 9, 임산물 2)
- 인증기관(유효기간): 한국농업기술진흥원(2년)

그림 10.7 **저탄소 농축산물 인증제 개요 및 로고**

(출처: 스마트그린푸드 http://www.smartgreenfood.org/jsp/front/business/b0203.jsp)

'저탄소 농축산물 인증제'는 저탄소 농업기술을 적용하여 농축산물 전 과정에서 필요한 에너지 및 농자재 투입량을 줄이고, 온실가스 배출을 감축한 농업경영체에게 인증을 부여하는 제도로 2012년에 시작되어 전액 국비로 운영된다. 이와 연계하여 저탄소 농축산물을 구입하면 최대 5%까지 적립이 가능하게 하는 등 소비자들의 저탄소 소비를 유도하는 내용과 함께 생산자들에게는 저탄소 인증 취득 관련 교육 및 컨설팅을 지원하여 인증 농산물 유통을 활성화하는 사업이 진행되고 있다. 탄소감축형 소비를 유도하는 '저탄소 농축산물 인증제' 시행으로 2021년 기준 5,753 농가가 인증을 받았고, 이에 따른 온실가스 감축량은 80.2톤 CO_2-eq에 달하며 이는 농가당 평균 13.9톤 CO_2-eq 감축이 가능한 것으로 소비 유도 정책이 효과적인 탄소저감화 방안이 될 수 있을 것이다.

2050 농식품 탄소중립 추진전략(농림축산식품부, 2021)에서 제시된 식품 부문의 온실가스 감축 정책은 크게 유통 부문의 '농식품 유통거리 축소' 정책과 소비 부문의 '식생활 개선 및 대체식품 육성'으로 나눌 수 있다. '농식품 유통거리 축소' 정책은 생산지 중심으로 푸드마일리지 최소화, 온라인 거래소 확대, 로컬푸드 직거래 확대 등 비대면 및 저탄소 유통체계를 구축하는 것으로 이를 통해 2050년까지 전 지방자치단체 푸드플랜 수립 및 로컬푸드 직매장 1,800개소 설치가 목표다. 한편, 탄소중립형 소비 확산을 위한 '식생활 개선 및 대체식품 육성' 정책은 2050년까지 음식폐기물 발생량을 50% 저감화('19: 14,317톤/일 → '50: 7,158톤/일)를 목표로 하고 있으며, 국민 식생활 교육 강화를 통해 저탄소형 미래형 대체식품 소비를 확대하는 내용을 포함하고 있다.

농림축산식품부에서 제시한 푸드시스템 전반에 대한 온실가스 감축 정책은 환경부, 식약처, 농진청 등 다부처와 협력으로 진행되고 있다. 실질적인 성과를 얻기 위해서는 생산에 집중된 정책을 유통과 소비 분야로 더욱 확대할 수 있는 정책이 필요하다. 뿐만 아니라, 이에 발맞춰 푸드시스템의 생산 주체인 기업체와 소비 주체인 소비자의 온실가스 감축 필요성에 대한 인식과 함께 ESG 경영 철학 및 소비 가치를 확립하고 이를 생활에 실천하는 것이 무엇보다 중요하다.

10.1.4 식품산업과 ESG

1 ESG의 이해

최근 산업계에서 ESG(Environmental, Social, and Governance) 경영을 선언하는 기업이 늘고 있다. ESG는 기업의 비재무적인 요소인 환경(Environmental), 사회적 책임(Social), 지배구조(Governance)의 약자를 가리킨다(그림 10.8). 기업의 ESG 경영이 주목받는 이유는 ESG가 기업의 지속 가능한 성장 가능성을 평가하는 기준이 되기 때문이다. 국내외 기업 대표는 회사 홈페이지, 제품 광고 및 다양한 보도 자료를 통해 자사의 ESG 경영철학과 ESG 평가에서 받은 등급을 적극적으로 홍보하고 있다. 이러한 새로운 변화는 지금까지 기업의 전통적 경영 방식이 재무적 가치 즉, 기업의 수익성을 우선으로 했으나 주주, 소비자, 지역사회, 언론 등 이해 관계자들이 기업의 사회적 책임과 역할을 강조하는 세계적인 흐름 때문이다. 예를 들어 A 기업이 생산하는 제품이 아무리 품질이 좋다고 하더라도 비인도적인 절차로 만들어지거나 생산 과정에서 환경오염이 발생한다면 소비자들은 해당 기업에 대해 신뢰성을 갖지 않게 되며 이러한 회사의 물건을 소비하지 않으려 한다. 따라서, 이러한 비재무적인 요소, 즉 소비자들이 인식하는 기업의 경영 가치를 관리하지 않으면 재무적인 성과 면에서도 큰 타격을 입을 수 있게 된다.

ESG는 투자시장에서도 중요한 기준이 된다. 국제적 책임투자 권고 규범인 UN 사회 책임 투자 원칙에서 기업의 비재무적 요소인 ESG 데이터를 투자 시 중요한 판단 요소로 강조한다. ESG 요소를 평가하고 이를 투자의 기준으로 활용하겠다는 것은 기업의 재무 수준 외에도 환경보호, 사회적 책임, 기업 지배구조를 평가하여 등급을 주고 여기에 따라 투자를 결정한다는 것이다.

그림 10.8 ESG 공시 항목

(출처 : 한국거래소, ESG 정보 공개 가이던스)

세계 최대 자산운용사 블랙록(BlackRock)의 CEO 래리 핑크(Larry Fink)가 2020년 1월 "투자 결정 시 단순한 재무적 성과가 아닌 지속가능성을 기준으로 삼겠다"라는 발언을 시작점으로 하나의 경영 트렌드에 불과했던 ESG가 기업의 생존 전략이 되었다. 래리 핑크의 이러한 발언은 기후변화로 인한 리스크(risk)를 장기적인 투자의 리스크로 보고 투자 결정 요인으로서 지속가능성(sustainability)의 중요성을 강조한 것이다. 이는 그동안 주로 경제적인 가치에 초점을 두고 기업의 가치를 평가해 온 재무 요소 기반의 투자 방식에서 지속가능성과 같은 비재무적인 지표가 주요 평가 요소로 새롭게 변화되고 있음을 말한다. 실제로 블랙록은 총매출의 25% 이상을 석탄화력 생산 및 제조로 벌어들이는 기업을 투자 포트폴리오 대상에서 제외하였다. 래리 핑크의 이러한 선언과 투자 포트폴리오의 변화로 지속가능성에 대한 사회적 관심과 요구도는 더욱 높아졌으며 ESG가 우리나라를 비롯하여 전세계의 관심사가 된 계기가 되었다. 앞으로 지속가능성에 영향을 미치는 비재무적 요소가 기업 가치평가의 주요 기준이 되는 ESG 투자로 계속 확대될 것이다. 투자자들은 투자의사 결정에 활용하기 위해 더욱 적극적으로 ESG 정보 공개 요구에 나설 것이며, 이러한 흐름에 따라 기업들은 ESG 위원회 설치 및 운영, 관련 전문가 영입 및 ESG 실현을 위한 연구 수행 등 ESG에 힘을 쏟을 것이다.

2 글로벌 ESG 경영 사례

미국 투자은행인 모건스탠리 자회사 MSCI(Morgan Stanley Capital International)는 ESG 평가에서 2018년 6월 이후로 계속 AAA 등급을 받은 기업으로 마이크로소프트 (Microsoft: MS)이다. MS는 탄소중립을 이미 2012년에 달성했으며, 더 나아가 탄소 흡수량이 탄소 배출량보다 높은 '탄소 네거티브(Carbon Negative)'를 2030년까지 달성하겠다는 목표를 세웠다. 또한, 미국 아웃도어 브랜드 파타고니아(Patagonia)도 ESG 경영의 우수 사례로 손꼽히는 기업이다. 파타고니아는 탄소와 각종 자원의 사용을 줄이기 위한 목적으로 2011년 미국의 연중 최대 쇼핑 행사인 '블랙 프라이데이(Black Friday)'에서 '이 재킷을 사지 마세요(Don't buy this jacket)'라는 캠페인을 진행하여 1년 중 가장 매출이 높은 행사에서 소비를 지양하는 캠페인을 했다. 대신 이러한 불필요한 소비를 막기 위해 오래 입을 수 있는 제품 생산을 위해 노력하고, 유기농 원료와 친환경, 공정무역 제품 등을 재료로 활용해 환경오염이나 사회문제를 줄일 수 있는 생산 방법을 선택하고 있다.

> • **MSCI(Morgan Stanley Capital International)**: 미국 투자은행 모건스탠리의 자회사로, 1999년부터 ESG 평가를 실시해왔고 약 8,500여 개 기업에 대해 영역별 10개 주제, 35개 핵심 이슈로 평가해 AAA~CCC까지 7개 등급을 부여하고 있다.
> • **공정무역**: 빈곤을 겪는 국가에서 생산된 농산물이나 원재료를 구입할 때 정당한 값을 치러 생산자에게 이익이 돌아가게 하는 것으로 국가 간에 동등한 위치에서 이루어지는 무역을 의미한다.

3 ESG 경영과 소비자

지속 가능성을 위한 기업의 실천을 위해 소비자의 역할도 중요하다. 기업은 소비자의 요구와 선호에 맞춘 제품을 생산하기 위해 기술개발이나 경영 방식의 변화 등을 시도할 것이기 때문이다. 대한상공회의소가 2021년 5월에 발표한 「ESG 경영과 기업의 역할에 대한 국민인식 조사」에서 응답자 300명 중 63%가 기업의 ESG 경영이 소비자의 제품 구매에 영향을 준다고 응답했고, ESG에 부정적인 기업의 제품을 의도적으로 구매하지 않은 경험이 있다고 응답한 소비자는 70%였다. 또한, ESG 우수기업이 생산하는 제품을 구매할 때 추가 비용을 지불할 의사가 있다는 응답자가 88%로 높게 나타나 기업의 ESG 활동이 소비자의 구매 활동에 크게 영향을 주는 것을 알 수 있다(그림 10.9).

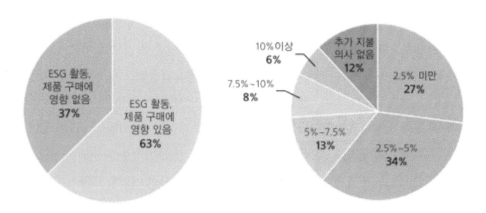

그림 10.9 **기업 ESG 활동이 소비사 제품 구매에 미치는 영향(좌)과 구매 시 추가지불의향**
(자료: 대한상공회의소, 2021, ESG 경영과 기업의 역할에 대한 국민의식 조사)

소비자의 ESG와 연계된 이러한 구매 특성의 변화는 기업의 제품 및 기술 개발 솔루션에 영향을 미치게 될 것이다. 앞으로 소비자의 소비가치는 식품산업 발전 방향의 중요한 핵심 키가 될 것으로 건강한 소비자가 건강한 기업을 키우는 환경 조성이 필요하다. 한편, 이러한 소비자의 요구에 부응하기 위해 기업에서 실제로는 친환경적이지 않지만, 친환경 원료나 지속 가능한 생산 방법을 이용한 것처럼 홍보하는 '그린 워싱(Green Washing)'과 같은 악용 사례도 있어 이를 선별하여 구매할 수 있는 소비자의 적극적인 관심도 필요하다.

4 탄소중립과 ESG

ESG 경영에서는 환경, 사회, 지배구조 세 가지 요소 모두 중요한 가치를 갖고 있다. 이 중에서 우리에게 주어진 시급한 과제는 환경문제로, 환경요소에서 기후변화 대응을 위한 '탄소중립(carbon neutrality)'이 대표적으로 ESG 아젠다의 대표 개념이다. 탄소중립은 인간의 활동에 의한 온실가스 배출을 최대한 줄이고, 남은 온실가스는 흡수(산림 등), 제거(CCUS, Carbon Capture, Utilization and Storage, 이산화탄소 포집, 저장, 활용 기술)해서 실질적인 배출량을 0(Zero)으로 만든다는 개념으로 이산화탄소 총량을 중립 상태로 만든다는 뜻이다. 배출량을 줄이고 남은 탄소와 흡수되는 탄소량을 같게 해, 탄소 순배출이 0이 되게 하는 것으로, 탄소중립을 '넷-제로(Net-Zero)', 탄소제로(carbon zero)라고도 한다. 탄소중립은 전 세계가 공동으로 기후위기에 대응하여 안전하고 지속 가능한 사회를 만들기 위해 협약한 2050년까지의 온실가스 감축 목표이자 의지를 담은 개념이기도 하다. 많은 관계자들이 ESG를 설명할 때 환경 이슈를 가장 앞에 두고 언급하는 이유는 바로 ESG 경영의 근본 목적이 기업의 장기적 지속가능성을 확보하는 것이며, 탄소중립은 여러 면에서 지속가능성과 ESG 아젠다를 대표하기 때문이다. 전 세계적으로 2050년까지 탄소중립 실현을 위해 각 국가별, 기업별 목표치를 세우고 이를 달성하기 위해 다양한 전략이 추진되고 있다.

5 식품산업에서의 ESG와 탄소중립

국내외 산업계에서 ESG 경영 실천이 확산되면서 식품산업계에서도 ESG 경영을 최우선 경영 가치로 선언하고 이를 실천할 수 있는 방안을 앞다투어 제시하여 고객에게 신뢰받는 모범 기업이 되기 위한 적극적인 캠페인 실천 운동이 확산되고 있다. 특히, 식품업계는 ESG 세 가지 요소 중 주로 환경적 가치에 대해 주목하는 활동이 두드러지게 나타나고 있는 것이 특징이다. 이는 식품 원재료가 자연환경에서 유래하며, 이를 이용한 제조와 제품생산 과정에서도 환경적인 영향이 타 산업에 비해 매우 크고, 이후 남겨진 식품 폐기물도 환경으로 돌아간다는 것이 소비자 모두에게 잘 알려져 있기 때문으로 식품산업계에서 친환경 노력은 더욱 확산될 것이다.

식품업계에서는 최초로 CJ제일제당이 '기후변화 대응보고서'를 발표했다. CJ제일제당의 지속가능성 보고서(Sustainability Report) 2021(그림 10.10)은 2050년까지 탄소중립과 제로 웨이스트(zero-waste) 실현을 목표로, 에너지 부문에서는 바이오에너지와 재생에너지로 화석연료를 2030년까지 100% 전환 및 에너지 효율을 개선하여 2020년 대비 온실가스 25% 감축을 목표로 하는 '탈탄소(de-carbon)'를 시도한다. 또한, 비에너지 부문에서는 자원(원료 및 폐기물 등)처리에 '순환경제(circular economy)'를 적용하여 2020년 대비 10-20% 산업용수 사용을 감축, 2030년까지 매립 폐기물을 제로화한다는 제로-웨이스트(Zero-waste)를 목표로 한다.

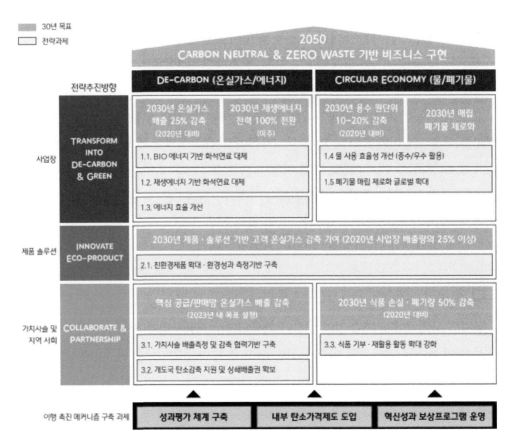

그림 10.10 CJ제일제당의 Sustainability Report 2021에서 제시하는 2050 탄소중립 및 제로 웨이스트
(출처: CJ제일제당 홈페이지)

CJ제일제당에서 온실가스·에너지·물·폐기물 영역으로 구분하고 12세부 과제로 추진하는 세부 내용의 주요 전략은 사업장의 탈탄소 에너지 전환, 제품과 솔루션의 친환경적인 혁신, 공급망·협력사 등 가치사슬 전반 그린 파트너십 구축, 2030년까지 국내

외 전 사업장 매립 제로화 추진, 자원순환경제로의 전환 가속화 등이며 다음과 같은 탄소중립과 ESG 경영을 포함한다.

- 생분해성 플라스틱 소재 PHA(polyhydroxyalkanoate)를 활용한 제품이나 대체육, 배양육 기반의 식품, 푸드업사이클링 등 친환경 제품 출시 확대
- 원재료 조달-제조-제품 판매-폐기에 이르는 전 가치사슬 탄소배출 최소화
- 주요 제품의 생애주기(Life cycle)에 걸친 환경영향 평가 기반 마련
- 공급망·협력사와 유기적 협력체계를 구축해 '탄소발자국' 지속 감축(CJ에 납품 및 협력기업들도 '탄소발자국' 고려한 소재·재료 개발 필요)
- 투자 결정 시 잠재적 탄소 비용 부담까지 고려해 타당성을 평가하는 '내부 탄소 가격제' 도입
- 싱가포르 DBS은행과 1,500억 원 규모 'ESG 경영 연계 대출' 계약, ESG 목표 달성 시 대출금리 추가 인하 인센티브 적용
- 유한킴벌리와 친환경소재 활용 제품 확대 MOU 체결, 그린 액션 얼라이언스(Green Action Alliance)-지속가능 소재 개발, 친환경 소재·제품 혁신 기업 간 협력체 형성으로 자원 순환 경제로의 전환 가속화
- 2022.05 인도네시아 파수루안바이오 공장에서 생분해플라스틱 소재 PHA 본생산 시작, 생분해 소재 전문브랜드 'PHACT(팩트)' 론칭, PHA 생산 확대 추진('25년 약 6만 5,000톤)
- 메이크업 브랜드 '바닐라코(Banilaco)'와 친환경 용기개발 협력 등

이러한 전략은 CJ제일제당의 단독적인 탄소중립 및 ESG 경영으로의 변화를 의미하는 것이 아니라 CJ제일제당과 연계된 핵심 공급 및 판매 협력사 전체가 포함되는 변화 체계의 구축을 의미하는 것으로 대기업의 이러한 산업적 기술 및 경영 혁신은 푸드시스템 가치사슬 전반의 온실가스 감축을 선도할 수 있을 것이다.

대상(주)에서 2022년 11월 '2023년 식품외식산업전망대회'에서 발표한 내용도 2050년까지 온실가스 30% 감축(36만 8000톤 CO_2-eq)을 목표로, 친환경 패키지를 이용한 플라스틱 사용량 30% 감축, 재활용이 쉬운 포장으로 전체 제품 전환, 식물지향 제품은 제조 제품의 20%로 구성, 에너지 사용 30% 절감을 전략으로 한다. 또한, 이를 위

해 자발적 온실가스 저감 및 흡수 제거 활동, 정부 온실가스 감축 정책 동참, 용수 사용 절감, 폐기물 배출 저감, 포장재 재생 원료 사용, 대기오염물질 저감, 온실가스 감축 사업, 전기 절약 활동 및 청정 연료 등 신·재생에너지 사용, 친환경 패키징 및 동물복지, 식물지향 등 친환경 관련 신제품 개발 등 세부적인 탄소중립 활동을 펼친다. 이외에도 식품산업계에서 기업들의 ESG 경영 선언과 함께 다각적인 탄소중립 전략 발표가 이어지고 있어 향후 식품산업 시장은 탄소절감형으로 점차 확산될 것이다.

10.2 지속 가능한 식품산업과 푸드테크

10.2.1 식품과 식품산업

1 식품의 정의와 기능

웰빙과 건강에 관한 관심이 높아지면서 질병 예방과 관리를 위해 매일 섭취하는 식품의 중요성이 점차 높아지고 있다. 시대적 요구에 따라 식품의 정의와 범위는 점차 확장되고 있는데, 우리나라 법규가 정의하는 식품의 정의를 보면 표 10.2와 같이 의약품을 제외한 모든 먹고 마시는 것을 포함하고 있다.

표 10.2 **식품의 정의**

법규	식품의 정의
농어업·농어촌 및 식품산업 기본법 제3조 7항	"식품"이란 "가. 사람이 직접 먹거나 마실 수 있는 농수산물", "나. 농수산물을 원료로 하는 모든 음식물"에 해당하는 것으로 정의
식품위생법	"식품"이란 의약으로 섭취하는 것은 제외한 음식물로 정의

(출처: 국가법령정보센터, http://www.law.go.kr, 식품의약안전처, https://mfds.go.kr)

모든 식품은 고유의 기능을 가지는데 기능별로 다음과 같이 분류할 수 있다.

- 1차 기능 : 생명 및 건강 유지와 관련되는 영양소를 제공하는 기능
- 2차 기능 : 맛, 색, 향 등의 감각적 및 기호성을 제공하는 기능
- 3차 기능 : 건강유지 및 증진에 도움이 되는 생체 조절 가능성을 제공하는 기능

식품은 법적 관리 기준에 따라 일반식품(건강식품)과 건강기능식품으로 구분되는데 (표 10.3), 일반식품은 1차와 2차 기능을 부여하기 위해 제조되며, 건강기능식품은 3차 기능에 초점을 맞춘 제품으로 법적인 기준에 따라 특정한 건강기능성이 인증된 식품이라고 할 수 있다. 즉, 건강기능식품은 어떤 식품이 건강에 좋다고 알려져 있다고 해서 건강기능식품이 되는 것이 아니라 식약처에서 고시한 건강기능식품에 관한 규정에 따라 일정한 절차를 거쳐 제조되고 인증된 제품이다. 건강기능식품은 표 10.3의 인증마크와 함께 건강과 관련된 기능성이 표시되어 있는 반면 일반식품의 경우 기능성에 관한 표시가 없고 영양 기능정보를 표시하게 되어 있다. 이러한 점에서 '건강식품', '자연식품', '천연식품'과 같은 명칭은 모두 인증마크가 없다면 웰빙지향의 일반식품으로 '건강기능식품'과는 구별된다.

예를 들어 같은 홍삼 제품이라도 건강기능식품으로 허가받은 홍삼 제품은 건강기능식품으로써의 식약처 기준과 규격에 맞는 용량의 진세노사이드(gincenosides)가 지표 성분으로써 포함되어야 하고 원료, 함량, 기능이 모두 라벨에 표기되어야 한다. 하지만 건강식품으로 나온 홍삼은 진세노사이드가 얼마나 들어 있는지 표시하지 않아도 되고, 기능에 대해서 식품의약품안전처로부터 인정받은 바 없으므로 표기를 할 수도 없다. 식품 라벨에서 '홍삼 사포닌 70mg/100mL 이상'이라는 표시가 있다 하더라도 이것은 홍삼의 기능성을 대표하는 진세노사이드와는 전혀 상관이 없는 표현으로 건강기능식품이 아니라 일반건강식품에 해당되어 이에 준하는 가격으로 판매되며 '식품위생법'의 규제를 받게된다.

홍삼사포닌은 Rg_1과 Rb_1 뿐만 아니라 다른 종류의 사포닌 성분도 포함된 수치이므로 일반식품보다 가격이 높고 기능성이 우수한 건강기능식품으로 구매하기 위해서는 반드시 진세노사이드가 지표 성분으로 제시되어 있고 건강기능식품 인증마크가 있는지를 확인하는 것이 필요하다. 식품은 이와 같이 일반건강식품과 건강기능성을 표시할 수 있는 건강기능식품까지를 포함하며 질병치료를 위해 약리성분을 고농축한 의약품은 포함하지 않는다.

표 10.3 **건강기능식품 인증마크와 건강기능식품의 기능성 분류**

구분	특성		
건강기능식품	• 일상적으로 식사에서 부족하기 쉬운 영양소 또는 인체에 유용한 기능성을 가진 원료(성분)를 사용하여 제조한 것으로 건강을 유지하는 데 도움을 주는 식품		
	기능성 구분	기능성 내용	
	질병 발생 위험감소 기능	질병 발생 또는 건강 상태의 위험감소와 관련한 기능	
	생리활성 기능	인체의 정상 기능이나 생물학적 활동에 특별한 효과가 있어 건강상의 기여나 기능향상 또는 건강 유지·개선을 나타내는 기능	
	영양소 기능	인체의 정상적인 기능이나 생물학적 활동에 대한 영양소의 생리학적 작용	
	• 인체에 유용한 기능성 원료(성분)를 이용하여 건강 유지 및 건강 증진에 도움이 되는 식품으로, 일일 섭취량이 정해져 있으며, 건강기능식품 문구와 마크가 있음.		
건강식품	• 건강에 좋다고 인식되는 제품을 일반적으로 통칭하는 것으로 건강기능식품 문구나 마크가 없음. 예) 블루베리, 쌍화차, 동충하초 등		
의약품	• 사람이나 동물의 질병을 진단·치료·예방하기 위해 사용됨. • 사람이나 동물의 신체 구조와 기능에 약리학적 영향을 줌.		

(출처: 식품의약품안전처. 2016. 건강기능식품 기능성 원료 인정 현황)

식품은 지금까지 1차, 2차, 3차 기능을 충족하는 것을 고유 기능으로 제시되었으나 이외에도 최근 소비자 니즈를 기반으로 식품의 4차 기능이 소비의 주요 기능이 되고 있다. 4차 기능은 식품의 섭취로 얻을 수 있는 맛, 영양 및 기능성과 같은 직접적 기능 외에 소비자가 식품 선택을 통해 얻을 수 있는 만족도와 가치 등을 포함하는 기능이다. 예를 들어 식품 선택 시 레저식품(leisure food), 편의식품(convenience food, instant food, fast food), 프리미엄 식품(premium food), 친환경 식품(eco-friendly food), 탄소중립형 식품(carbon-neutral food)등은 식품 고유의 기능 외에 제4차 기능에 포함된다. 이는 소비자의 소비가치에 따라 달라질 수 있으며 식품 구매의 주요 요인이 되고 있다.

2 식품산업의 정의와 특성

식품산업은 협의의 의미에서는 원료생산과 관련된 농축수산업을 제외하고 이를 산업적으로 이용하여 부가가치를 창출하는 식품제조업, 식품 유통산업 및 외식산업 전반을 의미한다고 정의할 수 있다. 광의의 의미에서는 1차 산업인 농축수산업을 포함하여 여기에서 생산되는 농축수산물을 원료로 하여 식용으로 공급되는 가공식품을 생산하는 2차 산업인 식품제조업(가공식품산업), 3차 산업인 식품유통산업(농식품 도소매업) 및 외식산업 등을 포함한다.

농어업·농어촌 및 식품산업 기본법 제3조에서는 식품산업을 "식품을 생산, 가공, 제조, 조리, 포장, 보관, 수송 또는 판매하는 산업으로서 대통령령으로 정하는 것을 말한다"라고 정의하고 있다. 의약품을 제외한 모든 먹거나 마시는 먹거리가 식품의 정의이며, 과거에 먹고 마시던 음식물과 달리 현재, 그리고 미래에 우리가 먹고 마시게 되는 모든 먹거리가 식품의 범주에 포함되므로 이를 생산, 가공, 제조, 조리, 포장, 보관, 수송, 판매, 소비에 이르는 모든 가치사슬 산업이 식품산업이 되므로 산업 규모의 크기와 확장성이 매우 큰 산업이라 할 수 있다.

식품산업은 전통적으로 다른 제조업에 비하여 영세기업의 비중이 높고, 노동집약적이며 생산비에서 원료비 비중이 높고 부가가치가 낮은 특성을 보였다. 하지만 경제가 성장하고 소비 수준이 높아지면서 수요자의 니즈에 따라 다양하고 고차산업화되고 있으며 기술의 발전과 함께 기술집약적 고부가 산업으로 변화하고 있다.

4차 산업혁명으로 모든 산업의 기술 발전이 가속화되고 있다. 핵심기술인 IT 기술의 발전과 함께 미래 식품산업은 빅데이터 기반 기술을 토대로 발전할 것이며, 생산자와 소비자가 직접 연결되어 생산에 의해 산업이 좌우되기보다는 소비자의 선택에 의해 식품산업의 방향이 결정될 것이다. 또한, 산업체 제품생산의 방향도 소품종 대량생산 방식에서 개인의 특성을 고려한 맞춤형 다품종소량생산 방식으로 변화하고 있다. 소비자는 이제 기업의 ESG 경영철학과 함께 제품의 생산, 가공, 유통, 소비까지 전 푸드시스템에서 기인하는 탄소배출 정보를 얻을 수 있고 이를 기반으로 제품과 기업을 평가할 수 있게 되었다. 소비자의 니즈와 선택이 식품산업의 중요한 성장 요소가 되고 있는 바, 기후변화 대응과 식품산업의 발전이라는 두 마리 토끼를 함께 잡기 위해서는 기업의 ESG 경영전략과 함께 지속 가능한 탄소중립형 기술 및 제품개발로 소비자의 선택을 유도할 수 있는 전략이 필요하다.

10.2.2 지속 가능한 식품산업

1 폐기 농산물의 업사이클(upcycle)

전 세계 음식의 30~50%가 소비 전에 폐기되고 있는데 이는 전 세계적으로 약 13억 톤의 식품을 낭비하는 것으로 이는 전체 식품 생산의 3분의 1에 해당되는 양이다. 폐기 되는 식품을 처리하기 위해서는 에너지, 돈, 물, 노동력 등 비용이 소요되고 대부분의 식품 쓰레기는 결국 매립지로 들어가 최종 분해 과정을 거치게 되는데 이 때 강력한 온 실가스인 메탄(CH_4)이 발생되며 이는 심각한 지구온난화의 원인이 되고 있다.

식품 폐기물 중 농산물의 폐기량이 가장 많은데 상당량이 단순 외형적 결함인 '못생 겨서 상품성이 낮기 때문'이 40%, '소비자가 안먹어서'가 40%, '제조과정 중 손실'이 20%, '유통과정 중 손실'이 20%를 차지한다(그림 10.11). 국내에서 식품 폐기량 20% 감축 시 연간 온실가스 177만 톤 CO_2-eq 감축, 에너지 연간 18억 kWh 절약 효과를 얻을 수 있다. 이는 승용차 47만 대가 방출하는 온실가스, 소나무 3억 6천만 그루가 흡수 하는 온실가스 양과 맞먹는 수준이다.

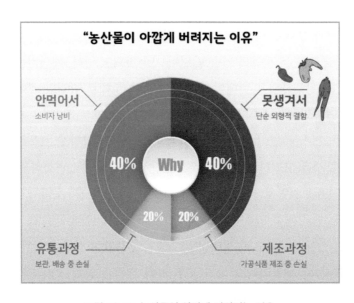

그림 10.11 농산물이 아깝게 버려지는 이유

(출처: WADIZ, https://www.wadiz.kr/web/campaign/detailPost/30542/news/28675)

폐기되고 있는 식품의 거의 절반을 차지하는 과일과 채소들이 식품의 고유 기능인 맛, 영양소 기능성 면에서는 전혀 차이가 없는데도 불구하고 '못생겨서'라는 이유로 폐기됨에 따라 최근 덴마크 크롬꼬머(Kromkommer)사에서는 'Equal right for all fruit and veggies'라는 슬로건을 내걸고 못난이농산물과 이를 활용한 다양한 제품을 개발하여 홍보 마케팅에 성공을 거두고 있다(그림 10.12). '크롬꼬머'는 '비틀어진 오이'라는 뜻의 단어로 기형적인 모양을 가진 과일과 채소를 활용해 만든 수프(soup) 브랜드로 경제학을 공부하던 두 학생의 아이디어로 소비 캠페인과 함께 산업화에 성공한 사례라 하겠다.

그림 10.12 덴마크 Kromkommer사의 슬로건, 캠페인, 및 생산 제품(이상한 야채 스프와 이상한 장난감)
(출처: https://www.kromkommer.com/english/)

또한, 미국의 부적합시장이라는 뜻의 'Misfits Market'은 음식물 쓰레기로 인한 지구 온난화 이로 인한 식량 생산 위협의 악순환 고리를 끊으려는 노력으로 합리적인 가격의 고품질 식품을 생산자와 소비자들을 연결하여 쉽게 이용할 수 있도록 하는 목적으로 오픈된 못난이농산물 온라인판매 플랫폼이다(그림 10.13). 농부 및 제조업체와 연결하여 낭비되는 유기농 농산물 및 식료품을 찾는 책임 있는 소싱(sourcing)을 통해 유용 정보를 소비자에게 제공하고 이를 구매하는 소비자에게 문 앞까지 배달하는 서비스를 통해 상호 비용을 절감하는 시스템이며 소비자 맞춤형으로 커스터마이징이 가능하다. 가공제품의 경우 제조업체와 연계하여 유통기한이 짧은 단기 상품들이 창고에 오래 보관되지 않고 우선 소비될 수 있도록 플랫폼에 광고하여 품질이 좋은 상태에서 구매가 가능하며, 중간 상인이나 창고에 보관하지 않기 때문에 매장보다도 신선한 제품을 보다 합리적인 가격으로 소비자들에게 제공한다. 즉, 생산자와 제조자의 문(farmer & manufacturer's door)에서 소비자의 문(consumer's door)으로 못난이농산물과 가공식품을 문 앞까지 배달하는 서비스로 직거래하며 커스터마이징이 가능하다. 또한, 농산물 폐기량 감소를 통해 온실가스를 감축시킨다는 목적 외에도 제품 배달에 사용되는 포장재를 친환경 제품을 사용하고, 배달 후 포장재를 재사용(reuse) 및 리사이클(recycle)하도록 무료 수거를 동반한다. 식료품 냉장을 위한 물 충진 냉동팩(water-based gel-pack), 냉장용 단열백(silver insulated liner), 계란 파손을 막기 위한 LDPE 계란 라이너(egg carton liner) 등을 무료로 수거하고 병류, 알루미늄 캔류, HDPE 플라스틱 용기, PET 플라스틱 용기 등을 재활용하는 서비스를 제공하여 지속 가능한 식품소비를 유도하고 있다. 또한, 미국 Misfits Market은 홈페이지에 소비자의 주문과 참여 활동이 농가에게 혜

그림 10.13 미국 부적합 시장(Misfits Market) 홍보제품

(출처: Misfits Market 홈페이지, https://www.misfitsmarket.com)

택을 줄 뿐 아니라, 음식물 쓰레기 감소를 통한 온실가스 감축으로 지구온난화를 막고
환경을 보호하는 방법이라는 것을 홍보하여 소비자들의 소비에 가치를 부여하고 가치
있는 소비로의 인식 전환을 유도하며 지속 가능한 식품 소비패턴을 이끌고 있다.

이 밖에도 프랑스 내에 1,800여 개의 매장을 갖고 있는 대형 슈퍼마켓 체인 '인터마
르쉐(Intermarche)'에서도 못난이 농산물을 활용해 멋진 홍보 자료를 만들고 이들을 이
용하여 주스, 통조림 등 새로운 제품으로 제조하고 '못생긴 과일과 채소(Les Fruits &
Legumers Moches'라는 브랜드로 출시하여 기존 제품보다 30% 저렴한 가격으로 판매
하고 있다(그림 10.14). 크기나 형태가 고르지 않아 선별 과정에서 버려지는 채소나 과
일 가운데 대파, 콩, 시금치 등 일상생활에서 많이 사용하는 채소는 볶음밥에 들어가는
크기로 작게 썰어 통조림 제품으로 만들어 인기를 모으고 있다. 인터마르쉐는 '로컬푸
드', '자연식품', '저렴한 가격(알뜰소비)'이라는 이미지를 만들어 소비자를 대상으로
세 마리 토끼를 잡는 마케팅에 성공을 거둠에 따라 까르푸, 모노프리 등 다른 유통업체
도 유사한 상품의 출시를 시도하고 있다.

그림 10.14 **프랑스 대형유통매장 인터마르쉐(Intermarche)의 홍보 포스터 및 제품**
(출처: Intermarche - "inglorious Fruits and Vegetables")

또한, 영국 대형 슈퍼마켓 체인 '아스다(Asda)'에서도 음식물 쓰레기를 줄이기 위해
못생긴 과일과 채소를 5kg 박스 단위로 묶어 A등급으로 분류된 기존 농산물보다 70%
할인된 가격에 판매하여 좋은 반응을 얻고 있으며 이러한 해외의 소비패턴은 앞으로
점점 확산될 것이다.

한편, 국내 기업 SK실트론은 경북 구미와 의성 지역 농가의 못난이 비상품성 양파와 마늘을 활용해 '어니언마브'와 '갈릭마브' 칩으로 재탄생시켜 예상 판매량 대비 600% 이상 판매 성과를 거두었다(그림 10.15). 이는 2022년 ESG(환경·사회·지배구조)형 미래 인재 육성을 위해 시행한 'my 구미(마이구미)' 프로그램에 참여한 355명 학생 중에서 구미 정수초등학교 6학년생 팀이 개발한 못난이 농산물 야채칩을 사업화한 것이다. 아이디어의 산업화를 위해 초기 3,000만 원 상당의 자금 지원, 요리연구가 등 전문가 컨설팅, 멘토링, 판로 연계 등을 종합 지원하고 SK실트론에서 출시하여 성공적인 판매를 기록했다.

그림 10.15 **국내 농산물 업사이클링 제품(SK 실트론)**
(출처: 조선비즈 2023.3.20. chosun.com, https://biz.chosun.com/it-science)

위와 같은 국내외 사례들은 그동안 산업화 기준에 부적합해서 폐기되어 왔던 못난이 농산물이 탄소배출 절감이라는 환경적 이슈와 함께 산업화로 성공한 사례들이다. 이제 식품 소비는 산업화를 위해 외관상으로 우수 품질로 구분되었던 농산물의 선택에서 동급의 품질을 가진 제품을 저렴한 가격의 친환경과 탄소중립을 실현할 수 있는 지속 가능한 식품소비에 힘이 실리고 있다. 새로운 아이디어와 산업화를 위한 종합적인 지원이 수반된다면 향후 이와 같은 좋은 사례들은 계속 이어질 것이며 탄소중립 실현 목표 달성도 앞당겨질 수 있을 것이다.

2 로컬푸드 소비 확대 – 로커보어(locavore)

그림 10.16에 나타낸 것처럼, 푸드시스템에서 발생하는 탄소배출의 20%가 '운송' 과정에서 발생하는 것으로 조사되었다(Li 등, 2022). 74개국 농산물, 축산, 제조업, 에너지 등 37개 경제 부문을 조사해 운송 거리와 식품 질량을 계산한 결과, 식품 운송에서 세계적으로 연간 약 30억 톤에 달하는 탄소가 배출되었다. 이는 전체 푸드시스템 탄소 배출량의 19%에 해당하는 규모이고 이중에서 선진국 운송 배출량은 약 46%를 차지하는 것으로 분석되었다. 운송 시 온실가스 배출량은 식품의 유형에 따라 다양하게 나타나는데 특히 냉장 보관이 필요한 과일과 채소 등은 전체 식품 운동 배출량의 1/3을 차지하고 육류보다 약 3배 마일리지가 높아 이에 대한 감소책이 요구되고 있다. 공동 연구자인 데이비스 라우벤하이머 교수는 선진국에서 식물성 식단으로 전환하는 것 외에도, 곡물이나 육류 등의 식품을 현지에서 소비하는 것이 식품소비의 지속가능성을 높이고 기후 위기도 해결할 수 있는 이상적인 방법이 될 수 있으므로 단거리 식품운송을 통한 푸드마일리지 감축방안을 마련해야 한다고 주장했다(Li 등, 2022).

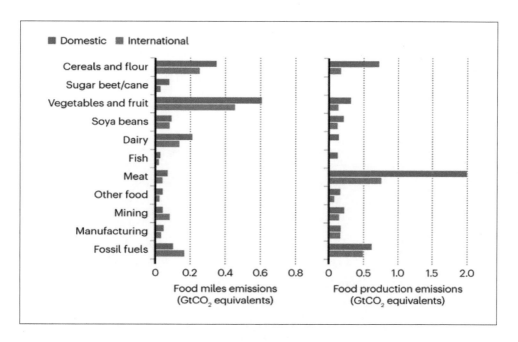

그림 10.16 **식품 운송 및 제조에서 발생하는 온실가스**

(출처: Li 등, 2022. Nature Food, ESG경제 https://www.esgeconomy.com/news)

이에 따라 '로커보어(locavore)' 운동이 다시 주목받고 있다. '로커보어'는 로컬(local, 지역)과 보어(vore, 먹을거리)의 합성어로 원거리 운송이 필요한 글로벌 푸드나 패스트푸드를 섭취하지 않는 대신 인근 지역에서 생산되는 로컬푸드를 섭취하자는 운동이다. 로컬푸드는 소비자의 인근 지역에서 생산된 먹거리라서 푸드마일리지가 짧고, 식품 생산과 수송에 사용하는 에너지 및 배출량을 줄일 수 있는 장점이 있다. 이 때문에 '로커보어'는 15년 전 옥스포드에서 올해의 단어로 선정되었는데 최근 기후변화 이슈와 함께 그 필요성이 다시 대두되고 있는 것이다. 현재 마트에서 쉽게 접할 수 있는 수입 농산물은 장거리 이동을 위해 농약을 많이 사용하고, 운송 거리가 길어 이 과정에서 다량의 온실가스가 배출되므로, 로커보어 운동은 국가별로 자국 내 인근 지역 식품의 소비가 국가별 온실가스 절감에 효과적인 대안이 될 수 있을 것이다.

3 비건푸드 및 대체식품 소비 대중화

식품산업이 연간 배출하는 탄소배출량은 연간 173억 톤, 전 세계 탄소 배출량의 1/3(34%)을 차지한다(Crippa 등, 2021). 이 중에서 육류 생산과 소비로 인한 탄소배출의 심각성이 보고되고 있다. 육류 생산으로 인한 탄소배출 비중은 약 60%에 달하는데, 소, 돼지 등 축산업에서 가축 사료를 만드는 과정에서 발생하는 탄소배출량은 전체 식품산업의 57%에 해당하며, 소 축산 한 종목에서만 전체 식품산업 탄소배출량의 1/4을

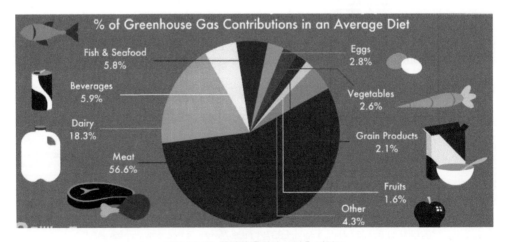

그림 10.17 **식이별 온실가스 방출 기여도**

(이미지 출처: 8 Billion Trees.com, 2023.07.10. J. Murphy, 자료출처: University of Michigan)

차지한다. 특히, 소가 방출하는 메탄가스(CH_4)는 이산화탄소보다 약 80배 이상 강력한 온실가스 효과를 나타내 지구온난화의 주요 원인이 되고 있다. 미국 미시건 대학에서 연구한 평균 식이에 따른 온실가스 방출 기여도에서 육류 식단의 문제점을 지적했다 (그림 10.17).

평균 식단에서 육류 식이가 차지하는 온실가스 방출이 56.6%로 가장 높고, 다음으로 유제품 18.3%, 음료류 5.9%, 해산물 5.8% 순으로 높고, 채소류 2.6%, 곡류 2.1%, 과일 1.6%로 동물성 식품에 비하여 식물성 식품의 탄소배출량이 상대적으로 매우 낮은 것을 볼 수 있다. 또한, 국제 환경단체 '물 발자국 네트워크(Water Footprint Network)'에서는 소고기 1kg을 만들고 소비하는데 1만 5,415L의 물이 필요하며, 이는 같은 양의 쌀을 만들고 소비하는 것보다 6배 가량의 물이 더 소요되는 것으로 나타났다. 돼지고기와 닭고기 역시 kg당 5,988L, 4,325L의 물이 소요되어 동물성 식품이 식용성 식품인 농작물보다 물 발자국이 압도적으로 높았다. 더불어 1kg의 밀을 생산하는 과정에서 2.5kg의 온실가스가 방출되는 반면 1kg의 소고기를 생산하는데 70kg의 온실가스가 배출되는 것으로 분석됐다(뉴스트리, 2021).

이러한 분석 결과들은 우리의 식탁에 오르는 식품의 선택이 푸드시스템과 연계된 탄소 배출량에 미치는 영향이 적지 않으며 우리의 선택에 따라 온실가스 배출량이 적지 않은 영향을 받는다는 것을 알 수 있다. 이에 따라 최근 온실가스 감축을 위해 동물성 식품을 기피하고 식물성 식품으로 대체하려는 채식주의가 증가하는 새로운 비건식품 소비트렌드가 확산되고 있다. 채식주의는 동물보호, 환경, 종교, 건강 등 다양한 가치에 따라 다양하게 구분된다(표 10.4). 완전 채식주의자(Vegetarian) 또는 선택적 채식을 하는 준채식주의자(Semi-vegetarian)로 나눌 수 있으며 섭취 특성에 따라 총 7가지 유형으로 세분되어 지칭하기도 한다. 이 중에서 플렉시테리언(Flexitarian)은 동물 기반 식품 섭취를 자발적으로 제한하지만 상황에 따라 가끔 육식을 하는 준채식주의자로 분류된다.

국가별 채식주의 식단 섭취 계기는 각기 다르나 주로 초기의 채식이 윤리 문제에 대한 개인적인 신념으로 시작했다면 오늘날의 채식주의자는 개인의 라이프스타일과 동물권, 환경보호 등 윤리적 가치가 혼재되어 있다. 이러한 현상은 젊은 세대로 갈수록 두드러지게 나타나 건강에 좋고 개인적 신념이 사회 문제 해결에 기여하고 있다는 의식을 기반으로 하는 채식주의자의 비율이 높아지고 있다. 전세계적으로 플렉시테리언으로 분류되는 채식주의자가 베이비부머 세대(1955-1963) 34%, X세대(1960-1980) 39%, 밀레니얼 세대(1980년 초-2000년 초) 44%, Z세대(1990-2000년 초중반) 54%으로 조사되었다(n=21,739, Euromonitor Health and Nutrition, 2020). 특히, MZ세대(Z세대, 밀레니얼 세대)는 인스타그램, 유튜브 등 플랫폼을 통해 습득하는 정보량이 많아 인플루언서가 홍보하는 라이프스타일이나 트렌드에 민감하게 반응하며, 자신의 신념을 외부에 표출하려는 성향이 강한 특성을 보여 향후 식품 트렌드에 큰 영향을 줄 것으로 보인다.

표 10.4 채식주의(Vegetarianism) 유형에 따른 허용/불허용식

채시주의 유형		허용식(O)	불허용식(×)	허용하는 음식
베지테리언 (Vegetarian)	비건(Vegan)	완전 채식	육류(소/돼지/가금류) 육류 부산물(젤라틴, 동물용 배지) 동물 부산물(달걀, 유제품, 꿀)	
	락토(Lacto) 베지테리언	우유 및 유제품	육류(소/돼지/가금류) 육류 부산물(젤라틴, 동물용 배지) 동물 부산물(달걀)	
	오보(Ovo) 베지테리언	달걀	육류(소/돼지/가금류) 육류 부산물(젤라틴, 동물용 배지) 동물 부산물(우유, 유제품)	
	락토-오보 (Lacto-ovo) 베지테리언	달걀과 우유 및 유제품	육류	
세미 베지테리언 (SEMI-vegetarian)	페스코테리언 (Pescotarian)	생선 및 해산물, 달걀, 우유 및 유제품	붉은 육류 (소/양/돼지/사슴 등) 가금류 및 조류	
	폴로테리언 (Pollotarian)	가금류 및 조류, 달걀, 우유 및 유제품, 생성 및 해산물	붉은 육류 (소/양/돼지/사슴 등)	
	플렉시테리언 (Flexitarain)	경우에 따라 육류와 그에 따른 제품 섭취		

* VEGETARIAN NATION 공식 웹사이트, https://vegetarian-nation.com/resources/common-questions/types-levels-vegetarian/
(출처:농림축산식품부, aT한국농수산식품유통공사. 2021 가공식품 세분시장 현황: 비건식품)

본래 비건(Vegan)이란 개념은 1944년 도널드 왓슨(Donald Watson)이 영국 비건협회 (Vegan Society in England)를 공동 창립했을 때 처음으로 만들어졌으며 처음에는 '비 유제품 채식주의(Non-dairy Vegetarian)'란 의미로 사용했지만, 1951년부터 협회는 비건을 '인간이 동물을 착취하지 않고 살아야 한다는 원칙'으로 정의했다(해외식품인증 정보포털, Foodcerti). 비건은 단순히 육식을 피하는 식습관으로 볼 수 있으나 비건식품은 동물성 재료 및 동물실험 과정을 거친 성분이나 재료를 일체 사용하지 않는 식품으로 인증이 요구된다. 채식주의의 증가와 함께 식품업체들은 앞다투어 지속가능성을 고려한 비건식품을 시장에 출시하고 있다(그림 10.18).

비건 아이스크림(롯데제과)	비건 요거트(풀무원 다논)	비건 고추장(대상)
비건 치즈(채식나라)	비건 계란(Just)	비건 국제품(베지푸드)

그림 10.18 국내외 비건식품 사례

비건식품은 영국비건협회(The Vegan Society), 영국채식협회(Vegetarian Society), 미국채식협회(American Vegetarian Association), 한국비건인증원(주), 비건협회 한국 공식 에이전시(하우스 부띠크) 등은 인증 절차와 규정을 통해 평가를 하고 이에 충족 시 기관이 부여하는 인증 로고를 사용할 수 있도록 하고 있다.

비건식품과 함께 탄소중립과 관련 이슈로 나타나는 또 하나의 트렌드는 대체식품 산업의 성장이다(그림 10.19). 동물성 식품소비를 감축하기 위한 목적으로 개발되는 대체식품은 모든 재료가 식물성이어야 하는 비건식품과는 일부 영역에서 구분된다. 과거에는 육류를 대신할 수 있는 대체식품이 초기에는 '콩고기' 또는 '인조고기'라고 주로 지칭되었으나 최근 식품 제조 기술의 발전으로 실제 육류와 비슷한 식감, 향미를 갖추게 되면서 이를 활용한 식품들을 '대체식품'으로 통칭하여 사용하고 있다. 일반적으로 대체식품은 동물성 단백질을 대체한 식품을 의미하며 식물성 고기, 곤충단백질 식품, 세포기반식품 등을 원료로 사용하는 것을 포함하며(농림식품기술기획평가원. 2021.11. 대체식품과 3D 푸드 프린팅 기술), 아직 대체식품에 대해 합일된 개념이 없어 연구자, 기관, 국가별로 정의를 서로 다르게 내리고 있다.

- Good Food Institute: 대체식품(대체 단백질)이란 식물이나 동물 세포, 또는 발효를 통해 생산하는 식품으로, 기존 동물성 제품과 동일하거나 더 나은 맛을 내면서 가격이 같거나 낮도록 생산되는 식품
- Melbourne University: 대체식품이란 식품 기술을 활용하여 동물성 단백질을 대체하는 대안이 되는 식품으로, 곡물, 콩, 견과류와 같은 식물, 곰팡이(버섯), 조류, 곤충 등으로 만든 고기와 세포기반 식품을 포함
- **식품의약품안전처**: 동물성 원료 대신 식물성 원료, 미생물, 식용곤충, 세포 배양물 등을 주원료로 사용해 식용유지류(식물성유지류 제외), 식육가공품 및 포장육, 알 가공품류, 유가공품류, 수산가공식품류, 기타 식육 또는 기타 알 제품 등과 유사한 형태, 맛, 조직감 등을 가지도록 제조하였다는 것을 표시해 판매하는 식품(식품의약품안전처, 「식품의 기준 및 규격」 행정예고)

세계 최대 컨설팅 회사 중 하나인 보스턴 컨설팅 그룹(Boston Consulting Group, BCG)은 육류를 대체할 식물 기반 산업에 대한 투자는 다른 산업별 녹색 투자에 비해 온실가스 배출량을 훨씬 크게 줄여준다고 밝혔다. 예를 들어 소고기는 두부보다 6~30배 더 많은 탄소를 배출하는데, 식물성 기반 대체육(plant-based meat) 생산에 대한 투자가 친환경 시멘트의 3배, 친환경 건물의 7배, 무공해 자동차(전기자동차 등 온실가스 미배출 차량)에 투자하는 것의 11배 이상으로 매우 효과적인 온실가스 감축 효과를 얻을 수 있는 것으로 나타났다(The Guardian, 2022). 실제로 대체식품 시장은 2019년 10

억 달러(8억 3천만 파운드)에서 2021년 50억 달러로 급증했는데 현재는 대체식품이 육류, 계란, 유제품 판매량의 2%를 차지하지만 성장 추세에 따르면 2035년에는 11%로 증가할 것으로 예측된다(Boston Consulting Group). 대체식품 소비의 증가는 전 세계 항공산업에서 배출되는 온실가스 배출량과 거의 같은 양의 온실가스 배출량 감축을 가능하게 한다. 하지만, 아직은 대체식품 개발에 대한 기술적 진보, 생산 규모 확대, 세포 배양육까지 대체식품으로 인정할 것인가에 대한 국가별 규제, 소비자의 수용성 등은 대체식품 산업 성장의 변수가 될 것으로 보인다.

그림 10.19 **국내 출시된 대체식품. 비비큐덮밥(왼쪽, ㈜올가니카), 함박스테이크(가운데, ㈜올가니카), 만두(오른쪽, CJ제일제당).**

5 지속 가능한 식품소비 관련 제도 및 실천 사례

지속 가능한 식품소비는 식품 생산, 가공, 유통, 저장, 소비 등 푸드시스템 전반에서 온실가스가 많이 방출되는 식품의 소비를 줄이는 것을 목표로 소비자들의 소비 부문의 온실가스 감축을 유도하는 전략이다. 세계보건기구(WHO)는 축산업으로 발생하는 온실가스에 주목하며 채식 위주의 식단(하루 400g 과일과 채소, 50g 이하 설탕, 43g 이하 고기 섭취를 추천)을 제안하고 이를 통해 온실가스 배출량의 29~70% 감축할 것을 제안했다. 유럽에서 대표적으로 채택하고 있는 정책도 동물성 식품 소비를 줄이는 저탄소식단 권장 정책이다.

표 10.5 스웨덴 식품청(Sweden Food Agency)이 권고하는 저탄소 식단

저탄소 식단 권고 기준		
확대(More)	대체(From → To)	축소(Less)
• 야채 • 과일과 베리류 • 생선과 해산물 • 견과류와 씨드류(seed) • 일상 활동	• 밀가루 → 통밀 • 버터 기반 → 식물성유·지방 기반 • 고지방 → 저지방 유제품류	• 적육, 훈제 육류 • 소금 • 설탕 • 술

(출처: Röös 등, 2021. 저자 번역)

또한, 스웨덴 식품청에서 권고하는 저탄소 식단도 과채류, 해산물, 견과류 등의 섭취를 늘리고, 적육 섭취를 줄이며, 동물성 버터 기반의 식품을 식물성 지방 기반식으로 전환, 가루 곡물을 통곡물로 대체하는 식단이다(표 10.5).

한편, 이러한 저탄소 식단 정책 확산을 위해 다양한 레이블링 체계가 이용되고 있다. 유럽연합은 2020년에 'Farm to Fork(농장에서 식탁까지)' 전략을 세워 모든 식품 관련 정보를 명확하게 소비자에게 제공하는 지속 가능한 식품 레이블링 체계(sustainable food labelling framework)를 개발하여 이를 전 산업 제품으로 적용을 시도하고 있다. 대표적으로 프랑스의 플래닛 스코어(planet score)는 프랑스 정부가 2021년 8월에 제정한 '기후 및 회복탄력성 법(Loi climat et résilience)'에 기반하여, 2022년부터 플래닛 스코어라는 레이블링의 제품 표시를 시범적으로 도입하고 5년 동안 실시 예정으로 생산된 식품은 평가를 거쳐 planet score 점수를 받고, 완료된 제품은 레이블링 되어 판매되고 있다(그림 10.20). 이는 프랑스 기업과 소비자들이 기후변화 대응에 동참할 수 있도록 독려하는 정책 수단을 제도화한 것이다.

그림 10.20 **플래닛 스코어 레이블링 및 실제 사용 사례**
(출처: 한국농촌경제연구원, 2022)

　영국에서는 탄소 트러스트(Carbon Trust) 조직을 설립하고 탄소발자국(carbon foot-printing) 레이블링을 고안하여 2007년부터 탄소배출 표시제를 사용하고 있다(표 10.6). 탄소라벨링(Carbon trust label, www.carbon-label.co.uk)이란 제품의 원료생산에서부터 폐기까지 제품 전 과정에서 배출되는 이산화탄소량을 숫자로 표시한 것으로 식품산업에 국한되지 않고 전 산업에 걸쳐 표시하고 있다. 또한, 스웨덴의 대표적인 대형슈퍼마켓 기업인 ICA는 매주 메뉴와 조리법을 개발하고 여기에 필요한 식료품을 꾸러미로 판매하고 있는데 이때 소비자가 기후변화 영향이 적은 메뉴와 식품을 선택할 수 있도록 녹색잎 레이블링을 표기하여 판매 서비스를 제공하고 있다. 모든 메뉴의 1인분당 온실가스 발생량을 측정하여 발생량 수준에 따라 0.5kg 이하인 경우는 녹색 잎 세 개를 표기하여 기후변화 영향이 매우 낮은 메뉴임을 알려주고, 발생량이 0.5~1.4kg은 녹색 잎 두 개로 표기해 스웨덴 평균 식단보다 온실가스 발생량이 적다는 것을 알려주며, 발생량이 1.4~2.4kg의 경우 온실가스 발생량 감축에 적합한 메뉴를 추천해 소비자들이 탄소중립형 메뉴 선택을 할 수 있도록 유도하고 있다.

표 10.6 **영국의 탄소 트러스트에서 고안한 탄소발자국 레이블링 8가지 유형**

구분	레이블	내용
Certified		해당 상품이 작년에 비해 올해 얼마나 탄소발자국을 줄였는지를 보여준다.

구분	레이블	내용
Reducing CO$_2$		해당 상품이 매년 탄소발자국을 줄여 나가고 있다는 것을 보여준다.
Reducing CO$_2$ Packaging		해당 상품이 매년 포장 부문에서 탄소발자국을 줄여 나가고 있다는 것을 보여준다.
Carbon Neutral		해당 상품이 매년 탄소발자국을 줄임과 동시에 상품 생산 및 유통과정에서 배출되는 온실가스를 상쇄하려고 탈탄소화 관련 노력을 할 때에 부여한다.
Carbon Neutral Packing		해당 상품이 매년 포장 부문에서 탄소발자국을 줄임과 동시에 포장 과정에서 발생하는 온실가스를 상쇄하기 위해 탈탄소화 관련 노력을 할 때에 부여한다.
Lower CO$_2$		시장 내 같은 품목 주요 상품들의 탄소발자국 평균보다 탄소발자국이 적은 상품임을 의미한다.
100% Renewable Electricity		에너지 부문에서만 부여하며 에너지 상품이 100% 재생에너지임을 의미한다.
CO$_2$ Measured		해당 상품의 탄소발자국이 모니터링 되고 있다는 것을 보여준다.

(출처: 한국농촌경제연구원, 2022)

6 지속 가능한 가공산업 – 부산물 업사이클(upcycle) 산업

업사이클(Upcycle)은 하나의 산업으로 발전하고 있다. 그 이유는 업사이클이 '지구를 살리는 친환경적 생산과 윤리적 소비' 양식으로 주목받고 있기 때문이다. 급속한 SNS(Social Network Society, 소셜 네트워크 사회)의 변화 속에서 현재 업사이클 산업이 발달하고 있는 주요 도시들은 친환경 업사이클 제품의 내재적 가치에 열광하는 소비자들이 기업의 사회적 책임(S)과 윤리적 경영(G), 특히 환경 측면(E)이 강조된 ESG 경영을 견인하고 있으며 업사이클 문화를 확산시키는 메카로 주목받고 있다.

업사이클은 단순히 폐기물의 재활용(Recycle)을 넘어 한 단계 진화한 새로운 활용(업-사이클, Up-Cycle)을 가리킨다. 즉, 업사이클은 재활용(Recycle)할 재료에 새로운 창조적 아이디어(Create)를 부여하고 이에 따른 온실가스 감축 효과(CO$_2$)를 가져오며 새로운 경제적 가치 및 환경적 가치를 창출하는 과정을 말한다(그림 10.21). 버려지는 식품 원재료가 새로운 가공 제품으로 변화되는 것도 업사이클의 사례로 볼 수 있다. 전 세계에 생산되는 식량의 1/3이 버려지고 있으며 이 중에서 과일과 채소류가 40~50%로 가장 높은 비중을 차지하고 있으며, 수산물 35%, 곡류 30%, 육류와 씨드류가 각각 20%를 차지하고 있다(FAO, 2021). 네덜란드 크롬꼬머사의 야채스프, 프랑스 인터마스쉐의 채소 통조림, 한국 SK실트론의 어니언마브 등도 이런 업사이클의 사례라 볼 수 있으며 앞서 살펴보았다. 본 절에서는 푸드시스템에서 제조 및 가공 단계에서 발생하는 부산물을 창의적인 아이디어로 업사이클링하는 사례를 중심으로 살펴보고자 한다.

그림 10.21 업사이클링 개념도

식품가공은 다양한 가공 기술을 적용하여 목표로 하는 최종 제품을 생산하게 되는데 이 과정에서 최종 생산물과 함께 가공부산물(by-product, co-product)이 생산된다. 가공부산물은 수거, 분리, 처리에 비용과 인건비가 소요되므로 대부분 활용되지 못하고 퇴비로 사용하거나, 매립, 소각 등으로 폐기 처리되며 이 때 방출되는 온실가스량이 심각하여 이를 막을 수 있는 업사이클 방안이 필요하다.

업사이클의 대표적인 사례로 맥주 부산물 활용을 들 수 있다(그림 10.22). 연평균 세계 맥주 부산물은 약 3,900만 톤에 달한다. 맥주 1,000kL 생산 시 약 200톤의 맥주박(Brewer's spent grain, BSG)이 생산되는데 주로 사료, 소각, 매립된다. BSG는 맥주 제조 시 이용되는 효모, 홉, 맥아 등이 주 재료로 맥주 제조 중 당화와 발효 과정을 거쳐 당 함량이 낮고 식이섬유, 베타글루칸과 같은 기능성 성분 함량이 높아 식품이나 화장품 원료로의 활용 가치가 높다. 이를 이용하여 이니스프리에서는 뷰티원료로 두피와 바디케어 제품을 출시했으며(2019), 오비맥주에서는 맥주 폐기물 '제로(Zero)'를 선언하고 칼로리를 30% 낮춘 대체 밀가루, '랄라베어' 맥주박 핸드크림, 고단백에너지바 '리너지바'를 출시했다. 대체 밀가루인 '리너지 가루'는 일반 밀가루보다 단백질 2.4배,

식이섬유가 약 20배가 높아 재활용 제품이 오히려 기존의 제품보다 더 높은 영양성과 건강기능성을 주는 제품으로 탈바꿈한 것이다. 해외에서도 미국 USDA 협력회사인 'Regrained'사가 맥주박을 이용해 브라우니 믹스, 피자 반죽 믹스, 파스타, 스낵, 소금 등 다양한 제품을 시장에 출시해 건강식품으로 인기를 모으고 있다.

수산물의 경우도 폐기되는 부산물이 약 35%로 매우 높은데, 이는 가공 시 제거되는 내장 12~17%, 머리 9~15%, 비늘 5%, 꼬리 1~3%가 차지한다. 이들 모두는 다양한 제품으로 활용될 수 있는데 뼈를 바이오칼슘으로 가공한 칼슘 보충제, 생선뼈 육수, 생선 뼈 스낵, 생선 껍질로 만든 콜라겐과 스낵 등을 들 수 있다(그림 10.23).

Regrained(주)(미국) , https://abc7news.com/regrained-upcycling-spent-grain-beer/11832778/

이니스프리(한국)

오비맥주(한국)

그림 10.22 국내외 맥주박 업사이클 제품 생산 업체와 제품

생선뼈 육수   칼슘보충제   생선 껍질로 만든 콜라겐

생선 껍질 스낵   Kresna 생선뼈 스낵   생선 껍질 스낵

그림 10.23 시판 중인 생선뼈와 생선 껍질을 이용해 만든 업사이클 제품

또한, 최근 커피 제조 후 찌꺼기 속에 남아있는 특정 물질이 알츠하이머병, 파킨슨병, 헌팅턴병 등 신경퇴행성 병의 예방 및 조기 치료에 도움이 될 수 있다는 연구 결과가 발표되어 업사이클의 가치가 재조명되고 있다(Kumar 등, 2023). 미국 텍사스대 엘파소캠퍼스 연구팀은 '카페인산 기반 탄소양자점(Caffeic-Acid based Carbon Quantum Dots, CACQD)'이 비만, 노화, 살충제, 독성 환경 화학물질 노출 등으로 발생되는 각종 신경퇴행성 질병으로 인한 손상으로부터 뇌세포를 보호할 수 있는 것으로 나타났다고 밝혔다. 현재 치매 치료제가 없는 상황에서 이를 이용한 치료제 개발 가능성에 기대를 모으고 있다.

이처럼 가공부산물의 업사이클은 이제 탄소중립을 위해 어쩔 수 없이 선택해야 하는 저가치 재활용 제품이라는 개념보다는 오히려 주 가공제품보다 더 부가가치가 높은 고부가 산업이 될 수 있다는 점에서 주목할 만하다. 앞으로 가공부산물 업사이클 산업은 지속적인 기술 개발과 새로운 아이디어가 융복합되며 점점 빠르게 성장하는 산업으로 발전할 것이며 이를 통한 탄소중립 효과도 기대가 된다.

10.2.3 푸드테크와 지속 가능한 식품산업

1 푸드테크의 정의

'푸드테크(Food-Tech)'란 음식(Food)과 기술(Technology)의 합성어로, 식품산업에 바이오, 인공지능(AI), 사물인터넷(IoT), 3D프린팅, 로봇과 같은 혁신기술이 접목된 신산업 분야를 의미한다(표 10.7).

표 10.7 **푸드테크(Food-Tech)의 정의**

기관	푸드테크의 정의
Institute of Food Technologists (IFT) 푸드테크전문가협회	Food technology is the application of food science to the selection, preservation, processing, packaging, distribution, and use of safe food (식품과학의 응용영역으로, 식품의 선택, 저장, 가공, 포장, 유통, 식품 안전 등의 영역을 포함)
Digital Food Lab 디지털푸드랩	Food Tech is an ecosystem made of all the agrifood entrepreneurs and startups (from production to distribution) innovating on the products, distribution, marketing or business model(푸드테크는 모든 농식품 산업과 생산부터 유통까지의 스타트업으로 구성된 생태계로 제품생산, 유통, 마케팅, 사업 모델 등의 혁신기술을 지칭)
한국푸드테크협회	식품산업에 ICT가 융합되어 새로 생성된 4차 산업 기존의 식품산업에 ICT 기술이 접목되어 생산부터 가공, 유통, 서비스까지 전 범위에 걸쳐 변화하는 신산업

(출처: 삼일PwC경영연구원, 2022, '푸드테크의 시대가 온다', 저자 편집)

푸드테크는 농축수산물의 생산과 유통, 음식료 제조와 관리, 배달 및 소비, 식당 운영 등 다양한 분야에서 혁신을 일으키고 있으며, 관련 시장 또한 급속도로 성장하고 있다. 현재 우리 일상에서 접할 수 있는 식물성 고기, 스마트팜을 통해 재배된 농산물, 모바일 애플리케이션을 통한 배달 음식 주문, 서빙 로봇, 무인 식당 키오스크 주문 등은 모두 푸드테크의 산물이다(그림 10.24). 푸드테크 산업이 발달하게 된 배경은 4차 산업 혁명의 핵심인 정보통신기술의 발달이 식품산업 전반에 적용되면서 새로운 가치를 창출하는 첨단산업으로 빠르게 확산되고 있기 때문으로 발달 배경 요인은 다음과 같다.

- AI, IoT, 3D프린팅, 로봇, 빅데이터 등 IT 기술의 발달
- COVID-19으로 비대면 푸드테크 확산(무인 스마트 공장, 서빙 로봇 등)
- ESG, MZ세대 가치소비, Veganism 등 친환경 대체식품에 대한 관심 증대
- 인구급증으로 인한 식량안보, 고령화로 인한 건강 및 식품 안전성 관심 증대

식품관련 산업에 정보통신기술(ICT)이 융복합되어 창출되는 신산업인 푸드테크 (Food-Tech)에 대한 시장의 관심이 높다. 인구 감소와 소비 수준 증가로 인해 노동집약적 일을 기피하는 반면 식품 조리 및 제조를 위해 수반되는 인건비는 계속 상승하고 있어 이러한 노동력을 대체할 방안으로 IT 기술의 발달이 이를 해결할 해법으로 제시되고 있다. IT가 접목된 푸드테크 산업은 현재는 O2O 서비스를 통한 배달 등에서 가장 가시적인 변화를 보여주고 있지만 궁극적으로는 푸드시스템 밸류체인 전반에 적용되어 미래 식품시장이 요구하고 있는 대체식품, 요리로봇, 3D 푸드 프린팅, 스마트팜 등을 포함하는 다양한 분야로 확대될 것으로 보인다.

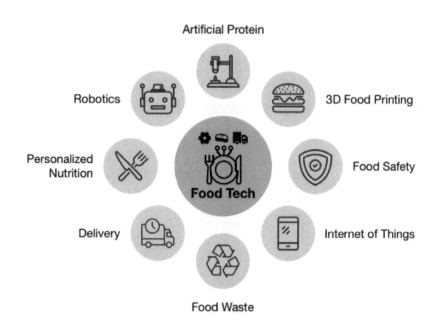

그림 10.24 **푸드테크 분야**
(출처: 삼일PwC경영연구원, 2022)

2 지속 가능한 푸드테크

4차 산업혁명 시대의 유망한 푸드테크 산업에는 다양한 카테고리가 있으며 영역별로 크게 세 분야로 정리해 볼 수 있다.

- 생산 분야에서 스마트 정밀농업 기술 개발 및 시스템 구축
- 가공, 유통, 소비의 혁신으로 초연결 지능정보기술을 기반으로 하는 u-Commerce, 스마트센서, 스마트팩토리, 3D 프린팅, 푸드케어, 스마트키친, 푸드서비스 등 다채로운 분야에서의 기술 개발
- AI, 구제역, 콜드체인, GAP 등 식품안전시스템 개발 및 구축

특히 가공, 유통, 소비 분야의 기술은 4차 산업혁명의 핵심기술인 초연결, 지능정보기술이 가장 유망한 분야로 여겨지고 있다. AI와 빅데이터, 클라우드 등으로 무장한 무인판매점과 같은 미래식품 판매점과 로봇, 드론, AI로 운영하는 무인 물류, 로봇 쉐프, 블록체인 기술 등 미래 유통, 소비 기술 변화가 예상된다. 현재 우리나라의 유통과 소비 분야에서 대표적인 것은 배달 서비스로 배달의 민족, 요기요, 배달통 등 음식점을 네트워킹해 서비스가 제공되고 있으며 맛집 추천, 레시피 공유, 식재료 배송 등 서비스 시장도 점점 커지고 있다. 식품 제조 및 가공 분야에서는 스마트 요리, 3D프린팅, 미래 대체식품(배양육, 곤충, 소이렌트) 등이 푸드테크 산업을 이끌어 갈 것이다. 푸드테크

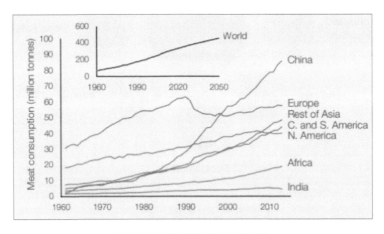

그림 10.25 **전 세계 육류 소비 동향**

(출처: Meat: the Future series Alternative Proteins, 세계경제포럼, 2019.01)

산업은 단기적으로는 편의성 개선과 인건비 절감을 등 비용 감축 효과를 얻을 것으로 기대될 뿐 아니라 중장기적으로 스마트팜, 대체식품 연관 기술 개발을 통해 지구온난화를 야기하는 온실가스 감축 효과를 가져와 지속 가능한 식품산업을 주도 기술이 될 것이다.

본 절에서는 푸드테크 산업 중에서 특별히 지구온난화를 야기하는 온실가스 감축에 효과적인 대안으로 떠오르고 있는 대체식품의 개발과 관련한 푸드테크 기술과 현 사업화 사례를 중심으로 지속 가능한 푸드테크 산업을 살펴보고자 한다.

1960년부터 전반적으로 전 세계 육류 소비는 계속 증가하고 있다(그림 10.25). 전 세계 인구가 이러한 추세로 육류 소비를 지속한다면 온실가스 방출 증가로 인한 지구온난화로 기후변화는 날로 심각해질 것이다. 이를 해결하기 위한 대안이 대체식품 산업이다.

대체식품은 앞서 설명한 내용과 같이 동물성 단백질을 대체하는 모든 식품을 의미한다. 온실가스 배출량이 적은 식물성 단백질, 곤충단백질, 곰팡이(버섯) 단백질, 조류 단백질, 세포배양육 등을 원료로 단백질을 추출하고 이를 3D 푸드 프린팅 및 압출성형기와 같은 조직화 기술을 이용해 육류와 같은 조직감과 맛을 부여하여 동물성 식품과 유사하게 제조된다. 대체식품 제조에 필요한 푸드테크는 기존의 동물성 육제품의 조직감과 맛을 최대한 유사하게 구현하는 조직화 기술이 핵심이며 이에 따라 '대체식품'의 품질이 좌우된다. 식육의 섬유근육과 지방을 정교하게 표현하고 씹을 때 유사한 조직 감

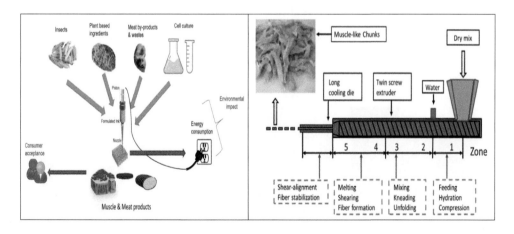

그림 10.26 3D 푸드 프린팅(좌)과 쌍축압출기(Twin-screw extruder)(우)를 이용한 근육섬유조직물 제조 흐름도
(출처: Liu and Hsi, 2008, Sha 등, 2020)

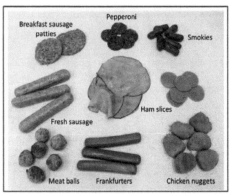

그림 10.27 시판되는 식물성 기반 대체육 제품(좌)과 일반 동물성 기반 육제품(우)

(출처: Sha 등, 2020)

을 느낄 수 있어야 한다. 현재 사용되는 3D 푸드 프린팅 기술은 압출식 인쇄방식이 널리 사용되고 있는데, 재료를 한 겹씩 사출하고 이를 3차원으로 쌓아가며 목적하는 식품을 구현해 낸다(그림 10.26). 식육 조직화 기술은 압출성형기(extruder)를 이용해 온도, 압력, 수분을 조절하면서 식육의 근육을 유사하게 구현할 수 있다. 시판되고 있는 기존 육제품과 식물성 기반 대체육 제품은 그림 10.27과 같다.

조직화 기술을 통해 대체육을 제조한 후 조직의 특성을 평가하는 조직감 프로파일 분석(Texture Profile Analysis, TPA) 시험은 고기 유사제품(대체육제품) 개발에 중요한 기술이다. 소시지와 같은 근육조직이 적은 유화제품부터 스테이크와 같이 근육조직을 그대로 가지고 있는 제품들의 특성에 적합하게 분석법을 결정하여 분석하게 된다. 조직의 강도(hardness), 씹힘성(chewiness), 접착성(adhesiveness), 응집성(cohesiveness), 탄력

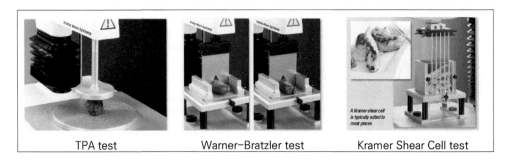

그림 10.28 인공육 조직감 분석 장비

성(springiness)과 같은 여러 특성을 한 번에 압축해서 평가할 수 있는 TPA법, Kramer Shear Cell 시험(한번 베어 먹을 때를 시뮬레이션), Warner-Bratzler 시험(둔탁한 V형 칼날이 평행하게 여러 번 커팅해 씹는 시뮬레이션 구현) 등 조직감 특성을 수치화하고 품질과 연계하는 기술은 대체식품 개발 및 품질 개선에 필수적이다(그림 10.28).

해외 대체식품 성공 사례는 미국 멤피스(Memphis)사의 식물성 기반 육제품 '임파서블(Impossible)'로 다양한 형태와 브랜드로 시장에 소개되고 있으며 비건푸드 및 대체식품을 찾는 소비자들에게 인기를 끌고 있다(그림 10.29). 미국 햄버거 브랜드 매장에는 일반 햄버거와 동일하게 임파서블 버거를 주문할 수 있다. 가격은 일반 햄버거보다 비싼 가격에 판매되고 있는데 맛과 조직감으로 대변할 수 있는 관능적 품질 면에서 정보를 주지 않으면 구분하기 어려운 수준으로 동물성 햄버거와 크게 차이가 없어 품질이

Impossible 사에서 판매하는 햄버거 패티 및 배양육(cultured meat)

미국 Wayback 매장(Verginia) 및 '임파서블 치킨버거'(저자 촬영, 2023.06)

그림 10.29 현재 미국에서 시판 중인 식물성 기반 대체식품

(출처: FOODICON(http://www.foodicon.co.kr 및 저자 촬영)

우수한 것으로 평가되고 있다.

한 설문조사(서울경제, 2022.02. MZ세대 10명 중 7명 "환경 위해 대체식품 소비해야?")에 따르면 MZ세대의 80% 이상이 가치소비를 해본 것으로 조사되며, 소비활동을 통해 사회적 가치를 실현하는 가치소비가 증대되고 있음을 알 수 있다. MZ세대의 70%가 대체식품에 긍정적인 반응을 나타냈고, 대체식품을 소비해야 하는 이유로는 '환경보존' 71.4%, '동물복지' 53%, '건강한 식습관' 43.5%로 응답했다. 푸드테크 산업은 단기적으로는 편의성 개선과 인건비 절감을 등 비용 감축 효과를 얻을 뿐만 아니라 중장기적으로 대체식품 연관 기술 개발을 통해 탄소배출량 감축 효과를 가져와 지속 가능한 식품산업을 주도하는 기술로 자리 잡을 것이다. 아직은 국가별 대체식품 관련 규제가 상이하고 국내 기준 마련도 필요한 상황으로 아직은 기술의 한계 극복과 함께 시장의 성숙기는 조금 더 시간이 필요할 것으로 분석된다.

[대체식품 관련 규제]

대체식품 관련 규제 현황은 대체육을 포함한 대체식품 시장의 성장성 대비 아직은 미흡하다. 식물성 대체단백질의 경우 곡류·두류가공품으로 분류되기 때문에 현재 식품표시광고법에 따라 '육', '고기' 등으로 표시하거나 광고할 수 없으나, 현재 혼용해서 사용되어 소비자에게 혼란을 야기한다. 미국에서는 '19년 식물성 인공육을 고기로 표기하는 것이 금지되는 법안이 발의되어 3개 주에서 통과되었고, 프랑스에서도 유사한 법안을 제정했다. 또한, 대체단백질 식품에 대한 안전성 관리 및 평가 기반 마련도 필요하다. 특히, 배양육을 이용한 제품의 경우 배양육의 정의, 안정성 평가 방안, 제조 시설 기준 설정 등 관련 법률 및 제도 정비도 빠르게 이루어질 필요가 있다. 현재 법규로는 세포배양육은 식물성 단백질과 다르게 동물의 근육세포에서 배양된 식품이지만, 축산물 위생관리법에서 정의하는 '축산물'에 포함되지는 않는다. 축산물 위생관리법은 '축산물'을 식육, 포장육, 원유, 식용란, 식육가공품, 유가공품, 알 가공품으로, '식육'은 식용을 목적으로 하는 가축의 지육, 정육, 내장, '가축'은 소, 말, 양, 돼지, 닭, 오리, 그 밖에 식용을 목적으로 하는 동물로서 대통령령으로 정하는 동물이라고 정의하기 때문이다. 최근 유럽에서는 배양육을 이용하여 제품 제조 및 유통을 금지하고 있는 반면, 미국의 경우 이를 허용하고 있다. 세포배양식품의 경우 국내에서도 기준 및 규격 마련, 안전성 검증, 제품 광고 관련 기준 등 앞으로 풀어야 할 숙제들이 남아있어 산업화는 아직 시간이 요구된다. 하지만, 세포배양육과 달리 식물성 기반 단백질을 이용하는 대체식품 시장은 앞으로 점점 빠르게 성장할 것으로 보인다.

표 10.8 대체식품 종류별 특징

구분	식물성 고기	세포기반식품	식용곤충
영양가	높은 단백질 함량	높은 단백질 함량 및 무기질 함량	지방산 조성 및 철분 함량 조절 가능
안전성	검증	검증 필요	검증 진행 중
생산 비용	낮음	높음	보통
대량생산	가능	제한적	가능
육류 유사도	다소 낮음	유사	낮음
한계점	근섬유 구현이 어려워 맛과 조직감 부족	새로운 것에 대한 두려움	소비자 혐오감

(출처: 식약처, https://nifds.go.kr/webzine/2023/05/page01.html, 한국농촌경제연구원, 2019. 세계 대체식품류 개발 동향)

10.3 마무리

산업화의 시작과 발전은 인류에게 다양한 풍요로움과 편리함을 가져왔으나 이로 인해 발생되는 온실가스의 증가는 인류의 생존을 위협하는 주요 요인이 되었다. 기후변화 극복을 위해 전 세계는 다각적인 정책과 산업적 기술 개발로 대응하고 있다. 식품산업은 생명유지와 건강관리에 직결되는 먹거리 산업으로 그 규모는 IT시장의 2배, 자동차 시장의 7배에 달한다. 산업 규모만큼이나 전세계 탄소배출량의 약 1/3을 차지하고 있고 푸드시스템 전 영역별로 탄소배출이 심각한 수준임이 확인되었다. 최종 가치사슬의 주체인 소비자가 어떠한 식품을 어떻게 소비하는지에 따라 지구의 온도에 영향을 주는 온실가스 배출량이 달라지는 것을 볼 때, 이제 소비자의 소비가치 정립에 지구온난화의 해법이 달려있다고 해도 과언이 아니다. 인류의 번영을 위한 지속 가능한 식품산업은 어떤 방향으로 나가가야 할 것인지에 대한 각국 정부와 산업체의 노력에 관심이 모아지고 있는 시점에서 각 개인이 소비자로서 온실감축을 향한 가치소비를 추구한다면 탄소중립 실현을 앞당길 수 있을 것이다. 이제 식품폐기물은 더 이상 쓰레기가 아니며, 단순히 재활용(recycle)하는 수준을 뛰어 넘어 신활용(new cycle)으로 새로운 가치를 창출하는 산업으로는 떠오르고 있다. 푸드테크를 이용한 대체식품의 개발과 소비 확산은 온실가스 감축의 중요한 대안으로 제시되고 있으나 대체식품이 정착하기 위해 국가별 각종 규제와 지원의 많은 검토와 고민이 필요하다. 세계 식품 산업 발전 트렌드는 다양성, 개인화, 건강성, 문화성과 고브랜드화 방향으로 추진되고 있다. 이러한 트렌드와 함께 4차혁명 기술의 발달로 개인 맞춤형 식품(Pesonalized Diet) 및 개인 맞춤 영양(Personalized Nutrition) 산업이 가능해지고 있다. 소비자의 소비패턴, 소비자 동향, 바이오 정보, 농식물의 영양 및 기능성 정보 등 빅데이터를 수집하고 기를 기반으로 개인 맞춤형 식품산업이 가능해 질 것이다. 이를 위해서는 유전자 분석기술, NGS 기술(전체 유전체 분석기술), 식품영양유전체, 대사체학, 영양유전학, 영양유전학, 후성유전학, 마이크로바이옴, 맛체(Sensomics), 문화체(Culturomics) 심지어 식단체(Sikdanomics) 기술 기술 등 첨단기술의 발전이 필요하다. 식품산업은 앞으로 기술집약적으로 빠르게 진화하고 발전할 것이며 여기에 온실가스 감축 기술이 더해진다면 미래 식품산업은 인류의 지속 가능한 공존을 꾀하며 건강하고 편리한 삶의 질을 향상시키는 방향으로 발전할 것이다.

10.4 참고문헌

- 강상욱. **2016**. 국내 식품산업의 현황 및 대응 방안. Deloitte Anjin LLC & Deloitte Consulting LLC 리포트. 1-8.
- 국가기상위성센터. https://nmsc.kma.go.kr/homepage
- 국가법령정보센터. 농어업·농어촌 및 식품산업 기본법. https://www.law.go.kr
- 국립기상과학원. **2020**. 2020 지구대기감시 보고서.
- 남재석. **2021**. 세계와 도시 4호 특집3. 지속가능한 삶을 꿈꾸는 미래산업, 업사이클 (Upcycle).
- 농림식품기술기획평가원, **2021**. 대체식품과 3D푸드 프린팅 기술.
- 뉴스트리. 식품산업 탄소 배출량 연간 173억 톤. 육류비중이 60%. https://www.newstree.kr
- 대한상공회의소. **2021**. ESG 경영과 기업의 역할에 대한 국민의식 조사.

- 메이킹스토리. 우리가 못생긴 농산물을 구출하는 이유! 유럽 못난이 농산물의 변신. https://www.wadiz.kr/web/campaign/detailPost/30542/news/28675

- 브릿지경제. **2022**. MZ세대 10명 중 7명 "환경 위해 대체육 소비해야". https://www.viva100.com /main/view.php?key=20220203010000256

- 삼일PwC경영연구원. **2022**. 푸드테크의 시대가 온다 1부. Robots in Food Tech.

- 세계경제포럼. **2019**. Meat: the Future series Alternative Proteins.

- 식품의약품안전처. **2016**. 건강기능식품 기능성 원료 인정 현황.

- 식품의약품안전처. 식품위생법. https://mfds.go.kr

- 영국 데이터모니터 마켓라인. https://sgsg.hankyung.com/article/2017042169211

- 조상우. **2021**. ESG의 이해와 ESG 경영을 해야하는 이유. 식품산업과 영양. 26, 1-4.

- 한국농수산식품유통공사. **2021**. 가공식품 세분시장 현황: 비건식품.

- 한국농수산식품유통공사. **2021**. 글로벌 대체식품 식품시장 현황.

- 한국농촌경제연구원. **2019**. 세계대체식품류 개발 동향.

- 한국농촌경제연구원. **2022**. 탄소중립을 위한 식품소비 단계의 온실가스 감축 대안과 효과분석.

- CJ제일제당. **2021**. Sustainability Report 2021.

- E. Röös 외. **2021**. Policy Options for Sustainable Food Consumption: Review and Recommendations for Sweden.

- Euromonitor Health and Nutrition. 2020. The rise of vegan and vegetarian food, Passport.

- FAO. **2021**. Annual loss and wastd along the food chain(occurring during harvest, post-harvest, distribution, processing and/or distribution).

- IPCC. **2021**. Sixth Assessment Report(AR6).

- J. Kumar 외. **2023**. Caffeic acid recarbonization: A green chemistry, sustainable carbon nano material platform to intervene in neurodegeneration induced by emerging contaminants. Environmental Research. 237, 116932.

- J. Murphy. **2023**. Food Carbon Footprint Calculator: Find Your Diet Emissions & Eat Green.

- K. Liu 외. **2008**. Protein–protein interactions during high-moisture extrusion for fibrous meat analogues and comparison of protein solubility methods using different solvent systems. Journal of agricultural and food chemistry. 56, 2681-2687.

- KDI 경제정보센터. **2021**. 지속가능한 성장을 위한 기업의 노력, ESG 경영.

- L. Sha 외. **2020**. Plant protein-based alternatives of reconstructed meat: Science, technology, and challenges. Trends in Food Science & Technology. 102, 51-61.

- M. Crippa 외. **2021**. Food systems are responsible for a third of global anthropogenic GHG emissions. Nature Food, 2, 198-209.

- M. Li 외. **2022**. Global food-miles account for nearly 20% of total food-systems emissions. Nature food. 3, 445-453.

- The Guardian. **2022**. Plant-based meat by far the best climate investment, report finds.

- WHO. **2020**. State of the Global Climate.

CHAPTER 11
기후변화와 감염병

학습 목표

- 인간과 바이러스의 공진화 관계를 설명할 수 있다.
- 감염병과 전염병의 차이를 설명할 수 있다.
- 기후 변화에 의한 생태계 파괴로 나타날 수 있는 야생동물들의 피해를 알아본다.
- 환경 파괴로 나타날 수 있는 매개 감염병의 전파 경로를 설명할 수 있다.
- 신종 감염병 확산 위기를 줄이기 위한 탄소중립 실천, 환경 보존, 생물종의 다양성 보존의 필요성을 설명할 수 있다.

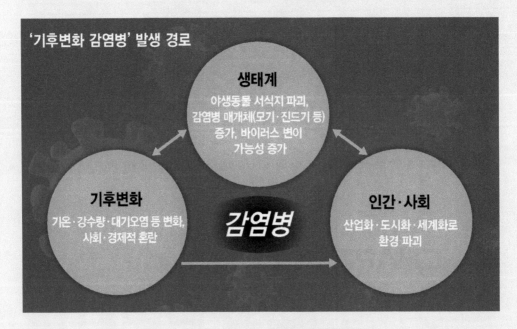

그림 11.1 기후변화–감염병 발생 경로

(출처: ecomedia.co.kr)

이 단원에서는 감염병은 인류와 더불어 공존하는 공진화적 관계임을 이해하고 이를 바탕으로 인간의 미래에 발병할 수 있는 Disease X 출연을 지연하기 위해 환경 보존과 탄소중립의 실천 중요성을 학습한다.

📑 **함께 생각해보기**

환경 파괴로 인한 기후변화로 야생 동물들의 서식지와 인간의 거주지와의 접점이 늘어나고 있다. *생태계 내 바이러스가 어떻게 다른 종간에 전파될 수 있는지 학습한다.*

11.1 기후변화와 새로운 펜데믹의 위기

11.1.1 바이러스와 인간의 관계

지구상의 살아 있는 모든 생물의 공통조상(Last Universal Common Ancestor, LUCA)은 1859년 찰스 다윈의 종의 기원에서 처음으로 제시한 개념으로 현재 지구에 살아 있는 모든 생물의 공통조상이라는 개념이다. 생물의 기원이나 최초의 생물과는 좀 다른 개념이다. 현생 생물의 조상을 찾아 거슬러 올라가면 만나는 지점일 뿐 최초로 등장한 생물은 아니라는 뜻이다. 아마도 최초의 생물은 생물과 무생물 사이의 어딘가에 위치해 있을지도 모른다.

2003년 human genome project를 통해 인간 유전체를 살펴보았을 때 인간을 결정짓는 형질유전자는 전체 유전체에서 약 1.5~2% 뿐 인간의 전체 유전체의 45%는 레트로바이러스 유래 유전자가 차지하고 있다. 그 중에서도 약 8%는 현재 활동 중인 것으로 나타났다. 중심이론이란 생물들의 유전정보의 흐름은 DNA의 정보가 전사되어 RNA에 전달되고, 이는 번역되어 단백질을 생산하게 된다는 중심원리를 통해 생명체가 이루어진다는 것이다. 하지만 레트로바이러스 (retrovirus)의 레트로는 "되돌아가다, 역방

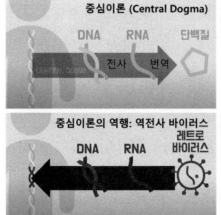
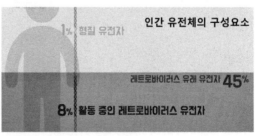

생명현상
- 인간유전체는 중심이론 (Central Dogma)을 따른다 -

그림 11.2 인간유전체의 중심이론과 레트로 바이러스의 역전사. 인간과 바이러스의 공진화 관계를 설명할 수 있다.

(출처: EBS 다큐프라임-포스트 코로나4부 – 바이러스 인간)

향"이라는 뜻을 가지고 있다. 레트로바이러스는 유전 물질로써 RNA 게놈을 가지고 있으며 숙주의 몸에 들어간 레트로바이러스의 RNA는 DNA로 역전사 되어 숙주의 유전체 안에 삽입되고 숙주의 DNA가 복제 될 때 함께 복제되며 숙주의 일부가 되어 현재 인간의 유전체 안에서 인간의 진화 과정에 참여하게 된 것이다(그림 11.2). 이러한 레트로 바이러스는 리보핵산(RiboNucleic Acid, RNA) 으로 구성된 게놈을 가진 바이러스로 게놈 복제를 위해 RNA 의존성 RNA 중합 효소 (RNA-dependent RNA polymerase, RdRp)를 유전자로 암호화하고 있으며, 이는 RNA 게놈을 RNA로 전사하고, 또한 RNA 게놈을 복제하는데 사용되고, RNA 바이러스에서 공통적으로 확인되는 유일한 단백질로 보존성이 매우 높다. 이처럼 바이러스는 최초 공동조상 (LUCA) 보다 이전에 지구상에 존재했을 가능성이 있으며, 복수의 기원을 가질 것으로 예상되고, 숙주 생물 유전체에 돌연변이를 일으켜, 수명, 유전자 흐름, 대사물실 변화 및 종 분화를 이끄는 기폭제의 역할을 담당했을 것으로 추측하고 있다. 이러한 추측은 Tara Ocean 프로젝트를 통해 5대양에서 채취한 해수 시료에서 6686개 해양 RNA 바이러스의 RdRp 유전자 염기서열의 계통학적 분석을 통해 Taraviricota를 바이러스 진화 과정을 설명해 줄 분류군으로 예측하고 있다.

11.1.2 바이러스와 신종 감염병의 출연

21세기 유행했었던 주요 감염병들 모두는 여전히 박멸되지 않은 채, 인류와 더불어 공존하고 있다. 2002~2003 중국에서 발생한 SARS-CoV-1(중증급성 호흡기중후군)의 사망률은 9%였으며, 60세 이상 노인의 경우는 50%에 달했다. H1N1 influenza A (신종 인플루엔자)는 2009~2010 멕시코에서 발병하여 약 28만 4천명 사망자를 기록하고, 2009년 WHO는 팬데믹 (감염병 범유행)을 선언했다. MERS-Cov (Middle East respiratory syndrome)는 2012년에 중동에서 발생하여 현재까지 약 39%의 사망률을 나타내며 발병하고 있다. 2014년 남수단에서 발생한 에볼라 바이러스(Ebola virus)는 2015년 5월 약 1만명 사망자를 기록했다 (그림11.3). Zika virus는 모기를 매개체로 포유동물인 원숭이와 사람을 숙주로 하고, 2015년 브라질에서는 태반을 통해 태아에 감염될 수 있고 소두증의 기형아를 출산하거나 두뇌 손상을 초래했다. 2019년 12월 23일 중국에서 발생한 SARS-CoV-2는 현재까지 약 700만 명의 사망자를 기록하며, 현재까

18세기 이후 주요 감염병과 사망자 통계

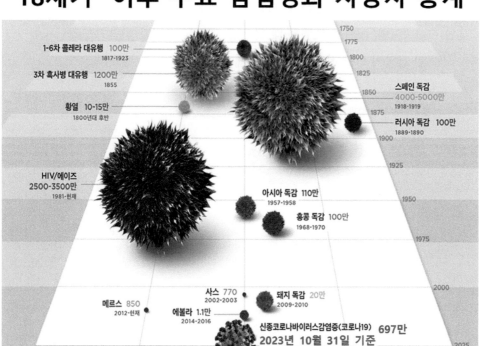

그림11.3 18세기 이후 주요 세계적 감염병과 사망자 통계

(출처: visualcapitalist.com)

지도 변이는 계속 진행 중이다. 이러한 바이러스들은 백신과 치료제의 보급으로 집단
면역을 형성하고, 의료보건 및 방역 시스템의 예방과 치료, 관리를 통해서 국가적, 지
역적 차원에서 잠정적으로 제거되어 있는 상태일 뿐이다.

11.1.3 감염병과 전염병

감염병은 눈에 보이지 않는 작은 미생물 중 세균, 바이러스, 곰팡이와 같은 병을 일
으키는 병원체가 인체 내에 침입하여 일어나는 질병이다. 감염병은 물, 식품, 사람 간
의 접촉, 동물(매개체)에 의해 전파될 수 있으며, 최근 지구환경의 변화, 해외여행의 증
가로 인해 새로운 감염병 발생 및 확산의 빈도가 점점 빈번해지고 있다. 질환의 심각도
와 전파력 등을 고려하여 새롭게 급별 체계로 개편하여 법정 감염병을 1~5급으로 분류

하고 있다(표 11.1). 전염병은 감염병 중에서 다양한 매개체를 통해 다른 사람에게 옮길 수 있는 질병을 전염병이라고 한다. 신종 코로나바이러스는 사람 간 전염이 이뤄지기 때문에 전염병이며, 이와 비교했을 때 광우병, 조류독감은 감염병이고, 감염병이었다가도 사람 간 감염이 되면 전염병으로 불리게 된다.

표 11.1 **법정 감염병 분류체계 (2020년 1월 1일 변경시행)**

분류	분류 기준	종류
1급 감염병	생물테러감염병 또는 치명률이 높거나 집단 발생의 우려가 커 음압격리와 같은 높은 수준의 격리가 필요한 감염병	에볼라바이러스병, 마버그열, 라싸열, 크리미안콩고 출혈열, 남아메리카출혈열 등(17종)
2급 감염병	전파가능성이 우려되어 발생 또는 유행 시 24시간 이내에 신고해야 하며 격리가 필요한 감염병	결핵, 수두, 홍역, 콜레라, 장티푸스, 파라티푸스, 세균성이질, 장출혈성대장균감염증, A형간염, 백일해, 유행성이하선염, 풍진, 폴리오, 수막구균 감염증 등(23종)
3급 감염병	그 발생을 계속 감시할 필요가 있는 감염병	파상풍, B형간염, 일본뇌염, C형간염, 말라리아, 레지오넬라증, 비브리오패혈증, 발진티푸스, 발진열, 쯔쯔가무시증, 렙토스피라증, 브루셀라증 등 (26종)
4급 감염병	1~3급 이외에 유행 여부를 조사하기 위해 표본감시 활동이 필요한 감염병	인플루엔자, 매독, 회충증, 편충증, 요충증, 간흡충증, 폐흡충증, 장흡충증, 수족구병, 임질, 클라미디아감염증, 엔테로바이러스감염증, 사람유두종바이러스감염증 등(23종)

11.1.4 바이러스와 세균은 어떤 다른 점이 있는가?

세균과 바이러스는 병원균으로서 다양한 질병을 일으킬 수 있다(그림 11.4). 둘 모두 유전물질을 가지는 공통점을 가지고 있다. 바이러스는 단백질과 핵산(DNA 또는 RNA)으로 이루어진 생물과 무생물 사이의 중간 형태로, 독립적으로는 생명 활동이 불가능하며 숙주 세포에 기생하여 증식하는 반쪽짜리 생명체이다. 약 30~700㎚(나노미터, 10억 분의 1m)의 크기로 바이러스는 세균보다 훨씬 작다. 반면, 세균은 단세포 생물체로, 엽록체와 미토콘드리아 없이 세포막, 세포벽, 핵, 단백질 등으로 이루어진 독립된 세포로 구성되지만, 1~5㎛(마이크로미터) 크기로 맨눈으로는 관찰할 수 없으며,

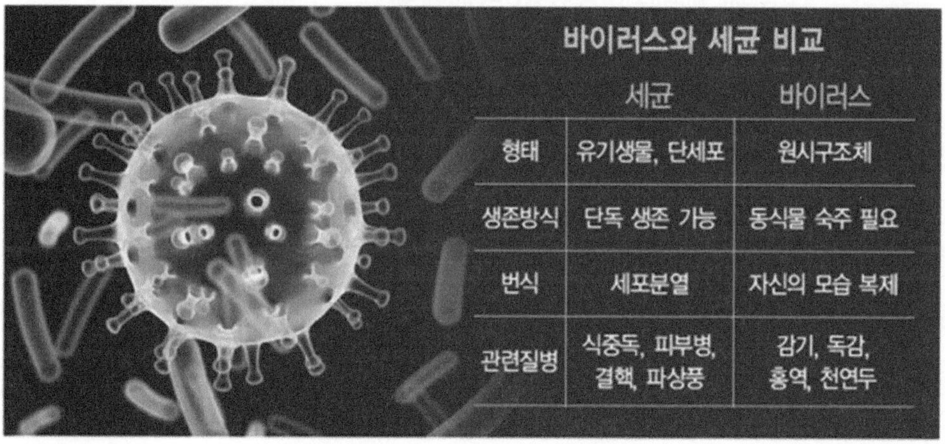

바이러스와 세균 비교		
	세균	바이러스
형태	유기생물, 단세포	원시구조체
생존방식	단독 생존 가능	동식물 숙주 필요
번식	세포분열	자신의 모습 복제
관련질병	식중독, 피부병, 결핵, 파상풍	감기, 독감, 홍역, 천연두

그림 11.4 **바이러스와 세균의 비교**
(출처: 세균과 바이러스의 차이점과 공통점|작성자 ECO 전도사)

광학현미경을 통해 관찰할 수 있다. 다른 생물체에 기생하여 병을 일으키기도 하지만, 에너지와 단백질을 스스로 생산할 수 있으므로, 환경에서 발효 및 물질 순환에 관여하는 중요한 역할을 담당한다. 이처럼 세균은 스스로 증식할 수 있지만, 바이러스는 숙주 세포를 의존하지 않으면 살아남을 수 없고 번식할 수 없다. 따라서 세균과 바이러스는 감염되었을 때의 특성이 다르다. 세균은 감염되면 즉시 증상이 나타나지만, 바이러스는 복제 및 증식에 시간이 걸리기 때문에 일반적으로 잠복기가 있다.

세균과 바이러스는 치료 방식도 다르다. 세균의 경우, 세포벽을 약화해 세균을 죽이는 항생제로 치료할 수 있지만, 바이러스의 경우 항바이러스제로 치료하거나 집단 면역을 생성하기 위한 백신을 보급한다. 바이러스는 숙주 세포에 기생하며 자신을 복제하기 때문에 간단한 구조로 되어 있고, 그만큼 변종도 쉽게 일어난다. 백신은 바이러스를 약화시키거나 죽여서 몸속에 미리 아주 적은 양을 주입하는 방식이다. 이를 통해 우리 몸은 바이러스를 기억하고 대응할 수 있는 항체를 만들어 나중에 진짜 바이러스가 들어오더라도 대응할 수 있게 된다. 항바이러스제는 몸에 침입한 바이러스의 증식을 억제하거나 바이러스 자체를 없애는 역할을 할 수 있다. 대표적인 항바이러스제로는 2009년 유행했던 신종플루 치료제인 "타미플루"가 있다.

11.1.5 병원체, 매개체, 숙주의 공생관계

많은 전문가가 경고했었던 대로 대기 중 평균 CO_2 농도가 350ppm을 넘으면서 기후 변화로 인한 손실과 피해가 본격화되기 시작했던 1990년대보다 훨씬 앞서, 인류의 등장과 함께 각종 감염병의 발생과 확산은 지속되어 왔다. 특히 바이러스의 특성상 홀로 증식할 수 없고 항상 숙주를 통해서만 자신을 복제할 수 있어서 바이러스, 매개체, 숙주와의 관계 이해는 필수적이다. 또한 바이러스가 중간 매개체를 통해 숙주로 전파될 때 병원체는 매개체 내에서 유전자 재조합을 통해 전혀 새로운 바이러스를 생성할 수 있으며, 이는 또 다른 숙주에게 치명적이 될 수 있다. 19세기 영국 생물학자인 찰스 다윈은 우리에게 생명권의 평등을 일깨워 준 사상가이다. 하지만 농경사회, 산업사회, 정보화 사회의 발전 방향은 생태계의 공존보다는 인간 편의를 위한 인간 중심의 발전이었다. 생태계의 생명권은 인간 주변에 익숙하게 존재하는 것으로 생명권에 무게를 두어 생각하는 것은 마주하고 싶지 않은 불편한 진실로 함께하고 있는 것이다. 인간은 수많은 바이러스를 가지는 다양한 생물종들과 지구 생태계 내에서 살아가고 있다. 비록 기후변화로 인한 생태환경의 변화가 새로운 팬데믹 발생과 확산에 영향을 줄 수 있지

지구상의 생물다양성과 바이러스의 공진화 관계

그림11.5 지구상의 생물 다양성 계통수와 바이러스의 공진화 관계

(출처: EBS 다큐프라임-포스트 코로나 4부-바이러스 인간)

만, 인류와 감염병의 오래된 공진화 관계는 기후변화와 감염병의 연계성에 대한 이해에 있어서 감염병이 기후변화의 종속변수가 아니라는 점은 쉽게 이해할 수 있다. 또한 병원체(pathogen), 매개체(vector), 숙주(宿主; host)들의 공생(共生; symbiosis)과 공진화(共進化; coevolution) 관계(그림11.5)에 대한 이해를 바탕으로 감염병 자체를 영원히 해소되지 않을 신흥 안보의 위기로 인식하여 기후 위기와 함께 끊임없이 대비하고 관리해야 하는 대상으로 생각해야 하는 것이다.

11.1.6 기후변화로 인한 사람 동물 간 교차 감염 발생

바이러스는 반 생물적 반 무생물적인 존재로서 전적으로 숙주에 의존하여 생명 활동을 할 수밖에 없다. 전 지구적 생물의 진화 과정에서 바이러스는 종 분화의 기폭제로서 또는 공진화적 관계로서 거의 생명체 대부분에 기생하여 에너지를 얻고 살고 있다. 지구상의 생물 다양성만큼 아니 그보다 더 다양한 바이러스가 지구상의 생명체와 공존하고 있다.

생물 다양성은 식물과 동물에 국한한 개념이 아니라, 식물과 동물의 종 사이의 유전적 차이와 동식물과 인간이 상호작용하면서 살아가는 산림이나 경작지 등도 포함하는 포괄적인 개념이다. 유엔에 따르면 인류는 4개월마다 새로운 감염병에 걸리고 이 중 75%가 동물에서 인간으로 전염된다고 보고하였다. 감염병과 생물 다양성 사이의 상호 관계를 보여주는 사례이다. 인류의 노력에도 불구하고 생물 다양성은 역사상 전례가 없는 속도로 악화되고 있다. 유엔은 현재 약 100만 종의 동식물이 멸종 위기에 처한 것으로 추정하고 있다. 또 끊임없는 인간의 개발 활동으로 야생동물의 서식지도 급격하게 감소하고 있다.

지구온난화로 인해 자연이 파괴되고 기후변화가 진행되면서 지구상의 무수히 많은 생물종(매개체)의 서식지가 사라지고, 그 생물종들과 공존해 왔던, 인간과 접촉이 거의 없던 병원체를 가진 많은 생물종이 더 적합한 서식지를 찾아 이동하고 있으며, 이러한 매개체들과 사람의 접점이 증가하게 됨으로써 새로운 감염병은 인간에게 전염되어 전 세계적 전염병으로 인간에게 돌아오게 된다. 또한 무역, 여행 등으로 인간의 국제간 이동이 빈번해지고 세계화가 가속되면서 전 세계적 규모의 팬데믹 발발이 더 빈번해지고 있다(그림11.6).

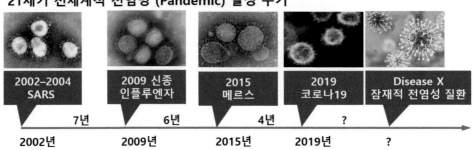

21세기 전세계적 전염병 (Pandemic) 발생 주기

| 2002-2004 SARS | 2009 신종 인플루엔자 | 2015 메르스 | 2019 코로나19 | Disease X 잠재적 전염성 질환 |

7년   6년   4년   ?

2002년   2009년   2015년   2019년   ?

그림11.6 21세기 펜데믹 발생 주기

미국 조지타운대의 콜린 칼슨과 그레고리 앨버리 교수팀은 다양한 지구온난화 시나리오와 농업 및 도시개발을 위한 토지 이용 변화를 고려하여 포유동물의 서식지 이동과 인간과의 접촉으로 나타날 수 있는 바이러스 감염 가능성을 분석 보고했다. 야생동물 세계에는 인간을 감염시킬 수 있는 바이러스가 최소 1만종 이상 많이 존재하지만, 현재까지는 야생동물과 인간의 접촉 기회가 적어 교차 감염이 적었다고 보고하고 있다. 그러나 기후변화와 토지 이용 변화로 동물들이 서식지를 옮기고 농업과 도시개발이 진행되면서 동물과 사람의 접촉 기회가 증가하고 바이러스 교차 감염 위험이 커진다는 게 연구팀의 설명이다. 결과적으로 지구온난화를 2℃ 억제하는 시나리오에서도

인구밀도와 이종간 바이러스 교차 감염의 위험성이 높은 야생동물의 예상 서식지

인구밀도

바이러스 공유

그림 11.7 2070년 이종 간 바이러스 교차 감염 위험이 높은 야생동물의 예상 서식지와 인구 밀도가 높은 적도 인근 아프리카와 중국 남부, 인도, 동남아시아 등이 상당 부분 겹치는 모습.

(출처: Nature "Climate Change Increases Cross-species Viral Transmission Risk," doi:10.1038/s41586-022-04788-w)

2070년까지 포유류의 3,139종이 서식지를 이동하며, 이에 따라 사람과 동물 간의 바이러스 교차 감염이 15,000건 이상 발생할 것으로 분석되었다(그림 11.7).

1 매개 감염병

기후 위기는 매개 감염병에 큰 영향을 미칠 수 있다. 모기와 같은 매개체는 바이러스와 세균과 같은 전염성 질병을 옮기는 기생 매개체와 공생하고, 이들 모기의 개체수는 일정한 기온과 습도가 필요하므로 그 활동성에 기후가 큰 영향을 미친다. 기후 위기로 인해 이상기후가 더 자주 발생하고, 매개체들이 번식하기 좋은 환경이 제공되며, 이런 이상기후로 인해 예전에는 발생하지 않았던 매개 감염병이 발생할 수 있다.

아프리카 에볼라 바이러스와 중국에서 발생한 사스는 이와 같은 대표적인 사례이다. 과수 생산이 풍족해져 굶주린 야생 박쥐가 인간 사회로 유입되고, 재배법 발달로 인해 박쥐가 인간의 생활 영역으로 몰려들게 되는데, 이런 상황에서는 박쥐를 통해 바이러스가 전파될 수 있다. 1998년 말레이시아 양돈장 축사 사이에 심어 놓은 망고나무, 2000년 중반 방글라데시와 인도 마을 주변에 심어 놓은 대추야자가 야생 숲속에 있는 과일박쥐를 끌어들인 예도 있다. 중국에서 발생한 2002년 사스 코로나바이러스는

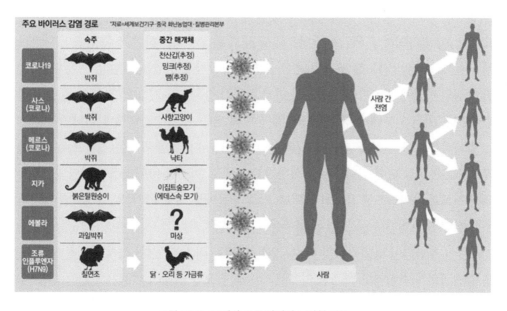

그림 11.8 21세기 주요 바이러스 감염 경로

(출처:https://www.mk.co.kr/economy/view/2020/155848)

(Severe Acute Respiratory Syndrome, 중증급성호흡기증후군) 처음에는 사향고양이를 원흉으로 생각했지만, 사향고양이가 아닌 중국 관박쥐가 바이러스를 전파한 것으로 밝혀졌다. 2015년 한국을 강타한 중동호흡기증후군(Middle East Respiratory Syndrome, MERS) 또한 박쥐에서 낙타를 거쳐 사람에게 전파되었다. 메르스 바이러스는 숙주인 박쥐에서 중간 매개체인 낙타를 통해 유전자 재조합을 거친 뒤 낙타와 접촉하는 사람을 감염시켰다. 또한, 코로나19의 발원지로 알려진 중국의 우한 재래시장에서는 다양한 야생동물이 도축되고 거래되는데, 닭, 오리, 야생조류 등이 가지고 있는 다양한 바이러스들이 뒤섞일 수 있는 환경이다 (그림 11.8). 이처럼 박쥐가 다양한 바이러스의 주된 자연 숙주로 알려져 있으며 박쥐를 잡거나 손질하거나 박쥐의 분비물에 노출된 사람들이 자연적으로 바이러스에 노출될 가능성이 커지게 된다. 또한 지구온난화에 따른 잦은 산불과 무분별한 개발도 서식지를 잃은 박쥐를 인간의 생활 영역으로 몰아넣어 바이러스를 전파시키고 있다.

21세기에 나타난 세계적 감염병의 매개체는 박쥐가 있었으며, 왜 박쥐는 이처럼 다양한 바이러스를 가지고 진화할 수 있었을까? 박쥐는 먹이 활동을 위해 2000km를 이동하며, 수평 비행 속도가 일반적으로 시속 160km에 이른다. 박쥐는 비행을 위해 빠른 속도의 날갯짓을 하며, 이에 따라 신진대사와 체온이 상승하게 된다. 그러나 이러한 비행 활동은 에너지 소비가 매우 많으므로 육상 포유류보다 3~5배 더 많은 에너지가 필요하다. 이 과정에서 유해산소가 생성되고 세포 손상이 발생하여 염증 반응이 나타나게 되는데, 이러한 과도한 염증 반응은 질병을 유발하고 생명을 위협할 수 있다. 하지만 박쥐의 면역체계는 이러한 선천성 면역 반응이 잘 나타나지 않게 진화해 온 것을 발견하였다. 이는 외부에서 침입한 병원체에 대해 염증 반응이 강하게 일어나면 비행으로 발생하는 체내 변화가 부담스러울 수 있기 때문이다. 또한 박쥐는 집단으로 먹이를 찾아다니고 동굴 내에 집단으로 서식하기 때문에 한 마리만 바이러스에 감염되더라도 무리 전체가 바이러스를 공유하게 된다. 박쥐의 몸에는 최소 137종의 활성화된 바이러스가 살고 있으며 사람을 포함한 척추동물을 감염시키는 것으로 알려진 16종의 바이러스들이 포함되어 바이러스의 저수지라는 별명을 가지고 있다. 하지만 신종 인수 공통 감염병의 원천이기도 하지만 인류에게는 꼭 필요한 생태적 기능을 맡는 동물로 낮 동안에 벌과 나비가 하는 다양한 식물의 꽃가루받이 역할을 밤에 수행하며 열대 식물의 씨앗을 퍼뜨린다(그림11.9).

훼손된 열대림 복원에 큰 구실을 하며, 많은 양의 농업 해충을 잡아먹기도 한다. 신종 인수 공통 감염병의 매개체라고 낙인 찍혀 라오스, 잠비아, 호주 등 일부 나라에서는 박쥐를 소탕해야 한다는 정책을 펼치기도 하였지만, 이는 병원균, 매개체, 숙주의 공존 관계에서 살펴봤듯이 불가능한 대처 방안이다. 만약 박쥐가 멸종한다면 박쥐과 공생하는 바이러스는 다른 숙주를 찾게 될 것이며, 인간이 치명적 바이러스와 접촉할 가능성은 박쥐가 인간에게 직접 바이러스를 옮길 때보다 더 커질 것이다.

그림 11.9 밤에 해충을 잡고 있는 박쥐

2 인수공통감염병

인수 공통 감염병(人獸共通感染病, zoonosis)은 동물과 사람 사이에 상호 전파되는 병원체에 의하여 발생하는 전염병을 말한다(그림 11.10). 바이러스는 모든 세포나 조직에 감염될 수 있는 것이 아니고, 적합한 수용체(receptor)를 가진 세포나 조직에만 감염되고 증식할 수 있는데, 이런 특징을 바이러스의 향성 (tropism) 이라고 한다. 수용체 발현 외 바이러스가 유전자

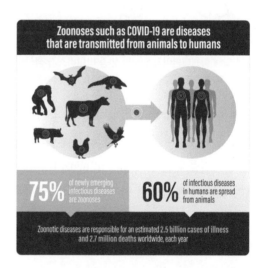

그림 11.10 새롭게 나타나는 전염병의 75%가 인수공통감염병에서 기인하며, 인간 감염성 질병의 60%가 동물로부터 기인한다. 매해 세계적으로 약 2백7십만 명이 인수공통감염병에 의해 사망하는 것으로 추정된다.

(출처: Majority of infectious diseases in humans are due to Zoonotic diseases. Image: Proveg International)

복제에 필요로 하는 숙주 요소의 발현 유무, 숙주의 면역 반응도 바이러스 향성 결정에 영향을 끼칠 수 있다. 예를 들어 에이즈 바이러스는 중앙 아프리카의 녹색 원숭이들이 보균하고 있는 바이러스라고 알려져 있다. 그러면 이 원숭이들은 왜 죽지 않을까? 이 녹색 원숭이의 60%가 에이즈 바이러스에 감염되어 있지만, 이 바이러스는 녹색 원숭

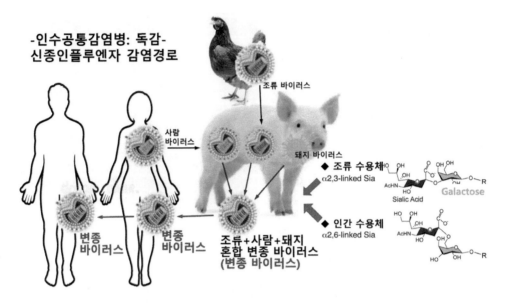

그림 11.11 인수공통감염병 (독감): 조류 독감 바이러스와 인간 독감 바이러스의 수용체를 동시에 가지고 있는 돼지에 의해 항원대변이가 일어나 변종 바이러스가 생산되는 경로

이에서는 에이즈를 발병시키지 않고 아시아의 매카크 원숭이에서는 에이즈를 발병시킨다. 바이러스의 향성은 세포나, 조직, 또는 숙주에 따라 다르게 나타난다.

조류 인플루엔자(Avian Influenza)의 경우 숙주인 칠면조에서 돼지로 옮긴 바이러스 A가 돼지에 감염되어 변이를 일으켜 새로운 변종 A'을 만들고, 이 변종이 사람에게 감염되어, 또 다른 변종 A''을 만들어 낸다. 다시 이 변종 바이러스가 돼지로 옮겨 A'와 A''등 서로 다른 두 종류 이상의 바이러스가 유전자 재조합을 통해 새로운 변종(A''')을 만들어 내는 방식을 항원대변이(antigenic shift)라고 한다. 돼지의 경우 조류독감과 인간 독감의 수용체를 모두 가지고 있기 때문에 이러한 항원대변이의 매개체가 될 수 있다. 이러한 항원대변이는 인간이 경험하지 못했던 새로운 종류의 바이러스를 생산하기 때문에 치명적 피해를 줄 수 있는 바이러스가 만들어지는 원인이 된다(그림 11.11).

야생동물 등이 옮기는 '인수공통감염병' 역시 기후변화로 인해 증가할 가능성이 있다. 기후변화로 야생동물의 서식지가 줄어듦에 따라 야생동물과 인간이 접촉하는 일이 늘어나고 있다. 철새들의 이동 경로가 변화함에 따라 동물에게만 있던 바이러스들이 사람에게 감염될 가능성이 증가되고 이러한 바이러스들은 '신종' 바이러스로 인간이 면역을 가지고 있지 않을 가능성이 커 더 심각한 문제를 가져오게 된다.

그림11.12 나의 편의를 위해 마주하고 싶지 않은 진실을 간과한다면, 기후 위기와 새로운 팬데믹은 더 큰 눈덩이가 되어 인류를 위협할 것이다.

또한 수인성(Water-borne) 감염병은 기후변화로 인해 야기되는 홍수나 가뭄에 의해 물이 오염됨으로써 전파될 수 있는 감염병으로 콜레라, 장티푸스 등 세균성 감염병이 그 예이다. 홍수 시에는 이 감염원들이 물 안에만 있지 않고 범람하여 병원체들이 식수에 오염되게 된다. 그리고 기후변화가 이런 이상기후를 부추기고 새로이 나타나는 전 세계적 전염병의 기폭제가 될 수 있음을 깨닫고 정부는 탄소중립 실천의 국민 공감을 이끌어 내고, 지자체 역할 확대로 각 개개인의 작은 실천이 기후 위기에 대응하는 강력한 대책이 될 수 있음을 확신해야 할 것이다. 국민 개개인의 탄소중립 실천 변화가 앞으로의 기후변화의 위기와 더불어 새로운 팬데믹의 위기를 줄이고, 스스로 우리의 건강을 지킬 수 있는 길이 될 것이다(그림11.12).

11.1.7 기후 위기 완화를 위한 생활 속 탄소중립 실천 방안

매력적인 장점이 있는 플라스틱이지만, 생산량의 99%가 화석연료로 만들어지며 생산부터 처리과정 전반에 걸쳐 온실가스가 배출되고 있다. 한 번 사용 후 폐기되는 일회용 플라스틱의 양으로, 우리나라 전체 인구가 소비하는 페트병은 56억 개로, 이는 500ml 생수병으로 지구를 14바퀴 돌 수 있는 양이고, 플라스틱 컵을 쌓으면 그 높이는 지구에서 달까지의 거리의 1.5배에 해당한다는 결과가 나왔다. (2023.03.22. 그린피스 조사 내용) 비닐봉지는 267억 개로 서울시를 13번 이상 덮을 수 있는 양으로 실로 막대한 양의 플라스틱이 사용되고 버려지는 것이다.

우리는 생활 속에서 열심히 분리배출에 동참하면 모두 재활용이 될 것이라 굳게 믿고 있지만 국내 전체 플라틱의 재활용률은 27%이며, 그중 일회용 플라스틱이 대부분으로 추정되는 생활계 폐기물의 재활용률은 약 16.4%에 불과했다. 매년 폭발적으로 증가하는 플라스틱의 오염은 재활용에 의지하기에는 너무 심각한 상황이다(그림11.13).

플라스틱 오염에서 벗어나기 위해서는 빠르고 강력한 정책이 시행되어야 하고, 플라스틱 오염의 주범인 기업의 적극적인 참여가 필요하다. 세계 각국에서 플라스틱 폐기물 문제를 해결하기 위한 나름의 정책을 펼치고 있지만 궁극적인 해결책이 되지 않고 있으며, 기업의 플라스틱 오염 감축 노력을 강제할 정책이 필요한 시점입니다. 전 지구적 문제가 된 프라스틱 오염의 해결을 위해 유엔은 2024년 말까지 플라스틱 오염을 막기 위해 첫 국제협약을 만들기로 합의하고 플라스틱 생산부터 폐기까지 법적 구속력을 갖는 규제안을 마련할 플라스틱 규제 협약은 환경 역사상 가장 강력한 국제협약이 될 것으로 평가되고 있다.

정부는 플라스틱 문제에 대응하기 위해 강력하고 법적 구속력 있는 국제 플라스틱 협약 체결을 위해 적극적으로 노력해야 할 것이다. 이를 위해 협약 체결 이전에는 국민의 인식 개선을 위한 선제적인 정책을 펼쳐야 할 것이다. 강력한 국제 플라스틱 협약은 (1) 즉각적인 플라스틱 사용량과 생산량 절감, (2) 재사용과 리필 기반 시스템으로의 전환, (3) 플라스틱 오염을 유발하는 기업에 대한 적절한 책임 부과, (4) 투명하고 공개적인 플라스틱 생산 및 사용량 정보, (5) 플라스틱 오염으로 인해 피해를 보는 커뮤니티와 관련 업계 종사자들을 고려하는 요소를 포함해야 할 것이다.

지구의 한 구성원으로서 플라스틱 사용을 줄이는 것은 기후 위기, 환경 보호, 생물

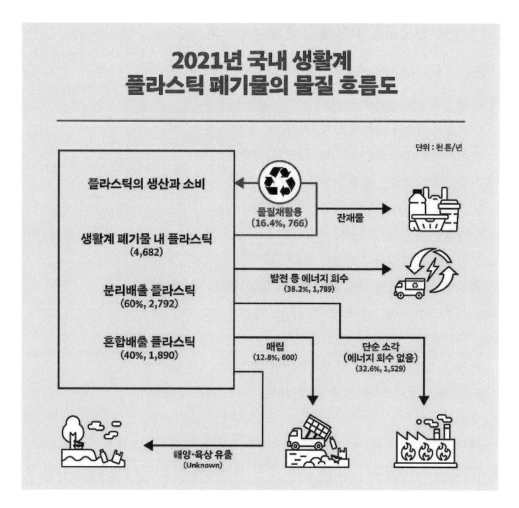

그림 11.13 2021년 국내 생활계 플라스틱 폐기물의 물질 흐름도

(출처 : http://www.greanpeace.org/korea)

다양성 보호에 앞장설 수 있는 작은 실천임을 인식하고 이러한 실천으로 앞으로 새로이 다가올 팬데믹의 위기를 조금이라도 감소시켜 전 지구적 생명권의 존중과 함께 생태계 내의 건강한 인류로 존재할 수 있는 자부심을 가질 수 있도록 해야 할 것이다.

11.1.8 탄소중립 기후 실천 행동

(1) 음식물 쓰레기 줄이기

(2) 외출 시 가전제품 전원 끄기

(3) 하절기 적정 실내온도 28 ℃ 지키기

(4) 사용하지 않는 물건 친구와 나누거나 교환하기

(5) 주변의 라벨없는 제품 찾아보기

(6) 저탄소 인증 농축산물 마크 상품 찾아보기

(7) 비닐 봉투 대신 장바구니 사용하기

(8) 가까운 곳은 걷거나 자전거 이용하기

(9) 친환경적 삶의 방식을 도입하고, 재사용 가능한 제품을 쓰기

(10) 식물 위주의 식단을 먹기

(11) 풍력과 태양에너지 같은 재생에너지를 지지하기

(12) 자연 서식지와 생태계를 보전하거나 보호하는 일을 도우기

(13) 기후변화에 대응하는 것을 우선시하는 정치인에게 투표하기

국립해양조사원은 1989년부터 2021년까지 33년 동안 우리나라의 해수면이 9.9cm 높아졌다고 발표하였다. 그런데 지금처럼 이산화탄소를 배출하는 고탄소 시나리오를 적용하면 2100년 우리나라의 해수면은 82cm나 상승하는 것으로 나타났다. 만약 이 전망이 현실이 되면 부산 해운대는 아예 사라지고 제주도도 대부분 물에 잠겨 30만 명이 이주해야하는 시나리오가 나오는 것이다. 우리나라의 해안가 지역 (목포)등에서 여름의 홍수와 맞물려 물에 잠기는 일이 잦아지고 있다. 해수면 상승으로 과거보다 만조와 간조의 조차가 커져 만조 때 바닷물이 많이 차오르고, 같은 시기 많은 비와 겹친다면 해안가 주변 지역 즉 해수면 상승에 취약한 지역의 피해가 비단 해수면 상승으로 지금 당장 사라지는 작은 섬나라 (투발루, 몰디브, 키리바시, 바누아투, 마셜 제도 등)의 문제만이 아니다. 기후 위기가 팬데믹 위기만큼 임계연쇄반응단계 즉 임계점을 넘어서면서 많은 영향을 서로 주고받으며 연쇄적으로 증폭되는 걷잡을 수 없는 단계에 다달해 있음을 사회 다각도에서 받아 들여야 하는 시점이다. 지금 필요한 것은 기후 위기의 진실을 직시하고, 개개인이 직접 행동하는 탄소 중립 실천이며, 조금 더 많은 시민들이 탄

소 중립의 행동 변화를 가져올 수 있는 정부의 정책 수립을 통한 시민 연대 행동 동참 확대를 위한 인식 전환이 필요한 시기이다. COVID-19 팬데믹에서 겪었던 건강 안보 위기처럼 기후 위기 또한 전 세계적이고 범국민적 과제로서 지구의 수많은 생명의 안전과 생명권을 위해 사회의 모든 분야에서의 근본적인 변화와 전환 그리고 탄소 중립 적응을 위한 노력과 시민들의 관심과 지지가 절실한 때인 것이다.

11.2 참고문헌

- https://www.youtube.com/watch?v=tchXQgsrP0s
- http://www.visualcapitalist.com
- https://www.mk.co.kr/economy/view/2020/155848
- http://www.esgeconomy.com
- https://m.dongascience.com/news.php?idx=53931
- https://www.mk.co.kr/economy/view/2020/155848
- https://blog.naver.com/dsjang650628/221989387599
- https://www.weforum.org/agenda/2022/07/zoonotic-disease-virus-covid/
- https://www.greenpeace.org/korea/update/25806/report-disposable-korea-ver2-results/
- EBS 다큐프라임-포스트 코로나 4부 2021 Feb05- 바이러스 인간
- Science Vol 376, 2022. 4. 7. Cryptic and abundant marine viruses at the evolutionary origins of Earth's RNA virome.
- Nature "Climate Change Increases Cross-species Viral Transmission Risk," 2022 Jul;607(7919) :555-562.
- 아산정책연구원 issue Brief 2021 Oct;19 기후변화와 COVID-19 팬데믹 위기의 연계성에 대한 이해와 시사점
- Greenpeace East Asia Seoul office. (2019). 플라스틱 대한민국: 일회용의 유혹
- 팬데믹 kftod의 원인과 영향, 우리는 기후위기에 무엇을 해야하나?

CHAPTER 12

환경관과
지속 가능한 미래 1

• 환경에 대한 가치관이 다양하며, 시대적으로 어떤 변화과정을 거쳤는지 예를 들어 설명할 수 있다.
• 인간(기술)중심적 환경관과 생태중심적 환경관에 따라 생태적 영향이 다름을 추론할 수 있다.
• 환경관의 종류별로 그 특징을 제시할 수 있다.

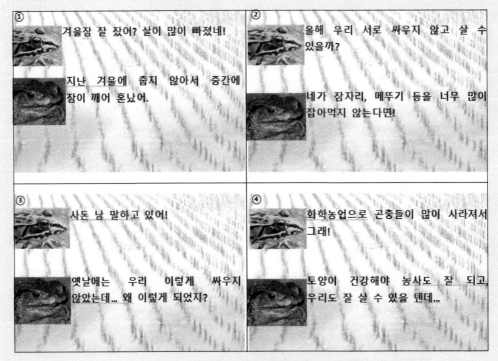

그림 12.1 겨울잠에서 깬 개구리와 두꺼비의 대화

이 단원에서는 환경에 대한 다양한 가치관을 학습하고, 그 특성을 이해한다.

 함께 생각해보기

개구리와 두꺼비의 대화에서 느낀 문제의 원인과 해결방안 등을 이야기해 봅시다.

12.1 환경관이란?

환경관 = 자연관
(자연)환경에 대한 가치관/관점

12.1.1 동/서양의 자연 개념

자연(自然) 스스로 그러하다
저절로 그러하다

인간을 포함한 천지만물의 변화 과정을 설명하는 개념
(완성된 것으로서 인간이 따르고 배워야 함 : 환경결정론)

Nature 자연스럽다
타고난 그대로

아직 진화하지 못한 원시나 미개상태를 가리키는
의미(신의 뜻인 과학을 통해 자연개척 – 인간에게 유
용하게 사용 : 환경가능론)

동양에서는 인간의 의도가 없는 가운데 스스로 그렇게 변화하는 것을 자연으로 보는
환경결정론적 시각이 강했다. 반면, 서양에서는 종교적 영향을 받아 신의 뜻으로 형성

표 12.1 시대에 따른 환경관의 변화

시대에 따른 환경관의 변화		
고대	중세와 근대	현대
신, 자연 등 숭배 대상 중심	고대의 신을 숭배하던 것이 점차 인간 중심주의로 변화함	인간중심주의의 → 인간과 자연과의 조화 모색
애니미즘, 토테미즘 등	나라마다 여러 가지 종교/서양 기독교	경제 발전/지속 가능한 발전
오랜 기간 자연의 위험을 극복하는 생활을 영위함	기독교 및 과학기술의 발달의 영향을 받음	환경문제, 기후위기 등 인간중심주의의 문제점 인지

된 자연이지만 미 개척된 상태가 자연이므로 신의 뜻(설계)인 과학기술을 통해 자연을 개척하여 인간에게 이롭게 변화시켜 나가야 하는 환경가능론적 시각이 중심을 이루게 되었다. 이는 인간중심주의적 시각의 배경이라고 할 수 있다.

지구생태계에서 인간이 출현한 것은 길게는 2백만 년, 짧게는 1백만 년 전이다. 문명적인 생활을 한 시기는 약 1만 년 전 신석기 시대부터이다. 대부분의 인간의 역사는 고대가 차지하고 있으며, 중세와 근대는 약 2천 년 전 내외부터 산업혁명(200여 년 전) 이전까지를 의미한다. 산업혁명 이후 환경오염과 훼손이 본격적으로 심각하게 이루어진 것을 현대로 보면 될 것이다.

고대의 자연관은 신, 자연 등 영험한 존재에 대해 숭배하는 경향이 강했다. 그 예로 모든 동식물과 자연에 영령이 존재하는 것으로 여기는 애니미즘, 특정 동식물 등에 조상신이 깃든 것으로 여기는 토테미즘(샤머니즘)이 많았다(표 12.1, 그림 12.2).

중세와 근대의 자연관은 종교(기독교)와 신의 섭리를 이해하는 과학관에 영향을 받아 점차 신 중심 체계에서 인간중심주의로 변화되었다.

현대의 자연관은 인간중심주의적 자연관과 무분별한 자연 훼손의 영향으로 환경위기 및 기후위기가 심각해지자 이를 해결하기 위한 자연관을 모색하게 되었다. 인간과 자연과의 조화로운 관계에 바탕을 둔 지속 가능한 발전관, 인간중심주의를 해결하기 위한 생명, 생태, 사회, 근본생태주의 등 생태중심주의 윤리가 생겨나게 되었다.

읽을거리 경천사상 - 기우제

- 우리나라는 농업국가로 하늘을 숭배하는 경천사상이 강했다.
- 고대 왕들은 하늘에 제사를 지내는 제천의식과 정치를 하나로 통합하는 제정일치사회를 하였다.
- 예로 부여에서는 전통적 관습으로 가뭄이 오래 계속되어 흉년이 들면 그 탓을 왕에게 있는 것으로 믿어 왕을 폐위시키거나 처형까지도 감행 하였다.

그림 12.2 기우제

[학습 수행 활동 : 환경오염 역사 표시해보기]

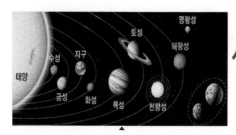

시간/환경문제

- 미생물 : 약 40억년 전   - 어류 : 약 6억년 전

- 파충류 : 약 2.5억년 전   - 포유류 : 약 6600만년 전

- 인간 : 약 100만년 전   - 신석기 : 약 1만년 전

- 환경위기 : 산업혁명 후 약 200년의 결과
  (6번째 생물 대 멸종기 진입 – 6600만 년 전 '공룡 시대'
  가 끝난 이후 100년마다 만 개의 동물 종(種) 가운데 2개 종
  이 멸종했는데, 지난 세기에는 멸종 속도가 이보다 110배나
  빠르다. 현재 양서류의 약 41%, 포유류의 26%가 멸종위기
  에 처했다.– 세계자연보전연맹)

■ 생명의 역사에 비하여 환경오염의 역사는 매우 짧다. 이를 잘 파악할 수 있도록 표시해보자.

시간을 기준으로 한 최근 환경위기

■ 200여 년간의 환경위기 : 2,000만개의 점 중 한 개에 해당(40억년의 지구 생명 연대기)/얼마나 오래 살 수 있을까?

■

그림 12.3 시간을 기준으로 한 최근 환경 위기

생명의 역사 40억년을 환경오염의 역사 200년으로 나누었더니 약 2천만 개가 나온다. 즉, 위의 1만개의 점 하나가 200년을 의미한다. 1만개의 점이 찍힌 종이 총 2천장 중에서 점 1개는 역사적으로 보면 눈 깜짝할 정도의 시간이다. 우리 인류는 그렇게 짧은 시간 안에 40억년의 생명의 역사를 훼손하고 있는 것이다. 또한 앞으로 인류가 지구 생태계에서 살아갈 수 있는 기간도 행성충돌, 핵전쟁 등의 심각한 사고가 생기지 않는 한 태양이 빛을 비추는 수십억 년의(태양의 수명은 약 100억년) 기간 동안 지구에서 살아갈 수 있다는 점에서 현재의 환경위기 및 기후위기를 반드시 해결해야 할 것이다. 왜냐하면 지구가 오염되어 다른 행성에 이주하려고 해도 수천 년간 우주선에서 견디지 않으면 다른 행성으로 갈 수 없기 때문이다.

[토론 학습 : 환경 의사 결정의 결과 파악하기]

학교 안의 연못을 학생들의 휴식 공간으로 만들기 위한 토론

- **사회자** : 어떻게 하는 것이 좋은지 말씀해 주시기 바랍니다.
- **학생 1** : 저는 학생들이 마음 놓고 수영을 할 수 있는 수영장으로 만드는 것이 좋다고 생각합니다. 놀 수 있는 공간이 매우 부족합니다.
- **학생 2** : 그 곳은 숲에 있어서 시원하고 경치도 좋으니 이를 잘 활용하기 위해 가족끼리 놀러 나와 고기도 구워먹고 휴식도 할 수 있는 자연 휴식공간으로 이용했으면 좋겠습니다.
- **학생 3** : 저는 연못가에서 잠자리, 올챙이, 개구리 등을 보고 있으면 시간 가는 줄 모르게 재미있습니다. 그 곳을 여러 생물들이 살 수 있는 생태연못으로 보호했으면 좋겠습니다.
- 여러분의 의견? 순천 지역에 적용(프로젝트)?

- 위의 사례에서 보듯이 사람들의 환경관에 따라 연못의 용도와 상황(여건)이 달라지며, 연못 안의 생물들은 서식처 상실, 안정적인 서식 생활 위협, 안정적인 서식 가능 등의 전혀 다른 상황(여건)에 놓이게 된다.

- 순천만 정원의 발전 방향, 시민 참여 활용방안 등 기타 다양한 주제를 환경 프로젝트로 수행하도록 학생 지도가 가능하다.

12.1.2 다양한 환경관

1 기술(또는 인간)중심주의

기술(인간) 중심주의는 현대 사회가 움직이는 데 가장 강한 영향력을 미치는 환경관이다. 문제는 인간중심주의로 인하여 환경 및 기후위기가 심각해졌는데, 현대 사회의 대량 생산-소비 시스템을 바꾸지 않고는 (사람들이 현재의 편리한 생활양식을 쉽게 바꾸려고 하지 않음) 환경문제가 근본적으로 해결되지 않는다는 한계점이 있다.

기술(또는 인간)중심주의

- 환경 과학기술의 발달과 적용으로 환경문제를 해결해 나갈 수 있다.(낙관주의, 인간의 오만함)
- 효율적인 사회체제 지향, 생태계를 잘 관리(?)하여, 인류의 복지(?)에 기여해야 함.
- 계속적인 경제발전(성장과 풍요)를 지향함. 현재의 재화를 늘리지 않는다면 가난한 사람들의 불만을 해소할 수가 없다.
  -> 인간의 오만함 비판, 시민들의 역할과 동참을 무시, 대량생산-소비, 에너지 및 자원의 남용 등 현재의 경제사회 체제로는 환경문제를 해결할 수 없다.
- ❖ 환경문제를 근본적으로 해결할 방향은?

---

2 근본 생태주의

근본 생태주의는 환경위기(문제)의 핵심 원인을 인구의 증가와 인간의 물질적 욕망에 따른 자연에 대한 착취의 결과로 보는 경향이 강하다. 이러한 문제를 해결하기 위해서는 자연생태계의 생태 용량에 맞추어 인간의 생태적 영향력을 축소시켜야만 가능하다고 본다. 따라서 경제활동을 축소시키며, 생태적 각성을 통한 금욕적인 삶을 추구해야 하고, 이를 실현시키기 위해서는 강력한 국제적 환경감시나 통제가 필요하다고 주장한다.

근본 생태주의

- 인간예외주의 : 과학기술중심적, 인간중심적 사고를 배격하고, 자연적 삶, 과거 동양적 공동체주의 추구
- 자연과 생명을 중시, 타 환경주의 비판
- 인간의 간섭을 배제한 자연적 환경복원
- 경제활동의 축소, 인간의 욕심을 버리고, 금욕적 삶, 부처와 같은 삶
- 강력한 국제 환경감시, 통제의 필요성 제시
  -> 새로운 환경 독재의 가능성

---

3 생명 중심주의(개체주의)

　생명 중심주의는 생명체의 존재의 의의 - 40억년이라는 지구생명역사의 과정을 거치면서 이어진 중요한 가치를 지닌 생물로서 지구생태계에서 삶을 살아갈 권리가 있다는 근본적 생명가치를 중요시한다. 따라서 생명체를 존중하기 위해서는 사람들이 생명존중사상을 가져야 하며, 생명체가 온전히 살아갈 수 있도록 배려해야 한다고 주장한다. 하지만 먹이그물 관계를 무시할 수 없으며, 오염된 환경에 잘 적응한 생명체 등 모든 생명체를 존중하기 어려운 한계가 있다.

생명 중심주의(개체주의)

- 고통회피, 이익관심(추구)
  - 의식중심(동물중심) -> 생명중심
- 지구상의 모든 생명체는 근본적 가치(생과 생존을 추구하는 생존가치)를 지니고 있다. 즉, 생명체는 도덕적으로 고려되고, 존중되어야 한다.
- 생명경외사상의 중요성 일깨움, 과학기술 통제 필요성
- 불침해, 불간섭, 성실, 보상적 정의 등으로 생태중심주의(전체주의)로 발전함.
  -> 개별 생명체의 이익관심을 고려하는 것이 가능한가? 환경훼손 이전/이후 어느 쪽 생명체의 이익관심에 중심을 두어야 하는가?
  -> 개별 생명체보다는 종 전체, 생태계 차원의 환경보전을 더 중시해야 하는 생태중심주의로 발전

4 생태 중심주의(전체주의)

생태중심주의는 생태계를 보전하기 위해서 개별 생명체 보호 차원의 접근보다는 여러 생명체가 어우러진 생태계(서식처) 차원의 보호와 관리를 더 중요시 하는 관점이다. 따라서 생태계의 수용능력을 고려한 종의 관리, 이를 보전하려는 인간의 가치관의 전환과 오염물질 배출 총량의 관리 등이 필요하다고 본다. 이를 위해 환경적 영향이 적은 적정기술과 생활양식으로 전환하기 위한 생태마을과 생태도시 등의 활동이 이루어지고 있다.

생태 중심주의(전체주의)

- 생태계 차원의 보전(보호와 관리)
- 수용능력을 고려한 종의 관리, 인구관리, 생활양식 변화 추구, 과학기술자의 양심(시민의 환경소양) 함양과 사회적-민주적 관리 필요
- 생태용량에 따른 총량규제적 배출 제한
- 에너지 절약 등 환경기술 인정, 생태적으로 적합한 적정기술과 생활양식 추구
- -> 생태도시, 생태마을 등의 움직임이 있으나 사회 전체적으로 수용, 확산이 관건

---

5 사회 생태주의

사회 생태주의는 환경문제가 심화되는 주요 원인으로 자본의 불평등, 힘과 권력의 불평등 등으로 계속해서 성장을 추구해야 하며, 환경적으로 약자인 소외자와 생명체에게 더 나쁜 환경여건으로 내몰리게 되는 정의롭지 않은 사회구조를 중요시한다. 따라서 그 해결책으로 환경정의를 구현할 수 있는 소규모 생태공동체가 확산되어야 바람직하다고 주장한다. 즉, 구성원들이 의사결정에 참여하고, 결정에 책임감을 가질 수 있는 투명한 환경정책이 이루어져야 환경문제가 줄어드는 사회체제가 가능하다고 본다.

(참고)사회생태주의

- 인간간의 불평등이 인간과 환경간의 불평등으로 나타남. 빈곤지역에 환경혐오시설이 집중되고, 후진국에 환경쓰레기가 수출됨.
- 선진국-후진국, 자원부국-빈국, 부자-빈자, 권력자-권력소외자 간의 불평등이 <u>형평성있게 분배되어야</u> 함.
- 사회정의 -> 생명과 생태계까지 고려한 환경정의로 확산되어야
- 구성원의 사회참여, 참여민주주의, 구성원들의 다양함 인정 -> 생태마을의 원칙 등에 참여민주주의 등이 수용되도록 함.

[생각해 보기]

지속가능한 사회는 어떤 사회이며, 어떤 삶을 추구하고자 하는 것인가?

- 환경문제를 야기하고 있는 현 사회의 사회적. 경제적. 기술적 체계를 근본적으로 전환시킬 필요가 있다.
- 이 전환은 인구성장과 경제성장을 지지하고 촉진하던 사회제도와 가치관의 변화를 의미하며, 지금까지 우리가 익숙해 있던 물질적 풍요를 생활의 질로 간주하는 생활방식을 근본적으로 바꾸는 것을 뜻한다.
- 성장의 제한, 물질적 풍요의 포기, 분배정의 등을 실현하기는 매우 어렵지만 지속가능한 사회를 위해서는 꼭 필요한 조건이며 이는 가치관과 생활양식의 대 전환을 필요로 한다.
- 적정기술, 슬로우시티, 더불어 사는 삶, 행복의 조건?

■ 지속 가능한 발전은 경제의 지속가능성만을 생각해서는 안 된다. 생태발자국의 개념상으로 벌써 우리 인류는 지구가 지탱할 수 있는 생태용량을 넘어서서 지속불가능한 상황이다. 그래서 더 이상의 성장은 오히려 기후위기 등의 더 큰 재앙을 불러일으키므로 환경적 영향이 적은 적정기술, 사회체제, 타 생명체와 더불어 사는 생활양식 속에서 행복한 삶을 구현해 나가야 할 것이다.

[동영상 시청 및 토론 학습]

인간이 지구를 망친 과정 돌아 보기

현재의 환경위기 상황에 이르기까지 인간이 어떤 활동을 하였는지 3분 정도에 표현한 다음의 동영상을 보고 친구들과 토론해 보자.
(출처 : https://www.youtube.com/watch?v=bm-FaiKG3L4)

(1) 인간의 어떤 활동이 생태계에 큰 영향을 끼쳤는지 자신이 느낀 점을 제시해보자.
(2) 동료가 자신이 미처 생각하지 못한 부분을 이야기한 내용들을 정리해보자.
(3) 환경문제를 야기한 환경관에는 어떤 것이 있는지 전체 의견을 정리해보자.

■ 유트브 동영상 시청 후 조별 학습활동

(1)번 질문에 대한 답변

(2)번 질문에 대한 답변

(3)번 질문에 대한 답변

※ 참조 : 지구 생태계의 주인으로서 바람직한 가치관과 역할은?

[토론 학습]

토론 자료

■ 거미줄 한 가닥이 생물종이라고 본다면 거미(인간)는 어떤 환경에서 사는 것이 생명 유지에 유리한지 아래의 두 사진을 보고 생태계를 보전해야 할 필요성과 방법, 환경관 등에 대하여 조별 논의 또는 발표 등을 해보자.

(1) 생태계를 보전한다는 것은 어떤 노력이 필요한 것인지 의견을 정리해서 발표해보자.
(2) 생태계의 지속가능성과 안정성을 위해서 어떤 환경관을 갖는 것이 필요한지 정리해서 발표해보자.
(3) (프로젝트 추천 활동) 순천만 습지 보전 활동에 영향을 준 환경관에 대하여 조사하여 발표해 보자.

■ 위 사진은 현재 생물종 감소 현상이 심하게 이루어지고 있는데, 그 내용을 가장 잘 드러나는 사진이다.

■ 위의 사진 외에 학생들에게 생물종 감소와 관련해서 사진, 자료 등에서 그 심각성을 홍보 및 교육해야 할 내용들이 있는지 정보 탐색 활동을 하고 주요한 내용들은 서로 공유하도록 하자.

■ 위의 사진 자료 등을 활용하여 생물종 감소가 어떤 의미를 갖는 것인지 조별 의견을 정리하여 발표해보자.
(1) 거미가 인간이라면 오른쪽의 상황에서는 생물종이 사라지는 영향이 매우 크게 되고, 생태계의 지속가능성이 쉽게 붕괴될 수 있는 상황임을, 그리고 안정적인 생활을 유지하려면 왼쪽과 같이 다양한 생물들이 생태계를 구성하고 있어야 함을 제시하게 될 것이다.
(2) 우리 인류를 포함하여 지구상의 다양한 종들이 안정적인 생태계 속에서 살아가기 위해서는 생물다양성이 유지가 중요하며, 각각의 생물종들에 대한 배려와 보전 노력이 필요함을 제시하게 될 것이다(생물, 생태 중심적 시각).
(3) 순천만 습지가 보전 관리되기 전에 골재채취 사업을 주장한 기술(인간)중심주의적 관점, 순천만 생물들의 서식처를 훼손시키고 순천만의 생태보전 기능을 악화시키게 된다는 생물 및 생태중심주의적 관점에 대하여 관련 주장을 조사하여 제시하게 될 것이다.

[심화학습]

다음 글을 읽고 환경위기, 기후위기 시대에 적합한 환경관 또는 바람직한 생활지침으로는 어떤 것이 좋은지 정해보자. 그리고 그 이유를 논리적으로 동료에게 설명해 보자.

인간은 자연에서 태어나 자연 안에서 자연으로부터 배우고
자연을 이용하여 살아오는 과정에서
생태계의 다양성과 지속가능성을 줄이는 생활양식으로
환경위기, 기후위기의 시대를 맞이하게 되었다.

이를 해결하기 위해 환경교육, 지속가능발전교육,
탄소중립교육, 생태전환교육 등으로
반세기 동안 목소리를 높였지만
정작 바뀌어야 할 것은 무엇인가?

우리가 지키고 지속가능성을 높여야 하는 것은 무엇이고?
지구의 생명체가 누려야 하는 바람직한 삶의 모습은 어떠해야 하는가?
우리는 어떤 삶을 살아야 하는가?
어떤 자연관과 생활양식을 가지고 생활해야 하는 것인가?
이제는 인간과 더불어 환경을 위해
잘못된 환경관을 바꾸어
지속가능한 사회로...

글, 사진 : 저자 제공

심화 학습 자료로서 학생들에게 인간의 삶과 관련하여 자신의 인생관과 환경관과의 관련성을 연결시켜 생각할 수 있는 통합적 관점을 깨우치도록 위의 자료에 제시된 내용을 학생이 읽도록 하고, 조별로 자신들이 느낀 점을 논의하도록 지도한다.

조별 토론과정에서 학생들이 자신이 느낀 점을 솔직하게 말하고 질의응답을 하도록 지도하고, 조별 의견들을 정리하여 교사 자신도 자신의 경험과 느낀 점을 학생들에게 얘기하면서 관련 내용들이 앞으로도 계속해서 심화, 발전시켜 나가야하는 내용임을 이해시킬 필요가 있다.

핵심 내용과 관련하여 지난 40여 년간 우리 인류가 환경문제의 심각성에 대하여 인식은 하였지만 정작 환경문제를 해결하려는 노력은 소극적이었던 점, 그 결과로 현재의 기후위기와 환경위기(쓰레기 섬과 생물대멸종 등 환경문제의 심화)에 직면하게 되

었다는 점을 일깨우도록 한다.

또한 현재의 환경위기 및 기후위기를 해결해 나가기 위해서는 전 지구적 차원의 전환적 노력이 필요한데, 그 내용과 방법적인 측면에서 아직까지도 각 나라에서 어떤 노력을 해 나가야 할지를 구체적으로 방향 설정 및 방안 제시 등이 미흡한 상황임을 깨우치도록 지도한다. 이는 지속 가능한 발전이 경제적인 측면만을 이야기 하는 것이 아니라 환경적인 측면의 지속가능성을 함양하기 위해서는 현재보다 오염물질의 배출량과 생태발자국을 거의 절반 수준으로 줄여나가야 한다는 점, 이러한 내용이 어떤 수준의 생활 상의 변화를 수반해야 하는 것인지 심각하게 생각할 수 있도록 지도한다.

[생각해 보기]

교육은 왜, 무엇을 위해

- 나는 (내 인생)배를 몰고 가는 선장
- 주도적인 결정으로 삶을 개척, 관리
- (인간다운 삶)남에게 도움을 줄 수 있는 능력을 갖추어 더불어 살아갈 수 있는 민주시민
- 지속가능한 미래를 대비하여 후손과 환경에 떳떳한 사람
- (사회, 환경)정의 : 부당한 것을 줄이고, 정의로운, 바람직한 관계를 확충해 나가는 것이 지속가능성을 높이는 길

여러분은 주도적으로 자신의 진로에 대하여 의사결정을 내리고 추진하는 사람인가? 그렇지 않다면 무엇이 문제인가? 자신의 인생에 대해서는 자신이 주인이 되어야 하고, 자신이 내린 결정에 대하여 책임을 질줄 아는 사람이 되어야 스스로 떳떳하게 자신의 인생에 있어서 주인 자격이 있다고 할 수 있을 것이다.

자신이 부모로부터 잔소리를 듣지 않고, 자신의 진로와 의사결정에 책임질 수 있는 떳떳한 시민이 되기 위해 교육(노력, 공부)하고 있는데, 그렇다면 부모님들은 자신에게 어떤 바람을 가지고 교육비를 지원하고 있을까? 부모님들 또한 여러분들이 스스로 자

신의 삶을 주도적으로 살아가는 사람이 되어서 부모님으로부터 빨리 독립하기를 원하고 있다는 점에서 그 목적이 동일하다는 점을 깨우쳐야 할 것이다. 결론적으로 부모, 교사, 정부 등이 학생들을 교육시키는 것은 떳떳한 시민으로 제 역할을 다할 수 있는 시민이 되기를 바라기 때문일 것이다. 스스로 어떤 시민이 되어야 할 것인지 진지하게 고민해야 할 것이다.

최근 생태시민 또는 환경민주시민이 되어야 한다는 목소리가 높아지고 있다. 이는 현재 환경위기, 기후위기 등으로 지속가능하지 않은 지구생태계에서 생태발자국이 적은 지속가능성을 높일 수 있는 산업체제 및 가치관과 생활양식을 구현하는 친환경시민의 필요성이 높아지고 있다는 의미이다.

현대에 있어서 바람직한 시민이 추구해야 할 가치관은 물질적, 경제적 풍요를 쫓는 시민이 아니라 다른 나라, 다른 사람, 미래세대, 다른 생명체와 생태계의 지속가능성 또한 고려하는 생태적으로 각성된 민주시민이 되어야 현재 당면한 환경위기와 기후위기를 해소할 수 있다는 관점이 높아지고 있는 것이다.

환경적으로 정의로운 길은 환경윤리적으로 부당한 일이 적은 방향으로 사회가 발전되어야 하는 것이며 환경적으로 건전한 지속 가능한 삶이 가능한 사회이며, 이는 많은 사람들이 그러한 사회로 나가가고자 해야 이루어질 수 있는 방향이다. 즉, 환경교육(환경적 성찰)을 통하여 어떻게 사는 것이 가장 바람직한 인간의 모습인지를 깨우쳐야 하는 것이다. 뭇 생명체와 더불어, 지속가능하게 지구생태계에서 인간에게 주어진 바람직한 삶을 통하여 행복한 삶(생명체로서 주어진 본래의 삶)을 살아갈 수 있는 지속가능한 삶을 추구하는 시민으로 성장해야 할 것이다.

12.1.3 종교의 환경관

1 불교의 자연관

환경관에 대한 환경윤리의 내용들이 서양 학자들 편에서 체계화되었지만 동양에서는 이미 오래전부터 자연관들이 종교를 통하여 정립되어 왔으며, 동양의 자연관은 깨우침의 정도에 따라 다르게 해석될 수 있는 깊이를 갖고 있다.

불교의 자연관

- 불교에서 시간은 시작도 끝도 없는 원으로 묘사되는 윤회사상
- 존재의 사멸과 탄생은 십이지 인연의 다양한 복합으로 나타나기 때문에 순수한 원인이나 결과로서 독립되어 발현되는 일은 없다고 봄
- 다양하고 무수한 관계가 형성되어 있고, 변하는 것(諸行無常)이 자연(생태계)이며, 세상(삶)이라고 봄(완전한 것이 없는 과정)
- 자기 뜻대로 되지 않는 현 세상은 고행(一切皆苦) : 집착과 망상에서 벗어나 삶(諸行無常, 諸法無我)를 깨우쳐 열반적정 – 윤회의 고통에서 벗어나 부처가 되어 그렇지 못한 존재에 대하여 慈悲(깨우침 교육과 도움 등)를 베풀어야(과정을 관조, 즐겨야)

그림 12.4 불교의 자연관

불교의 자연관에서 사람을 포함하여 생명(체)은 다양한 관계에 따른 인연에 의해 끝도 없는 시간 속에서 윤회하는 것으로 본다. 우리 은하계의 나이는 약 120억년 정도 된다. 그리고 우리 태양계는 약 50억년의 나이를 갖고 있다고 하는데, 우리 태양계의 형성에는 우리 은하계에 충돌한 2개의 다른 은하계가 영향을 미쳤을 것으로 생각된다. 그리고 지구가 약 46억년 전에 형성되고, 태양 및 달과의 관계, 혜성의 충돌, 지각변동, 5번의 대 멸종을 포함한 40억년의 생물 역사의 관계 등 온갖 다양한 관계 속에서 현재의 생명체들이 이어지고 있는 것이다. 억겁의 인연 속에서 현재의 생태계가 있는 것이고, 생명의 소중함과 생물종 감소의 심각성을 깊이 고려해야 할 것이다.

현재 가장 널리 인정되고 있는 진리 중의 하나가 '변화'이며, 불교에서도 세상의 모든 것은 다양한 관계 속에서 변하는 것(제행무상, 諸行無常)으로 보고 있다. 그리고 불교에서는 사람들이 삶에 대한 깨우침으로 인간 및 생물체로서의 집착과 망상에서 벗어나 변화하는 생태계를 제대로 인식(제법무아, 諸法無我)하여, 그 깨우침을 다른 사람과 생명체가 도움이 되도록 베풀어야(자비, 慈悲) 하는 것을 올바른 인생관으로 보았다. 이러한 자비의 행동에는 교육과 나눔, 봉사활동 등이 있으며, 깨우친 상태에서 삶의 과정을 즐기는 마음의 상태(관조, 觀照)를 인생의 고행(일체개고, 一切皆苦)에서 벗어난 부처의 상태로 표현하고 있다.

2 도교의 자연관

도교의 자연관은 불교의 자연관과 비슷한 점이 있다.

자연(自然)의 개념은 '세상에 스스로 존재하거나 우주에 저절로 이루어지는 모든 존재나 상태', '사람의 힘을 더하지 않은 천연 그대로의 존재'를 의미한다. 이러한 측면에서 동양의 자연은 인간에 의해 영향을 받지 않는, 자연 그대로의 생태계라 할 것이다.

도교에서는 인간의 욕망이나 인위적인 힘이 무리하게 개입되지 않은 상태(자연적인 흐름)를 이상적인 상태라 생각했으며, 자연적인 천지자연(자연생태계)의 흐름에 따라서 살아가는(도인, 道人) 삶을 가장 이상적인 삶이라고 보았다. 왜냐하면 인간 또한 자연생태계에서 태어나 다시 자연생태계로 돌아가는 하나의 생명체로 생각했기 때문이다.

이러한 측면에서 도교에서는 인간의 존재와 삶을 자연생태계(자연)와 구분하는 것은 불가능하며, 결국 인간은 자연과 같으며 다른 생명체와 마찬가지로 자연의 한 부분이라고 보았다.

따라서 자연생태계의 일원인 인간은 자연적인 흐름에 역행하거나 저해되는 것이 최소화되도록 삶을 살아가야 하며(자연에 동화된 도인의 삶), 무리한 인위적 욕망에서 벗어나 무위(無爲)의 상태로서 자연스러운 삶을 살아가는 것을 올바른 삶이라고 보았다.

이러한 측면은 욕망에서 벗어나 부처의 마음가짐으로 삶을 살아야 한다는 불교의 인생관과 유사한다.

불교와 도교의 자연관에서 환경위기 및 기후위기의 해결방안을 찾는다면 사람들의 환경관(자연관)에 대한 깨우침을 통하여 자연생태계에 해가 되지 않은 삶을 이상적인 해결방안으로 교육, 홍보하는 방식이 될 것이다. 이는 심층생태학의 측면에서 스님과 같이 절제하고 최소한의 물질적 필요를 충족하는 삶의 방식은 비슷하지만 원칙적으로 사람들의 무리한 활동을 국제적인 강력한 힘에 의해서 통제해야 한다는 관점은 다른 측면이 있다. 이는 무엇이 더 옳고 그르다, 무엇이 더 효과적인가 라는 측면과는 별개로 성선설(性善說)과 성악설(性惡說)의 차원에서 접근 관점이 다른 것과 비슷한다.

3 유교의 자연관

유교는 불교와 도교의 이론적 영향을 받아 구체적으로 자연생태계(자연)의 흐름(변화)을 파악하여 어떻게 실생활(인간생활)에서 구현하는 것이 바람직한가를 좀 더 체계적으로 연구 및 구현하려는 성향을 갖고 있는 것으로 보인다.

자연은 음양과 오행에 따라 서로 영향을 주고받으며 변화하는 것이며, 사람들이 이러한 원리를 이해하고 그 흐름에 역행하지 않는 가운데, 사람들에게 이로운 방안을 찾아 삶에 보탬이 되게(혜택을 얻을 수 있게) 하는 방안을 제시하고 있다. 관련 내용은 정확한 실험에 의한 결과라기보다는 일반적인 자연생태계 변화의 흐름을 많은 관찰에 의하여 채택하여 활용하는 방식이다.

사람이 자연의 혜택을 쉽게 얻을 수 있으며, 위험이 적은 지형이 곳 명당이라고 할 수 있으며, 그 곳에서의 삶의 조건은 그 지형이 지속적으로 제공해줄 수 있는 범위 안에서 삶을 영위해야 하는 것이다(환경결정론). 이러한 측면에서 현대의 대도시는 자연의 흐름을 인위적으로 바꾸어서 사람들이 살 수 있도록 바꾼 인공 환경(인위적으로 명당처럼 꾸민 곳)이라 할 수 있다(환경가능론).

세계적으로 훼손되지 않은 자연생태계라고 할 수 있는 곳이 약 5% 정도라는 점에서 인간이 그동안 어떤 수준으로 자연생태계를 활용해 왔는지 이해 및 반성하고 삶의 방식을 전환해 나가야 할 필요성이 있다. 새롭게 시도되고 있는 생태마을이란 바로 사람이 살기 적합한 명당의 조건에서 자연생태계의 여건을 훼손하지 않는 가운데 그 혜택을 누릴 수 있는 삶의 방식을 최대한 조화롭게 결합시키는 방식이라 할 것이다.

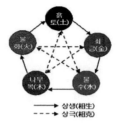

유교 : 음양오행, 풍수지리설, 이기설

- 우주만물은 음·양의 조화에 의하여 생성(生成)하는 것이며 그 변화는 목(木)·화(火)·토(土)·금(金)·수(水)의 상생과 상극 작용으로 변화
- 산세(山勢), 지세(地勢), 수세(水勢)등을 인간의 길흉화복(吉凶禍福)에 연결(운명론)
- 땅의 이치인 지리와 음양오행에 따라 변하는 자연, 자연에 맞추어 살아야 한다는 이론(환경결정론)

→ 상생(相生)
--- → 상극(相克)

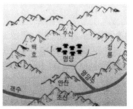

그림 12.5 유교의 자연관

유교의 자연관

❖ 천인 합일(天人合一) 사상
  ❖ 인간은 자연의 마음을 물려받음
  ❖ 인간과 자연의 조화 추구
  ❖ 생명력 : 자연에 내재된 '도(道)'

〈바람직한 삶〉

– 자연의 도를 본받아 다른 인간과 존재들에게 인(仁)을 베푸는 삶

　불교와 도교의 영향을 받은 유교에서는 이상적인 인간상으로 군자(君子)를 설정하였는데, 이는 무리를 이끄는 사람으로서 다른 사람과 존재들에게 모범이 되는 어질고 덕을 갖춘 사람으로 보았다. 불교에서 깨달음을 얻은 부처가 그렇지 못한 존재에게 자비를 베푸는 것과 유사한 개념이다.

　'어질다'는 것은 마음이 너그럽고 슬기로워 덕을 베푸는 것으로, 어진사람이란 그렇지 못한 사람들을 이끌어서 가정과 사회가 안정되도록 책임을 다하는 사람을 의미한다(실제 조선 사회에서는 가부장적인 권력자로 자리매김 되었지만).

즉, 유교에서는 인간을 자연생태계에서 태어나 자연을 따르는 조화로운 삶을 구현하는 가운데 태어난 삶의 본질을 구현하는 이상적인 길(도, 道)을 살아야 하는 존재로 보았다(이는 천인합일 사상으로 도교에서 인간과 자연이 구분되지 않는다는 관점을 구현시키고자 한 것으로 보인다). 따라서 국가 및 사회체제를 안정되게 유지하기 위해서는 왕을 비롯한 가장을 따르는 질서 잡힌 체제가 유지되기 위한 규율(삼강오륜 등)을 강조한 것으로 판단된다.

正道開天
인간<생명<지구생태계를 아우르는 바른 길에
세상이 (호응)지원!
修身齊家治國平天下
바른 길(뜻)과 의지로 자신을 가다듬고 동조자와
함께 세상을 이롭고 평화롭게 하는 것
一切有心造
어려움을 극복하고 긍정적인 사고로 즐겁게

기타 우리나라에서 전해 내려오는 격언 중에서도 환경 및 기후위기 시대에 적합하게 해석해서 활용할 만한 격언들이 다양하다. 그 중에서 몇 가지를 소개하면 다음과 같다.

정도개천(定道開天)의 뜻은 '바른 길(뜻)로 하늘을 열다.' 여기서 하늘이란 자연의 도(길, 흐름)를 의미한다. 결과적으로 바른 길이란 자연의 도를 따르는 것이고, 이는 우리가 살아가고 있는 지구생태계와 뭇 생명을 위하는 방향이 세상이 원하는 길로서 많은 사람들의 호응을 얻을 수 있는 바른 길이니, 바른 뜻을 세우고 떳떳하게 세상을 살아가야 마땅함을 의미한다.

수신제가치국평천하(修身齊家治國平天下)는 원래 "자신을 수련하여 가족을 평안하게 하고 나라를 다스리며 세상을 논한다."는 뜻이지만 "자신의 뜻을 세우고 단련하여 가족이나 동료들과 안정된 조직을 만들어 나라와 세상이 평화롭게 기여한다." 것으로 세상의 모든 생명체와 조직체가 취해야 할 바른 도리(道)로 해석할 수 있다.

이러한 측면에서 지구생태계 내에서 인간이 자연생태계를 훼손하는 행위는 다른 생명체와 사람들을 해롭게 하는 잘못된 길임을 파악할 수 있다.

일체유심조(一切唯心造)의 의미는 "모든 것이 마음먹기에 달렸다."는 것으로 해석되는데, 아무리 어려운 일이라도 극복하고자 하면 못할 것이 없으며, 어려움을 극복하게 되면 그 과정은 좋은 추억이 된다는 점에서 마음(의지)의 중요성을 강조하는 말이다.

환경 및 기후위기의 해결과 관련하여 매우 어렵고 힘든 길이지만 사람들이 올바로 알고 바르게 대처하면 해결이 될 수 있다는 격언으로 시사하는 바가 크다. 하지만 아직까지 환경문제를 바르게 해결해 나갈 수 있는 지속가능 발전과 사회에 대한 인식과 대처가 크게 부족한 실정이다.

환경친화적 삶의 견해

天地人

天地人和 = 成樂 = 持續可能

행복 : 자연에 동화, 주위 사람의 인정, 희망, 보람 등

사람은 원래 협력해서 사는 사회인이며, 하늘을 따르고, 세상만물과
화합해야 행복하고 지속가능한 삶을 사는 것

세상 만물 및 타인과 좋은 관계를 유지하고

삶을 즐길 수 있도록 교육, 성장, 발전해

나가는 과정이 지속가능한 삶과 사회

환경친화적인 지속 가능한 삶을 살아가기 위한 삶의 기본자세에 대한 견해를 천지인이라는 한자에서도 엿볼 수 있다. 세상을 구성하는 3가지 구성요소를 천지인(天地人) 삼재라고 하는데, 여기서 하늘(天)이란 세상을 있도록 한 자연을 의미하며, 지(地)란 흙과 흙과 연계된 뭇 생명을 의미한다. 그리고 사람(人)이 있어서 세상이 조화롭게 흘러가도록 제 역할을 해야 한다는 뜻을 포함하고 있다.

그리고 사람이 자살을 하는 경우를 보면 주변 사람으로부터 쓸모가 없는 사람으로 취급될 때, 더불어 살아갈 희망이 없을 때라 할 수 있다. 아무리 어렵지만 주위 사람과 힘을 합쳐 문제를 해결해 나갈 때는 삶이 보람있다고 느낀다. 그리고 어렸을 때 즐거웠던 기억을 떠 올려보면 자연에서 뛰어놀며 자연과 좋은 관계에서 즐거움을 느꼈음을 알 수 있다.

자연을 따르는 바른 삶의 자세란 바로 조화로운 관계에서 바른 삶을 즐길 수 있도록 교육, 성장, 발전해 나가는 과정이어야 하며, 그러한 관계 속에서 세상이 지속 가능할 수 있음을 이해해야 할 것이다.

환경친화적인 삶 어떻게 살아야 할 것인가?

?

1. 행복(불)
2. 자아완성(과정)
3. 가족, 사회, 국가, 종교
4. 지구(환경)-지속가능한 사회(삶)

天地人和成樂 : 좋은 관계를 유지하고 삶을 즐길 수 있도록 교육, 성장

그렇다면 자신은 자신의 인생을 어떤 가치관(자연관, 환경관)을 가지고 한 평생을 후회없이 살아갈 것인가? 이를 정하는 것이 가치관을 정립하는 것이고, 또한 스스로 준비하는 수신(修身)의 과정이다. 그러기 위해서는 자신이 어떤 경우에, 어떤 삶을 살아야 행복할 것인지, 자신의 특성을 발휘할 수 있는 자아완성의 길은 어떤 것인지 스스로 돌아볼 수 있어야(자아 성찰 : 자기 자신을 냉철하게 평가할 수 있어야) 할 것이다.

이러한 모든 과정은 인간 사회를 구성하는 것들, 그리고 지구생태계가 지속 가능해야 자신의 바람직한 삶이 유지, 구현될 수 있다는 점을 제대로 인식하고 현재까지의 삶의 문제점(환경 및 기후위기를 불러일으킨 인류의 가치관과 생활방식 등)을 바꿔나가야 할 것이다.

지속가능성 함양
지속가능한 사회로 나아가기

❖ 생태마을, 지역사회, **친환경산업 활성화** – 그린 워싱 방지, 생협, 지역별 신재생에너지 자립률 향상, **친환경 일자리**…

❖ 재활용(새활용), 자원 및 에너지 효율성 증대, 쓰레기 감소, 각종 혁신아이디어

❖ 즐겁게 참여할 수 있는 활동, 교육혁신(가치관의 변화), 사회적 지지, 장기적으로 천천히 구성원들이 함께 만들어가는 사회변화

❖ 평화, 협력, 생태 보호, 형평성 있는 분배

환경문제 및 기후위기, 자원고갈, 경제사회 문제 등의 제반 문제점을 해결해 나가기 위한 발전 방안으로 가장 적절한 표현은 지속 가능한 발전과 사회라 할 것이다. 그렇지만 아직까지 많은 사람들이 지속 가능한 발전과 사회가 바로 경제의 지속 가능한 성장(발전)으로 잘 못 이해하고 있는 것 같다. 지속 가능한 발전과 사회가 성립되기 위해서는 지구생태계의 수용능력 안에서의 발전이라는 전제가 중요한 핵심이다. 이는 현재의 생활방식을 유지하는 것이 아닌 현재의 탄소배출량을 절반 수준으로 줄여야 하는 힘든 일이다.

그나마 지속 가능한 사회에 적합한 사회운동이 있는데, 생태마을 및 지역사회 운동이다. 이는 생태적으로 건전한 삶을 살아가고자, 그러한 삶을 희망하고 즐기기 위한 사람들이 환경적으로 쾌적하고, 자원 순환적인 생활양식을 구현하며, 에너지를 최대한 지역에 적합한 신재생에너지를 생산하여 충당하고, 지역적 여건에 적합한 친환경적인 일자리를 통해 자아실현을 추구하는 삶을 살아가는 지역사회이다. 도시지역은 그러한 삶을 영위하기 쉽지 않지만 일부 소규모 지역사회를 중심으로 환경적으로 건전한 기술을 적용하여 패시브 건축물 등 친환경적인 여건 조성을 추구하는 생태도시 활동도 같은 맥락이라고 할 것이다.

한편, 우리나라에서 친환경적인 정책으로 크게 성공한 사례 중의 하나가 유기농업 정책이다. 유기농산물 등 친환경농산물 생산에서 농업인들이 가장 힘들어 하는 것 중의 하나가 바로 판매이다. 가격이 비싸기 때문에 소비자들이 일반 농산물 대신 친환경농산물을 선택하도록 해야 하는 것이 쉽지 않다. 이러한 부분을 우리나라에서는 생협 활동을 통하여 친환경 농산물의 대량 소비가 가능해졌고, 이는 친환경농업의 확산으로 이어졌으며, 그 결과 농경지가 비옥해지고 생태적으로 건전성을 회복하는데 기여하게 되었다.

이와 마찬가지로 친환경 물품을 생산하는 기업들을 사회적으로 지원해야 환경산업과 환경일자리가 늘어나게 된다. 그리고 친환경제품이 아닌 것을 친환경적인 것으로 속이는 그린워싱(위장환경주의) 제품들을 적발하고 제재를 가하며, 소비자들이 알 수 있도록 홍보와 교육 등을 하는 것 또한 환경산업을 보호하는 길이다.

친환경사회로 나아가기 위해서 쓰레기 문제의 해결, 다시 말해 쓰레기 발생량이 적은 생활양식의 구현과 발생한 쓰레기를 최대한 재활용해서 자원 소모가 적어지도록 하는 것이 중요한 일이다. 이 중에서 새활용은 기존의 쓰레기 자원을 전혀 새로운 자원으로 활용하는 새로운 산업분야라 할 것이다. 이러한 점은 다양한 관점에서 접근할 수 있으며 사람들마다의 적성, 지역마다의 특성에 따라 다르게 발전시켜 나갈 수 있는 새로운 아이디어 창출 분야이다.

여기서 한 가지 더 붙이자면 새활용에는 공간 새활용도 포함된다. 예를 들어 순천시는 순천만 습지를 보전한 결과 지역의 랜드마크로 발전시키는 계기를 갖게 되었다. 더 나아가 순천만 정원을 조성함으로써 환경적으로 이상적인 공간으로 재탄생시켰고 자랑할 만한 환경보전 및 친환경 일자리 공간 창출의 효과를 얻게 되었다.

그리고 지속 가능한 친환경사회로 나아가는데 있어서 중요한 요소 중의 하나가 시민들의 동참이다. 많은 사람들이 친환경적인 사회로 전환되어야 현재의 환경 및 기후위기 상황을 극복할 수 있으며, 또한 그러한 삶이 진정으로 자신들이 행복하고, 후손들에게 떳떳하게 물려줄 수 있는 지속 가능한 생태사회라는 점을 알고 그러한 변화에 동참할 수 있도록 홍보, 교육 등이 이루어져야 할 것이다.

이러한 발전 방향이 제대로 정착되기 위해서 필요한 기본 사항이 평화이며, 환경정의, 협력 등의 기본 요소이다. 이는 평범하고 쉬운 일이 아니다. 사람들이 자신을 넘어서서 타인, 타 생명체, 지구생태계와 장기적으로 지속 가능한 삶을 구현하기 위해 개인적 욕망을 내려놓고, 인간으로 누려야 할 생태적으로 건전한 진정한 행복의 길을 추구해야 가능한 일이다.

12.2 참고문헌

- https://www.youtube.com/watch?v=PkpeKAlH0UA

CHAPTER 13

환경관과
지속 가능한 미래 2

학습 목표
• 지속 가능한 발전의 의미를 알고 이를 추구하게 된 역사적 배경에 대해 이해한다.
• 지속 가능한 발전을 추구하기 위한 17가지 지표들이 다양함을 설명한다.
• 지역에 따라 지속 가능한 발전 지표별로 그 이행 수준을 점검 및 보완해 나가는 원리를 이해한다.

이 돈을 낼테니 나 막걸리 딱 한 잔만 마시세나

그래서 아까 받은 천원을 꺼내서

이런 식으로 둘이서 천원을 주고 받으면서

아이구 ~ 망했네 !

그림 13.1 지속 가능한 발전(애니메이션을 활용한 수준별 환경교육 프로그램 고급, 2005)

함께 생각해보기

술장사로 돈을 벌기 위해 가지고 있던 돈을 털어 막걸리 한 독을 산 두 사람이 더운 날씨에 목이 출출하자 남은 천 원짜리 한 장을 주고받으면서 막걸리를 마시다가 술독이 바닥나게 되었다. 인류에게 필요한 지속 가능한 삶을 살기 위한 조건은 어떤 것인가? 위의 사례에서 지구생태계의 자연 환경과 생물다양성은 '술독의 술(인류와 지구의 기반)'과 같다. 현재까지의 인간의 삶의 방식이 위의 사례와 같이 생활의 기반을 줄어들게 하는 방식이라는 점에서 어떤 점들이 문제이고, 어떤 방식의 해결 및 발전 방안을 추진해야 할 것인지 탐구해보자. 그리고 지속 가능발전 지표와 관련하여 순천만 습지의 보전 사례를 통해 지역사회의 바람직한 비전을 구체화하는 원리를 학습한다.

13.1 지속 가능한 발전

우리 인류는 앞으로 얼마나 오랫동안 지구에서 살 수 있으며, 살아야 하는 것일까? 우주와 타 행성에서의 삶은 얼마나 가능성이 있으며, 지구에서의 삶보다 좋을까? 지구 생태계는 인류를 포함한 많은 생명체에게 얼마나 소중한 것일까? 인류의 삶의 지속가 능성을 높이기 위해 어떤 노력이 필요한가?

그림 13.1에서 술장사로 돈을 벌기 위해 가지고 있던 돈을 털어 막걸리 한 독을 산 두 사람이 더운 날씨에 목이 출출 하자 남은 천 원짜리 한 장을 주고받으면서 막걸리를 마 시다가 술독이 바닥나 버렸습니다. 두 사람이 지속 가능한 삶을 살기 위한 조건은 무엇 이었을까요?

술독의 술을 지구생태계가 가지고 있는 생태용량(인간 중심적인 관점으로 본다면 생태자원)이라고 본다면 인류는 생태용량이 허용하는 범위 내에서 지속 가능한 방식 (어떻게 사는 것인가?)으로 살아가야 한다. 즉, 생태자원을 이용하여 미래에도 안정적 으로 살아가야 하는 것이다.

그렇다면 현재의 생활양식에서 지속 가능하지 않은 점들은 어떤 것이고, 왜 그런지 논의해 보자.

그리고 순천만 습지의 보전, 순천만 정원 등 지속 가능한 정책의 예를 들어 그 이유 를 논의해 보자.

이 시간을 통하여 지속 가능한 발전이란 어떤 의미를 갖고 있는 것인지, 그리고 지속

멸종 위기-탄소 중립과의 관계?

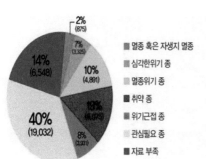

- 멸종 혹은 자생지 멸종
- 심각한위기 종
- 멸종위기 종
- 취약 종
- 위기근접종
- 관심필요 종
- 자료 부족

- 1950년대 이후 벌목한 숲(서 식지 파괴)의 면적은 인류가 그 이전에 벌목한 숲의 면적보 다 많다. 현재 남은 야생 서식 지의 면적은 약 5%
- 매일 40-250종의 동식물 멸종
- 지난 100년간 약 20% 생물 종 이 멸종
- 매일 25만 명의 인구 증가
- 세계 인구의 1/3이 굶주리고 있 으며, 1/10이 굶어 죽고 있다.

그림 13.2 멸종위기종과 탄소중립과의 관계

가능발전 지표는 어떤 내용으로 구성되었는지, 그리고 우리나라 및 지역별 지속가능발전지표에 대하여 조사해 보자.

생물종이 멸종되는 것이 지구온난화와 관련된 기후변화 및 탄소중립과 어떤 관련성이 있는 것인가? 식물이 이산화탄소를 흡수하여 유기물질을 만들어 내는 것이 지구생명체 물질 및 에너지 순환의 기초이다. 즉, 현재 지구온난화를 심화시키고 있는 화석에너지의 과다 사용은 과거 생명체들과 지각작용에 의해 저장된 탄소를 빠르게 대기 중으로 방출시키는 과정이다.

그런데 생물종들이 과잉 포획과 서식지 파괴 등으로 사라지고 있는 것은 그 만큼 탄소를 흡수하고 저장하는 지구생태계의 능력을 훼손하는 일이다(그림 13.2). 2000년대까지 약 20-30%의 생물종이 사라졌다는 것은 매우 심각한 일이며, 바다의 대형 물고기의 약 90%가 과잉 포획되어 30여년 이내로 더 이상 야생 물고기를 식탁에서 찾아보기 어렵게 되었다는 것은 매우 심각한 문제이다.

1950년대 이후 벌목으로 사라진 숲의 면적이 그 이전까지 인류가 벌목한 숲보다 더 많다는 것은 최근까지도 사람들이 생물의 서식처 보전에 대하여 관심을 두지 않고 있다는 증거라 할 것이며, 이는 또한 탄소흡수원인 숲과 생물다양성에 대하여 보전 정책이 제대로 이루어지지 않고 있다는 것이다.

최근 전 세계적으로 지구온난화를 방지하기 위하여 탄소배출이 적은 신재생에너지

계속 증가해 온 화석에너지 사용량

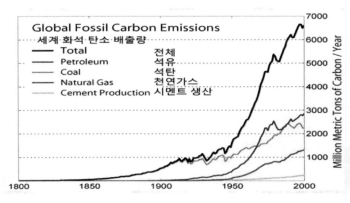

그림 13.3 세계 화석 탄소 배출량의 변화

로 전환되어야 한다는 목소리가 높아지고, 지속 가능한 에너지 정책이 선진국을 중심으로 강화되고 있는 추세이다.

하지만 최근까지 전 세계의 화석 에너지 사용량은 계속해서 증가되고 있으며(그림 13.3), 이는 자원의 가채연수(채굴하여 사용할 수 있는 기간)를 줄이는 한편, 지구온난화를 부채질하고 있는 것이다.

또한 국제에너지기구에서 전망하고 있는 전 세계의 이산화탄소 배출 전망치도 당분간 증가하는 것으로 나타나고 있어서 지구온난화가 지속될 것으로 예상된다(그림 13.4).

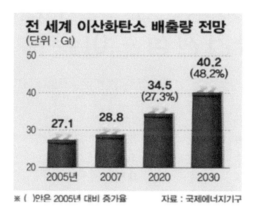

그림 13.4 전 세계 이산화탄소 배출량 전망

그림 13.5 인터넷에 나타난 기후위기 이미지

최근 인터넷에 나타난 기후위기와 관련된 이미지(그림 13.5)를 보더라도 90% 이상이 기후위기가 매우 심각하거나 심각한 수준으로 인식되고 있음을 보여준다.

또한 우리나라는 OECD국가 중 이산화탄소 배출 증가율이 가장 높아 이산화탄소 배출량이 가장 높은 중국과 함께 기후악당이라는 악명을 갖고 있는데, 많은 사람들이 이러한 점들에 대하여 제대로 알지 못하고 있는 점은 문제이다.

표 13.1 세계 생태발자국 현황

생태발자국으로 본 우리나라의 환경 불건전성 – 이유?

나라 명	국민 1인당 생태발자국(ha)	국민 1인당 국토의 생물학적 생산능력(ha)	현재의 소비를 감당하기 위해 필요한 국토면적비율(배)
세계 평균	2.6	1.8	1.4
미국	8.0	3.9	2.1
독일	5.1	1.9	2.7
일본	4.7	0.6	7.8
한국	4.9	0.3	16.3
에콰도르	1.9	2.3	0.8
차드	1.7	3.2	0.5
말리	1.9	2.5	0.8

생태발자국은 탄소발자국을 포함하여 인류의 삶에 필요한 모든 활동이 생태계 전반에 미치는 영향을 땅의 크기로 환산한 것이다.

생태발자국을 통해서 우리나라의 지속가능성을 판단해 본다면(표 13.1), 우리나라 사람들의 경우 우리나라에서 살고 있다는 것만으로도 생태계에 엄청난 부담을 주면서 살아가고 있는 것이다. 이러한 점들이 개선될 수 있도록 교육·홍보하고, 생태적으로 건전한 생활양식을 확산하기 위해 노력해야 할 필요성이 있다.

이러한 점에서 우리나라는 어떤 점에서 다른 나라에 비하여 생태발자국이 높은 것인지 학생들에게 탐구, 조사, 토의 또는 프로젝트 활동 등을 시도해 보는 것이 필요하다.

지속가능발전 왜 필요한가?

- 우리 인류는 앞으로 얼마나 오랫동안 지구에서 살 수 있으며, 살아야 하는 것일까? 우주와 타 행성에서의 삶은 얼마나 가능성이 있으며, 지구에서의 삶보다 좋을까?
- 지구 생태계는 인류를 포함한 많은 생명체에게 얼마나 소중한 것일까?
- 인류의 삶의 지속가능성을 높이기 위해 어떤 노력이 필요한가?

환경관 강의에서 집중적으로 이루어진 약 200년의 환경오염의 시간을 통해서 유추해 보면, 앞으로도 우리 인류는 지구생태계에서 환경적으로 건전한 방식으로 생활양식을 전환하는 경우 수십억 년 동안 살아갈 수 있는 상황이다.

하지만 환경 및 기후위기의 상황이 심화된다고 본다면 앞으로 30여년 내에 심각한 기후위기로 인해 인류의 생존마저 위협 받게 될 것이다.

우리 인류가 타 행성에서 살아가기 위해서 전재 되어야 할 점은 아주 큰 우주선에서 수 천 – 수 만년을 살아갈 수 있는 지속가능성이 확보되어야 한다는 점이다. 이러한 점에서 우리 인류에게 가장 적합한 터전인 지구생태계를 지속가능하게 유지하는 것이 곧 인류의 바람직한 미래상이라고 할 것이다.

따라서 인류의 지속가능성을 위해서 앞으로 어떤 가치관, 생활양식, 산업구조를 가지고 살아가야 하는지 깊게 성찰하고, 그러한 방향으로 나아갈 수 있도록 최선의 노력을 기울여야만 할 것이다.

지속가능발전이란?

- 환경적으로 건전하고 지속가능한 발전
  (Environmentally Sound and Sustainable
  Development : ESSD)을 줄임말
- 미래세대의 필요를 저해하지 않는 가운데 현세
  대의 필요를 충족시켜나가는 발전(1987년 환
  경과 발전에 관한 세계위원회)
- 환경의 수용능력 안에서의 발전 : 환경보전과
  경제발전의 조화(1992년 리우환경회의)
- 환경 + 경제 + 사회의 지속가능한 발전(2002
  년 세계정상회의)

환경적으로 건전한 지속 가능한 발전의 의미 - 전제 조건은 무엇일까? 질의응답 또는 토론을 통하여 구체적으로 말해보자.

지속 가능한 발전은 경제의 지속가능성만을 생각해서는 안 된다. 생태발자국의 개념상으로 벌써 우리 인류는 지구가 지탱할 수 있는 생태용량을 넘어서서 지속불가능한 상황이다. 그래서 더 이상의 성장은 오히려 기후위기 등의 더 큰 재앙을 불러일으키므로 환경적 영향이 적은 적정기술, 느리게 매우 느리게 사는 삶을 구현해 나가야 할 것이다.

결국 지속 가능한 삶은 경제적 및 사회적으로도 환경의 수용능력 안에서 살아가야만 하며, 현재와 같이 100억 가까이 인류가 늘어난 상황에서 이미 수용능력을 벗어났으며, 현재보다 생태발자국이 줄어든 삶의 방식에서 살아가는 방법을 찾아서 살아가야 한다는 점은 어렵고 힘든 일이다.

최근 벌어지고 있는 기후위기 속에서도 사람들은 여전히 경제성장률이 떨어지면 마치 세상이 어려워져 미래가 암울한 것으로 생각한다. 과연 그런 것인지? 아니면 인류는 어떤 가치관과 생활양식을 통하여 행복한 삶을 구현해야 하는 것인지 깊이 있게 반성(성찰)해 볼 필요가 있다.

옛날보다 물질적으로 더 풍요한 삶을 살아가면서도 많은 사람들은 힘들다고 하며,

삶의 만족도는 더 떨어졌다. 옛 사람들은 현재보다 더 궁핍하게 살았으면서도 삶의 만족도가 높았다. 어떤 가치관과 생활양식이 지구생태계에, 우리 인류에게 더 필요한 것인지 새로운 관점이 요구된다.

지속가능발전의 개념은 어떻게 생겨났을까?

- 1972년 로마클럽 : '성장의 한계'라는 보고서를 통해 현재와 같은 대량생산 및 소비 사회가 지속불가능함을 제기
- 1972년 6월 스톡홀름 유엔환경회의 : '오직 하나뿐인 지구'라는 슬로건–스톡홀름선언(인간환경선언)을 채택, 유엔환경계획(UNEP)의 설치 합의, 환경교육 필요성 강조
- 1987년 브룬트란트 유엔환경계획 보고서 '우리 공동의 미래' : 환경문제와 경제성장을 조화롭게 해결해 나가기 위해서는 지속가능한 발전이 필요함을 제안
- 1992년 리우환경회의에서 178개국 정상들이 지속가능발전을 인류의 미래 발전방향으로 설정 합의
- 2002년 남아프리카공화국 요하네스버그 지속가능발전 세계 정상회의(WSSD)를 통해 환경, 경제, 사회의 통합과 균형을 지향하는 지속가능발전을 21세기 인류가 지향해야 할 목표로 재확인/ 지속가능발전에 대한 이해와 실천의 중요성을 강조 –> 지속가능발전교육으로 확대

지속 가능발전의 개념이 구체화된 지도 벌써 40년 가까이 흘렀다. 특히 1992년 리우환경회의에서는 178개국 전 세계 거의 모든 정상들이 앞으로 인류의 미래를 위해서 지속 가능한 발전을 정책기조로 채택하겠다고 합의를 한 바 있다.

또한 2005~2014년은 세계적으로 지속가능발전교육 10개년 강조 기간을 거쳤다. 그렇지만 현재 세계적으로 환경문제가 줄어들거나, 환경교육이 사회적으로 정착되어 사람들의 생활양식이 변화되어 지속 가능한 삶을 구현하고 있는가? 라는 측면에서 본다면 오히려 반대의 상황이다. 앞으로도 탄소배출량은 늘어날 전망이며, 지구온난화는 더 심각해져서 심각한 기후위기를 맞이해야 하는 상황이다.

현재의 환경위기 및 기후위기를 해결해 나가기 위해서는 전 지구적 차원의 전환적 노력이 필요한데, 그 내용과 방법적인 측면에서 아직까지도 각 나라에서 어떤 노력을 해 나가야 할지를 구체적으로 방향 설정 및 방안 제시 등이 미흡한 상황이다.

이는 지속 가능한 발전이 경제적인 측면만을 이야기 하는 것이 아니라 환경적인 측면의 지속가능성을 함양하기 위해서는 현재보다 오염물질의 배출량과 생태발자국을 거의 절반 수준으로 줄여나가야 한다는 점, 이러한 내용이 어떤 수준의 생활상의 변화를 수반해야 하는 것인지 많은 사람들이 알 수 있도록 해야 한다는 것이다.

지속 가능한 사회는 어떤 사회이며, 어떤 삶을 추구하고자 하는 것인가?

- 환경문제를 야기하고 있는 현 사회의 사회적. 경제적. 기술적 체계를 근본적으로 전환시킬 필요가 있다.
- 이 전환은 인구성장과 경제성장을 지지하고 촉진하던 사회제도와 가치관의 변화를 의미하며, 지금까지 우리가 익숙해 있던 물질적 풍요를 생활의 질로 간주하는 생활방식을 근본적으로 바꾸는 것을 뜻한다.
- 성장의 제한, 물질적 풍요의 포기, 분배정의 등을 실현하기는 매우 어렵지만 지속가능한 사회를 위해서는 꼭 필요한 조건이며 이는 가치관과 생활양식의 대 전환을 필요로 한다.
- 적정기술, 슬로우시티, 더불어 사는 삶, 행복의 조건?

생태적으로 건전한 지속 가능한 발전이 이루어지는 지속 가능한 사회의 삶을 상상해 보자.

현재의 생활양식, 가치관을 가지고 구현이 가능할 것인가? 많은 나라가 자국의 발전을 위하여, 대부분의 사람들이 경쟁에 뒤처지지 않기 위하여, 부자들은 더 많은 부를 축적하고자 하는 현재의 경제 및 사회구조에서는 지속 가능한 미래가 구현되기 어렵다. 즉, 현재의 환경위기와 기후위기를 양산하는 생활방식으로는 지속 가능하지 않다는 점이다.

현 사회와 지속가능한 사회를 비교한 표를 활용하여 앞으로 우리나라가 어떤 방향으로 변화가 필요한지 조별 논의 또는 발표 등을 해보자. 아래의 1)˜5)에서 조별 선택 가능.

1) 자원, 에너지, 식량 등의 생산과 사용에 있어서 환경의 수용 능력을 고려한 우리나라의 변화 방안에 대해 조별로 의견을 정리해보자.
2) 생태계가 안정되고 생물다양성이 높게 유지되기 위한 방안에 대해 정리해서 발표해보자.
3) 시민들이 정책에 쉽게 참여, 비판할 수 있는 행정 및 함께하는 사회풍토가 조성되기 위해 어떤 정책적 및 의식 변화가 필요한지 조별로 논의해보자.
4) 시민들의 친환경적인 가치관, 태도, 행동양식 등이 함양되기 위해서 어떤 교육적 변화가 필요한지 정리해보자.
5) (프로젝트 추천 활동) 농어촌 등 많은 지역사회들이 에너지 자립 등 지속가능한 사회로 변화하기 위한 방안을 연구해보자.

그렇다면 가치관의 전환이 쉬울까? 많은 사람들의 가치관의 전환이 가능한 것일까? 그나마 현재 이루어지고 있는 슬로우시티, 생태마을, 생태도시의 활동들이 새로운 지속 가능한 삶의 방식을 제안하는 것이라 할 것이다.

현 사회	지속가능한 사회
경제발전, 성장 중시	환경보전, 지속가능성 중시
단기적인 성과 중시	장기적인 안정 중시
경쟁 및 성적 중심	상생 및 태도 중심
경제효율성 중시 기술	생태효율성 중시, 적정 기술
권력과 자본의 중앙집중	시민의 의견이 중시
	지역 기반 경제, 문화
개인의 권리 중시	공동체의 의무 중시
타 생명체와 다른 사회에 대한 배려 부족	타 생명체와 다른 사회에 대한 배려 강화

> ☞ **위의 표를 활용하여 아래의 활동을 해 보자.**
>
> 1. 환경의 수용능력 안에서 지속 가능한 삶의 양식이 어떻게 구현될 수 있는지 논의해 보자.
>
> 2. 환경적으로 건전한 생활양식을 많은 사람들이 받아들이기(수용하기) 위해서 어떤 의사결정 (정책결정) 구조가 사회적으로 필요한지 논의해 보자.
>
> 3. 교육적으로 어떤 활동이 이루어져야 지속 가능한 사회를 구현하는데 도움이 될까? 현재의 교육구조가 어떻게, 어떤 목적으로 변화되어야 지속 가능한 사회에 적합한 시민을 양성할 수 있는지 탐구(조별 논의)해 보자.
>
> 4. 만약 우리 주변의 농어촌이 새롭게 생태마을 등으로 변화시켜 나갈 수 있다면 어떤 마을이 되어야 할 것인지 프로젝트 활동을 진행해 보자.

13.2 지속 가능발전지표(SDGs)

13.2.1 유엔 지속가능발전지표

유엔 지속 가능발전지표의 의의

- 2030년까지 세계가 함께 실천해야 할 빈곤퇴치, 인권보장, 성평등의 최우선 목표를 포함하여 17개 목표와 169개의 세부목표가 담겼다.
- 유엔 차원에서 공동의 목표를 세우고 이를 각 국가들이 실천한다는 방식이 처음 시도되었던 MDGs가 '빈곤 퇴치'에 중점을 두어 선진국을 포함한 모든 국가들이 '자신의 문제'라고 인식하고 책임감을 갖도록 하기에 한계가 있었다.
- 반면, SDGs는 MDGs에서 다뤄지지 않았던 불평등, 지속가능하지 않은 소비 패턴, 취약한 제도적 역량, 환경 파괴 등을 다루면서, 기존의 정치·경제·사회 제도와 구조 문제들도 해결 과제에 포함시키고 있다.

1987년에 처음 구체화하기 시작한 지속가능발전의 개념과 추진 방향이 유엔 회의를 통하여 점차 구체화되었다. 이는 경제적, 사회적, 교육적, 환경적, 정치적 제 부분을 아우르는 통합된 변화가 필요하다는 관점이다.

발전된 나라에서는 그렇지 못한 나라에게 도움을 주어야 하며, 발전이 더딘 나라에서도 환경보전을 위해 노력해야 하는 가운데, 자국에서 어떤 노력이 필요한지를 구체적으로 고려해야 할 점들이 무엇인지를 제시한 발전 지표들이다.

유엔 지속가능발전지표의 내용에 대해 아래의 동영상(그림 13.6)을 시청하고 느낀 점을 논의해 보자.

그림 13.6 유엔 지속가능발전지표의 내용에 대한 동영상

13.2.2 우리나라 지속 가능발전지표

최근 우리나라 통계청은 국제적 책무인 지속 가능발전목표(SDGs) 달성 점검을 위해 「**한국의 SDGs 이행보고서 2022**」를 발간하였다. 이는 유엔 SDGs 목표와 대동소이한 내용으로 우리나라의 지속 가능발전 현황을 OECD 국가와 비교분석한 것이다.

- **목표1 빈곤퇴치:** 코로나19로 인한 시장소득 급감의 영향을 정부 재정 지원으로 상쇄하고 있으나, 66세 이상 노인의 상대적 빈곤율은 40.4%(2018년 기준)로 OECD 주요국 중 가장 높음.

- **목표2 기아종식:** 소득수준에 따라 영양섭취 및 식품 안정성 확보에서 격차가 벌어짐. 곡물자급율은 2020년 20.2%로 1970년 대비 4분의 1 수준으로 하락함.

- **목표3 건강과 웰빙 증진:** 보편적 의료보장(UHC) 서비스 보장 지수는 2000년 75점에서 2019년 87점으로 향상되었으며, OECD 국가 중에서도 상위권을 차지

- **목표4 양질의 교육 보장:** 국가 수준의 학업성취도 평가결과 기초학력 미달 학생 비율이 2020년에 증가하여 코로나 19로 인한 학습결손이 심화됨.

- **목표5 성평등 달성:** 여성 관리자 비율 2020년 15.7%, 여성 국회의원비율 2021년 19.0%로 전체의 약 5분의 1 수준이며, 이는 OECD 국가 내에서 하위권.

- **목표6 깨끗한 물과 위생 보장:** 우리나라 통합수자원관리(IWRM) 이행점수는 2017년 68점에서 2020년 76점으로 향상되어 '높음' 수준을 달성했으나 OECD 국가 중에서는 중하위권.

- **목표7 모두를 위한 에너지 보장:** 우리나라 신재생에너지 생산량은 증가하고 있으나 2020년 기준 1차 에너지의 4.2%에 불과하여 OECD 국가 중에서는 최하위권.

- **목표8 경세성장과 양질의 일자리:** 코로나 19시기 여성 실업율이 남성에 비해 높아졌으며, 2020년 산업재해로 인한 사망자 수가 전년 대비 증가함.

- **목표9 사회기반시설 산업 및 혁신:** 2021년 취업자 수가 코로나19 이전 수준으로 회복되었고, 온라인 쇼핑 업종이 비약적으로 성장함.

- **목표10 불평등 감소:** 처분가능소득 지니계수는 2020년 0.331로 전년(0.339) 대비 감소하였으나, 시장소득 지니계수는 2020년 0.405로 전년(0.404) 대비 증가함. 이는 OECD 주요국 대비 낮은 편임.

- **목표11 지속 가능한 도시와 주거지:** 최저주거기준 미달 가구 비율은 2020년 4.6%로 전년(5.3%) 대비 0.7%p 감소함. 특히 청년과 소득하위 가구의 최저주거기준 미달 비율이 높음.

- **목표12 지속 가능한 소비와 생산:** 폐기물 재활용 비율은 2020년 87.4%로 10년 전(2010년 82.7%) 보다 증가. OECD 국가 평균 생활폐기물 재활용 비율(2018년 기준 24.8%)에 비해 우리나라는 64.1%로 높은 수준임. 하지만 코로나19로 인해 1인

당 생활폐기물 발생량이 지속적으로 증가함.

- 목표13 기후변화 대응: 2019년 온실가스 총 배출량이 전년대비 3.5% 감소. 이는 OECD 국가 중 미국, 일본, 독일, 캐나다 다음으로 높은 배출량(2018년 기준). 최근 온열질환자 수 증가함.
- 목표14 해양생태계 보존: 최근 5년간 해수수질은 전반적으로 양호하나, 나쁨 비율이 2016년 1.9%에서 2020년 4.5%로 증가함.
- 목표15 육상생태계 보호: 2010~2020년간 우리나라 산림면적 감소율은 연평균 0.16%이며, 38개 OECD 회원국 중 산림면적 감소세를 나타낸 10개국 중 한 곳. 최근 대형 산불로 산림 피해면적이 증가하고, 생물다양성 악화 우려됨.
- 목표16 평화, 정의, 모범적인 제도: 공공기관 서비스 만족도는 2020년 기준 보건 분야가 3.94점(5점 만점 기준)으로 가장 높았으며, 주민자치센터 3.90점임.
- 목표17 글로벌 파트너쉽: 우리나라 2020년 공적개발원조(ODA) 규모는 국민총소득(GNI) 대비 0.14%로, 전년(0.15%)에 비해 0.01%p 감소함. OECD 국가 중 낮은 편임.

우리나라의 지속 가능발전지표(목표)는 유엔의 목표와 대동소이하며, 우리나라의 상황, 여건에 대하여 그 평가가 적절한지 논의해 보자.

심화학습으로 유엔지속가능발전지표(목표)들은 환경문제와 어떤 관련성이 있는지 각각의 내용에 대하여 인터넷 조사활동, 조별 프로젝트 활동 등을 거쳐 발표해 보자.

UN 지속가능발전목표에서 환경문제와 직접적인 관련성이 없지만 환경문제를 일으키게 되는 목표로는 어떤 것이 있으며, 논리적 관계를 기술 및 표현해 보자.

1. **빈곤퇴치**: 아프리카와 아마존의 원주민들은 멸종위기에 놓인 야생동물들을 사냥해야만 하는 상황이며, 빈곤은 환경 불평등과 밀접히 관련된다.
2. **기아 종식**: 많은 식량들이 낭비되고 있고, 환경 및 정치, 경제 문제 등으로 세계 인구의 1/3이 굶주리고 있으며, 1/10이 굶어 죽고 있다.
3. **건강과 웰빙**: 화학물질 남용 등으로 환경호르몬에 노출되어 질병 발생이 늘어나고 있다.
4. **양질의 교육**: 문명은 소득 기회와 양을 줄이고, 환경 불평등을 초래한다.

5. **성평등**: 남성 위주의 사회는 군비 증강 등으로 환경보전과 사회보장을 어렵게 한다.

6. **깨끗한 물과 위생**: 오염된 물은 수인성 질병을 확산시킨다.

7. **모두를 위한 깨끗한 에너지**: 화석에너지의 과잉 사용은 지구온난화의 주범이라 할 수 있다.

8. **양질의 일자리와 경제성장**: 양질의 일자리는 지속 가능성과 경제성장(? 발전)의 기본이다.

9. **산업, 혁신, 사회기반시설**: 지속 가능한 발전과 사회는 안정된 산업과 사회에서 비롯된다.

10. **불평등 감소**: 불평등은 소득, 양질의 교육 및 기회 등을 박탈하여 지속 가능성을 위협한다.

11. **지속 가능한 도시와 공동체**: 환경적으로 건전한 지속 가능한 발전과 사회에서 가능

12. **지속 가능한 생산과 소비**: 제품의 생산에서부터 소비까지 환경위해성을 줄여야 한다.

13. **기후변화 대응**: 지구온난화로 인한 이상기후와 농어업 지도의 변화에 대비해야 한다.

14. **해양생태계 보존**: 해양이 점차 산성화되고 있으며, 대형물고기의 90% 이상이 남획되었다.

15. **육상생태계 보호**: 점차 사막화, 황폐화되어가는 육상생태계와 서식지를 보호해야 한다.

16. **정의, 평화, 효과적인 제도**: 불평등이 줄어들고 평화가 유지되며, 녹색교통시스템 등의 효과적인 제도가 지속 가능한 사회를 가능케 한다.

17. **지구촌 협력**: 친환경농산물의 구입이 친환경농업을 확산시키며, 생태계보전으로 이어지는 것과 같이 환경문제는 협력하지 않으면 안된다. (플라스틱 쓰레기 문제 등)

심화학습

다음 글을 읽고 지속 가능한 발전과 사회를 위해 인류는 어떤 노력을 해야 할 것인지 미래의 발전 방향에 대해 정리해 보자.

인간은 언제 우주선을 타고 다른 행성에 이주하여 살아갈 수 있을까?
앞으로 수백 년 후에나 가능할까?
기후위기와 환경위기는 앞으로 수십 년 앞으로 다가왔다고 경고하는데....

인간이 살 수 있는 다른 행성은 어떤 조건이어야 할까?
인간이 살 수 있는 다른 행성까지 아주 먼 거리를 이주하기 위해
수천 년 동안 냉동인간이 되어야 한다면 당신은 이를 받아들일 것인가?
아니면 수천 년을 우주선에서 살아야 한다면
어떤 우주선이어야 하는가?

앞으로 수십 년 사이에 엄청난 기후재앙이 닥칠지도 모를 현 시점에서
지속 가능한 지구생태계를 위해
어떤 마음가짐과 노력이 필요할까?
현재의 발전관과 생활양식은
어떻게 전환되어야 할 것인가?

〈참고 자료〉
- 우주 크기 : 약 138억 광년 이상, 약 2조 개의 은하계
- 우리 은하계 크기 : 지름 10~15만 광년, 약 2천억 개의 항성
- 우리 은하계의 태양형 항성 : 약 200억 개
- 우리 은하계의 지구형 행성 : 약 400억 개
- 가장 가까운 지구형 행성까지의 거리 : 약 4.2 광년
- 현재 기술 수준으로 가장 빠른 우주선으로 4광년 가는데 걸리는 시간 : 수천 년 이상
  → 수천 년 동안 냉동인간이 되어야 다른 행성에 갈 수 있는데, 여러분의 선택은?
     우주 시대는 사람이 우주선에서 장기간 생활이 가능해야 하는데 그 조건은?

심화학습

1. 위의 글을 통하여 느낀 점을 논의해 보자.

2. 우리 인류는 어떤 마음가짐과 지속 가능발전 전략을 구체적으로 실현해야 하는 것인지 의견을 모아보자.

3. 그림 13.7을 보고, 어떤 느낌을 받는지 논의해 보자.

그림 13.7 네덜란드 Amersfoot(인구 13만, 220 km^2) 그린 빌리지 전경

4. 그림 13.7의 그림과 유사한 사례에는 어떤 내용들이 있는지, 조별 탐구활동을 해 보자.

13.2.3 지속 가능한 발전 정책

지속 가능한 발전 정책 – 독일의 에너지 정책

- 풍부한 석탄을 바탕으로 원자력과 신재생에너지 등 다양한 에너지원으로 이루어진 에너지 믹스 정책을 추진해왔으나 1998년 기존의 신재생에너지 발전 전력 의무적 구입 정책에서 발전차액 지원을 통한 신재생에너지 확대 정책으로 전환
- 2004년 신재생에너지법(EEG)을 통해 재생에너지 확대 정책 본격화, 2009년 개정안에서 2020년까지 재생에너지 발전 비중을 30%까지 확대계획 발표
- 2011년 일본 후쿠시마 원전사고 이후, '에너지전환' 정책을 강화하여 원전을 폐지하고 신재생에너지 확대를 추진
- 신재생에너지원으로 공급되는 전력량을 2020년까지 35% 이상, 2030년까지 50%이상, 2040까지 65% 이상, 2050년까지 80% 이상으로 확대 목표 설정

독일의 사례와 같이 에너지 정책에서 앞선 나라들은 어떤 수준의 신재생에너지 정책을 구체화하고 있는지 조사하여 발표해 보자.

우리나라의 신재생에너지 정책은 어떻게 되어 있는지 조사하여 발표해 보자.

우리나라가 지속 가능한 사회가 되기 위해서 필요한 변화

- 높은 신재생에너지 기반
- 산림, 토지, 수자원, 생물자원 등의 안정적 관리
- 안정적인 국제, 정치 관계
- 균형성장과 형평성있는 배분
- 구성원들의 환경친화적 의무와 배려
- ?

지속 가능한 사회가 되기 위해서 우리나라는 어떤 변화가 필요한지 논의를 통하여 구체화해 보자.

맺음말 : 우리는 어떤 미래를 기획해야 할 것인가?

- 지속 가능발전(교육)은 사람들의 삶의 기초가 되는 환경을 보전하며, 지속가능한 발전이 가능한 사회를 이루어나가기 위한 (교육)활동
- 환경부하가 적은 다양한 대안들을 모색하고, 여러 계층의 사람들의 합리적인 의사결정과 실천 활동들이 이루어져야
- 사람들이 정보를 쉽게 공유할 수 있으며, 다양한 방법으로 의사결정 과정에 참여하는 열린 사회체제를 이루어야
- 이러한 사회에 적합한 가치관, 책임을 다하는 사람들을 양성하기 위하여 지속 가능한 발전(환경교육)과 생활양식이 요구됨 -탈 석유시대를 대비한 친환경사회를 모색해야
- 환경적으로 건전한 지속 가능한 사회로 변화되도록 사회분위기가 조성되어야
- 생태적 삶에 대한 각성이 요구되는 시기에 적합한 친환경가치관과 방향 모색이 필요함

지속 가능한 사회가 되기 위해서 앞으로 어떤 교육적, 가치관, 생활양식이 필요한지 논의를 통하여 구체화해 보자.

앞으로 여러분은 어떤 가치관과 목적의식, 진로계획을 가지고 생활할 것인지 구체적으로 정리해서 발표해 보자.

13.3 참고문헌

- https://www.youtube.com/watch?v=A_u3w4Lt3gQ

CHAPTER 14
기후변화와 문학

- 문학을 통해 기후변화를 우리 공동체의 문제로 이해할 수 있다.
- 기후변화를 재현하는 방식을 통해 독자의 기후 행동을 끌어내는 문학의 역할을 이해할 수 있다.
- 문학과 기후변화를 다루고 있는 다른 재현 양식을 비교해 보고 차이점을 설명할 수 있다.

그림 14.1 김기창 작가의 『기후변화 시대의 사랑』(2021) 표지

이 단원에서는 김기창 작가의 단편소설집 『기후변화 시대의 사랑』 중에서 「하이피버 프로젝트」와 「갈매기 그리고 유령과 함께한 하루」를 중심으로 기후변화 시대에 독자들의 기후 행동을 촉구하는 문학의 역할에 대해서 학습한다.

함께 생각해보기

기후소설은 기후변화를 다루는 작품으로 클리메이트 픽션(climate fiction) 혹은 줄여서 클리파이 (cli-fi)라고 부른다. 기후소설에 해당하는 김기창 작가의 『기후변화 시대의 사랑』의 표지를 보고 작가의 문제의식을 추론해 보자.

14.1 기후소설의 정의 및 특성

기후소설(Climate Fiction)은 줄여서 cli-fi라고 부른다. 이 용어는 짐 로터(Jim Laughter)가 2075년 종말 이후 알래스카의 기후 난민에 관해 쓴 『태양의 도시 레드(Polar City Red)』의 제작을 맡았던 미국의 환경 운동가이자 작가인 댄 블룸(Dan Bloom)이 2012년 이 책을 소개하면서 처음으로 사용했다. 기후소설은 급격한 기후변화가 인간 사회의 시스템 전체에 미치는 파급력을 다루고 있는 서사라고 할 수 있다.

기후소설은 과학적 가설을 바탕으로 인공적 세계에서 펼쳐지는 이야기를 담고 있다는 점에서 SF(Science Fiction)와 유사한 성격을 지닌다. 그러나 차이점도 분명한다. 첫째, "전통적인 SF와 달리 미래 기술이나 외계 행성에 초점을 맞추지 않는다. 대신 그 중추적인 주제는 오염, 해수면 상승, 그리고 지구 온난화가 인류 문명에 미치는 영향을 조사하는 지구에 관한 모든 것"(진선영, 2021: 197)을 다룬다. 기후소설은 비현실적인 이야기이지만, 오히려 그 이야기를 통해서 현재를 반성하고 변화시킬 윤리적이고 실천적인 질문들을 독자에게 던진다. 둘째, SF처럼 과학적 사실에 기반하지만, 기후소설은 과학적 사실에만 얽매이지 않는다. 기후소설은 자연과학뿐만 아니라 사회과학과 인문과학까지 그 영역을 넓혀서 인류의 인식과 사고의 틀을 넓히는 데 중점을 두는 사변 소설(Speculative Fiction)(고장원, 2015: 240-241)의 성격도 지닌다.

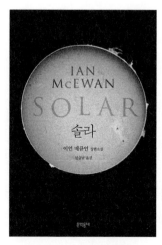

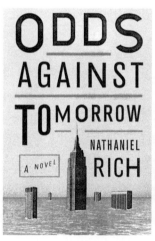

그림 14.2 이언 매큐언, 『태양』(2010)

그림 14.3 나다니엘 리치, 『승산 없는 미래』(2013)

그림 14.4 김초엽, 『지구 끝의 온실』(2021)

14.2 작가 및 작품 소개

14.2.1 작가 소개

"1978년 경상남도 마산에서 태어나 한양대 사회학과를 졸업한 후 여러 매체에 글을 쓰고 아이들 가르치는 일을 했다. 2014년 장편소설『모나코』(2014)로 38회 오늘의 작가상을 받으며 등단했다. 그 외 저서로는 장편소설『방콕』(2019), 단편소설집『기후변화 시대의 사랑』(2021) 등이 있다(https://www.yes24.com/Product/ Goods/99051208)." 『모나코』는 고독사의 문제를,『방콕』은 부당한 이유로 해고된 이주 노동자의 복수를 시작으로 연쇄적으로 발생하는 비극을,『기후변화 시대의 사랑』은 기후변화로 인해 촉발되는 다양한 변화를 그리고 있다. 김기창 작가

그림 14.5 김기창 작가
(출처: 채널 예스)

는 우리 사회의 첨예한 사회 문제에 관한 관심을 바탕으로 생명에 대한 존엄성이라는 주제 의식을 꾸준히 전달하고 있다.

14.2.2 작가의 말

"적절하게 춥고, 덥고, 따뜻하고, 시원했던 날씨들. 그때의 햇살, 그때의 바람, 그때의 구름. 숲과 빙하와 북극곰과 피노누아 그리고 계절의 감각들. 이 모든 것을 다시 마주할 수 없을지도 모른다는 두려움이 여기 실린 소설들의 동력이다. 이런 두려움의 대상이 지금도 늘어나고 있다. 좋은 것들을 지키기 위해 우리는 더 많은 두려움을 느껴야 할지도 모른다(https://product.kyobobook.co.kr/detail/S000000618635)."

14.2.3 작가 인터뷰

Ⓠ 작가의 말에 "이 모든 것을 다시 마주할 수 없을지도 모른다는 두려움이 여기 실린 소설들의 동력이다"라고 고백했죠.

Ⓐ 『방콕』을 막 탈고한 무렵이었어요. 마산에 살고 있던 때라 아내와 함께 구례를 비롯한 남쪽 지역을 여행했어요. 참 좋았는데 그런 생각이 들더군요. 어쩌면 이 장면을 다시 볼 수 없겠구나. 비슷한 시기에 사진 한 장을 보게 됐어요. 사냥꾼과 완전히 탈진한 어미 북극곰이 대치하고 있고 둘 사이에 새끼 곰이 있었어요. 새끼 곰이 천진한 얼굴로 사냥꾼에게 다가가는데 어미 곰이 아무런 제어도 못하는 거예요. 이런 것이구나, 기후변화란. 어느 시점에서는 우리 모두 손 놓고 볼 수밖에 없겠구나. 가장 사랑하는 것에게 죽음이 닥쳐도(정다운, 2021).

Ⓠ 그런가 하면 앞에 배치된 세 편은 SF예요. '돔시티 3부작'이라 불리던데, SF적 상상력을 발휘한 이유가 있을 거라고 생각해요.

Ⓐ 돔시티는 제 스스로 생각해본 대안이에요. 정말로 거주불능지구 시점이 왔고, 과학기술은 더욱 발전해 있을 텐데, 그때 인류는 살아남기 위해 어떤 일까지 할까? 둘러싸는 수밖에 없지 않을까? 거대한 투명 태양열 패널로 둘러싼 도시, 그 도시에 살 수 있는 사람은 아마 소수일 거예요. 그래서 1부에는 밖에 있는 사람, 2부에는 안에 있는 사람, 3부에는 경계에 있는 사람을 주인공으로 각각 이야기를 펼쳐나갔어요(정다운, 2021).

Ⓠ 분명 미래 도시인데 현재가 읽혔어요. 우리가 알고도 눈감는 문제들, 오늘도 어딘가에서 일어나고 있을 비극이 그 도시 안에 있더라고요.

Ⓐ 실제로 1부 「하이 피버 프로젝트」는 팔레스타인 가자지구 사람들을 생각하며 썼어요. 3부 「개와 고양이에 관한 진실」은 트럼프가 멕시코 국경에 세운 벽이 모델이었고요. 밀려난 사람들의 존엄은 짓밟히고, 안전한 안에 있는 사람들은 사랑하는 사람을 밖으로 내보낸 채 일상을 살아가고, 경계에 있는 사람들은 지키는 동시에 죽여요. 그것이 우리의 미래일 수 있는 거죠, 아마도(정다운, 2021).

14.2.4 작품 소개

"정말 멍청해. 이렇게 될 줄
정말 몰랐다고? 정말?"

폭염, 혹한, 백화, 해빙…
기후변화가 사랑에 미치는 영향
을 상상하는 10편의 단편소설

김기창 소설집 『기후변화 시대의 사랑』이 민음사에서 출간되었다. 『기후변화 시대의 사랑』은 오늘날 전 인류의 핵심 과제로 손꼽히는 기후변화를 테마로 쓴 단편소설 모음집으로, 이상 기후에서 촉발된 다양한 상황과 그에 따른 변화를 사실적이고 환상적인 이야기로 그린다. 기록적인 폭염, 급증하는 태풍, 이상 고온 현상, 에너지 문제를 둘러싼 갈등, 반 년 가까이 지속되며 숲 면적의 14%를 태운 호주 산불… 몇 년 사이 이상 기후 현상은 점점 더 심각하고 잦아지는 양상으로 우리 삶의 조건을 변화시키고 있다. 기후변화는 더 이상 얼음 나라의 북극곰 이야기가 아니다. 우리 자신의 이야기이자 지금 당장의 문제다. 그렇다면 어떻게 해야 할까. 당장 무엇을 할 수 있을까. 이 막막하고 절실한 질문에서 소설은 시작되었다(민음사 출판사 제공).

기후변화와 관련된 책의 출간은 눈에 띄게 증가하고 있다. 변화가 드러나는 곳은 출판 분야만이 아니다. 기후변화 전담 팀을 꾸리는 언론사가 등장하는가 하면 국내 지자체들도 기후변화 대응 방안을 모색하는 데 동참하고 있다. 우리 삶 깊숙한 곳으로 들어온 기후변화는 이제 선택적 앎이 아니라 의무적 앎이 되었다. 그러나 선택적 앎이든 의무적 앎이든, 앎의 차원은 여전히 사실을 확인하는 수준에 머무르고 있다. 요컨대 문제 해결의 실마리가 보이지 않는다. 김기창 작가는 정체되어 있는 답답한 상황을 문학적 상상력으로 돌파할 수 있다고 믿는다. 사람의 마음을 움직이는 것은 정보가 아니라 정서이기 때문이다. 좋아하는 것을 영원히 잃어버릴지도 모른다는 두려움이 기후변화 문제에 대응할 수 있는 최선은 아닐지도 모른다. 그러나 최후의 순간 무엇인가 선택해야 할 때, 우리를 선택하는 존재로 만드는 것은 정보가 아니라 감정일 것이다(민음사 출판사 제공).

『기후변화 시대의 사랑』에 수록된 10편의 이야기는 인식하는 앎이 아닌 감각하는 앎을 제공한다. 소설을 읽는 동안 우리 내면에는 파문이 인다. 이대로 지속되면 파멸이라는 것을 알지만, 심지어 아주 잘 알지만, 아는 데에 그쳤던 '잔잔한' 마음에 꼭 필요했던 파문이다. 호수에 던져진 돌과도 같은 이 소설들은 기후변화에 대한 우리 태도에 의미 있는 변화를 가져다줄 것이다. 필환경 시대가 만들어 낸 필독서이자 같은 방향으로 한 발작 나아가기 위한 지침서. 인간 문명에 대한 절망에서 시작된 이 소설은 인간이 지닌 사랑의 능력을 포기하지 않는다(민음사 출판사 제공).

14.2.5 줄거리 및 등장인물 소개

◼ 「하이 피버 프로젝트」

① 줄거리 소개

"평균 기온 54도. 체감온도 73도. 짙은 미세먼지를 품은 공기가 열기를 안은 채 한곳에 머무르며 사람들의 숨통을 조여 온다. '돔시티(Domecity)'는 이런 상황을 타개하기 위해 허겁지겁 세워진 대책이다. 각각의 돔시티는 조건이 상이한다. 공통점이 있다면 추방자들을 수없이 양산한다는 점이다. 빼기의 정치학과 빼기의 경제학이 맞물린 배타적 생존 전략. 그러자 추방자들은 돔시티 안으로 들어가기 위해 땅굴을 하기 시작하고, 추방자인 소피는 굴속에 거주하며 콘돔을 끌어모은다(민음사 제공)."

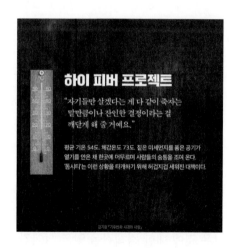

그림 14.3 「하이 피버 프로젝트」 카드 뉴스
(출처: 예스24)

② 등장인물 소개

• 소피(소녀)

소피는 사랑하는 연인이 추방되자 자신의 선택으로 돔시티 바깥으로 나왔으나 그녀의 연인은 기회를 잡아서 돔시티 안으로 소피를 두고 돌아갔다. 소피는 돔시티 바깥의 척박한 조건에 적응하며 생존하지만, 비겁한 연인에 대한 분노와 돔시티라는 '기후 안전 도시'에 대한 회의를 지니고 있다. 소피는 동굴 속에 거주하며 모은 콘돔으로 풍선을 만들어 폭탄을 매달아 돔시티 천장의 태양광 패널을 폭파하려는 계획을 세우고, 동료들의 도움으로 계획을 실행한다.

- 피버

  피버는 돔시티 바깥에 있으며 폭발물을 이용해서 땅굴을 파서 돔시티 안으로 진입하려는 집단을 이끄는 리더다. 피버는 소피의 계획이 실패할 것이라 생각하며 소피를 설득하고자 한다. 피버는 소피의 계획을 이용해서 돔시티 안의 내부자들과 거래하려는 계획을 가지고 있다.

- 루(송마루)

  루는 돔시티 거주자였으나 은행돈을 횡령한 죄와 유색 인종이라는 이유로 돔시티에서 추방당한다. 피버가 땅굴을 파서 돔시티 내부로 들어가려 한다는 이야기를 듣고 피버의 계획에 동참하지만 땅굴 폭파 과정에서 목숨을 잃는다.

- 노인

  노인은 폭발물을 제작하는 기술을 가진 사람이다. 돔시티 바깥의 삶에 순응하며 살았지만 소피의 계획을 듣고 동참하기로 결심한다.

2 「갈매기 그리고 유령과 함께 한 하루」

① 줄거리 소개

"돔시티 안에 살고 있는 남자 요셉. 그는 여자친구가 추방되었을 때 아무것도 하지 않은 것에 대한 죄책감을 안고 살아간다. 마일스는 요셉의 회사 동료다. 그는 요셉에게 추방된 애인이 있다는 사실을 몰랐다. 요셉 역시 마일스의 사정을 몰랐다. 가깝건 멀건 누구나 추방자들과 얽혀 있었다. 겉으로 드러나지 않을 뿐이었다. 요셉의 애인이 추방된 이유는 태양광 패널 생산 공장 폭파 혐의였고, 요셉은 그 회사 연구소의 직원이었다. 긴 조사 끝에 요셉은 무혐의로 풀려난다. 요셉은 자신의 죄를 스스로 물어야 했다. 나는 동조자였을까? 방관자였을까? 그저 나밖에 모르는 겁쟁이에 불과했던 걸까?(민음사 제공)"

그림 14.4 「갈매기 그리고 유령과 함께한 하루」 카드 뉴스

(출처: 예스24)

② 등장인물 소개

• 요셉

요셉의 연인은 태양광 패널 생산 공장을 폭파하려는 혐의로 추방되었다. 요셉은 연인이 추방되었을 때 아무것도 하지 않은 것에 대해 죄책감을 느끼고 있다. 요셉은 돔시티 내부의 거주자로서 태양광 패널 생산 연구소 직원이며, 연인의 추방 이후 연구소 내부에서 발생한 천장 구조물 낙하 사건의 범인으로 추궁받는다.

14.2.6 작품의 시공간적 배경

누구나 이렇게 될 줄 알았다. 열파지역의 도시들은 이제 수명이 다했음을, 기존의 형태로는 더 이상 유지될 수 없음을 다들 알고 있었다. 알고 있었지만 머뭇거렸다. 거대한 변환이 필요한 일이어서 어디부터 손을 대야 할지 몰랐다. 세계는 동일한 정책에 합의를 해야 했고, 각 국가는 그에 맞춰 법을 바꿔야 했으며, 사회는 법의 실행을 감시하고, 개인은 각성과 협력을 해야했다. 개인의 각성과 협력이 미비하면 실현 가능한 정책 마련을 위해 처음부터 다시 시작해야 했다. 어느 단위에서든 이기심을 부리는 순간, 최종 합의는 기약 없이 미뤄졌고, 기존에 합의된 정책 역시 좌초를 거듭했다. 그러는 사이 평균기온이 최고 54도까지 올랐다. 체감온도는 73도를 넘었다. 짙은 미세먼지를 품은 공기가 열기를 품은 채 오랫동안 한곳에 머무르며 사람들의 숨통을 조여 왔다 (김기창, 2021: 25).

> 서남극 빙상이 예상보다 더 빨리 녹아내린것이 변화의 결정적 계기였다. 전 세계 136개의 해안 도시가 범람했고, 4000만 명 이상의 난민이 발생했다. 온난화로 인한 해수면 상승은 육지를 서둘러 바다로 편입시켰고, 사이즈가 커진 폭풍과 폭풍해일은 안전지대의 개념을 뿌리째 흔들었다. 학자들과 기후 전문가들은 앞으로 해수면이 지금보다 2미터 이상 더 상승할 것이라 경고했다. 정치인들은 앞뒤 가릴 것 없는 특단의 조치가 필요함을 뒤늦게 인정하며, 지구의 누적된 사연을 박제하고 있던 빙하를, 되돌릴 수 없는 시한폭탄으로 전락시켰다.
>
> 최악의 시나리오를 토대로 많은 도시들이 내륙 깊이 물러났다. 사람들은 빠르게 차오르는 수위를 대비해야 했고, 미세 먼지로 뒤덮인 공기를 정화해야 했으며, 열파로부터 벗어나야 했다. 격론 끝에, 돔시티(DomeCity)가 대안으로 채택되었다(김기창, 2021: 62).

「하이피버 프로젝트」, 「갈매기 그리고 유령과 함께 한 하루」는 인류가 기후변화에 적극적으로 대응하지 못한 상태로 맞이하게 될 근미래를 배경으로 한다. 주목해야 하는 부분은 기후변화가 환경 문제일 뿐만 아니라 정치 문제, 개인의 실천 문제임을 적시하고 있는 부분이다. 기후변화에 대응하는 일은 개인과 국제사회 전체의 긴밀한 협력을 해야 하는 "거대한 변환이 필요한 일"이지만, "어느 단위에서든 이기심"이 개입하는 순간, 대응이 지연되며 맞이하게 된 디스토피아가 이 소설의 배경이다. '돔시티(DomeCity)'는 한정된 구역에 돔구장처럼 벽을 쌓고 지붕을 씌워 외부 세계와 단절시킨 기후 안전지대다. 그러나 한정된 공간이라는 점에서 돔시티는 그 공간에 거주할 수 있는 자격을 둘러싸고 그 자격 기준의 적합성을 결정하는 사람과 그 결정에 따라야 하는 사람 사이에 위계관계가 존재하는 공간임을 알 수 있다.

1 돔시티 안

> 돔시티는 항상 인구 포화 상태였다. 어느 돔시티도 예외가 아니었다. 그래서 돔시티 행정부는 산아제한 같은 인구 조절 정책을 강력하게 펼쳤고, 그만큼 추방 대상을 골라내는 데 몰두했다. 인종, 민족, 종교, 재산, 교육 수준, 전과 유무 등 상황에 따라 모든 것이 결격 사유가 될 수 있었다. 사형 제도는 오래전에 사라졌지만, 추방과 엄격한 돔시티내부 진입 절차가 그 빈자리를 메웠다(김기창, 2021: 66).

> 조사 결과, 추방자의 가족이 절도한 공무차량으로 범인 증오 범죄로 밝혀졌다. (중략) 범인은 자신의 행위를 인종차별주의자들에 대한 엄중한 경고라 말했고, 돔시티의 장기적인 안정과 발전을 위해 누군가는 반드시 해야 했던 일이라고 주장했다. 차별과 증오는 경쟁적으로 벌어졌다. 명분은 모두 돔시티의 안정과 발전, 그리고 평화였다(김기창, 2021: 71).

돔시티 안에 거주하는 내부자들은 기후 안전지대로 피신한 사람들이다. 그러나 돔시티 안은 평화의 공간이 아니라 차별과 증오가 양산되는 공간이다. 왜냐하면 돔시티는 한정된 공간에 지어진 구조물이기 때문에 인위적으로 인구와 물자를 조절해야 했기 때문이다. 내부자 역시도 '인종, 민족, 종교, 재산, 교육 수준, 전과 유무 등'의 기준에 따라 언제든 추방될 수 있는 것이다. 어떠한 기준이 추방과 진입의 기준이 되든지 근본적으로 이 공간은 공존과 공생의 논리가 아니라 차별과 추방의 논리를 기반으로 유지되는 공간이었다.

그림 14.5 버크민스터 풀러(Buckminster Fuller)의 몬트리올 바이오스피어(Montreal Biosphere)(1967)

https://www.archdaily.com/572135/ad-classics-montreal-biosphere-buckminster-fuller

2 돔시티 밖

돔시티의 주변에 흩어져 있는 추방자들의 규모는 어느 누구도 정확히 알지 못했다. 몇만 명이라는 사람도 있었고, 감염병 탓에 몇천 명에 불과하다는 사람도 있었다. 추방자들은 가족이나 연인, 아주 친한 친구 사이가 아니라면 가까이 붙어 지내지 않았다. 찌는 듯한 더위 속에서 타인이 뿜어내는 열기까지 군말 없이 참아 내던 사람들은 이미 말라 죽거나 병들어 죽었다.

> 과거, 추방자집단 사이에서도 여러 차례 갈등이 있었다. 붙어 있음으로써 집단 간, 개인 간 폭력이 늘어났고, 붙어 있음으로써 전염병의 피해가 더욱 커졌다. (중략) 거리가 폭력을 줄였고, 거리감이 서로의 피로를 줄였다. 간격은 생존 필수 조건이었다(김기창, 2021: 28-29).

> 식량과 생필품을 쟁여 두던 굴 입구가 파묻혔다. 침실로 쓰던 나머지 하나는 버티고 있었다. 그러나 시간문제였다. 굴이라고 했지만 땅을 그리 깊지 않게 판 후 버팀목과 지지대를 세워 천장을 만들고, 그 위로 열 흡수와 위장을 위해 나뭇잎을 두른 허름한 구덩이에 불과했다(김기창, 2021: 39).

> 돔시티 쪽에서 수송기 몇 대가 불빛을 반짝이며 날아오고 있었다. 잠시 후 작은 낙하산을 장착한 상자가 하나둘씩 지상으로 떨어졌다. 사람들은 상자로 다가갔고 물건을 챙긴 후 서둘러 자리를 떴다(김기창, 2021: 30).

> 콘돔은 추방자들의 증가를 제한하기 위한 목적이었고, 생필품과 식료품은 추방자들의 저항과 폭력을 최소화하기 위한 수단이었다. 일부는 이를 받아들였고, 일부는 받아들이지 않았다. 받아들이지 못한 쪽은 땅굴을 팠다. 돔시티 벽 아래를 파고드는 땅굴이었다(김기창, 2021: 32).

돔시티 바깥은 평균 기온이 최고 54도까지 오르고 체감온도가 73도를 넘었으며 짙은 미세먼지가 오랫동안 한곳에 머무는 곳이다. 나열한 조건은 돔시티 거주 자격을 획득하지 못한 추방자들이 맞닥뜨려야 하는 환경 조건이다. 추방자들은 찌는 듯한 더위 때문에 낮에는 이동할 수 없고 밤에만 활동할 수 있으며, 기반 시설이 부재하기 때문에 전염병으로부터 자신들을 보호할 수도 없으며, 제대로 된 집도 없이 동굴을 파서 생활했다. 공동체를 이루며 생활을 영위할 수 있는 조건을 상실한 이들은 동굴과 그 근처에서 혼자 생활하며, 그야말로 생존만 하는 것이다. 이들은 돔시티에서 추방자를 제한하기 위한 목적으로 제공해주는 생필품과 식료품, 그리고 콘돔으로 생명을 이어 나간다.

14.3 기후변화를 재현하는 문학의 방식

14.3.1 하이 피버(high fever) 프로젝트: 감각적 앎의 중요성

「하이 피버 프로젝트」에서 소피와 피버는 돔시티의 필요성에 대해서 서로 반대의 입장을 견지한다. 특히 소피가 계획한 하이 피버 프로젝트에 대한 입장 차가 첨예하다. '하이 피버(high fever) 프로젝트'는 콘돔에 소형 폭탄을 매달아서 풍선처럼 콘돔을 하늘로 띄워서, 돔시티의 태양광 패널을 폭파하는 계획이다.

흥미로운 지점은 콘돔의 사용 방식이다. 콘돔은 돔시티에서 추방자들의 세력이 거대해지는 것을 제한하기 위한 산아 조절 도구이다. 그런데 소피는 콘돔의 주어진 용도를 거부하고, 저항의 도구로서 새로운 사용 가치를 부여하고 있다. 차별과 배제의 논리로 자신들을 추방한 돔시티의 지속 원리에 저항하는 방식으로 콘돔을 사용하고 있기 때문이다.

(가)와 (나)는 피버의 견해이고, (다)와 (라)는 소피의 견해이다.

> (가) "나는 다음이 늘 중요하다고 생각해요. 그게 내가 역사를 배우며 얻은 교훈이에요. 벽을 부술 수 있어요. 천장을 폭파할 수도 있고. 문제는 그 다음이에요. 다 같이 공평하게 절멸할 수도 있어요. 바라는 모습이 그건 아니잖아요?"(김기창, 2021: 51)

> (나) "돔시티 쪽도 우리가 필요해요. 내부의 균열을 막는 가장 효율적인 수단이 외부의 적이니까. 우린 그걸 역이용하면 돼요. 느리더라도 조금씩 안으로 진입해서 돔시티 경계를 넓힐 수 있는 방법을 모색하는 거죠. 그러다 보면 결국 함께 살 수 있는 물길을 열 수 있을 거예요."(김기창, 2021: 52)

> (다) 소피는 노인의 어깨에 손을 올리고 부드럽게 힘을 주었다.
> "벽을 부수려는 게 아니에요. 들어갈 생각도 없고."
> 노인은 끼고 있던 안경을 추어올렸다.
> "이곳 생활이 심각하게 심심하고 지겨웠나 보군."

> 소피는 웃었다.
> "불러낼 거예요. 저들을. 밖으로. 우리가 있는 바로 이곳으로."(김기창, 2021: 44)

> (라) 콘돔 풍선을 만든다. 소형 폭탄을 띄워 올릴 수 있을 만큼 풍선들을 여러 개씩 묶는다. 서풍이 불 때 풍선을 돔시티 천장 위로 띄운다. 풍선이 터져서 폭탄이 떨어져도 벽엔 흠집 하나 못 낼 수 있다. 그러나 태양광 패널은 타격을 받는다. 한동안은 버티겠지만 비축해 둔 에너지가 떨어지면 돔시티 안의 사람들은 마른 멸치 신세가 되지 않기 위해 돔시티 밖으로 뛰쳐나올 수 밖에 없을 것이다. 그들을 보호하던 벽이 이제는 그들을 가둬 놓은 채 바짝 말려 갈 테니까(김기창, 2021: 45).

피버는 돔시티의 태양광 패널을 폭파하려는 소피의 계획에 반대한다. 왜냐하면 돔시티는 피버에게 돌아가야 할 고향이기 때문이다. 즉, 피버는 자신이 돌아가야 하는 고향인 돔시티를 없앨 생각이 없다. 피버는 돔시티 바깥에 거주하는 추방자이지만, 돔시티를 유지하는 돔시티 내부의 지배자들과 공통점이 있다. 피버는 돔시티의 추방과 진입의 차별 논리를 유지해야 한다는 데 동의한다.

피버의 무리는 땅굴을 파지만, 정말로 땅굴 파기로 돔시티 내부로 진입할 수는 없다. 오히려 피버의 무리는 돔시티 내부자들이 추방자의 침입이라는 위협 요소를 치안 강화의 이유로 사용할 수 있도록 땅굴 파기 행위의 가치를 내부자들과 거래하고 있었다. 땅굴 파기는 추방자들 모두와 함께 공존하기 위한 해법이 아닌 것이다.

이에 반해 소피는 돔시티에 균열을 내고자 한다. 콘돔으로 운반할 수 있는 폭탄이란, 그 수가 많더라도 소형 폭탄일 뿐이며, 소피도 이미 알고 있는 것처럼 돔시티는 여전히 굳건히 존재할 것이다. 그런데도 소피는 위험을 감수하고 소형 폭탄을 돔시티를 향해 날린다. 소피가 원하는 것은 온도를 조절하는 태양광 패널이 고장 나서 돔시티 거주자들이 바깥으로 나오는 것이다. 소피는 말한다. "불러낼 거예요. 저들을. 밖으로. 우리가 있는 바로 이곳으로" 즉 돔시티 바깥의 고열을 느끼게 하려는 것이 소피의 계획이다.

돔 바깥의 고열을 마주한 내부자는 이제 기후변화의 심각성을 자신들의 피부를 통해서, 감각을 통해서 직접적으로 체험하게 될 것이다. 내부자들은 고열을 통해서 돔시티라는 장벽으로 외면해 왔던 기후변화가 우리가 마주하고 있는 현실임을 깨닫게 되는 것이다. 그리고 이는 추방자들과 내부자들의 경계를 허물고, 즉 차별과 배제의 논리로 유지되는 돔시티 없이 평등하게 공존하는 방법을 함께 마련하는 시작이 될 것이라고 소피는 생각했다. 소피는 "자기들만 살겠다는 게 다 같이 죽자는 말만큼이나 잔인한 결정이란 걸 깨닫게 해줄 거예요."라고 말한다.

14.3.2 인권 위기로서의 기후 위기

돔시티는 진입과 추방을 판가름하는 자의적인 기준으로 지속되었다. 소설에서 볼 수 있는 것처럼 '인종, 민족, 종교, 재산, 교육 수준, 전과 유무'는 결정적이거나 필연적인 기준이 아님에도 돔시티 내부자와 외부자를 가르는 강력한 기준으로 작용했다. 그런데 이는 소설 속의 상황만은 아니다. 왜냐하면 기후변화는 인권 위기를 동반하기 때문이다.

> 돔시티 건설 계획은 시작부터 삐걱거렸다. 먼저, 예산 문제로 촉발된 돔시티 면적을 둘러싼 갈등이 있었다. 거주 자격에 대한 공론도 격화되었다. 관련 법안은 거주 조건에 또 다른 조건이 붙으며 못 만든 도자기처럼 흉측해졌다. **인종, 민족, 종교, 재산, 교육 수준, 전과 유무 등 상황에 따라 모든 것이 결격 사유가 될 수 있었다.** 각각의 돔시티마다 조건이 상이했는데, 추방자들을 수없이 양산한다는 점에서는 다를 바가 없었다(김기창, 2021: 26).

> 소피는 이 프로젝트를 함께 진행할 사람들을 은밀히 모았다. **다리가 불편하고, 한쪽 눈이 멀고, 말문이 닫혀버린 이들이었다.** 이들은 소피가 나눠 준 콘돔을 풍선처럼 불면서 어릴 적 믿었던 동화 속 세계에 도착한 사람들처럼 웃었다(김기창, 2021: 54)

기후변화는 자연 현상이지만 그 영향력은 모든 사람에게 동등하지 않다. 왜냐하면 경제적·문화적 자본을 더 많이 소유한 이들은 기후변화에 더 탄력적으로 대응할 수 있다. 최근 우리 사회에서 기후변화로 인해 발생한 폭우에 주거 취약 계층, 장애인 등이 목숨을 잃는 사고를 접할 수 있다. 기후 위기는 평등하지 않은 것이다. 기후변화는 자연 현상이면서도 젠더, 인종, 계급, 지역 등의 차별 구조를 재생산하는 사회 현상이다.

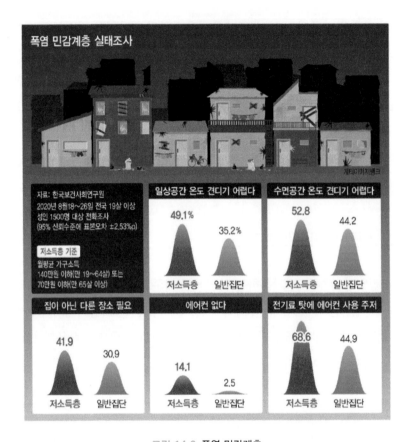

그림 14.6 **폭염 민감계층**

실태조사(https://www.hani.co.kr/arti/society/environment/978151.html)

그 후 곧 이러한 사회적인 지배의 거대한 시스템은, 〈인류〉에 의한 자연 지배라는 개념으로 진전되었다. 그러나 이상적으로 아무리 공동체적 또는 선량한 생태적인 사회라고 하여도, 인간에 의한 인간의 지배를, 또는 본질적으로 지배라고 하는 관념 그 자체가 근거하는 사회에서의 계층 구조 전체를 근본적으로 제거지 않고서는, 자연 세계에 대한 지배라고 하는 〈목표〉를 제거할 수 없다. 그러한 생태적인 사회는 계층이라고 하는 누적된 오물을 제거해야 한다. 곧 세대와 사회적 성별 사이에 존재하는 가족 관계, 교회와 학교, 우정과 연애, 착취하는 것과 착취당하는 것, 생명 세계 전체에 대한 계층적인 감수성 속에 있는 분열로부터 흘러나오는 오물을 제거해야 한다(Bookchin, 1989: 77).

그림 14.7 **머레이 북친**

https://vop.co.kr/A00000771279.html

사회 생태학자 머레이 북친(Murray Bookchin)은 오래전에 자연 파괴의 근본 원인으로 '지배'라는 사회적 관계 양식을 지적한 바 있다. 북친은 인간 사회 내부에 존재하는 인간에 대한 인간의 '지배', '착취'의 형태를 제거하지 않는 한 자연에 대한 인간의 지배를 멈추는 것이 불가능하다고 본 것이다. 북친의 논리에 따르면, 우리는 우리 사회 내부에 존재하는 약자를 향한 지배와 착취를, 말하지 못하는 자연을 향해서 반복하고 있다. 자연을 보호하는 길은 쓰레기를 버리지 않고, 나무를 훼손하지 않는 인간과 자연의 관계에 앞서 인간과 인간 사이의 관계에서 인간과 생명의 존엄성을 회복하고 지킬 수 있는 사회를 만드는 것이다.

14.3.3 우리 삶 전반의 맥락 변화로서의 기후변화

김기창 작가의 『기후변화 시대의 사랑』의 제목을 음미해 볼 필요가 있다. 제목에서 볼 수 있는 것처럼 기후변화 시대에 멸종의 위기에 닥친 식물이나 동물에 관한 이야기가 아니라 기후변화 시대의 '사랑'에 대해서 다룬 소설집이라는 것이다. 이 소설집의 제목은 기후변화 시대에는 사랑의 방식도 달라질 것이라는 전제를 지니고 있다. 기후변화 시대에 인류는 갑자기 덥고 습해지는 날씨에 적응하는 것뿐만 아니라, 새로운 사랑의 방식까지 모색해야 하는 것이다.

> (가) 남자는 짧게 고개를 끄덕인 후 숲 저편의 어둠 속으로 걸어갔다. 남자의 그림자가 희미해졌을 무렵, 남자는 몸을 돌려 소피를 향해 손을 흔들었다. 소피는 슬픈 표정으로 고개를 돌렸다. 그때처럼, 연인이던 남자가 자신에게서 멀어지며 돔시티를 향해 걸어가는 모습을 차마 보지 못하고 고개를 돌렸을 때처럼.
> 두 사람이 마지막으로 나눈 대화를 소피는 잊었다. 잊으려 했다. 그러나 남자의 이 말만은 잊을 수 없었다.
> "이 모든 게 꿈이었으면 좋겠어. 고통스러운 날씨도, 돔시티도."
> 자신은 뭐라고 대꾸했을까?
> "너를 사랑한 게 꿈이었으면 좋겠어. 하룻밤 악몽에 불과했으면 좋겠어."
> 소피는 그렇게 말하지 못했다. 소리 죽여 울기만 했다.(김기창, 2021: 38)

(나) 요셉은 휴대폰으로, 있지도 않은 약속 일정을 확인하며 남자와 술을 마셨던 그날의 기억을 되짚어 보았다. 남자는 붙임성 좋아 보이는 첫인상과 달리, 제법 섬세하고 여린 구석이 있었다. 남자는 막 사내 연애를 시작했다며 그간의 과정을 들뜬 표정으로 이야기했고, 오랫동안 혼자 속 앓이를 하며 느낀 감정의 종류를 세심하게 구분해 보았다. 술자리를 파할 무렵에는 요셉에게 조언을 구하기도 했다.

"제가 그 사람을 얼마나 사랑하고 있는지 보여 줄 수 있는 좋은 방법이 없을까요?

뭐라고 대답했지? 그녀가 하는 말에 언제나 진심과 정성을 다해 귀 기울이세요. 그녀가 누군가를 흉보면 항상 같은 편이 되어 그녀만큼 그 사람을 욕해 주세요. (중략)

요셉은 남자의 물음에 대한 자신의 실제 대답이 무엇이었는지를 기억해 냈다.

"나는 사랑에 대해 말할 자격이 없어요. 여자친구가 추방되었을 때, 가만히 있었어요. 아무것도 안 했어요. 아무것도. 하염없이 돔시티 안을 걷기만 했어요."(김기창, 2021: 68-72)

기후위기는 소행성 충돌이나 핵전쟁처럼 싹쓸이 하듯 오지 않는다. 인간의 사회적 고통은 엄청나게 늘어났고, 분명 심각한 상황이기는 한데 어쨌든 세상은 돌아가는, 그러면서도 문제의 근본 처방을 내리지는 못하는, 어정쩡하고 힘겨운 상태의 연속, 이것이 앞으로 다가올 기후위기의 일상적 풍경일 가능성이 높다. (중략) 기후변화로 모든 변화를 설명하려는 결정론에 빠져서는 안 된다. 기후변화는 그것보다 더 미묘하고 다양한 해석이 열려 있는 방식으로, 그러나 여러 면에서 리스크를 극히 높이는 방식으로, 세상의 맥락을 바꾸고 있다. 세상은 더 이상 우리가 알던 어제의 익숙한 세상이 아니다. 기후변화는 맥락의 변화

그림 14.8 **조효제**

https://m.khan.co.kr/culture/book/article/2022
04041757001)

이고, 기후위기는 맥락의 위기이며, 맥락의 위기는 인간이 세상을 이해하는 전제를 뒤집어놓을, 아주 낯설고 불확실한 상황을 창조한다(조효제, 2020: 80-81).

위에서 볼 수 있는 것처럼 기후변화는 이제까지 당연시해 왔던 우리 삶의 환경과 조건 전반을 변화시키는 삶의 맥락의 변화로 이해될 필요가 있다. 기후변화 시대에 사랑의 방식만 바뀌겠는가? 우리는 이미 몇 차례의 재난 상황이 인간들 사이의 사회적 관계와 사회 제도를 급격하게 바꿀 수 있는지 경험했다. 기후변화는 연평균 기온이 점차 오르고, 예기치 않은 폭우가 쏟아지는 자연 현상으로만 이해될 것이 아니다. 우리가 일상적으로 겪는 변화들, 물가가 올라서 장보기가 부담스러워지고, 이웃 나라에서 전쟁이

벌어지고, 학생들의 기초학력 격차가 벌어지고, 버스에서 기침하는 사람을 피해 멀찍이 앉는 상황들 전반에 기후변화라는 원인이 작용하고 있는 것은 아닌지, 기후변화에 대한 적극적인 대응이 우리 사회와 국제사회 전반이 겪고 있는 문제의 근본적인 해결책이 될 수 있는 것은 아닌지 성찰해 보아야 한다. 이러한 태도가 바로 기후변화로 헤어진 연인에 대한 분노와 죄책감으로 괴로워하는 소피와 요셉의 고통을 이해하는 방식이다.

14.4 기후변화를 재현하는 다른 방식으로의 문학

14.4.1 기후변화를 재현하는 다양한 방식들

그림 14.9 지구 온난화로 인한 북극곰의 멸종 위기 사진
(https://news.kbs.co.kr/news/view.do?ncd=5131899)

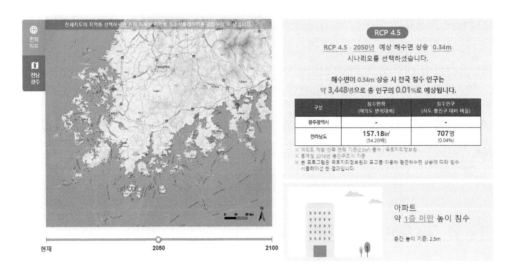

그림 14.10 **광주광역시 2050년 해수면 상승 시뮬레이터**

(https://www.koem.or.kr/simulation/gmsl/rcp45.do)

그림 14.11 **최근 29년 동안 평균 기온의 특징 그래프**

(https://news.kbs.co.kr/news/view.do?ncd=3296560)

● 기후변화는 "무엇이" 문제인가요?　　　　홈 > 알기쉬운 기후변화 > 기후변화는 무엇이 문제인가요?

지구온난화는 기후뿐 아니라 지구생태계 전체를 변화 시키고 있어요. 기후가 변화하게 되면 생태계가 파괴되고, 생태계 먹이사슬의 가장 마지막에 속한 우리 인류의 삶에도 영향을 미치게 되지요.

◉ 기후변화의 영향

- 이산화탄소와 메탄을 줄여 공기중의 온실가스를 줄인다면 지구는 금방 괜찮아질까요?

그렇지 않습니다. 지금 당장 온실가스 양이 줄어든다고 해도 대기중 이산화탄소가 예전처럼 정상화되는 데에는 100년에서 300년이라는 긴 시간이 걸립니다. 이것을 기후변화의 관성이라고 부릅니다. 이러한 기후변화의 관성 때문에 지구온난화는 몇 세기 동안 계속되게 됩니다.

그림 14.12 기후변화의 영향(인과 관계) 도식

(https://www.gihoo.or.kr/portal/child/change/what.do)

14.4.2 문학의 재현 방식이 갖는 특징: 기후변화 문제의 인간화(humanize)

기후변화는 우리 사회에서 어떠한 방식으로 재현(representation)되어 왔는가? 가장 대표적으로 기후변화라고 하면 떠오르는 이미지는 바로 지구 온난화로 멸종 위기에 처한 북극곰이다. 사막화 면적이 확대되는 지도, 해수면 및 평균 기온의 상승 그래프, 기후변화의 원인을 명료하게 설명해주는 그림 등도 떠오른다. 또한 최근에는 기후변화로 인해 닥칠 미래의 위협을 가시화하기 위해 '해수면 상승 시뮬레이터'도 등장했다. 물론 과학적 데이터와 이미지들은 기후변화의 심각성을 알려주는 유용한 자료이지만, 한계점도 존재한다. 그것은 바로 기후변화를 대중들이 여기가 아닌 저 먼 곳(북극 등), 지금이 아닌 미래(아직 닥치지 않은 2050년 등)로 인식하게 할 위험도 존재하는 것이다. 기후변화에 대한 틀에 박힌 이미지를 반복해서 생산하는 방식으로는 기후 행동(기후변화에 관심을 가지고 기후변화에 대응하기 위한 적극적인 행동을 실천하는 일)을 끌어낼 수 없다.

[국제사회에서 기후변화는] 백만분의 일, 섭씨 또는 센티미터를 기반으로 하는 추상적 측정값을 사용하여 미래로 뻗어나가는 일종의 선 그래프로 설명되었다. (…) 국제사회는 중요한, 그리고 어렵게 얻어 낸 과학적 합의 사항을 전 세계의 사람들과 공동체에게 지구 온난화가 어떻게 느껴져야 하는지에 대해서 똑같이(equally) 설득력 있는 비전으로 번역하는(translate) 데 실패했다. 다시 말해서…세계는 기후변화를 '인간화(humanize)'하는 데 실패했다(Limon, 2009: 451).

그림 14.13 **마우문 압둘 가윰**

(MaumoonAbdul Gayoom)
https://www.yna.co.kr/view/AKR202008260947
00077

몰리브 전 대통령은 마우문 압둘 가윰은 기후 문제를 다루는 국제사회의 방식을 비판하고 있다. "국제사회는 어렵게 도출해 낸 중요한 과학적 합의 사항을 대중의 언어로 번역해서 전달하는 데 실패했다."라고 보는 것이다. 그리고 이를 기후변화를 '인간화'하는 데 실패한 것으로 설명한다. 기후 문제의 탈인간화라고 볼 수도 있는데, 탈인간화란 기후변화를 다루는 방식이 엘리트 과학자들의 시각으로만 다루어지는 방식이다. 즉 과학적 사실로서 기후변화를 다루는 것도 중요하지만, 대중들이 기후 행동을 실천하기 위해서는 기후변화가 갖는 의미를 이해할 수 있도록 재현할 필요가 있다. 즉 기후 문제를 다양한 사회문화적 조건에 있는 대중의 관점에서 제시하고 설명하는 방식, 기후 문제의 인간화(humanize)가 필요한 것이다.

기후변화에 대한 과학적 지식을 대중들에게 위에서 아래로 전달하고 전파하는 과정 못지않게, 서로 다른 지역과 서로 다른 사회문화적 정체성을 지닌 사람들이 기후변화로 겪는 삶의 고통과 대응 방식을 다양한 방식으로 서사화해서 '아래로부터의 지식'으로 기후변화에 대한 앎을 재구성할 필요가 있다(조효제, 2020).

이런 점에서 문학은 기후변화를 거대 담론이 아니라 한 개인의 삶과 갈등 속에서 의미화한다. 소설 속에서 등장인물들은 기후변화로 사랑하는 연인과 이별해야 했고, 구체적인 시공간(돔시티 밖)에서 생존하는 추방자의 목소리를 통해 불평등한 사회구조를 거부하고 구성원 전체가 함께 문제를 인식하고 공동으로 대응해 나가야 한다는 해결책이 제시되기도 한다. 이것이 소피에게는 기후변화 시대의 사랑의 방식이었다. 이처럼 문학은 다양한 상황과 조건에 있는 사람들이 겪는 문제와 그 문제에 대한 인물의 선택과 그 결과를 보여줌으로써 기후 문제를 지금 여기의 우리가 따로 또 함께 해결해야 하는 문제로 만든다. 그렇지만 이 방식은 다양할 수 있다. 만약 농부나 대학생이 주인공으로 등장하는 기후소설 속에서 기후 문제는 또 다른 삶의 문제와 선택으로 표상될 것이고, 우리는 기후변화에 대응해야 하는 더 많은 이유를 갖게 될 것이다. 우리에게 다양한 기후소설이 필요한 이유이기도 하다.

> 요셉은 그 자리에 꼼짝 않고 서 있었다. 열기와 냉기를 함께 품은 밤공기가 요셉의 얼굴을 감싸 왔다. 요셉은 지난밤, 해변 모래의 부드러운 질감과 뻥 뚫린 하늘이 주던 청량감. 습기를 머금은 바닷바람의 온기가 되살아난 것처럼 느껴졌고, 요트 선미에 앉아 있는 그녀의 얼굴을 마주 보고 있는 듯한 착각에 빠져들었다. 요셉은 어느새 자란 수염을 매만진 후 고단한 표정으로 누군가를 감싸 안기라도 하듯 두 팔을 내밀었다(김기창, 2021: 83-84).

요셉은 소피가 보낸 소형 폭탄으로 인해 돔시티 내부에 균열이 생긴 그 구멍으로부터 들어오는 열기를 느끼며 환상에 빠진다. 그러나 이 환상은 오래가지 못할 것이다. 분명 요셉에게 뜨거운 열기를 담은 공기는 추방당한 연인의 온기이면서도 아무것도 하지 못했던 죄책감의 무게로 요셉을 짓누를 것이기 때문이다. 이 작품을 통해 독자는 기후변화는 멸종위기에 처한 동식물의 문제일 뿐만 아니라, 인간으로서의 위의(威儀)를 지키기 위해서 피할 수 없는, 실존적 선택을 요청하는 우리 삶의 근본적 조건이자 문제라는 것을 알 수 있게 될 것이다.

14.5 참고문헌

- Marc Limon. **2009.** Human Rights and Climate Change: Constructing a Case for Political Action, Harvard Environmental Law Review Vol. 33 Issue 2,
- Murray Bookchin. **1989.** 사회생태주의란 무엇인가-녹색 미래로 가는길, 박홍규 옮김, 민음사.

- Ulrich Beck. **1997**. 위험사회-새로운 근대(성)을 향하여, 홍성태 옮김, 새물결.
- 고장원, SF란 무엇인가?. **2015**. 부크크,
- 김기창. **2021**. 기후변화 시대의 사랑, 민음사,
- 김민제, 최우리. **2023**. 저소득층 49% "일상공간 온도 견디기 힘들어", https://www. hani.co.kr/arti/society/environment/978151.html, 2021. 1. 11, 검색일자: 2023.8.26.
- 남진숙. **2021**. 디스토피아적 상상력과 현실 문제 인식-소설집 『미세먼지』를 중심으로, 문학과환경 Vol. 21 No. 1. 문학과환경학회.
- 이은홍. **2019**. 문학교육에서 생태비평 수용의 의의와 방안, 문학교육학 No. 64, 한국문학교육학회,
- 정다운. **2021**. 기후변화 시대의 소설 - 소설가 김기창, 월간 채널예스 2021년 6월호, 검색일자: 2023.8.24.
- 조효제. **2020**. 탄소 사회의 종말. 21세기북스.
- 진선영, 인류세. **2022**. 기후소설과 유스토피아(USTOPIA)- 김기창의 『기후변화 시대의 사랑』을 중심으로, 문학과환경 Vol. 21 No. 2. 문학과환경학회.

INDEX

ㅎ

저자소개

강형일

현	국립순천대학교 환경교육과 교수
전	뉴저지주립대(Rutgers U.) 연구원 및 초빙교수
최종학위	고려대학교 생물학과 이학박사
저·역서	「미생물학의 기초에서 응용까지」 등

김대희

현	국립순천대학교 환경교육과 교수
전	한국환경교육학회장
최종학위	서울대학교 농업교육학과 교육학박사
저·역서	「환경, 인류, 그리고 지속가능한 사회」 등

박석곤

현	국립순천대학교 조경학전공 교수
전	규슈대 연구원 및 방문교수
최종학위	규슈대학교 지구사회총합과학부 이학박사
저·역서	「환경생태학」 등

박성훈

현	국립순천대학교 환경공학과 교수
전	브리티시컬럼비아대(UBC) 연구원 및 방문교수
최종학위	광주과학기술원 환경공학과 공학박사
저·역서	「에어로졸」 등

신은주

현	국립순천대학교 화학과 교수
전	캘리포니아대(UCLA) 방문교수
최종학위	KAIST 화학과 이학박사
저·역서	「맥머리의 유기화학」 등

안삼영

현	국립순천대학교 환경교육과 교수
전	오레곤보건과학대(OHSU) 방문교수
최종학위	독일베를린자유대 화학과 이학박사
저·역서	「환경화학기초 교과서」 등

이상석

현	국립순천대학교 동물자원과학과 교수
현	동물마이크로바이옴 연구회장
최종학위	중앙대학교 동물자원과학과 농학박사
저·역서	「한우사양표준」 등

이은홍

현	국립순천대학교 국어교육과 교수
전	원광대 동북아시아인문사회연구소 HK+연구교수
최종학위	이화여자대학교 국어교육과 교육학박사
논문	「문학교육에서 생태비평 수용의 의의와 방안」 등

이재은

현	국립순천대학교 무역학전공 교수
현	기업경영연구 편집위원장
최종학위	연세대학교 경영학과 경영학박사
저·역서	「국경 없는 경영: 초국적 솔루션」 등

장동식

현	국립순천대학교 무역학전공 교수
전	칭화대(中國 淸華大學) 방문학자
최종학위	영남대학교 무역학과 경제학박사
저·역서	「국제통상론」 등

천지연

현	국립순천대학교 식품공학과 교수
전	한국식품과학회 여성위원장
최종학위	조지아대(UGA) 식품공학과 이학박사
논문	「구아바, 녹차, 새싹보리-3D 프린팅 치즈 케익의 레올로지 및 기능성 연구」등

허재선

현	국립순천대학교 환경교육과 교수
전	한국지의류연구센터장
최종학위	랭커스(Lancaster)대 생물과학과 이학박사
저·역서	「한국지의류도감」 등

황혜숙

현	국립순천대학교 의생명과학과 교수
전	전남대 AMERI 연구소 연구교수
최종학위	조지아주립대(GSU) 생물학과 이학박사
논문	「SARS-Cov2 백신과 미래 펜데믹」 등

기후소양

1판 1쇄 인쇄 2024년 02월 26일
1판 1쇄 발행 2024년 03월 05일
저   자 강형일 외 12인
발 행 인 이범만
발 행 처 **21세기사** (제406-2004-00015호)
경기도 파주시 산남로 72-16 (10882)
Tel. 031-942-7861   Fax. 031-942-7864
E-mail : 21cbook@naver.com
Home-page : www.21cbook.co.kr
ISBN 979-11-6833-121-1

정가 33,000원